Vivre av

Collection *Pluriel*
dirigée par Georges Liébert

Vivre avec le nucléaire

Préface du professeur Louis Néel
Prix Nobel de Physique

HACHETTE

Sommaire*

* La table des matières détaillée se trouve à la fin du volume p. 535.

Avertissement

L'utilisation de l'énergie nucléaire ne cesse de susciter débats et controverses, s'alimentant d'informations souvent contradictoires. C'est pourquoi le professeur Louis Néel, dont la compétence est internationalement reconnue, a souhaité, avec ce livre, donner à un large public les moyens de s'informer aussi complètement que possible. Il s'est entouré des meilleurs spécialistes de la question.

Vivre avec le nucléaire a été préparé sous l'égide d'un comité comprenant, outre lui-même, le professeur Maurice Tubiana, Joseph Chapuy, Jean Pellerin, André Petit, Henri Piatier et Pierre Tanguy.

Il a été élaboré par un groupe d'auteurs réunis par le Comité et composé de Michel Bertin, Jacques Bounolleau, Michel Buffereau, Catherine Carde, Jean Coates, Charlie Fisher, Jean-Michel Fourgous, François Justin, Jean-Claude Le Ralle, Jean-Claude Nenot, André Petit, Fred Prax, Michel Presta, Jean Sauteron, Lucien Thiriet, Louis Timbal-Duclaux, Suzanne Vignes, François Vincent, et Valery Ziegler. Lucien Thiriet en a assuré la coordination.

Les auteurs se sont attachés à traiter les questions de manière objective, sous la forme de dossiers d'information et de référence, d'accès aussi aisé que possible. Ils n'ont pas recherché une parfaite unité de style et de présentation, que d'ailleurs le caractère collectif de la rédaction et surtout l'extrême diversité des aspects évoqués auraient rendue illusoire.

Nombre de personnes ressentent le besoin, non seulement d'un aide-mémoire sur certaines données chiffrées ou factuelles concernant l'énergie nucléaire, mais aussi d'un argumentaire objectif et non polémique sur les points majeurs qui préoccupent l'opinion. Pour répondre à cette attente, ce livre tente de résoudre le dilemme classique de l'information en matière scientifique : concilier la rigueur nécessaire et la complexité qu'elle implique très souvent, avec la simplicité du message perçu par l'opinion publique, tout en s'efforçant d'éviter l'écueil d'une schématisation excessive qui déformerait ce message et ne répondrait pas à l'attente des milieux scientifiques. C'est au lecteur qu'il appartiendra de dire si les auteurs de ce livre ont réussi dans leur tentative.

Ont collaboré à cet ouvrage

Bertin (Michel). Docteur en médecine, docteur ès sciences, ancien externe des Hôpitaux de Paris. Vice-président du Comité de radioprotection d'E.D.F. ; attaché au Comité médical d'E.D.F.-G.D.F.

Bounolleau (Jacques). Diplômé de l'Institut d'Etudes politiques de Paris et de l'école du Commissariat de la Marine ; licencié en droit. Assistant du Directeur des Applications industrielles nucléaires au Commissariat à l'énergie atomique (C.E.A.).

Buffereau (Michel). Licencié ès sciences, ancien élève de l'Ecole nationale supérieure de chimie de Paris. Ingénieur au Commissariat à l'énergie atomique depuis 1960 ; actuellement assistant du directeur des relations internationales.

Carde (Catherine). Licenciée ès sciences économiques ; doctorat de troisième cycle sur « la connaissance par le public des problèmes de l'énergie et l'incidence des mythes et des réalités sur les solutions possibles ».

Chapuy (Joseph). Ancien élève de l'Ecole polytechnique. Carrière à l'Electricité de France (E.D.F.) : d'ingénieur d'études et recherches à directeur adjoint à la direction générale (1977). Actuellement directeur général de la S.A.P.A.R.

Coates (Jean). Ingénieur de l'Ecole nationale supérieure d'électro-chimie de Grenoble. Successivement : responsable de la mise en service des unités constitutives de Pierrelatte, assistant de M. Pecqueur au C.E.A., secrétaire du Conseil de surveillance d'Eurodif ; il est actuellement adjoint au directeur de la division d'études de séparation isotopique et de chimie physique du Commissariat à l'énergie atomique.

Fischer (Charlie). Ingénieur de l'Ecole nationale supérieure de physique et de chimie industrielles. Membre du Commissariat à l'énergie atomique depuis 1948 ; chef du département des radio-éléments de 1962 à 1976 ; actuellement adjoint au directeur de la division d'études du retraitement et des déchets et de chimie appliquée.

Fourgous (Jean-Michel). Troisième cycle de psychologie à Paris V et troisième cycle à l'Institut d'Etudes politiques de Paris. Chargé d'études à la Fondation nationale des Sciences politiques, et psychologue à l'hôpital Necker, dans le service de psychiatrie du professeur Pélicier.

Justin (François). Ancien élève de l'Ecole polytechnique, responsable au département de sûreté nucléaire du C.E.A., chargé de l'analyse de sûreté des réacteurs à neutrons rapides et des réacteurs refroidis au gaz.

Le Ralle (Jean-Claude). Ancien élève du Conservatoire national des Arts et Métiers. Ingénieur d'études au Commissariat à l'énergie atomique. Auteur (seul ou en collaboration avec A. Ferrari et A. Ropars) de plusieurs travaux sur la fiabilité des centrales nucléaires et sur le fonctionnement des réacteurs à eau pressurisée.

Néel (Louis). Agrégé de l'Université, docteur ès sciences. Professeur à la faculté des sciences de Strasbourg puis de Grenoble. Directeur du Laboratoire d'électrostatique et de physique du métal (1945-1971), directeur du Centre d'études nucléaires de Grenoble (1956-1971), président de l'Institut national polytechnique de Grenoble (1971-1976), membre du directoire du C.N.R.S. (1949-1970), président de l'Union internationale de physique pure et appliquée (1963-1966), président (depuis 1973) du Conseil supérieur de Sûreté nucléaire, membre de l'Institut (Académie des sciences, 1953), médaille d'or du C.N.R.S. (1965), prix Nobel de physique (1970). Auteur de plus de deux cents publications sur le magnétisme des solides.

Nenot (Jean-Claude). Docteur en médecine. Chef du service de protection sanitaire du C.E.A.. Membre de la Commission internationale de protection radiologique, consultant de l'Organisation mondiale de la santé (O.M.S.), expert auprès de la Commission des Communautés européennes (EURATOM). Auteur et coauteur de plus de quatre-vingts publications scientifiques consacrées aux effets des radio-nucléides et à l'organisation de la radio-protection.

Pellerin (Jean). Licencié en droit, diplômé de l'Institut d'Etudes politiques de Paris et de l'Institut national des sciences et techniques nucléaires. Actuellement directeur adjoint des relations internationales du C.E.A. et administrateur de l'Institut français de l'énergie et de la Société française d'énergie nucléaire.

Petit (André). Diplômé de l'Institut d'Etudes politiques de Paris, D.E.S. de droit public et d'économie politique, membre du C.E.A. depuis 1950, il y est actuellement directeur adjoint des relations internationales.

Piatier (Henri). Ancien élève de l'Ecole polytechnique, docteur ès sciences physiques. Directeur du cabinet du Haut Commissaire à l'énergie atomique (1954-1959), directeur des matériaux et combustibles nucléaires au Commissariat à l'énergie atomique (1959-1970), puis chargé de mission auprès de l'administrateur général du C.E.A. Auteur de nombreuses publications sur la physique de la luminescence, la biophysique et l'énergie nucléaire.

Prax (Fred). D.E.S.S. de psychologie clinique, D.E.A. de psychologie appliquée. Actuellement responsable du laboratoire de psychologie dans le service de psychiatrie adulte du professeur Pélicier à l'hôpital Necker, et chargé de cours à la faculté de médecine Necker – Enfants malades.

Presta (Michel). Ingénieur de l'Institut national polytechnique de Grenoble, ingénieur électricien I.E.G., ingénieur à l'Electricité de France (E.D.F.), actuellement membre du service des études économiques générales, dans l'équipe chargée des problèmes d'approvisionnement énergétique.

Sauteron (Jean). Licencié ès sciences, ingénieur chimiste, diplômé de l'Ecole supérieure de physique et chimie industrielles de la ville de Paris. Membre du C.E.A. depuis 1946, actuellement chef du département de génie radioactif. Auteur de *Combustibles nucléaires* (Ed. Hermann, 1966).

Tanguy (Pierre). Ancien élève de l'Ecole polytechnique et de l'Ecole nationale supérieure de l'Aéronautique. Directeur au C.E.A. de l'Institut de protection et de sûreté nucléaire ; préside actuellement le groupe d'experts sur la sûreté des réacteurs, placé auprès du ministère de l'Industrie.

Thiriet (Lucien). Ingénieur de l'Ecole nationale supérieure des industries chimiques, docteur ingénieur en mathématiques et docteur ès sciences économiques. Après avoir animé les équipes d'économistes du C.E.A., il est actuellement conseiller du chef du département des relations publiques et de la communication. Auteur de nombreuses publications dont un manuel d'économie nucléaire : *L'énergie nucléaire, quelles politiques pour quel avenir ?* (1976).

Timbal-Duclaux (Louis). Diplômé de l'Ecole des hautes études commerciales et licencié en sociologie. Entré en 1966 au département des relations publiques du Gaz de France ; actuellement responsable à l'Electricité de France de la documentation d'un service chargé de l'information sur l'énergie. Auteur, sur ce sujet, d'un livre et de nombreux articles.

Tubiana (Maurice). Licencié ès sciences physiques et docteur en médecine. Après avoir travaillé dans le laboratoire de Frédéric Joliot-Curie de 1946 à 1950, il a fondé en 1950 le premier laboratoire hospitalier français destiné à l'utilisation des radioéléments artificiels chez l'homme. Actuellement directeur de l'Institut Gustave-Roussy et (depuis 1963) professeur titulaire de radiothérapie clinique et expérimentale à la faculté de médecine de Paris. Membre de la commission internationale de protection contre les rayonnements ionisants (1953-1958) et vice-président de la commission internationale des unités radiologiques (1962-1969), il a été aussi président du conseil scientifique du Centre international de recherche sur le cancer à Lyon (1981) et expert auprès de l'O.M.S. et de l'Agence internationale de l'énergie atomique sur les problèmes posés par l'emploi des radiations ionisantes chez l'homme. Président de la commission du cancer du ministère de la Santé de 1975 à 1981. Auteur de plus de trois cents articles scientifiques originaux parus dans des journaux scientifiques français et étrangers, et du *Refus du réel*, Robert Laffont, 1977.

Vignes (Suzanne). Licenciée ès sciences, pharmacienne de la faculté de Paris, C.E.S. d'hématologie, parasitologie, bactériologie et sériologie. Ingénieur, chercheur à la direction des études et recherches gazières à Gaz de France de 1949 à 1969 ; depuis 1969, biologiste au comité de radioprotection de E.D.F.

Vincent (François). Ingénieur de l'Ecole supérieure d'électricité, ingénieur en génie atomique. Entré, en 1960, à l'E.D.F., à la direction des études et recherches, il est actuellement attaché au chef du service réacteurs nucléaires et échangeurs, chargé de la gestion, pour le compte de E.D.F., du programme de recherche et de développement quadripartite entrepris en commun par le C.E.A. Framatone, Westinghouse et E.D.F. Auteur et coauteur de nombreuses publications sur l'énergie nucléaire.

Ziegler (Valery). Entré au C.E.A. en mars 1948, à la sortie de l'université de Paris, adjoint au chef du service des recherches minières, puis responsable de la section d'évaluation des réserves d'uranium, il est actuellement assistant du délégué des matières nucléaires. A ce titre, il contribue à promouvoir et à contrôler les programmes de recherches et de développement dans le domaine de la géologie de l'uranium et des techniques de prospection et d'extraction.

Préface

par le professeur Louis Néel
prix Nobel de physique

Le recours à l'énergie nucléaire, provenant de la fission des noyaux atomiques, pour pallier la crise de l'énergie reste une question de brûlante actualité et continue à susciter des controverses passionnées. C'est d'autant plus surprenant qu'il s'agit d'une technique actuellement au point : l'énergie nucléaire a couvert, en 1980, 9 p. 100 de la production mondiale d'électricité, et en France, au premier trimestre 1981, cette proportion a atteint 40 p. 100. Parmi les sources d'énergie capables de satisfaire une partie importante des besoins, elle présente de nets avantages économiques et assure une meilleure sécurité des approvisionnements. L'expérience montre aussi que c'est une énergie sûre. Elle n'est pas, il est vrai, renouvelable, mais grâce à la surgénération, en cours de mise au point, elle permettrait de subvenir aux besoins de l'humanité pendant plusieurs siècles.

Les objections élevées contre l'énergie nucléaire procèdent de motivations variées : techniques, économiques, psychologiques et socio-politiques, dans des proportions qui ont beaucoup varié au cours des trois dernières décennies.

Certes, bien qu'un réacteur nucléaire ne puisse absolument pas se transformer en bombe atomique, les craintes latentes d'une guerre nucléaire noircissent l'image de marque de cette énergie. Cette image en effet était meilleure au lendemain même des explosions de Nagasaki et d'Hiroshima, car, une seule puissance possédant l'arme nucléaire, une telle crainte n'aurait pas eu de fondement.

Habituée à la transparence et à la simplicité de marche d'une centrale hydraulique ou d'un capteur solaire, l'opinion publique est aussi un peu effrayée par la complication, et l'apparent mystère qui entoure les mécanismes mis en jeu dans le cycle du combustible et le fonctionnement des centrales nucléaires. L'invisibilité des rayonnements qui leurs sont associés, ainsi que la nocivité insidieuse et souvent retardée de leurs effets, frappent aussi l'opinion défavorablement.

D'autre part les exigences économiques, jointes au désir d'une meilleure sûreté, conduisent à construire de grandes unités, de plusieurs centaines de mégawatts. On a donc affaire à un système très concentré de production d'énergie dont la gestion doit être centralisée pour être efficace et sûre : il est ainsi associé à l'idée de « pouvoir » central, notion péjorative au moment où la décentralisation et la régionalisation paraissent en faveur. Au surplus, à une époque où la science est contestée et où on met l'accent sur les dangers des progrès techniques, en négligeant trop facilement les bienfaits qu'ils ont apportés, l'énergie nucléaire souffre d'être l'incontestable produit de l'ère scientifique, de ses savants, de ses ingénieurs et de ses techniciens.

Enfin, l'énergie nucléaire fournit une occasion favorable au développement des conflits entre les intérêts locaux, régionaux et nationaux. Les conséquences économiques et sentimentales de la construction d'une centrale sont en effet bien différentes lorsqu'on réside à proximité ou à une distance de cent kilomètres. Ces difficultés sont d'ailleurs d'autant plus difficiles à résoudre que les choix des sites d'implantation des centrales nucléaires doivent obéir à des conditions assez restrictives : on ne peut pas les mettre dans un désert.

Il est certain qu'une meilleure information permettrait de lever une grande partie des objections et de résoudre les difficultés que nous venons de passer en revue. Les techniciens éviteraient ainsi de donner l'impression de demander au public de signer des chèques en blanc en leur faveur.

En réalité, l'information disponible est considérable tant en ce qui concerne les ouvrages, les articles dans les revues spécialisées,... que les comptes rendus des conférences, colloques, séminaires... consacrés aux problèmes nucléaires. Mais cette information est dispersée, d'accès quelquefois difficile et n'est souvent pas assimilable sans une solide formation préalable. En même temps les médias, télévision, presse de grande information, revues de vulgarisation, ont plus d'impact, mais sont parfois inspirés par le goût du sensationnel et, de toutes façons, ne peuvent traiter que très sommairement des points étroitement limités d'un sujet extrêmement vaste.

Passons maintenant en revue les points sur lesquels devrait porter une information plus complète et meilleure.

Il est d'abord recommandable d'exposer les bases scientifiques sur lesquelles repose l'exploitation de l'énergie nucléaire et sortir pour cela de notre univers habituel, centré autour des atomes et de leurs réactions mutuelles, pour entrer dans celui des noyaux atomiques, avec des quanta d'énergie dix mille fois plus lourds et des échelles de distance dix mille fois plus petites. Il faut ensuite détailler le mécanisme de fonctionnement des réacteurs de différents types, ou filières, depuis les réacteurs graphite-gaz jusqu'aux surgénérateurs. Il s'agit aussi de retracer l'histoire du combustible le plus courant, l'uranium, depuis l'extraction des mines de l'uranium naturel, sa purification, son enrichissement en isotope fissile, l'uranium 235, dans une usine de séparation isotopique, le conditionnement en éléments utilisables dans la chaudière du réacteur, jusqu'à, après usage, le retraitement destiné à séparer les produits intéressants, comme le plutonium ou l'uranium appauvri, et finalement le conditionnement et le stockage des déchets.

Après ces informations techniques qui consistent à décrire et à expliquer le fonctionnement interne de la chaîne énergétique, il convient d'aborder les relations de cette dernière avec le monde extérieur, notamment le devenir des effluents et les effets des rayonnements ou radiations sur l'homme et son environnement. C'est aussi l'occasion d'exposer les méthodes utilisées pour assurer la sûreté des installations nucléaires et éviter la dissémination des produits radioactifs.

Comme l'énergie nucléaire n'est qu'un moyen parmi d'autres de pallier la crise de l'énergie, il est essentiel de comparer à tous les points de vue cette source aux autres, en particulier en ce qui concerne les risques. Cette dernière comparaison est délicate car, à côté des risques objectifs, il faut tenir compte des risques d'ordre psychologique ressentis par les populations et qui sont beaucoup plus difficiles à cerner.

Le dernier point qui n'est pas le moins important consiste à situer l'énergie nucléaire dans le cadre général, industriel, économique, social et politique des problèmes énergétiques qui se posent à notre pays, avec leurs multiples répercussions sur les ressources en matières premières, l'emploi, le niveau de vie,... sans oublier que les décisions hypothéqueront l'avenir, pendant des dizaines d'années.

C'est, on le voit, un très vaste programme. Le livre que nous présentons aujourd'hui s'est proposé de le traiter. Il a été rédigé par un groupe d'une vingtaine d'auteurs, tous qualifiés par une longue expérience dans leurs domaines respectifs. Ils ont eu le souci majeur de présenter le sujet dans un langage simple et cependant précis, d'une manière objective appuyée sur une documentation solide et en évitant tout développement mathématique. De nombreux tableaux, encarts et diagrammes ont permis d'alléger le texte de l'exposé. Des références bibliographiques se rapportant aux documents les plus importants et les plus accessibles permettront aux lecteurs d'approfondir leurs connaissances sur les points qui leur paraîtraient le mériter. L'ensemble est ainsi accessible sans connaissances spéciales à un large public.

Nous souhaitons que cet ouvrage permette à chacun de se former une opinion personnelle et raisonnée sur les questions nucléaires et de juger objectivement les problèmes qu'elles soulèvent. Si ce but est atteint, ce sera la plus grande satisfaction que puissent souhaiter les auteurs.

L. N.

CHAPITRE PREMIER

Qu'est-ce que l'énergie nucléaire ?

On se propose dans ce chapitre de définir les caractéristiques essentielles d'un réacteur nucléaire, en partant de notions élémentaires de physique nucléaire. On utilisera une méthode calquée autant que possible sur la démarche intellectuelle suivie par les savants qui depuis la fin du XIXe siècle, se sont succédé pour arracher les secrets de l'atome, définir les propriétés du noyau et singulièrement celles du noyau fissile, et finalement tirer parti au sein d'un réacteur nucléaire de l'énergie fantastique libérée lors de la fission.

Molécules, atomes et nucléons

Les notions de physique nucléaire nécessaires à la compréhension du principe de fonctionnement des réacteurs nucléaires sont relativement simples. On rappellera pour commencer que la matière est un assemblage de molécules, la molécule constituant la plus petite partie d'un corps pur. Cette molécule peut cependant être dissociée par des techniques particulières, l'électrolyse par exemple. C'est ainsi que l'électrolyse de l'eau permet de savoir qu'une molécule d'eau est composée d'oxygène et d'hydrogène. Oxygène et hydrogène sont appelés des *corps simples*. Outre ces deux gaz, il existe de nombreux corps simples : fer, or, plomb, sodium, etc. La plus petite partie isolable d'un corps simple s'appelle *un atome*[1].

1. Le mot atome est d'origine grecque et signifie qu'on ne peut pas le couper.

Une molécule est donc généralement composée de plusieurs atomes : la molécule d'eau est composée d'un atome d'oxygène et de deux atomes d'hydrogène et se note H_2O.

On crut, pendant longtemps, que l'atome constituait l'ultime fraction de la matière. Un certain nombre de découvertes fondamentales faites à la fin du XIXe siècle et au début du XXe ont montré qu'il n'en était rien et que l'atome lui-même était composé de particules élémentaires. Schématiquement, un atome est constitué d'une partie centrale – le noyau – dans laquelle est concentrée la quasi-totalité de la masse, et d'une partie périphérique formée *d'électrons* qui gravitent autour du noyau. Ce sont les électrons qui, lorsqu'un champ électrique leur est appliqué, se mettent en mouvement et constituent « le courant électrique ». Les électrons sont chargés négativement.

Le noyau de l'atome est composé d'un grand nombre de particules élémentaires ; les plus importantes, celles auxquelles on s'intéressera exclusivement ici, sont *les protons* et *les neutrons.* Elles sont de masses sensiblement voisines ; mais alors que le proton possède une charge électrique positive, le neutron, comme son nom l'indique, n'est pas chargé électriquement. Protons et neutrons sont appelés *nucléons.* Lorsqu'il est dans un état stable, l'atome possède autant de protons que d'électrons : il est donc électriquement neutre.

On caractérise habituellement un élément X par deux grandeurs : *son numéro atomique* Z qui correspond au nombre de protons, contenus dans son noyau, *son nombre de masse* A qui est égal à la somme du nombre de protons et du nombre de neutrons du noyau, c'est-à-dire au nombre de nucléons du noyau. Un élément X se note :

$$^{A}_{Z}X$$

Il possède donc Z protons et A – Z neutrons.

Les éléments que l'on rencontre dans la nature ont des numéros atomiques allant de 1 (c'est l'hydrogène) à 92 (c'est l'uranium). Il devrait donc y avoir 92 éléments différents dans la nature ; il n'y en a en fait que 90, les éléments correspondant aux numéros 43 (technétium) et 61 (prométheum) n'existant pas à l'état naturel. Lorsque l'on range les éléments dans l'ordre croissant de leurs numéros atomiques, on peut mettre en évidence le caractère périodique de certaines de leurs propriétés ; c'est ce qu'a observé au XIXe siècle le moine Mendeleïev qui a ainsi donné son nom à la classification périodique des éléments.

On appelle *isotopes* deux corps qui ont le même numéro atomique Z mais des nombres de masse A différents. Deux isotopes ont des propriétés chimiques presque identiques, puisqu'ils ont le même nombre d'électrons périphériques qui déterminent ces propriétés ; mais leurs propriétés physiques diffèrent (d'autant moins que leur nombre de masse est élevé) puisque leurs différences relatives s'atténuent. Compte tenu de la présence des isotopes, on trouve dans la nature non pas 90 éléments, mais environ 335. Sur ces 335 éléments, 282 sont stables et une cinquantaine instables.

L'élément hydrogène possède ainsi trois isotopes :

$^{1}_{1}H$: hydrogène ordinaire

$^{2}_{1}H$: appelé deutérium. Deux atomes de deutérium associés à un atome d'oxygène constituent une molécule d'eau lourde.

$^{3}_{1}H$: appelé tritium.

Deux éléments ayant des numéros atomiques Z différents sont différents et portent des noms différents.

Lorsque l'on s'intéresse préférentiellement au noyau d'un atome, celui-ci est appelé *nucléide.* Les nucléons qui le composent ont des masses extrêmement faibles : $1{,}6726.10^{-24}$ g pour le proton et $1{,}6750.10^{-24}$ g pour le neutron, de sorte que les atomes ont également des masses très faibles. Pour éviter de manier des chiffres trops petits, on a défini le concept de *masse atomique.* C'est ainsi qu'on a convenu de dire que la masse atomique du carbone $^{12}_{6}C$ qui compte 12 nucléons était de 12 grammes. L'atome de carbone étant pris comme référence, les masses atomiques des différents éléments s'en déduisent de proche en proche. Elles sont en général voisines de nombres entiers.

On se rendra compte de la masse réelle d'un atome de carbone quand on saura que dans 12 grammes de carbone 12, il y a $6{,}023.10^{23}$ atomes. Ce nombre est appelé *nombre d'Avogadro.* Le nombre d'Avogadro est donc le nombre d'atomes présents dans une masse égale à la masse atomique du nucléide auquel on s'intéresse.

Les physiciens utilisent une unité de masse appelée *u.m.a.* : *u*nité de *m*asse *a*tomique dont la définition est la suivante :

$$1 \text{ u.m.a.} = \frac{1}{12} \text{ masse atome de carbone } ^{12}_{6}\text{C}.$$

Sachant que dans 12 grammes de $^{12}_{6}C$, il y a $6{,}023.10^{23}$ atomes, la mesure en gramme de l'u.m.a. est donc égale à l'inverse du nombre d'Avogadro. Avec cette unité, la masse de l'atome hydrogène vaut 1,00797 u.m.a.

L'unité légale d'énergie – le joule – ne convient pas non plus en physique nucléaire. On utilise donc une nouvelle unité d'énergie (et ses multiples) appelée *l'électronvolt,* symbole eV, dont la définition est la suivante : c'est l'énergie cinétique acquise par un électron lorsqu'il est soumis à un champ électrique de un volt. On a l'équivalence suivante : $1 \text{ eV} = 1{,}602.10^{-19}$ joule.

On utilise souvent en pratique un multiple de l'eV, le mégaélectronvolt, qui vaut un million d'eV et dont le symbole est le MeV. En utilisant pour nouvelle unité de masse l'u.m.a. et pour nouvelle unité d'énergie le MeV, la relation d'Einstein entre masse et énergie $E = m\,c^2$ devient, compte tenu de la valeur de c vitesse de la lumière (c = 300 000 km/s) : $E_{MeV} = 931{,}5\ m_{u.m.a.}$

La radioactivité

En 1896, le savant français Becquerel s'aperçut qu'en présence d'uranium, une plaque photographique était impressionnée, et ceci en pleine obscurité. Pierre et Marie Curie s'intéressèrent à ce phénomène et s'aperçurent que le minerai d'uranium émettait naturellement des rayonnements. Ils donnèrent à ce phénomène, le nom de *radioactivité.* Un corps radioactif est un corps souvent lourd dont le noyau subit spontanément et brutalement un changement de structure. On dit qu'il s'est désintégré. En se désintégrant, il émet des particules qui sont éjectées à grande vitesse du noyau. On les nomme *radiations* ou rayonnement radioactif.

Les corps radioactifs qui existent dans la nature, donnent généralement lieu à deux grandes sortes de désintégrations radioactives, conduisant respectivement :

– à l'émission d'un noyau d'hélium $^{4}_{2}He$ composé de 2 neutrons et 2 protons, donc chargé positivement ; c'est *la radioactivité alpha* (α)

– à l'émission d'un électron chargé négativement ; c'est la *radioactivité béta* (β)

Une troisième émission est un sous-produit de certaines désintégrations α ou β : c'est le rayonnement gamma (γ). Le rayonnement γ n'est pas une particule : il n'a ni masse, ni charge électrique. C'est un « grain » d'énergie, de nature électromagnétique, comme la lumière ou les rayons X. Il se propage à la vitesse de la lumière. On l'appelle parfois *photon* γ. Un photon γ peut être émis par un noyau, à la suite d'une désintégration α ou β, lorsque ce noyau résiduel possède un excès d'énergie. C'est cet excès qui est alors emporté par le rayon γ. Le noyau, après s'être libéré de cet excès d'énergie, atteint un état stable. Signalons également d'autres manifestations plus rares de la radioactivité : l'émission d'un électron positif, la capture par le noyau d'un électron d'une couche profonde et la fission spontanée de certains noyaux.

Outre la cinquantaine de corps radioactifs qui existent dans la nature, on a pu identifier plus de 1 500 nucléides radioactifs obtenus par bombardement de certains noyaux par des projectiles comme les neutrons, les protons et les particules α. La mise en évidence des premiers radionucléides artificiels est due à Frédéric et Irène Joliot-Curie. En 1934, ils constatèrent que le bombardement d'une feuille d'aluminium par des particules α conduisait à la formation d'un isotope de phosphore n'existant pas dans la nature. On appelle radioactivité artificielle l'émission de radiations α, β ou γ par des noyaux obtenus artificiellement. Elle a les mêmes caractères que la radioactivité « naturelle ».

Un nucléide qui a émis un rayon α ou β a changé de nature ; le noyau résultant n'a pas les mêmes caractéristiques (Z ou A) que le noyau initial. On appelle *période* le temps au bout duquel la moitié des noyaux présents à un instant donné a disparu. La période d'un corps radioactif est d'une constance remarquable et constitue une caractéristique de ce corps. Les périodes diffèrent considérablement d'un corps à un autre : elles peuvent aller de quelques fractions de seconde à quelques milliards d'années. A titre d'illustration, la période de l'uranium 238 est de 4,5 milliards d'années ; celle de polonium 214 de 164 microsecondes.

Les rayonnements α, β et γ ont une propriété commune : ce sont des rayonnements ionisants, ce qui signifie qu'en traversant la matière, ils ont la propriété d'arracher des électrons aux atomes qu'ils rencontrent[1].

Les réactions entre neutrons et noyaux

Dès la découverte du neutron par James Chadwick en 1932, les physiciens étudièrent les effets du bombardement de certains noyaux par des neutrons. Le neutron

1. Les effets des rayonnements sur l'homme sont analysés au chapitre IV.

constitue en effet un projectile de choix car son absence de charge électrique lui permet d'interagir avec des noyaux même si sa vitesse est très faible, à la différence des particules chargées positivement (protons, noyaux d'hélium) qui doivent être dotées d'une énergie cinétique importante pour franchir la barrière du potentiel coulombien[1]. Le destin d'un neutron libre est donc d'interagir plus ou moins rapidement avec un noyau. Il donne alors lieu aux principales réactions suivantes :

– soit une simple collision : le neutron animé d'une certaine vitesse heurte un noyau, sa vitesse est diminuée et sa direction a changé, selon les lois de la mécanique ;

– soit une capture : le neutron est capturé par le noyau.

Celui-ci possède alors un excès d'énergie – on dit qu'il est excité – dont il se libère en émettant un rayon γ. On appelle cette réaction, réaction d'activation. Il peut également émettre des rayons α ou β : il y a alors création artificielle d'un radionucléide.

– Dans des cas beaucoup plus rares, le neutron en heurtant un noyau, provoque sa destruction : c'est le phénomène de la *fission* que nous allons étudier en détail. Mais auparavant, il est nécessaire de donner quelques indications sur une caractéristique essentielle du noyau.

Énergie de liaison — Défaut de masse

En 1938, deux savants allemands, Otto Hahn (1879-1968) et Fritz Strassmann (né en 1902), bombardaient de l'uranium naturel à l'aide de neutrons quand ils mirent en évidence la présence d'éléments beaucoup plus légers. Ils en tirèrent la conclusion que des noyaux d'uranium s'étaient brisés sous l'effet des neutrons, les

1. C'est-à-dire vaincre les forces électrostatiques de répulsion engendrées par deux charges de même signe.

morceaux résultants étant justement ces éléments plus légers qu'ils avaient observés. Très intriguée par cette expérience, la communauté scientifique de l'époque multiplia les essais et l'année suivante, le savant français Frédéric Joliot-Curie (1900-1958) confirma les conclusions de Hahn et Strassmann, ajoutant que cette réaction libérait une quantité importante d'énergie et qu'elle s'accompagnait de l'émission de nouveaux neutrons.

D'où provenait cette énergie de fission ? Pour le comprendre, il faut faire un retour sur la composition interne du noyau. On a vu qu'il est constitué d'un assemblage de nucléons, protons et neutrons. Ces nucléons sont soumis à des forces, qui tendent à les tenir intimement liés entre eux. Ces forces sont un million de fois plus élevées que celles qui lient entre eux les atomes d'une molécule ou ceux des cristaux les plus stables. Ainsi si l'on voulait détruire la cohésion d'un tel noyau, il faudrait lui fournir de l'énergie. Cette énergie qui serait nécessaire pour séparer les nucléons s'appelle *énergie de liaison*. Inversement, supposons qu'à l'aide d'un certain nombre de nucléons, nous voulions « fabriquer » un noyau, on observerait alors que la constitution de ce noyau s'accompagnerait d'une libération d'énergie et qu'en outre, le noyau résultant serait plus léger que la somme des masses des nucléons pris isolément. Tâchons d'expliquer ce phénomène.

Considérons un atome X de numéro atomique Z et de nombre de masse A ; il possède donc Z protons, Z électrons et A–Z neutrons.

Soit m_H la masse de l'atome d'hydrogène, composé d'un proton et d'un électron.

Soit m_n, la masse d'un neutron.

On peut donc reconstituer l'atome X à l'aide de Z atomes d'hydrogène et de A – Z neutrons. La masse théorique de l'atome devrait donc être égale à :

$$M = Z.\ m_H + (A - Z)\ m_n.$$

On constate en fait qu'elle est plus faible ; appelons-la m. La différence M – m s'appelle *défaut de masse.*

On a donc mis en évidence d'une part qu'un noyau possédait une certaine énergie de liaison et d'autre part qu'un atome était plus léger que la somme des masses de ses constituants pris isolément. Cette constatation n'est double qu'en apparence car depuis Albert Einstein, on sait que masse et énergie sont équivalentes, liées par la fameuse relation : $E = mc^2$. *Le défaut de masse observé est l'équivalent exact* de l'énergie de liaison du noyau.

Les physiciens des années 1930 se rendirent rapidement compte de l'importance de la notion d'énergie de liaison des noyaux ; ils cherchèrent à mettre en évidence une loi permettant de relier l'énergie de liaison par nucléon, c'est-à-dire l'énergie de liaison du noyau divisée par le nombre de nucléons le constituant, à une autre caractéristique du noyau. C'est ainsi qu'ils eurent l'idée d'établir un graphique où serait portée, pour chacun des 325 éléments existant dans la nature, l'énergie de liaison par nucléon en fonction du nombre de masse de chacun de ces éléments. Ils s'aperçurent alors que les points obtenus se plaçaient approximativement sur une courbe régulière.

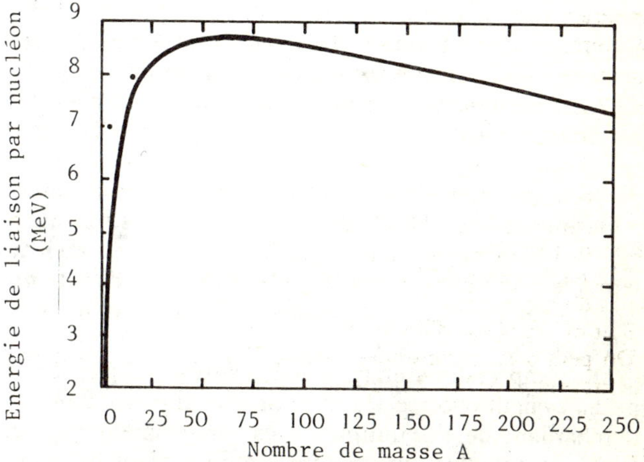

L'examen de cette courbe est particulièrement instructif. On constate en effet qu'elle présente un maximum. Les conséquences que l'on peut en tirer sont immédiates :

Supposons en effet que l'on dispose de deux noyaux légers. Etant légers, leur nombre de masse A est faible et l'on se trouve dans la partie gauche de la courbe. On s'aperçoit que l'énergie de liaison par nucléon est faible. Si par un moyen quelconque, on arrive à « souder » ensemble ces deux noyaux, le noyau résultant étant plus lourd, aura une énergie de liaison plus importante (on se déplace vers la droite du graphique), ce noyau sera mieux lié, aura donc une masse plus faible que la somme des masses des noyaux initiaux : il y a donc libération d'énergie au cours de cette opération appelée *fusion* des deux noyaux. Cette réaction de fusion est mise en œuvre dans les étoiles, le soleil et dans les bombes thermonucléaires ou bombes H. On cherche à la mettre en œuvre de façon contrôlée, c'est-à-dire à domestiquer cette source d'énergie considérable pour des usages civils, mais en dépit de progrès notables, on n'y est pas encore parvenu.

Intéressons-nous maintenant à la partie droite du graphique, c'est-à-dire à la partie décroissante de la courbe. Supposons que par un moyen quelconque, on ait réussi à casser en deux un noyau ayant un nombre de masse élevé. Compte tenu de la forme de la courbe, il est clair que les noyaux résultants, ayant un nombre de masse plus faible que le noyau initial, auront une énergie de liaison par nucléon plus élevée. Ces noyaux plus légers seront donc mieux liés et la somme de leurs masses sera inférieure à la masse initiale : ce défaut de masse est équivalent à la production d'énergie. Cette réaction dite de *fission* s'est donc accompagnée de la libération d'une certaine quantité d'énergie.

On comprend maintenant le mécanisme du phénomène qu'avaient observé Hahn et Strassmann en 1938 : en bombardant de l'uranium qui est un élément naturel formé essentiellement de deux isotopes ayant les nombres de masse les plus élevés, ils avaient provoqué la fission de quelques noyaux d'un de ces isotopes (on verra qu'il s'agissait de l'uranium 235). Ces noyaux s'étaient rompus en fragments plus petits – du baryum avait notamment été mis en évidence – ayant des énergies de liaison par nucléon plus élevées. Aussi allons-nous étudier maintenant les propriétés de la fission.

Propriétés de la fission nucléaire

Ainsi que nous l'avons vu, une réaction de fission se caractérise par la rupture d'un noyau lourd, ce qui donne lieu à la production de produits de fission (ce sont les fragments du noyau initial), à la libération d'énergie et enfin à l'émission de nouveaux neutrons. Les nucléides capables de subir la fission sont appelés *nucléides fissiles.* Ils sont très rares, au point qu'il n'en existe qu'un seul dans la nature : l'uranium 235, composé de 92 protons et de 143 neutrons. Il en existe cependant d'autres, créés artificiellement, on verra de quelle façon ; ce sont certains isotopes du plutonium et un isotope artificiel de l'uranium.

La réaction de fission de l'uranium 235 peut se symboliser par l'équation suivante :

$$^{235}_{92}U + ^{1}_{0}n \rightarrow PF_1 + PF_2 + \nu\, ^{1}_{0}n + E$$

Les principaux termes de cette opération ont des significations faciles à comprendre :

– $^{235}_{92}U$ symbolise un noyau d'uranium (numéro atomique 92 et nombre de masse 235 : 92 protons + 143 neutrons).

– $^{1}_{0}n$ symbolise le neutron incident : nombre de masse égal à 1 et numéro atomique nul.

– PF_1 et PF_2 sont les produits résultant de la rupture du noyau, ou produits de fission.

– ν représente le nombre de neutrons émis,

– E représente la quantité d'énergie libérée.

Nous allons nous intéresser à chacun des termes de cette équation, mais pour commencer nous allons tenter de donner une description du phénomène de la fission.

Le phénomène de la fission

Nous avons vu que la fission d'un noyau d'uranium 235 était provoquée par la collision d'un neutron animé d'une certaine vitesse avec le noyau en question. Que se passe-t-il au moment du choc ? Le neutron commence par être absorbé par le noyau d'uranium, qui se transforme ainsi en uranium 236. Lors de cette absorption, le noyau bénéficie d'un apport d'énergie : l'énergie cinétique du neutron d'une part, l'énergie mise en jeu par les forces nucléaires de liaison d'autre part. Sous l'effet de cet excès d'énergie, ce noyau se met à entrer en oscillations, se déformant de plus en plus, ainsi que le ferait une goutte d'eau.

A B C D E F

Quelles sont les forces auxquelles sont soumises les deux parties du noyau lorsque l'état D est atteint ? Elles sont de deux sortes : d'une part les forces de liaison qui tendent à tenir étroitement associés les divers nucléons ; d'autre part les forces de répulsion coulombiennes. En effet lorsque l'état D est atteint, on est pratiquement en présence de deux noyaux formés de protons et de neutrons, donc chargés positivement. On sait que des charges de même signe se repoussent sous l'effet de forces appelées forces de Coulomb.

Lorsque les forces de répulsion coulombiennes l'emportent sur les forces de liaison, le noyau se rompt – se fissionne –, les deux fragments appelés *produits de fission* étant projetés à grande vitesse dans des directions opposées. Toute l'opération s'est déroulée dans un temps extrêmement court, de l'ordre de 10^{-14} seconde. Ce schéma qui illustre de façon quelque peu imagée la fission d'un noyau d'uranium 235 est appelé *modèle de la goutte liquide.*

Evaluation de l'énergie de fission

Nous allons essayer d'évaluer l'énergie libérée lors de la fission d'un noyau d'uranium 235, illustrée par la réaction ci-dessous :

$$^{235}_{92}U + ^{1}_{0}n \rightarrow ^{137}_{52}Te + ^{97}_{40}Zr + 2\,^{1}_{0}n$$

La méthode consiste à calculer en u.m.a. la somme des masses des éléments du premier membre puis celle des éléments du second membre. On a vu que la première était plus élevée que la seconde. Le calcul donne pour la différence des masses environ 0,21 u.m.a. Pour trouver l'équivalent énergétique de cette différence de masse, il suffit d'appliquer la relation d'équivalence masse-énergie définie plus haut et l'on obtiendra la valeur de l'énergie E libérée : $E \simeq 200$ MeV.[4]

En conclusion, chaque fois qu'un noyau d'uranium 235 subit la fission, il se libère une énergie d'environ 200 MeV. Cette quantité d'énergie est considérable, bien que de prime abord, évaluée à l'aide d'une unité peu courante, il soit difficile de faire une comparaison avec d'autres réactions exoénergétiques. Pour illustrer l'importance de l'énergie de fission, nous allons calculer l'énergie qui serait libérée par la fission de tous les noyaux d'un gramme d'uranium 235.

Dans 235 g d'uranium 235, il y a approximativement $6{,}023.10^{23}$ noyaux d'uranium 235. Donc dans un gramme, il y en a :

$$\frac{6{,}023.10^{23}}{235}$$

Si chaque noyau subit la fission, sachant qu'une fission donne 200 MeV, l'énergie totale libérée sera de :

$$\frac{6{,}023.10^{23}.\ 200}{235} = 5{,}126.10^{23}\ \text{MeV}$$

Sachant que 1 MeV = $1{,}602.10^{-13}$ joule, cette énergie est encore égale à : $5{,}126.10^{23} .\ 1{,}602.10^{-13} = 8{,}212.10^{10}$ joule.

Cette énergie est équivalente à celle que fournirait la combustion de 1900 kg de fuel lourd.

Ce simple exemple illustre donc bien la valeur extrêmement élevée de l'énergie de fission puisque la fission de tous les

---

4. Mégaélectronvolt, soit : 10^6 eV.

noyaux d'un seul gramme d'uranium 235 fournit presque autant d'énergie que la combustion de deux tonnes de fuel.

Un autre calcul aussi simple que le précédent montre qu'il faut $3{,}1.10^{10}$ fissions pour produire un joule ou que pour produire un watt, il faut $3{,}1.10^{10}$ fissions par seconde.

Répartition de l'énergie de fission

On vient de voir que la fission d'un noyau d'uranium 235 provoquait la libération d'une importante quantité d'énergie, s'élevant à 200 MeV. La question se pose maintenant de savoir sous quelle forme se manifeste cette énergie. On peut presque répondre d'emblée à cette question si l'on se souvient du modèle de la goutte liquide évoqué plus haut. On a en effet constaté que lorsque le noyau d'uranium 236 s'est déformé au point de ressembler à une haltère, les deux parties opposées du noyau se sont finalement projetées en sens inverse à grande vitesse. Des particules animées d'une grande vitesse sont dotées d'une importante énergie cinétique : c'est donc sous forme d'énergie cinétique que se manifeste d'abord une partie ($\simeq$ 82 %) de l'énergie de fission. Ces fragments de fission en heurtant d'autres noyaux lourds vont être ralentis. Leur énergie cinétique va se transformer en chaleur, forme dégradée de l'énergie, ce qui va provoquer l'échauffement du milieu dans lequel se trouvaient les noyaux fissiles.

Une autre partie de l'énergie de fission a comme support les divers rayonnements qui accompagnent cette réaction : il y a d'une part un rayonnement γ instantané et d'autre part des rayonnements β et γ émis par les fragments de fission, par suite d'un excès de neutrons dans le noyau de ces fragments. A noter également l'émission d'anti-neutrinos : particules sans charge, ni masse ayant des interactions si faibles avec la matière qu'ils peuvent traverser toute la terre sans interagir avec elle. Ces anti-neutrinos emportent donc une quantité d'énergie désormais irrécupérable. En revanche les autres rayonnements β et γ concourent au dégagement de chaleur dans le milieu fissile.

Une dernière partie de l'énergie de fission va se manifester sous la forme d'énergie cinétique des neutrons émis lors de la réaction de fission. Ces nouveaux neutrons seront animés d'une grande vitesse, 20 000 kilomètres/seconde en moyenne, donc dotés d'une certaine énergie.

En résumé, l'énergie de fission se manifeste essentiellement sous la forme d'énergie cinétique des fragments de fission, qui au cours du ralentissement se transforme en chaleur, et sous la forme de divers rayonnements qui concourent également au dégagement de chaleur. En conclusion, c'est *sous forme de chaleur* que l'énergie de fission va presque entièrement se retrouver. Le rôle des centrales nucléaires sera de récupérer cette chaleur et de la transformer en énergie électrique.

Les produits de fission

Lors de la réaction de fission le noyau fissile se casse le plus souvent en deux fragments, appelés fragments de fission. Ceux-ci sont extrêmement radioactifs. Pourquoi ? La réponse est assez simple : le noyau fissile initial d'uranium 235 comptait 143 neutrons ; s'y ajoute le neutron qui a provoqué la fission. Nous sommes donc en présence de 144 neutrons. Retranchons les 2 nouveaux neutrons émis lors de la réaction de fission : il reste 142 neutrons que doivent se partager les deux fragments de fission. Or des considérations de physique nucléaire nous apprennent que si des noyaux lourds peuvent supporter un nombre de neutrons notablement plus élevé que leur nombre de protons, il n'en est pas de même des noyaux plus légers qui pour être stables ne peuvent avoir qu'un léger excès du nombre de neutrons sur le nombre de protons. Les fragments de fission étant beaucoup plus légers que le noyau fissile, il est clair qu'ils ne peuvent supporter cet excès de neutrons ; des neutrons vont donc se transformer en protons avec éjection d'électrons du noyau : radioactivité β^-. Le nouveau noyau auquel il donne naissance sera souvent dans un état excité, d'où émission de rayons γ.

L'expérience montre que la courbe reliant la production relative des fragments de fission à leur nombre de masse a la forme suivante :

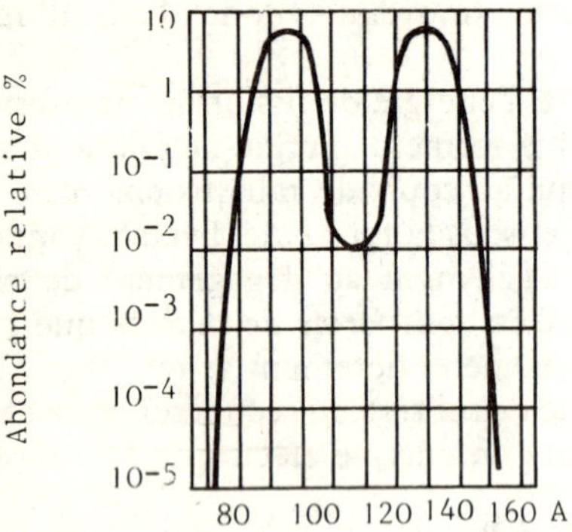

Elle privilégie donc nettement les fragments de fission ayant des nombres de masse voisins de 95 et de 140.

Les fragments de fission sont, nous venons de le voir, très radioactifs : ils donnent naissance à de nombreux descendants (plus de 200). L'ensemble des fragments de fission et de leurs descendants s'appelle produits de fission. Ce sont ces produits de fission qui constituent les *déchets radioactifs.*

Les neutrons de fission

Une réaction de fission provoque donc un dégagement d'énergie et donne naissance à des produits de fission et à de nouveaux neutrons appelés *neutrons de fission.*

Pour un nucléide fissile donné, ce nombre de neutrons varie avec l'énergie du neutron incident. Il est généralement compris entre 2 et 8. En moyenne, pour l'uranium 235, il est de 2,43. Le nombre de neutrons émis par fission est plus important pour les autres nucléides fissiles, il est de 2,87 pour le plutonium 239, de 2,94 pour le plutonium 241 et de 2,49 pour l'uranium 233. La vitesse de ces neutrons, et donc leur énergie, est également variable ; elle est en moyenne de 2 MeV, ce qui correspond à une vitesse de 20 000 km/s.

La présence des neutrons de fission revêt une importance considérable. En effet le mécanisme de la fission d'un noyau fissile est initié à l'aide d'un neutron incident. Le fait que cette réaction de fission s'accompagne de l'émission de nouveaux neutrons laisse prévoir la possibilité de réactions multiples à partir d'un seul neutron, car les neutrons de fission peuvent à leur tour provoquer de nouvelles fissions et ainsi de suite. Ce processus a reçu le nom de *réaction en chaîne.*

Les physiciens de l'immédiat avant-guerre comprirent tout le parti qu'ils pouvaient tirer d'une réaction libérant d'une part des quantités énormes d'énergie et d'autre part des neutrons entretenant une réaction en chaîne : les savants français Joliot-Curie, Halban, Kowarski et Perrin prirent même des brevets de réacteur et d'arme nucléaires dès 1939.

Formation du plutonium

Nous avons indiqué plus haut qu'un nucléide capable de se fissionner sous l'impact d'un neutron était un nucléide fissile. Cette définition n'est pas tout à fait précise car on n'a pas fait intervenir l'énergie du neutron ; la définition précise d'un nucléide fissile est la suivante : Un nucléide est fissile quand l'absorption d'un neutron même doté d'une énergie négligeable (celle qu'il a lorsqu'il est en équilibre thermique avec le milieu) conduit à sa fission.

Un neutron très énergétique pourra *a fortiori* provoquer aussi la fission d'un noyau d'uranium 235. En revanche bien qu'un neutron très énergétique ($E > 0,8$ MeV) puisse provoquer la fission d'un noyau d'uranium 238, ce nucléide n'est pas considéré comme fissile.

Un nucléide est dit fertile quand après avoir capturé un neutron, il donne naissance à un nucléide fissile.

A ce titre, l'uranium 238 est fertile. En effet à la suite de la capture d'un neutron, il donne l'uranium 239 qui est instable à cause d'un excédent de neutrons ; un de ces neutrons va alors se transformer en proton et un électron sera éjecté du noyau. Ce nucléide ayant gagné un proton a changé de numéro atomique : c'est donc un nouveau corps, le neptunium 239. Lui aussi est instable pour la même raison et il donne à son tour un nouveau corps, le plutonium 239. La formation du plutonium est schématisée ci-dessous :

$$^{238}_{92}U + ^{1}_{0}n \longrightarrow ^{239}_{92}U \xrightarrow[23,5mn]{\beta^-} ^{239}_{93}Np \xrightarrow[2,3\ j]{\beta^-} ^{239}_{94}Pu$$

A la suite de la capture d'un neutron, le plutonium 239 donne naissance aux isotopes supérieurs du plutonium : plutonium 240, plutonium 241, plutonium 242. Le plutonium 241 est fissile ; donc le plutonium 240 est fertile. Sous l'impact de neutrons très énergétiques, le plutonium 240 et le plutonium 242 subissent la fission ; ils ne sont pas pour autant considérés comme des nucléides fissiles.

L'uranium 233, isotope artificiel de l'uranium est produit par un mécanisme analogue, mais à partir du thorium et en passant par le protactinium. On a les réactions suivantes :

$$^{232}_{90}Th + ^{1}_{0}n \longrightarrow ^{233}_{90}Th \longrightarrow \xrightarrow[23mn]{\beta^-} ^{233}_{91}Pa \xrightarrow[27j]{\beta^-} ^{233}_{92}U$$

L'uranium 233 est fissile ; le thorium 232 est donc un nucléide fertile.

La réaction en chaîne

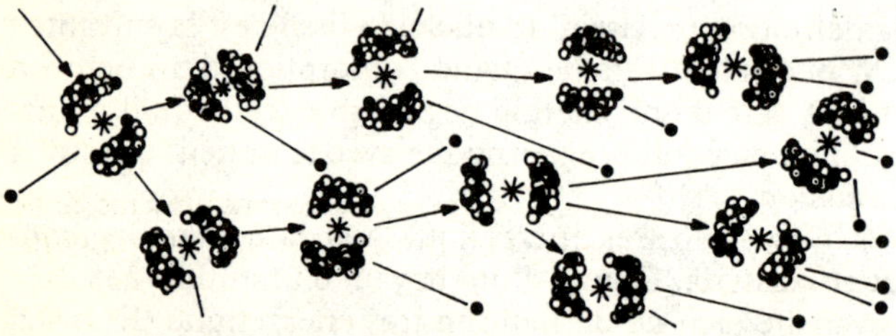

Comme le montre ce schéma un seul neutron, le neutron incident initial, peut donner naissance à des neutrons dont le nombre varie selon une progression géométrique. Le nombre de fissions variant grosso modo comme le nombre de neutrons, l'énergie dégagée augmente donc dans les mêmes proportions.

Un calcul simple va illustrer ce qui précède : Supposons que les neutrons aient une durée de vie moyenne égale à τ secondes. Au bout de ce temps, *n* neutrons ont donné naissance à *k n* neutrons ; *k* est appelé coefficient de multiplication. L'augmentation du nombre de neutrons a donc été de k n - n = n (k - 1) et leur taux d'augmentation instantané est donné par la relation :

$$\frac{dn}{dt} = \frac{(k - 1)\, n}{\tau}$$

En appelant n_0 le nombre de neutrons à l'instant initial, on en déduit la loi donnant la variation du nombre de neutrons en fonction du temps :

$$n = n_0 e^{\frac{k - 1}{\tau} t}$$

Cette expression est intéressante car elle confirme que le nombre de neutrons croît de façon exponentielle lorsque k est supérieur à 1.

Une simple application numérique va montrer l'importance de la formule ci-dessus. Supposons que le coefficient de multiplication soit égal à k = 1,005, que le laps de temps auquel on s'intéresse soit de une seconde et que le temps de vie des neutrons soit de une milliseconde ; on en déduit que pendant ce court laps de temps, le nombre de neutrons a été multiplié par :

$$e^{\frac{1,005 - 1}{0,001}} = e^5 \simeq 150$$

En une seule seconde, le nombre de neutrons présents, donc le nombre de fissions et donc l'énergie dégagée a été multipliée par 150.

On comprend ainsi – les circonstances s'y prêtant – que la première application de la découverte du phénomène de la fission ait été une application militaire : la bombe atomique. La seconde application fut la mise au point d'un réacteur nucléaire, dispositif qui va retenir davantage notre attention.

Comment fonctionne un réacteur nucléaire

Le principe et les propriétés de la fission ayant été examinés, il s'agit maintenant de tracer les grandes lignes de ce qu'est un réacteur nucléaire, et en premier lieu de le définir :

Un réacteur nucléaire est un milieu de dimensions finies au sein duquel l'entretien d'une réaction en chaîne provoque sous certaines conditions le dégagement contrôlé d'énergie sous forme de chaleur.

Un réacteur dans lequel les neutrons se multiplieraient aussi rapidement qu'on vient de le voir serait rigoureusement incontrôlable. Que cherche en effet l'exploitant d'un réacteur ? Un réacteur nucléaire étant la source de puissance d'une centrale électrique, il souhaite, comme pour toute centrale thermique, que la puissance soit constante ou tout au moins varie très lentement. Ceci implique que le nombre de neutrons dans le réacteur soit constant ou varie de façon très lente au cours du temps. Il est clair que la relation que nous venons d'analyser ne permet pas de satisfaire cette condition.

Heureusement une particularité de la fission permet néanmoins l'entretien contrôlé de la réaction en chaîne. Nous avons vu en effet que la fission de l'uranium 235 donnait immédiatement naissance à environ 2,4 neutrons et à deux fragments de fission. Nous avons également noté que plus un noyau était lourd, c'est le cas de l'uranium 235, plus il pouvait supporter un excès de neutrons. Une fois fissionné, le noyau d'uranium 235 donne naissance à deux noyaux qui sont naturellement plus légers ; ils ne peuvent donc garder cet excès de neutrons et en expulsent une fraction avec un certain retard. On se trouve donc en présence de deux catégories de neutrons de fission : les neutrons immédiatement émis lors de la fission, appelés *neutrons prompts* ; les neutrons émis avec retard et donc appelés *neutrons retardés.*

Bien que la proportion des neutrons retardés soit très faible – elle est d'environ 0,6 à 0,7 % pour l'uranium 235 –, ces neutrons ont une grande importance car ils permettent le contrôle de la réaction en chaîne. Tout se passe en effet comme si le temps séparant deux générations de neutrons était augmenté.

Reprenons alors l'application numérique developpée plus haut où la seule modification consiste à augmenter le temps τ. Supposons que τ devienne égal à 0,1 seconde. Au bout de une seconde, le nombre de neutrons sera multiplié par 1,05, soit une augmentation de 5 %. On comprend donc le rôle prépondérant joué par les neutrons retardés : grâce à eux, en effet, le contrôle de la réaction en chaîne devient possible.

Le coefficient k de la relation donnée plus haut s'appelle le coefficient ou *facteur de multiplication*. Le milieu dans lequel s'effectue cette opération s'appelle *milieu multiplicateur*.

Lorsque k = 1, la formule montre que le nombre de neutrons présents dans le réacteur est constant. On dit que le réacteur est *critique.*

Si k est supérieur à 1, le nombre de neutrons croît de façon exponentielle : on dit alors que le *réacteur est surcritique* ou qu'il *diverge.*

Si k est inférieur à 1, le nombre de neutrons diminue de façon exponentielle : le réacteur est dit *sous-critique.*

Dans la pratique, on joue sur les moyens de contrôle de la réaction en chaîne de façon à être sous-critique avec les neutrons prompts, la *criticité* étant obtenue avec l'appoint des neutrons retardés. En tout état de cause on s'interdit d'être critique à l'aide des seuls neutrons prompts, c'est-à-dire d'être *critique prompt.*

Nous allons maintenant évoquer les différents destins qui s'offrent à un neutron de fission.

Destins du neutron

On a vu qu'un neutron de fission était animé d'une grande vitesse, de l'ordre de 20 000 km/s. Il se trouve plongé dans un milieu composé essentiellement de noyaux des différents atomes présents dans le réacteur. Le neutron va donc en rencontrer un certain nombre sur son chemin. Que se passe-t-il lors de cette rencontre neutron-noyau ? Différentes éventualités sont possibles :

– Le neutron après avoir heurté un noyau, rebondit. Au cours de cette réaction, il a simplement perdu une partie de sa vitesse (et de son énergie) et sa direction a été modifiée. Cette réaction de collision s'appelle une *réaction de diffusion.*

– Le neutron est capturé par le noyau. Ce dernier possède alors un excédent d'énergie (l'énergie cinétique du neutron) dont il se débarrasse généralement en émettant un rayonnement γ. On a alors affaire à une *réaction de capture.* Un type de capture est particulièrement intéressant : c'est celui où un noyau d'uranium 238 capture un neutron, ce qui donne naissance au plutonium 239 fissile.

– Le neutron après avoir été absorbé par le noyau, provoque sa fission. Cette *réaction de fission*, beaucoup moins fréquente que les précédentes a été étudiée plus haut.

– Le neutron peut s'échapper du réacteur.

Chacune de ces réactions entre un neutron et un noyau a une certaine probabilité de se produire. Cette probabilité a reçu le nom de *section efficace.* Elle s'exprime dans une unité – le barn – qui a les dimensions d'une surface et qui vaut 10^{-24} cm^2. On parlera de la section efficace d'un nucléide pour une réaction donnée ; on aura donc des sections efficaces de capture, de diffusion et éventuellement de fission.

La section efficace σ d'un nucléide pour une réaction donnée dépend de l'énergie du neutron incident : c'est donc une fonction de l'énergie de ce neutron, ou de sa vitesse. Pour la plupart des nucléides, la section efficace σ varie en raison inverse de la vitesse du neutron incident. Une réaction neutron-noyau a donc d'autant plus de chances de se produire que le neutron est animé d'une faible vitesse. Il y a cependant de nombreuses exceptions à cette loi. L'une des plus importantes concerne la section efficace de capture de l'uranium 238 dont il vient d'être question. En effet, au lieu de varier dans le même sens que l'énergie du neutron, on constate que dans une bande d'énergie assez importante (de 1 eV à 100 eV)[5], la section efficace de capture de l'uranium 238 présente des oscillations de très forte amplitude, appelées *résonances* (ou plus familièrement « trappes »). Donc des neutrons ayant une énergie de quelques dizaines d'électrons-volts auront une probabilité importante de se faire capturer. Cette capture ne sera d'ailleurs pas stérile puisqu'on vient de voir qu'elle conduisait à un nouveau nucléide fissile, le plutonium 239.

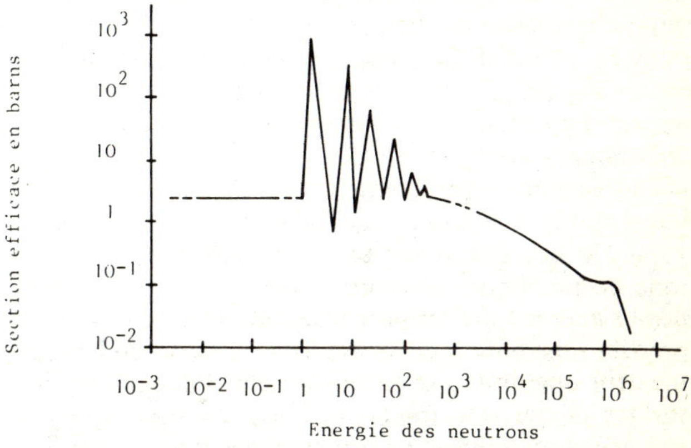

5. Rappelons qu'un électronvolt (eV) est l'énergie cinétique acquise par un électron lorsqu'il est soumis à un champ électrique de un volt.

La section efficace de l'uranium 235, ne varie donc plus en raison inverse de la vitesse du neutron incident. Cependant elle est beaucoup plus élevée pour des neutrons animés d'une faible vitesse que pour des neutrons rapides. Cette constatation est capitale : en effet on a vu que les neutrons de fission sont émis à grande vitesse ; la probabilité pour qu'ils provoquent de nouvelles fissions est donc très faible.

La démarche naturelle pour rendre ces neutrons aptes à provoquer de nouvelles fissions sera de chercher un moyen de les ralentir jusqu'à ce qu'ils soient en équilibre énergétique avec les noyaux du milieu, d'où le nom de *neutrons thermiques* que l'on donne (improprement) à ces neutrons une fois atteint le niveau d'agitation thermique. C'est précisément cette démarche qui fut suivie par les physiciens des années 1940.

Intervention du modérateur

Le problème que l'on vient de poser est le suivant : comment ralentir des neutrons dont la vitesse initiale est d'environ 20 000 km/s jusqu'à des valeurs de quelques kilomètres par seconde ? On souhaite en outre qu'une fraction importante des neutrons de fission arrive à l'état thermique.

La solution à ce problème est relativement simple ; on a vu en effet que lors d'un choc entre un neutron et un noyau, le neutron voyait sa vitesse diminuer. Il suffira donc de provoquer un nombre de chocs suffisant pour que le neutron de fission perde l'essentiel de son énergie. Les lois de la mécanique font que le « rendement » de cette opération est naturellement d'autant meilleur que les neutrons entrent en collision avec des noyaux plus légers ; en effet en heurtant un noyau léger, un neutron peut lui céder la quasi-totalité de son énergie ; à la limite si le noyau léger est composé d'un seul proton (cas du noyau d'hydrogène), de masse sensiblement égale à celle du neutron, toute l'énergie cinétique du neutron peut être transférée au proton : c'est ce que l'on observe au billard où lorsqu'une boule heurte de plein fouet une autre boule, la première s'arrête net, la seconde acquérant à peu près totalement l'énergie de la première.

Le milieu composé d'atomes légers contre les noyaux desquels les neutrons perdent leur énergie qui passe de 2 MeV (deux millions d'électronvolts) à quelques centièmes d'électronvolt est appelé *milieu modérateur* ou simplement *modérateur*. Un bon modérateur doit être composé de noyaux légers, de façon qu'en peu de chocs, l'énergie du neutron se retrouve au niveau thermique. C'est une condition nécessaire, mais pas suffisante. Il faut en outre que la section efficace de capture de l'élément composant le modérateur soit faible, sinon la fraction des neutrons atteignant l'état thermique serait elle-même faible, ce qui conduirait à une médiocre économie de neutrons. Le pouvoir modérateur est égal au produit de la perte moyenne d'énergie au cours d'un choc par le rapport de la section efficace de diffusion à la section efficace de capture du noyau le composant.

Les éléments qui ont le meilleur pouvoir modérateur sont dans l'ordre :

- le deutérium, d'où l'utilisation d'eau lourde dans certains types de réacteurs ;
- le carbone à l'état de graphite, d'où les réacteurs modérés au graphite ;
- l'hydrogène, d'où les réacteurs modérés à l'eau ordinaire.

Citons un autre corps possible, le béryllium, mais dont l'utilisation se heurte à des difficultés technologiques telles qu'elle n'est pas envisagée.

La notion de modérateur nous permet maintenant d'établir une classification parmi les réacteurs :

– Les réacteurs possédant un modérateur, sont appelés réacteurs à neutrons thermiques ou *réacteurs thermiques*. Leur milieu multiplicateur est essentiellement composé de noyaux fissiles, de noyaux fertiles et d'un modérateur.

– Les réacteurs n'en possédant pas, dans lesquels on

ne cherche pas à ralentir les neutrons et qui sont appelés réacteurs à neutrons rapides ou *réacteurs rapides.*

Nous allons dans ce qui suit nous intéresser d'abord aux réacteurs à neutrons thermiques, ensuite aux réacteurs à neutrons rapides.

Les réacteurs à neutrons thermiques

Ce sont les réacteurs à neutrons thermiques qui les premiers ont donné lieu à des réalisations. La démarche suivie par les physiciens du début des années 1940 était naturelle : ayant constaté que la section efficace de fission de l'uranium 235, seul élément fissile connu à l'époque, était d'autant plus grande que l'énergie des neutrons était plus faible, ils cherchèrent à ralentir les neutrons au moyen d'un modérateur. Le modérateur le plus simple à mettre en œuvre était le graphite, ce qui explique que les premiers réacteurs aient utilisé ce matériau.

Nous venons de voir que pour entretenir de façon contrôlée une réaction en chaîne au sein d'un réacteur, celui-ci devait être composé de noyaux fissiles (c'est la source de neutrons) et des noyaux d'un modérateur. L'ensemble constitue le *cœur* du réacteur. Dans ce type de réacteur le combustible le plus fréquemment utilisé est l'uranium naturel ou légèrement enrichi. Un chapitre complet étant consacré plus loin à l'uranium, disons tout de suite que l'uranium naturel est presque exclusivement composé de deux isotopes : l'uranium 235 ($^{235}_{92}U$) à raison de 0,711 % en masse et l'uranium 238 ($^{238}_{92}U$) qui constitue la quasi-totalité du reste. Rappelons que l'uranium 235 est l'élément fissile et que l'uranium 238 est l'élément fertile. On constate donc que dans l'uranium naturel, l'élément fissile compte pour moins de 1 %, ce qui implique dans certains cas l'enrichissement de l'uranium, c'est-à-dire l'augmentation artificielle de la proportion d'uranium 235.

Etudions de plus près le destin d'un neutron dans un

réacteur thermique, depuis sa naissance jusqu'à sa capture finale.

La multiplication des neutrons

Pour fixer les idées, partons d'une génération de 100 neutrons thermiques au moment où ils sont absorbés par le combustible. Certains d'entre eux vont être capturés par l'uranium 238 (d'où production de plutonium), d'autres par les produits de fission, certains enfin seront absorbés par l'uranium 235 ; parmi ces derniers, la plus grande partie va provoquer des fissions, d'où naissance de 131 neutrons de fission. Ces neutrons sont très rapides et quelques-uns d'entre eux vont provoquer la fission de noyaux d'uranium 238, d'où un supplément d'environ 4 neutrons de fission. Il s'agit maintenant de ralentir ces 135 neutrons ; au cours du ralentissement, opéré par chocs successifs sur les noyaux du modérateur, certains vont fuir hors du réacteur (7 neutrons), d'autres (13) vont être capturés dans les trappes de l'uranium 238 d'où formation de plutonium. Ce sont finalement 115 neutrons qui arrivent à l'état thermique. A ce niveau d'énergie, il y aura également fuite de neutrons (5) et capture (10) dans le modérateur, les matériaux de structure et les différents moyens de contrôle. Le destin des neutrons restant (100 neutrons thermiques) est d'être absorbés par le combustible. Le facteur de multiplication dans ce cas est naturellement égal à l'unité puisque d'une génération à la suivante, le nombre de neutrons thermiques absorbés dans le combustible est resté constant.

On a l'habitude d'appeler *facteur de multiplication effectif* (symbole k_{eff}) le rapport du nombre de neutrons d'une génération au nombre de neutrons de la génération précédente et facteur de multiplication en milieu infini (symbole k_{∞}) ce même facteur obtenu en supposant les fuites nulles, le réacteur ayant donc des dimensions infinies.

Si le facteur de multiplication effectif est égal à l'unité, le nombre de neutrons présents dans le réacteur et donc la puissance, sont constants. L'exploitant d'un réacteur s'attachera donc à avoir un k_{eff} égal à l'unité pendant les périodes où on lui demandera que la puissance de la centrale soit maintenue constante. Pour obtenir des variations de puissance, il suffira, ainsi qu'on le verra plus loin, d'agir sur un certain nombre de moyens de contrôle pour modifier légèrement le k_{eff}. Pour mieux appréhender les faibles variations subies par le facteur de multiplication effectif, on utilise une nouvelle grandeur appelée la *réactivité* et qui mesure la variation relative de k_{eff} par rapport à 1. Ainsi :

$$\rho = \frac{k_{eff} - 1}{k_{eff}}$$

Le cœur d'un réacteur nucléaire

Nous avons vu plus haut que le cœur du réacteur était constitué de combustible (l'uranium), et de modérateur pour ralentir les neutrons. Cependant les volumes respectifs de combustible et de modérateur ne sauraient être quelconques. Il est commode d'évaluer le coefficient de multiplication en milieu infini en fonction du rapport volume du modérateur/volume du combustible (V_m/V_u). Si le rapport V_m/V_u est trop faible, cela signifie que pour un volume donné de combustible, la quantité de modérateur est insuffisante pour assurer un ralentissement optimal des neutrons. On dit alors que le réacteur est sous-modéré. Si en revanche, le rapport V_m/V_u est trop grand, un nombre important de neutrons sera capturé de façon stérile dans le modérateur et sera perdu pour l'entretien de la réaction en chaîne. On conçoit donc qu'il existe pour un modérateur donné un rapport V_m/V_u optimal, pour lequel le coefficient k_∞ soit maximal.

Une fois déterminé le rapport de modération optimal, les dimensions et la géométrie du cœur doivent être définies. Les dimensions tiendront compte de plusieurs facteurs. En premier lieu, elles ne doivent pas être inférieures à la distance moyenne parcourue par un neutron dans le milieu multiplicateur, sinon les fuites de neutrons hors du réacteur seraient trop importantes et le réacteur serait sous-critique. De plus, la géométrie du cœur doit être telle que les fuites soient minimales. A cet égard, la forme sphérique est optimale ; elle présente cependant des inconvénients tels que les réacteurs ont généralement une forme s'approchant plus ou moins de l'orthocylindre (cylindre dont la hauteur et le diamètre sont égaux). Enfin, les dimensions du cœur tiendront compte de la puissance désirée. Pour une géométrie et une composition données du cœur, la *masse critique* est la masse minimale rendant possible l'entretien d'une réaction en chaîne. De même, les *dimensions critiques* du cœur sont celles pour lesquelles, à composition et géométrie données, on obtient un réacteur critique.

On vient de voir que les volumes de combustible et de modérateur devaient être dans un rapport optimal. Cette condition – nécessaire – n'est pas suffisante si l'on veut obtenir un coefficient de multiplication permettant l'entretien de la réaction en chaîne. L'agencement combustible-modérateur ne doit pas, lui non plus, être quelconque. Supposons en effet que dans un réacteur modéré au graphite, uranium naturel et graphite soient intimement mélangés ; que va-t-il se passer lors du ralentissement ? Les neutrons de fission vont se ralentir en subissant des chocs contre les noyaux du modérateur. Lorsque leur énergie s'élèvera à quelques électrons-volts, une très grande proportion d'entre eux tomberont dans les trappes de l'uranium 238 et le nombre de neutrons arrivant à l'état thermique sera si faible que l'entretien de la réaction en chaîne sera impossible. Que faire pour surmonter cette difficulté ?

Pour éviter qu'un nombre trop important de neutrons ne soit capturé dans les trappes de l'uranium 238, on rend le réacteur *hétérogène*, c'est-à-dire que l'on s'interdit le mélange homogène de combustible et de modérateur. Pour reprendre l'exemple précédent d'un réacteur modéré au graphite, le rapport V_m/V_u qui rend maximal k_∞ est d'environ 60. Le cœur du réacteur sera donc constitué d'un massif de graphite au sein duquel seront introduits des barreaux d'uranium. Dans ces conditions, les neutrons de fission, qui naissent au sein du barreau et qui sont animés d'une très grande vitesse (20 000 km/s), seront projetés dans l'empilement de graphite où en une centaine de chocs, ils atteindront l'état thermique. Ainsi pour la majeure partie d'entre eux, le passage délicat de la bande d'énergie 100 eV-1 eV, se fera dans le graphite et peu de neutrons tomberont dans les trappes de l'uranium 238. Une fois au niveau thermique, la probabilité de capture étant plus élevée pour le combustible que pour le modérateur, la majeure partie des neutrons sera absorbée dans l'uranium. En rendant le cœur hétérogène, on pallie ainsi la difficulté due aux fameuses résonances de l'uranium 238 et la réaction en chaîne peut être entretenue.

Nous venons de voir qu'il est possible de réduire le nombre de neutrons capturés dans les trappes de l'uranium 238 grâce au concept de cœur hétérogène. On peut également diminuer le nombre de neutrons quittant le réacteur. Ce résultat est obtenu en entourant le réacteur d'un matériau de même nature que le modérateur. Un certain nombre de neutrons qui auraient tendance à quitter le réacteur vont, à la suite de collisions avec les noyaux de ce matériau, être renvoyés vers le cœur, comme s'ils étaient réfléchis par ce matériau ; on lui a donné, pour cette raison, le nom de *réflecteur*.

Extraction de la puissance

Compte tenu de ce qui précède, nous sommes maintenant en mesure d'assurer l'entretien de la réaction en chaîne au sein du réacteur. Nous avons vu que l'énergie de fission se retrouvait essentiellement sous forme de chaleur. Le problème à résoudre est maintenant d'extraire cette énergie du réacteur. Le siège du dégagement de chaleur étant le combustible disposé de façon discrète dans le modérateur, il faut trouver un moyen pour récupérer cette chaleur. La solution la plus simple est la suivante : *un fluide caloporteur* passant au contact du combustible évacuera l'énergie dégagée au sein de celui-ci : on dit que le transfert de chaleur entre le combustible et le fluide caloporteur s'effectue par *convection*.

Ce fluide caloporteur doit être doué des qualités suivantes : ne pas capturer trop les neutrons pour éviter qu'un nombre trop important de ceux-ci ne soient perdus pour la réaction en chaîne ; avoir une chaleur spécifique élevée ; être inerte sur le plan chimique et sur le plan de la radioactivité.

Dans le cas des réacteurs thermiques, les fluides caloporteurs peuvent être soit liquides, soit gazeux ; parmi les liquides, on utilise soit l'eau ordinaire H_20, soit l'eau lourde D_20. Les fluides caloporteurs gazeux sont l'anhydride carbonique CO_2 et l'hélium. Dans tous les cas, le fluide caloporteur est sous pression.

Le combustible d'un réacteur étant le siège d'une importante production de produits de fission très radioactifs, il est nécessaire d'empêcher ceux-ci de se répandre dans le réacteur par l'intermédiaire du fluide de refroidissement. C'est pourquoi le combustible est entouré d'une *gaine*, destinée à arrêter ces produits de fission. La gaine est le plus généralement métallique ; elle doit peu capturer les neutrons, assurer un bon transfert de chaleur entre le combustible et le fluide caloporteur et être dotée de bonnes caractéristiques mécaniques et métallurgiques. Les matériaux les plus utilisés sont des alliages à base de zirconium, à base d'aluminium ou à base de magnésium ; on utilise aussi dans certains cas des gaines en acier inoxydable, voire en graphite.

Le rôle du fluide caloporteur étant d'évacuer la chaleur engendrée dans le réacteur, sa température va donc s'accroître à la traversée du réacteur.

Appelons :

- T_e : la température du fluide à l'entrée du réacteur,
- T_s : la température moyenne du fluide à la sortie du réacteur,
- Q : le débit massique du fluide,
- C_p : la chaleur spécifique du fluide.

La puissance du réacteur sera égale à :

$$P = Q\, C_p\, (T_s - T_e)$$

Précisons bien qu'il s'agit de la puissance *thermique* fournie par le réacteur et non de la puissance de la centrale électrique. Cette puissance s'exprime en mégawatts (MW). Pour ne pas confondre la puissance du réacteur et la puissance aux bornes de l'alternateur, on a l'habitude d'évaluer la première en mégawatts thermiques (MWth) et la seconde en mégawatts électriques (MWe). Ce langage est universellement utilisé.

Le fluide caloporteur est mis en mouvement par l'intermédiaire de pompes lorsqu'il est liquide et de soufflantes lorsqu'il est gazeux. Ces pompes ou ces soufflantes sont elles-mêmes entraînées soit par des moteurs électriques, soit par des turbines à vapeur.

Le réacteur est enfermé à l'intérieur d'une enceinte étanche qui peut être soit en acier, soit en béton précontraint. Cette enceinte supporte la pression sous laquelle circule le fluide réfrigérant.

On appelle *circuit primaire* l'ensemble formé par l'enceinte étanche et par d'éventuelles tuyauteries contenant le fluide caloporteur. Le réfrigérant gazeux ou liquide après s'être échauffé au contact du combustible est envoyé vers un composant appelé *générateur de vapeur* (G.V, dans le schéma ci-dessous). Dans le générateur de vapeur, le fluide primaire cède ses calories à de l'eau qui, liquide à l'entrée de l'appareil, se trouve à l'état de vapeur à la sortie. Le fluide primaire retourne ensuite vers le réacteur. La vapeur est envoyée vers une turbine qui actionne un alternateur (G.T.A.). Après s'être détendue à travers les étages de la turbine, elle est rendue à l'état liquide dans le condenseur ; l'eau retourne ensuite dans le générateur de vapeur. Le circuit dans lequel s'écoule l'eau-vapeur est le *circuit secondaire*. Chacun des circuits primaire et secondaire est un circuit fermé. L'ensemble formé par le réacteur et le générateur de vapeur s'appelle *la chaudière nucléaire*.

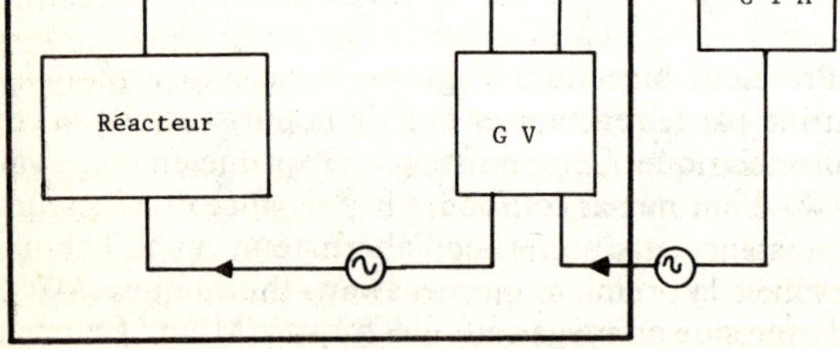

Chaudière nucléaire

Contrôle du réacteur

La puissance du réacteur est en première approximation proportionnelle au nombre de neutrons présents dans le réacteur. On a vu que ce nombre de neutrons était régi par la loi exponentielle :

$$n = n_0 e^{\frac{k-1}{T} t}$$

En régime permanent, le coefficient de multiplication *k* est égal à 1 ce qui entraîne que le nombre *n* de neutrons est constant. Pour modifier *n*, il faut donc modifier *k*. Comment s'y prend-on dans la pratique ?

Le système le plus fréquemment utilisé consiste à insérer plus ou moins profondément à l'intérieur du cœur du réacteur des *barres de commande* composées de matériaux ayant une forte section efficace de capture et donc appelés matériaux neutrophages. Il est clair que plus une barre de commande est profondément insérée dans le cœur du réacteur, plus elle capturera de neutrons, ce qui aura pour effet de diminuer le coefficient de multiplication. Inversement, si l'on retire du cœur du réacteur une barre de commande, les neutrons qui y étaient précédemment capturés sont désormais disponibles pour provoquer de nouvelles fissions et donc augmenter le coefficient de multiplication et par conséquent la puissance.

L'élément neutrophage le plus couramment utilisé dans les barres de commande est le bore, dont l'isotope $^{10}_{4}B$ présente une très forte section efficace de capture. D'autres corps sont également utilisés comme l'argent, l'indium, le cadmium, la gadolinium, le fer, le cuivre. Dans le cas des réacteurs à eau ordinaire sous pression, on contrôle la réaction en chaîne en dissolvant des quantités plus ou moins importantes d'acide borique dans le modérateur. Le résultat est le même que celui obtenu à l'aide de barres de commande, mais dans ce cas, l'empoisonnement se fait de façon homogène.

Indiquons de façon schématique la méthode utilisée

par l'exploitant pour modifier la puissance de son réacteur.

Supposons que le réacteur soit à une puissance inférieure à la puissance nominale et que l'on veuille l'augmenter. Dans ce cas, on va extraire du cœur du réacteur une fraction plus ou moins importante d'une barre de commande ce qui va avoir pour effet d'augmenter de façon exponentielle le nombre de neutrons présents dans le réacteur. Lorsque la puissance désirée aura été atteinte, on réinsérera la barre de commande dans le cœur de façon à ramener à 1 la valeur du coefficient de multiplication, ce qui stabilise le nombre de neutrons. La barre de commande sera d'ailleurs ramenée à une position très proche de la position initiale. Pour diminuer la puissance on procéderait naturellement de façon inverse.

Un réacteur est également équipé de barres de sécurité dont le rôle est d'arrêter immédiatement le réacteur en cas d'incident ; ces barres sont très neutrophages et leur insertion dans le réacteur a pour effet d'arrêter immédiatement la réaction en chaîne.

L'arrêt de la réaction en chaîne n'annule pas pour autant la puissance du réacteur. Les produits de fission, très radioactifs, continuent évidemment à émettre des rayonnements qui engendrent une certaine puissance dite *résiduelle.* A l'instant de la chute des barres, celle-ci représente environ 7 % de la puissance du réacteur (en supposant qu'il fonctionnait à son régime nominal). Elle décroît ensuite rapidement.

Les variations du facteur de multiplication

Nous venons de voir que les barres de commande permettent de faire varier instantanément le facteur de multiplication et donc d'ajuster la puissance du réacteur au niveau souhaité. Il existe d'autres facteurs capables, toutes choses égales par ailleurs, de modifier le coefficient. Le plus important est sans doute le facteur *temps.* En effet au cours du temps, le combustible « évolue », ce qui signifie que du fait de l'intense bombardement de neutrons auquel il est soumis, sa composition varie : il y a apparition d'isotopes lourds dont certains sont fissiles (plutonium), apparition de produits de fission dont certains comme le xénon et le samarium sont très neutrophages, disparition de noyaux fissiles (uranium 235). D'autres effets, induits par des variations de température (combustible, modérateur), doivent également être pris en compte par le neutronicien.

Pour la quasi-totalité des réacteurs à neutrons thermiques, la disparition des noyaux fissiles (uranium 235) n'est pas compensée par l'apparition de nouveaux noyaux fissiles (plutonium 239, plutonium 241) ; il y a donc « usure » du combustible, ce qui se traduit par une diminution de la réactivité pouvant aller jusqu'à la sous-criticité et donc l'arrêt du réacteur. On doit donc décharger le combustible usé et le remplacer par du combustible neuf. Cette opération se fait généralement en déchargeant une fraction du combustible, le réacteur étant à l'arrêt ; elle se fait plus rarement réacteur en marche. Pour pallier l'effet de l'usure du combustible sur la réactivité, il est nécessaire de prévoir pour un réacteur chargé partiellement ou complètement en combustible neuf, un excès de réactivité ; celui-ci est alors compensé soit par des barres de commande qu'on extrait du réacteur à mesure que la réactivité décroît, soit par des poisons neutroniques qui se consomment ou que l'on retire progressivement.

Notons également que le combustible et sa gaine, qui sont soumis à un bombardement neutronique intense, voient leurs propriétés mécaniques et métallurgiques s'altérer, ce qui nécessite, indépendamment de l'aspect réactivité, leur déchargement. On appelle habituellement taux de combustion (*burn-up* en anglais) l'énergie fournie par l'unité de masse de combustible, et on l'évalue en mégawatt-jour par tonne (MWj/t). Une fois déchargé, le combustible est envoyé à l'usine de retraitement après un certain délai nécessaire à son « refroidissement » radioactif.

Les filières nucléaires

Les principaux éléments qui caractérisent un réacteur nucléaire sont le combustible, le modérateur, le fluide caloporteur. On appelle *filière nucléaire* un ensemble de réacteurs de puissance pour lesquels ces trois éléments sont de même nature.

Comme divers combustibles sont envisageables – uranium naturel, uranium enrichi, à l'état métallique ou sous forme de céramique, utilisation possible de plutonium et du thorium –, que différents modérateurs sont possibles – eau ordinaire, eau lourde, graphite –, et, qu'enfin, des fluides caloporteurs variés peuvent être utilisés – eau ordinaire, eau lourde, anhydride carbonique, hélium –, on conçoit que pour les seuls réacteurs à neutrons thermiques, le nombre de combinaisons possibles soit de plusieurs dizaines. Heureusement, certaines incompatibilités sont telles que dans la réalité, les seules filières de réacteurs à neutrons thermiques sont les suivantes :

– Les réacteurs à uranium – graphite – gaz carbonique avec comme sous-filières les réacteurs à uranium naturel métallique (U_N-G-G), et les réacteurs à oxyde d'uranium enrichi (A.G.R.).

– Les réacteurs à uranium enrichi et à eau ordinaire, avec pour sous-filières : les réacteurs à eau ordinaire pressurisée (PWR) et les réacteurs à eau ordinaire bouillante (BWR).

– Les réacteurs modérés à l'eau lourde, avec différentes sous-filières, suivant que le réfrigérant est de l'eau ordinaire, de l'eau lourde ou du gaz, et suivant que l'uranium est enrichi ou pas.

– Les réacteurs à haute température, utilisant un combustible à l'uranium très enrichi en isotope 235 et au thorium, un modérateur en graphite et l'hélium comme fluide caloporteur (H T G R),

– Les réacteurs à sels fondus, où le combustible est sous forme liquide et sert également de fluide caloporteur, le modérateur est en graphite.

Les réacteurs à neutrons rapides qui, nous l'avons vu, ne possèdent pas de modérateur forment à leur tour une filière où l'on peut distinguer deux sous-filières : les réacteurs refroidis au sodium, et les réacteurs refroidis à l'hélium. Nous allons maintenant donner les principales caractéristiques de cette dernière filière de réacteurs.

Les réacteurs à neutrons rapides

Dans un tel réacteur, en raison de l'absence de modérateur, l'énergie moyenne des neutrons est élevée, ce que les neutroniciens expriment dans leur jargon en disant que « le spectre des neutrons est dur ». Cette simple constatation entraîne une véritable cascade de conséquences.

On a vu en effet au début de ce chapitre, que les sections efficaces étaient généralement d'autant plus faibles que l'énergie des neutrons était élevée : une conséquence essentielle de la dureté du spectre sera donc que les sections efficaces seront faibles. Si on prend comme référence les sections efficaces dans un réacteur à neutrons thermiques, les sections efficaces de fission dans un réacteur à neutrons rapides, sont environ 300 fois plus faibles. En revanche, les sections efficaces de capture des nucléides fertiles ne seront que 10 fois plus faibles. Dans ces conditions, l'entretien d'une réaction en chaîne nécessite de multiplier les nucléides fissiles, c'est-à-dire d'utiliser du combustible enrichi, le degré d'enrichissement étant d'au moins 15 %.

Il existe ainsi une forte concentration de matière fissile dans un réacteur à neutrons rapides, donc une immobilisation financière considérable qu'il va falloir « rentabiliser » si l'on ne veut pas pénaliser le coût du kilowatt heure. Cet objectif sera atteint si on peut obtenir dans le réacteur des densités de puissance, c'est-à-dire des puissances volumiques élevées.

Or l'adoption de densités de puissance élevées a deux conséquences. D'abord la puissance d'un réacteur ne pouvant actuellement dépasser quelques milliers de mégawatts, ce réacteur aura nécessairement des dimensions réduites d'où des fuites de neutrons importantes puisque le rapport surface/volume sera grand. (On verra plus loin le parti que l'on peut tirer de ces fuites importantes.) Ensuite l'extraction de la puissance va nécessiter l'utilisation d'un fluide caloporteur ayant des caractéristiques particulièrement favorables.

On vient d'évoquer la forte concentration de matière fissile nécessaire dans un réacteur à neutrons rapides ; mais de quelle matière fissile s'agit-il ? Si l'on compare les caractéristiques neutroniques dans un tel réacteur des divers nucléides plausibles : uranium 235, uranium 233, plutonium 239, on constate que c'est pour ce dernier qu'elles sont les meilleures. En effet, chaque neutron absorbé par un noyau de plutonium 239 conduit en moyenne à plus de deux neutrons de fission ; l'un de ceux-ci étant nécessaire pour provoquer une nouvelle fission et donc entretenir la réaction en chaîne, plus d'un neutron reste donc disponible. Les fuites de neutrons hors du réacteur étant réduites grâce à un procédé sur lequel on reviendra plus loin et les captures stériles étant faibles, si l'on a la bonne idée de faire en sorte que cet excédent de neutrons soit capturé par des nucléides fertiles, on reconstituera de la matière fissile ; si de plus cette matière fertile est de l'uranium 238, on *régénèrera* le plutonium 239 utilisé comme matière fissile. Ainsi, à la différence des réacteurs à neutrons thermiques qui, utilisant le plus souvent les deux isotopes de l'uranium, sont des *convertisseurs* (l'uranium 238 se transforme en une matière fissile différente de la matière fissile initiale), les réacteurs à neutrons rapides utilisant le doublet plutonium 239-uranium 238 seront des réacteurs *régénérateurs.* De plus, l'économie neutronique sera si bonne dans ce type de réacteurs que l'on pourra envisager en outre *la surgénération*. C'est ce que nous allons voir.

Une fois consenti un investissement important en matière fissile (plutonium 239), le fait d'avoir des neutrons rapides entraîne un certain nombre de conséquences favorables : les sections efficaces des matériaux de structure (en particulier les gaines) sont faibles, donc peu de neutrons s'y feront capturer ; la contribution des nucléides fertiles (uranium 238, plutonium 240, 242) à la production de neutrons de fission est environ deux fois plus grande que dans les réacteurs à neutrons thermiques ; le nombre de neutrons de fission est plus élevé avec un neutron incident rapide ; la section efficace des produits de fission est faible : peu de neutrons s'y feront capturer stérilement. Cet ensemble de conséquences favorables d'un spectre dur conduit donc à une économie de neutrons excellente, c'est-à-dire que la plupart des neutrons sont utilisés de façon efficace.

Nous avons vu précédemment que les dimensions réduites du cœur avaient pour corollaire des fuites importantes de neutrons. Nous allons maintenant tirer parti de ce qui apparaît a priori comme un inconvénient. Si en effet, on entoure le cœur de matière fertile (uranium 238), un grand nombre de neutrons qui fuient hors du cœur vont être capturés par des noyaux fertiles qui se transformeront en noyaux fissiles (plutonium 239). Cette matière fertile dont on entoure le cœur s'appelle la *couverture.* On distinguera les couvertures axiales aux extrémités supérieure et inférieure du cœur et la couverture radiale à sa périphérie.

Ainsi la dureté du spectre de neutrons d'une part, les densités de puissance élevées d'autre part, enfin l'utilisation d'un couple fertile-fissile adéquat, vont non seulement permettre la régénération, mais rendre en outre possible la *surgénération*, c'est-à-dire que *ce type de réacteur pourra fournir plus de matière fissile qu'il n'en aura consommé.* Notons tout de suite que la surgénération n'est pas une fatalité et qu'en jouant sur l'importance des couvertures on peut rendre le réacteur non plus surgénérateur, mais simplement régénérateur, voire même sous-générateur dans l'hypothèse où l'on voudrait se débarrasser d'un stock excédentaire de plutonium.

Deux couples fertiles-fissiles sont concevables : le couple uranium 238-plutonium 239 et le couple thorium

232-uranium 233 ; nous nous sommes attardés sur le premier. Les conclusions auxquelles nous serions arrivés seraient à peu près les mêmes avec le second. Pourquoi cette inégalité de traitement, alors que les deux couples ont une caractéristique commune : la matière fissile est dans chaque cas composée de nucléides artificiels ? Cela tient à ce que le plutonium 239 est le premier qui ait été massivement produit dans les piles à graphite utilisant l'uranium naturel ; il a donc revêtu d'emblée une importance bien plus grande que l'uranium 233, produit à partir du thorium qui lui n'a pas d'isotope fissile. En outre comme on l'a vu plus haut les caractéristiques neutroniques du plutonium 239 sont, dans un réacteur à neutrons rapides, supérieures à celles de l'uranium 233.

Le démarrage optimal d'un réacteur à neutrons rapides implique d'avoir à sa disposition du plutonium, celui-ci étant produit dans les réacteurs à neutrons thermiques. Mais une fois approvisionnée la quantité de plutonium nécessaire au fonctionnement du réacteur à sa puissance nominale (on verra plus loin qu'il faut en fait approvisionner près de deux fois la quantité présente dans le réacteur), *on ne fait plus jamais appel à une source extérieure de matière fissile* : le réacteur tourne sur son propre stock de plutonium – d'ailleurs intégralement récupéré en fin de vie – et il peut même fournir un excédent annuel de matière fissile, ce qui permet éventuellement de lancer de nouveaux réacteurs de ce type. Cependant, dans le cas où l'uranium retraité ne serait pas recyclé, une certaine masse d'uranium est nécessaire lors du premier chargement et à chaque rechargement, mais cet uranium peut être de l'uranium appauvri ; nous tenons là une nouvelle propriété particulièrement intéressante des réacteurs à neutrons rapides : de par leur conception, *ces réacteurs peuvent ne pas consommer la moindre quantité d'uranium naturel*, mais être alimentés uniquement au moyen d'uranium appauvri. Or, il existe en France un énorme « gisement » d'uranium appauvri, constitué par le rejet des usines d'enrichissement de Pierrelatte et Tricastin, et qui trouve là une valorisation extrêmement intéressante. Les réacteurs à neutrons thermiques et les réacteurs à neutrons rapides possèdent ainsi une remarquable aptitude à « vivre » en symbiose : alors que les premiers utilisent mal l'uranium naturel (en particulier les réacteurs à eau n'en consomment que 1 %, le reste étant rejeté soit à l'enrichissement, soit au retraitement), les derniers peuvent théoriquement utiliser jusqu'au dernier noyau d'uranium 238.

Un fluide caloporteur idéal

Nous avons signalé que du fait des densités de puissance élevées, le fluide caloporteur devait être doté de propriétés thermiques remarquables. Il doit en outre posséder certaines qualités neutroniques, notamment peu capturer les neutrons et les ralentir peu : l'idéal serait qu'il soit quasiment « transparent » aux neutrons. Certains métaux à l'état liquide – et plus particulièrement le sodium – répondent à ces différents impératifs.

Le sodium jouit en effet d'excellentes caractéristiques qui en font un très bon fluide caloporteur : il a une chaleur spécifique élevée ainsi qu'une très bonne conductibilité thermique qui permet d'obtenir des coefficients d'échange de chaleur inégalables ; ses températures de fusion (98°C) et d'ébullition (883°C) lui permettent d'être utilisé dans une très large gamme de température. Sa tension de vapeur est faible à haute température ; il est chimiquement neutre pour les matériaux avec lesquels il est en contact (acier inoxydable) ; la puissance nécessaire à son pompage est d'autant plus faible qu'il n'est pas sous pression ; sur le plan neutronique, ses sections efficaces de capture et de diffusion sont faibles.

Le sodium présente en revanche quelques inconvénients : il s'active sous l'effet du bombardement des neutrons, pour donner l'isotope sodium 24 qui émet des rayons β et γ. Cet inconvénient est important car il conduit à mettre sous protection biologique l'ensemble du circuit primaire et à intercaler un second circuit de sodium entre le circuit primaire et le circuit eau vapeur de façon à éviter d'une part la radiolyse de l'eau (décomposition de la molécule d'eau en oxygène et hydrogène sous l'effet des rayonnements) et d'autre part qu'une éventuelle réaction sodium-eau dans le générateur de vapeur n'ait des répercussions jusque dans le réacteur.

Ensuite le sodium s'enflamme spontanément à l'air, et réagit violemment avec l'eau. Ces deux dernières caractéristiques impliquent qu'il faille donner un soin tout particulier à l'ensemble des soudures et que des dispositifs de détection de fuite particulièrement sensibles soient prévus lors de la construction. Signalons enfin que, quoique faibles, les sections efficaces du sodium ne sont pas nulles, ce qui a pour conséquence un effet que nous analyserons plus loin.

Le choix d'un métal liquide comme fluide caloporteur a entraîné la nécessité de développer une nouvelle technologie pour mettre au point des pompes, des échangeurs, des générateurs de vapeur etc. Cette nouveauté technique, associée à la difficulté intrinsèque d'extraire du cœur des puissances spécifiques très élevées (près de trois fois plus fortes que dans les réacteurs PWR) a certainement constitué un handicap pour le démarrage de la filière. Cela explique également que seuls quelques pays fortement industrialisés soient capables de la développer[6].

La fonction de la chaudière étant – rappelons-le – de produire de la vapeur surchauffée destinée à actionner un groupe turbo-alternateur, celle d'un réacteur à neutrons rapides refroidis au sodium sera donc composée d'un réacteur, générateur d'énergie thermique, de deux circuits de sodium pour les raisons qu'on vient d'évoquer, et d'un circuit eau-vapeur, selon le schéma suivant :

6. Le sodium n'est pas la seule réponse aux différentes conditions que doit satisfaire le fluide caloporteur. Un gaz sous pression peut également constituer une solution. Le meilleur est l'hélium, ce qui pourrait conduire à la filière des réacteurs à neutrons rapides refroidis par gaz. Différentes études sont en cours sur ce concept qui n'a pas encore donné lieu à des réalisations ; nous en dirons quelques mots par la suite.

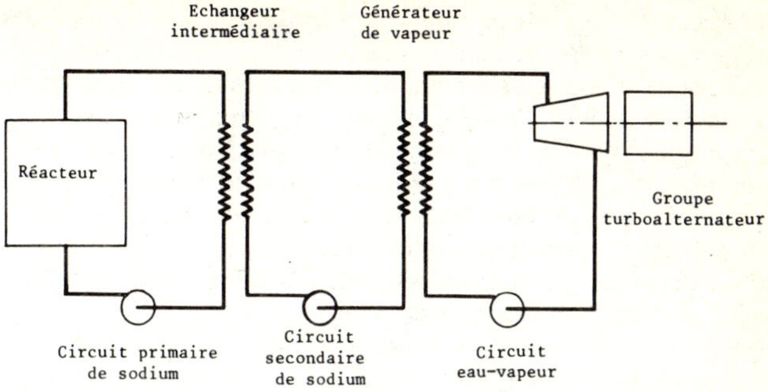

Le principe de ce schéma est parfaitement clair : le sodium primaire se réchauffe en traversant le réacteur, cède ses calories à un second circuit de sodium dans un *échangeur intermédiaire* ; à son tour, le sodium secondaire cède ses calories dans un générateur de vapeur à de l'eau qui y entre liquide et en sort sous forme de vapeur pour aller alimenter la turbine.

CHAPITRE II

Les réacteurs électronucléaires

Dans ce chapitre seront décrits un certain nombre de réacteurs nucléaires types en insistant plus particulièrement sur ceux qui sont développés en France. Après avoir brièvement décrit les réacteurs à uranium naturel graphite gaz et donné les raisons de leur adoption puis de leur abandon, on étudiera plus longuement d'une part les réacteurs à eau ordinaire pressurisée, compte tenu de leur rôle prépondérant dans notre pays, et d'autre part les réacteurs à neutrons rapides, eu égard aux résultats déjà obtenus et à leur avenir potentiel. On donnera enfin un aperçu sur quelques autres types de réacteurs électronucléaires.

Les réacteurs à uranium naturel graphite — gaz carbonique

Dans les années qui précédèrent immédiatement la seconde guerre mondiale, la France figurait dans le peloton de tête des quelques nations qui s'intéressaient aux questions nucléaires au point qu'en mai 1939 trois demandes de brevets furent déposées au nom de la Caisse Nationale de la Recherche Scientifique par Joliot Curie, Kowarski, Halban et Perrin, deux d'entre elles ayant trait à un dispositif de production d'énergie. La guerre transforma l'avance française en retard que les pouvoirs publics s'employèrent ensuite à combler, en créant en particulier le Commissariat à l'énergie atomique, le 18 octobre 1945. Grâce à un stock d'eau lourde provenant de Norvège et mis à l'abri pendant la guerre, la première pile française Zoé, « divergea » en 1948 ; puis à la suite d'un nouvel achat d'eau lourde à la Norvège, la seconde pile française EL2, utilisant l'anhydride carbonique comme gaz caloporteur. A cette époque, la France était dans l'impossibilité de fabriquer elle-même sa propre eau lourde, et ne maîtrisait pas non plus les techniques de séparation isotopique ; ceci, ajouté au fait que les Américains n'autorisaient l'exportation d'uranium enrichi qu'à l'usage des réacteurs de recherche, empêchait l'adoption de réacteurs à eau ordinaire. Restait la filière des réacteurs modérés au graphite.

Cette filière fut donc adoptée en 1952 par les pouvoirs publics qui disposaient en outre des arguments suivants : l'industrie française était désormais capable de fabriquer du graphite de pureté nucléaire ; compte tenu de son caractère nettement plutonigène (c'est-à-dire générateur de plutonium), elle présentait en outre de l'intérêt pour la Défense nationale. Enfin le C.E.A. (Commissariat à l'énergie atomique) songeait déjà à utiliser le plutonium dans une nouvelle filière, celle des réacteurs à neutrons rapides, qu'on soupçonnait capables d'être surgénérateurs. En 1951, en effet, les Américains avaient mis en service le réacteur EBR 1 (*Experimental Breeder Reactor*) à neutrons rapides. Dès cette époque le C.E.A. disposait d'ailleurs d'une technologie d'extraction du plutonium mise au point au Canada en 1945 avec une participation française.

De ce faisceau de motivations tenant d'une part aux contraintes liées à l'époque, d'autre part à des considérations d'ordre militaire, enfin à une vision lointaine de l'avenir, naquit la filière « uranium naturel – graphite – gaz carbonique » appelée un peu abusivement filière française, car les Anglais développaient simultanément, et pour les mêmes raisons, la filière Magnox qui est identique. Les trois premiers réacteurs, G1, G2, G3, furent construits par le C.E.A. à Marcoule dans la fin des années 50, dans un but uniquement plutonigène. On leur adjoignit cependant une installation productrice d'électricité, car l'on commençait déjà à envisager que le nucléaire pouvait devenir compétitif dans un avenir pas trop lointain.

En 1955, la Commission consultative pour la production d'électricité d'origine nucléaire (plus connue sous le nom de Commission Peon), nouvellement créée, donna son accord à un programme, proposé par le C.E.A. et E.D.F., de centrales électronucléaires. La filière uranium naturel – graphite – gaz carbonique fut naturellement retenue compte tenu de l'expérience acquise à Marcoule. Trois premières tranches[1] furent mises successivement en service entre 1963 et 1966 sur le site d'Avoine (Indre-et-Loire) : Chinon I (70 MWe) arrêtée définitivement en 1973, Chinon II (180 MWe) et Chinon III (360 MWe). Une nouvelle centrale fut édifiée sur la commune de Saint-Laurent-des-Eaux (Loir-et-Cher). Elle comporte deux tranches de puissances respectives 390 MWe et 515 MWe. Enfin la centrale de Bugey comporte une tranche de 540 MWe équipée d'un réacteur graphite - gaz.

En 1969, les pouvoirs publics décidèrent de suspendre *sine die* la construction de nouvelles centrales graphite, pour des raisons à la fois techniques, économiques et politiques.

L'utilisation d'uranium naturel présente à coup sûr un avantage puisqu'il permet de s'affranchir de la phase d'enrichissement mais, compte tenu de la faible proportion de noyaux fissiles (0,711 % d'uranium 235), le bilan neutronique est extrêmement tendu ce qui impose d'utiliser l'uranium naturel sous sa forme la plus dense, c'est-à-dire sous forme de métal. Or, l'uranium métallique, en

---

1. Une tranche correspond à une installation produisant de l'électricité à partir d'un réacteur. Une centrale électronucléaire comprend généralement plusieurs tranches.

raison de ses propriétés physiques, ne permet que des puissances spécifiques modestes ce qui implique à puissance donnée une masse (et un volume) d'uranium importante ; et comme le graphite est un ralentisseur médiocre, ce volume important d'uranium nécessitera un volume encore beaucoup plus grand de graphite.

Au total, la puissance volumique des piles à graphite est de l'ordre de 1,2 MW/m^3 pour Saint-Laurent II, de 1,85 MW/m^3 pour Bugey I, alors qu'elle dépasse 100 MW/m^3 dans les réacteurs à eau ordinaire sous pression. A puissance donnée, les dimensions des réacteurs à graphite sont donc imposantes, ce qui entraîne – argument économique – des dépenses d'investissement considérables. Cette filière ne se prête donc pas aux fortes puissances unitaires vers lesquelles on se dirige actuellement dans le but de réduire les investissements en jouant sur l'effet de taille, et pour réduire le nombre de centrales et de sites nucléaires. Notons pour terminer avec les arguments techniques que le combustible métallique présente une trop grande vulnérabilité à des élévations accidentelles de température.

Conscients des limitations entraînées par l'utilisation de l'uranium sous forme métallique, les Britanniques développèrent la filière dite AGR (*Advanced Gas-cooled Reactors*) dans laquelle le combustible est sous forme d'oxyde, ce qui implique l'utilisation d'uranium légèrement enrichi, mais autorise des températures beaucoup plus élevées, la température de fusion de l'oxyde d'uranium étant voisine de 2 700°C. Après avoir largement sous-estimé les difficultés technologiques inhérentes à ce type de réacteur, les Anglais ont mis progressivement en service, avec des retards considérables, des centrales totalisant 8 900 MWe.

L'utilisation d'anhydride carbonique dans des réacteurs modérés au graphite étant également source de difficultés, les recherches s'orientèrent vers une filière qui utiliserait un gaz ne présentant pas les mêmes inconvénients, ce qui donna lieu à l'adoption de l'hélium comme gaz caloporteur, ce type de réacteur s'appelant réacteurs à haute température. Des études s'engagèrent de chaque côté de l'Atlantique : elles donnèrent lieu à la construction, aux Etats-Unis, d'un réacteur de faible puissance, Peach-Bottom, suivie de celle d'une centrale de démonstration de 330 MWe, Fort Saint-Vrain, mais qui n'a été autorisée à fonctionner à pleine puissance qu'en 1981 bien que la première divergence ait eu lieu en 1974. En Europe, entre 1965 et 1975, un réacteur de recherche Dragon a été exploité sous l'égide de l'O.C.D.E. ; par ailleurs les Allemands ont en exploitation un réacteur de faible puissance, AVR et en construction une tranche de 300 MWe équipée du réacteur THTR. Les retards et les surcoûts s'avèrent considérables.

Les réacteurs à eau ordinaire (PWR et BWR)

L'eau ordinaire, nous l'avons vu, possède un excellent pouvoir ralentisseur puisqu'en moyenne il suffit à un neutron d'une vingtaine de chocs contre des noyaux d'hydrogène pour atteindre l'état thermique. De ce fait, à volume donné de combustible, le volume d'eau nécessaire sera très faible et le réacteur pourra être très compact. Cette caractéristique (ajoutée au fait qu'un réacteur nucléaire fonctionne sans oxygène) n'avait pas échappé aux spécialistes de la Marine américaine qui, peu de temps après la seconde guerre mondiale, souhaitèrent que l'on étudiât la possibilité d'utiliser un réacteur à eau ordinaire comme moyen de propulsion de sous-marins. Un contrat fut passé à cet effet avec la Compagnie Westinghouse en décembre 1948. Il constitue l'acte de naissance de la filière.

La première caractéristique des réacteurs modérés à l'eau ordinaire est donc leur compacité. La seconde est la nécessité d'utiliser de l'uranium enrichi, car l'eau ordinaire capture assez notablement les neutrons. L'eau servant de modérateur, il était naturel de l'utiliser également en tant que fluide caloporteur pour évacuer les calories dégagées dans le combustible. Deux options étaient dès lors possibles : ou l'on faisait en sorte que l'eau reste en phase liquide, en interdisant toute ébullition dans sa masse ; ou au contraire on provoquait l'ébullition, puis la vaporisation de cette eau et l'utilisation directe de la vapeur produite dans un groupe turbo-alternateur.

Ces deux options ont conduit à deux sous-filières de réacteurs :

– Les réacteurs à eau pressurisée, appelés en anglais *Pressurized Water Reactors* (PWR), dans lesquels l'eau est sous une très forte pression pour empêcher son ébullition ;

– Les réacteurs à eau bouillante, appelés en anglais *Boiling Water Reactors* (BWR).

Nous allons nous attacher dans ce qui suit à la description de ces deux types de réacteurs en nous attardant davantage sur les réacteurs à eau pressurisée qui seuls sont développés en France.

Les centrales nucléaires à eau pressurisée (PWR)

Comme toute centrale thermique, une centrale nucléaire à eau pressurisée[2] est composée d'un appareil produisant de la vapeur – la chaudière nucléaire – et d'une installation de production d'électricité – le groupe turbo-alternateur – entraîné par la vapeur produite dans la chaudière. En outre, comme pour toute machine thermodynamique, il faut une source froide, le réacteur constituant la source chaude ; cette source froide sera soit l'eau d'une rivière ou de la mer, si l'on fonctionne en circuit ouvert, soit un réfrigérant atmosphérique si l'on fonctionne en circuit fermé.

---

2. Le principe de fonctionnement des réacteurs équipant les centrales nucléaires est rigoureusement identique à celui des réacteurs embarqués à bord de sous-marins, mais leur puissance est naturellement plus élevée.

Destinée à produire de la vapeur sous pression la *chaudière nucléaire* est constituée des éléments principaux suivants : le réacteur ; un pressuriseur, appareil destiné à mettre sous pression l'ensemble du circuit primaire ; plusieurs générateurs de vapeur suivant le type et la puissance de la chaudière ; des pompes destinées à faire circuler le fluide caloporteur.

Dans le générateur de vapeur se produit l'échange de calories entre l'eau qui a refroidi le cœur du réacteur et l'eau qui une fois vaporisée va actionner le groupe turbo-alternateur. Il y a donc deux circuits distincts : le circuit *primaire* avec le réacteur, le pressuriseur, des pompes primaires pour mettre l'eau en circulation, et le côté primaire des générateurs de vapeur ; le circuit *secondaire* avec le circuit eau-vapeur des générateurs de vapeur, la turbine, le condenseur, le poste d'eau et des pompes secondaires.

Dans la terminologie habituelle on appelle « boucle » un ensemble constitué : du réacteur, d'un générateur de vapeur, d'une pompe primaire.

C'est ainsi qu'on parlera de chaudières à trois boucles ou à quatre boucles. Celle qu'on va décrire sera une chaudière à quatre boucles, du type de celles de Paluel. Sa puisance thermique est d'environ 3 800 MW, pour une puissance électrique nette d'environ 1 300 MW aux bornes de l'alternateur.

Le réacteur est contenu à l'intérieur d'une cuve cylindrique d'axe vertical – énorme récipient de plus de 13 mètres de haut et de plus de 4 m de diamètre intérieur – fermée par un couvercle. *Le cœur* est constitué par la juxtaposition d'assemblages de crayons combustibles formés d'une gaine en zircaloy (alliage à base de zirconium) contenant un empilement de pastilles d'uranium enrichi.

L'eau pénètre dans la cuve par quatre tubulures, descend dans un espace annulaire ménagé entre le réacteur et la paroi interne de la cuve et remonte le long des éléments combustibles, emportant par convection les calories qui y ont été produites. Elle sort de la cuve par quatre autres tubulures.

Pour éviter l'ébullition générale de l'eau, l'ensemble du circuit primaire doit être maintenu sous pression. Le choix de la pression résulte d'un compromis entre des températures que l'on souhaite les plus élevées possible pour obtenir un bon rendement thermique mais qui entraînent alors une pression très élevée et le coût du circuit primaire, fonction croissante de la pression. Dans la pratique, le circuit primaire se trouve porté à la pression de 155 bars, la température moyenne de l'eau dans le réacteur étant voisine de 300°C.

Le pressuriseur est l'appareil chargé en exploitation de maintenir l'ensemble du circuit primaire à la pression de service. C'est un réservoir cylindrique relié à l'une des branches chaudes du circuit primaire. Le pressuriseur est le seul endroit du circuit primaire où l'eau se trouve présente sous les deux phases, liquide et vapeur. Le réglage de la pression est assuré par chauffage de la phase liquide à l'aide de cannes électriques ou par condensation de la vapeur à l'aide d'un système d'aspersion.

Les pompes primaires sont au nombre de quatre (une par boucle) ; leur rôle est de mettre en vitesse l'eau du circuit primaire et de vaincre les pertes de charge. Elles sont situées sur la branche froide de chaque boucle.

On compte également un *générateur de vapeur* par boucle. Dans ce composant les calories produites dans le réacteur sont transférées à l'eau d'un circuit secondaire qui après y être entrée liquide, se vaporise et ira entraîner le groupe turbo-alternateur.

Le générateur de vapeur est un immense réservoir vertical. Sa principal caractérisitique est d'être à circulation naturelle et de produire de la vapeur saturée, séchée mécaniquement. L'eau primaire y circule à l'intérieur de plusieurs milliers de tubes ayant la forme d'un U renversé. Ces tubes sont soudés sur une plaque tubulaire. L'eau secondaire, entrant à l'état liquide dans le générateur de vapeur, se vaporise au contact des tubes. La vapeur obtenue étant saturée, il est nécessaire d'éliminer l'eau qu'elle contient pour ne pas endommager la turbine. Les tubes du générateur de vapeur sont en Inconel 600, alliage inoxydable qui présente une bonne conductibilité thermique, ce qui favorise l'échange de chaleur.

Le groupe turbo-alternateur est composé comme son nom l'indique d'une turbine où s'effectue la transformation de l'énergie calorifique de la vapeur en énergie mécanique, et d'un alternateur. Compte tenu des caractéristiques médiocres de la vapeur produite dans la chaudière, la turbine d'une tranche nucléaire à eau pressurisée présente des différences notables par rapport à celle d'une tranche thermique classique. En particulier la longueur de l'arbre est très importante : plus de cinquante-six mètres et sa vitesse de rotation est de 1 500 tr/mn. L'alternateur transforme en énergie électrique l'énergie mécanique de la turbine à laquelle il est directement accouplé. Il tourne donc également à 1 500 tr/mn. La longueur totale du groupe turbo-alternateur dépasse 73 mètres.

Comme toute tranche thermique, une tranche nucléaire comporte :

– un poste d'eau avec ses pompes d'extraction, ses files de réchauffeurs et des turbo-pompes alimentaires,

– un condenseur, qui assure le dégazage complet de la vapeur. Il peut compter jusqu'à 100 000 tubes de plus de 10 mètres de long. Ces tubes sont généralement en titane pour les centrales situées en bord de mer et en laiton pour les autres.

L'enceinte de confinement du bâtiment – réacteur contient l'ensemble de la chaudière nucléaire et son rôle est en outre de protéger l'environnement de toute contamination radioactive, même en cas d'accident survenant à la chaudière. Dans le cas des tranches de 1 300 MW, elle comporte une structure double : enceinte interne en béton précontraint, enceinte externe en béton armé.

Toute centrale thermique ayant besoin d'une source froide pour condenser la vapeur qui a traversé la turbine, cette réfrigération se fait soit en circuit ouvert en prélevant puis en renvoyant une fraction du débit d'une rivière ou en pompant de l'eau de la mer, soit en circuit fermé, à l'aide d'aéroréfrigérants, appelés également réfrigérants atmosphériques.

Certaines tranches de 1 300 MWe seront équipées de tels réfrigérants ; ce sont d'immenses tours de plus de 165 mètres de hauteur. L'eau qui a traversé le condenseur tombe en fines gouttelettes à la base de la tour et se refroidit sous l'action d'une

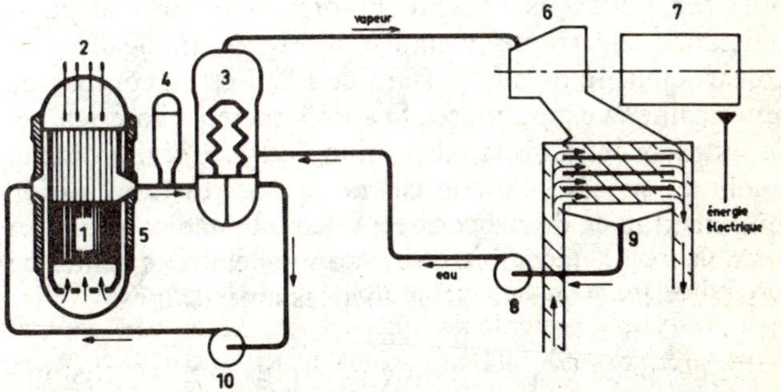

1— cœur du réacteur 2— barres de commande 3— échangeur de chaleur 4— pressuriseur 5— cuve 6— turbine 7— alternateur 8— pompe secondaire 9— condenseur 10— pompe primaire

circulation d'air naturelle due à la forme de cette énorme cheminée. L'eau refroidie est alors reprise par deux pompes et renvoyée vers le condenseur.

Le fonctionnement d'une tranche PWR, simple dans son principe mais complexe dans la pratique compte tenu de la présence de nombreux circuits auxiliaires, ne sera pas abordé ici. On se bornera à indiquer que les moyens de contrôle de la réaction en chaîne sont triples : grappes de commande, acide borique dissous en quantités variables dans le fluide caloporteur, poisons consommables pour compenser l'excès de réactivité lors du premier cycle, où l'ensemble du combustible est neuf.

Le renouvellement du combustible se fait actuellement avec une périodicité annuelle, réacteur à l'arrêt. Lors de cette opération, on décharge le tiers des assemblages ayant séjourné trois ans dans le réacteur et après réarrangement des deux tiers restant en pile, on recharge en périphérie du cœur un tiers constitué d'assemblages neufs enrichis à 3 % environ. Le tiers déchargé est alors transféré dans une piscine de désactivation où il reste environ un an avant d'être envoyé vers l'usine de retraitement.

Les réacteurs à eau ordinaire sous pression sont les plus répandus : ils constituent près de la moitié de la puissance électrique installée d'origine nucléaire. Le constructeur le plus important de PWR est la compagnie américaine Westinghouse. D'autres sociétés américaines se sont lancées dans la fabrication de PWR et ont obtenu quelques succès : c'est le cas de la Société Combustion Engineering et de Babcock et Wilcox. Le tableau ci-après (valable au 31 décembre 1981) donne l'état des ventes de réacteurs PWR par ces trois sociétés américaines.

Le cas de la France étant étudié plus loin (au chapitre VII) notons qu'en dehors des Etats-Unis, la société allemande KWU après avoir construit des réacteurs PWR sous licence américaine a germanisé la filière. Cette

	Puissance installée (MWe)	Nombre de tranches
Westinghouse	84 417	97 dont 62 aux USA
Combustion-Engineering.	26 869	25 } toutes aux USA
Babcock et Wilcox............	18 690	19 } toutes aux USA

société a vendu une vingtaine de réacteurs à eau pressurisée. Le Japon et la Belgique fabriquent également des réacteurs PWR sous licence américaine. Les pays de l'Est construisent également de nombreuses centrales équipées de réacteurs PWR. La puissance des tranches initialement de 440 MWe, est en voie d'augmentation et une tranche de 1 000 MWe est en exploitation depuis 1981. La société soviétique AEE a vendu en dehors de l'U.R.S.S 32 réacteurs. En U.R.S.S même seize réacteurs PWR sont en construction ou en exploitation.

Les centrales à eau bouillante (BWR)

Nous ne donnerons dans ce qui suit qu'un aperçu rapide sur les réacteurs à eau bouillante. N'ayant pas été adoptés en France, ils présentent pour le lecteur un intérêt moindre que les réacteurs PWR.

Les réacteurs à eau bouillante sont apparus aux Etats-Unis quelques années après les réacteurs à eau pressurisée. Cela peut sembler paradoxal car leur technique est apparemment plus simple. En effet, alors que dans les pressurisés, le fait que l'on s'interdise l'ébullition de l'eau dans la masse conduit à adopter un appareil assez compliqué et volumineux – le pressuriseur – et un second circuit, la technique des bouillants, qui s'apparentent à d'honnêtes bouilloires, paraît plus séduisante. En fait, les physiciens de l'époque redoutaient particulièrement le phénomène d'ébullion : ils le trouvaient complexe, incertain, irrégulier, craignaient des retards à

QUELQUES CARACTÉRISTIQUES D'UNE TRANCHE DE 1300 MWE	
Réacteur	
Puissance thermique du cœur	3 800 MW
Puissance électrique nette	1 285 MW
Masse totale d'uranium enrichi	103,9 t
Taux de combustion moyen	33 000 MWj/t
Nombre d'assemblages	193
Masse d'un assemblage	937 kg
Température eau entrée réacteur	293 °C
Température eau sortie réacteur	328 °C
Débit eau primaire	93 200 m^3/h
Pression du circuit primaire	155,1 bar
Densité de puissance du cœur	102,7 MW/m^3
Masse de la cuve	318 t
Pompes primaires	
Masse du couvercle	76 t
Débit nominal d'une pompe	23 325 m^3/h
Vitesse de rotation	1 485 tr/mn
Puissance absorbée à chaud	5 950 kW
Masse totale de la pompe	107 t
Générateur de vapeur	
Masse d'un générateur de vapeur	430 t
Surface d'échange d'un générateur de vapeur	6 820 m^2
Nombre de tubes	5 342
Nature des tubes	alliage 600
Diamètre extérieur des tubes	19,05 mm
Groupe turbo-alternateur	
Température de la vapeur à l'admission turbine	285 °C
Pression	69,5 bar
Débit vapeur	7 060 t/h
Longueur du groupe turbo-alternateur	73,5 m
Masse totale	4 900 t
Vitesse de rotation	1 500 t/mn
Puissance nominale apparente de l'alternateur	1 650 MW
Tension	20 kV
Refroidissement rotor	hydrogène
Refroidissement stator	eau
Rendement net	33,8 %

la condensation, à la vaporisation et pensaient que le coefficient de multiplication subirait de brutales variations, rendant le réacteur incontrôlable. Des études théoriques ayant montré que la technique était viable, un réacteur prototype BORAX I fut construit en 1953 ; on y étudia en particulier l'influence de l'ébullition sur le coefficient de multiplication du réseau. A titre anecdotique signalons qu'à la fin des expériences qui donnèrent toute satifaction et qui montrèrent que le réacteur était intrinsèquement stable, BORAX I fut soumis à une expérience destructive ; une forte augmentation de réactivité y fut provoquée ce qui amena la fusion du combustible et l'explosion du réacteur.

Le premier réacteur à eau bouillante de puissance fut Dresden I qui divergea en octobre 1959. La puissance thermique était de 626 MW, la puissance électrique étant de 180 MW.

Dans ce type de réacteurs, contrairement aux réacteurs à eau pressurisée où l'on admet juste une ébullion locale au contact de la gaine, l'eau est présente sous les phases liquide et vapeur. Le réacteur est contenu dans une *cuve* qui joue le rôle tenu par l'ensemble de la chaudière dans les PWR. L'eau y entre en phase liquide, s'échauffe et se vaporise au contact des éléments combustibles. La vapeur quitte la cuve à sa partie supérieure après avoir été séchée mécaniquement et envoyée vers le groupe turbo-alternateur. Comme dans le cas des PWR, la cuve est fermée par un couvercle.

La différence de température entre l'entrée et la sortie est très faible, de l'ordre de dix degrés pour des puissances thermiques de plusieurs milliers de mégawatts. Ceci s'explique par le fait que les débits étant importants, la chaleur latente nécessaire à la vaporisation absorbe une part considérable de l'énergie engendrée dans le réacteur. La pression qui règne dans la cuve est de 73 bars.

Comme pour les réacteurs PWR, le *réacteur* est composé d'assemblages contenant des crayons combustibles. Le contrôle de la réaction en chaîne se fait par l'intermédiaire de barres de commande cruciformes qui sont introduites entre quatre assemblages adjacents.

La masse spécifique de l'eau étant plus faible dans les réacteurs à eau bouillante que dans les réacteurs à eau pressurisée, puisque le modérateur est un mélange d'eau et de bulles de vapeur, une bonne thermalisation des neutrons impose un volume d'eau plus important dans les premiers. Le rapport volume de modérateur sur volume de combustible est donc plus important dans les BWR ce qui entraîne une puissance volumique deux fois plus faible que dans les pressurisés.

Comme pour les réacteurs à eau sous pression, *les aiguilles de combustible* sont constituées d'un tube de zircaloy dans lequel sont empilées des pastilles d'oxyde d'uranium fritté. Seules, en effet, des poudres peuvent être utilisées pour, dans certains cas, obtenir des pièces de caractéristiques mécaniques et dimensionnelles déterminées. Une simple compaction des grains de poudre est insuffisante, elle ne donne qu'un produit « cru » fragile. L'application pendant un temps donné d'une très forte pression et d'une température convenable généralement élevée, mais inférieure à celle de la fusion, permet de créer, par un phénomène de diffusion, des liens de nature physicochimique entre les grains de poudre. C'est l'opération dite de frittage.

Le renouvellement du combustible s'effectue réacteur à l'arrêt, généralement une fois par an.

De forme cylindrique, surmonté d'une coupole, le *bâtiment réacteur* contient la cuve et les différents auxiliaires. La cuve du réacteur est enfermée dans une casemate de béton au centre du bâtiment. A l'extérieur du bâtiment se trouve la salle des machines où se trouve en particulier le groupe turbo-alternateur. A noter que dans cette filière, la vapeur actionnant le groupe a auparavant été en contact avec les éléments combustibles. Elle est donc légèrement activée ce qui pose quelques problèmes pour la maintenance de la turbine et du poste d'eau.

Le promoteur de la technique des réacteurs à eau bouillante a été la société américaine General Electric. La société allemandce AEG, après avoir construit sous licence GE quelques réacteurs, a germanisé la filière ; après restructuration de l'industrie nucléaire en Allemagne fédérale, c'est la société KWU qui commercialise les réacteurs BWR de sa fabrication.

PRINCIPALES CARACTÉRISTIQUES DE LA CHAUDIÈRE BWR 6 DE GENERAL ELECTRIC	
Puissance thermique	3 580 MW
Puissance électrique	1 180 MW
Masse d'oxyde d'uranium	156,7 t
Diamètre des pastilles	10,566 mm
Pression dans le cœur	73 bars
Température d'entrée de l'eau	278 °C
Température de sortie de la vapeur	287 °C
Débit total	13 135 kg/s
Densité de puissance	56 MW/m^3
Enrichissement	2,4 à 2,8 %
Taux de combustion moyen au déchargement	27 500 MWj/t
Hauteur de la cuve	21,6 m
Épaisseur de la cuve (région du cœur)	15,2 cm
Masse de la cuve	865 t

La General Electric a vendu (au 31 décembre 1981) 82 réacteurs totalisant 71 268 MWe dont 56 aux U.S.A. totalisant 52 246 MWe. Elle est donc assez nettement distancée par Westinghouse. En outre 34 autres réacteurs BWR sont en exploitation ou en construction, General Electric étant dans la plupart des cas le bailleur de licence.

Les réacteurs à neutrons rapides

Nous avons vu au chapitre précédent qu'il existait deux grandes familles de réacteurs : les réacteurs dits à neutrons thermiques, dans lesquels on ralentit les neutrons au moyen d'un milieu modérateur, et les réacteurs à neutrons rapides, dans lesquels on cherche au contraire à ne laisser que le moins possible se dégrader l'énergie des neutrons.

Sur plus de 250 réacteurs de puissance fonctionnant actuellement dans le monde, quatre seulement sont des réacteurs à neutrons rapides, ce qui apparaît surprenant si l'on se souvient que c'est une installation dotée d'un réacteur à neutrons rapides – EBR 1 aux Etats-Unis – qui produisit la première électricité d'origine nucléaire, dès le 20 décembre 1951. Essayons d'expliquer ce paradoxe avant de décrire la centrale Super-Phénix.

Première raison de l'avènement tardif des réacteurs à neutrons rapides : le combustible de choix dans ce type de réacteurs est – nous l'avons vu – le plutonium. Or ce plutonium ne peut provenir dans un premier temps que de réacteurs à neutrons thermiques convertissant l'uranium 238. Exploiter un réacteur à neutrons rapides de puissance significative suppose donc en amont un parc de réacteurs à neutrons thermiques assez important, ainsi qu'une installation de retraitement du combustible irradié (thermique et rapide) et la maîtrise de la technologie du plutonium. A noter cependant que l'utilisation du plutonium dans un réacteur à neutrons rapides n'est pas une nécessité absolue : c'est ainsi que la première charge de Phénix contenait un certain nombre d'assemblages à l'uranium enrichi ; c'est également le cas en U.R.S.S. où les deux réacteurs de puissance BN 350 et BN 600 sont à l'uranium enrichi, le plutonium étant exclusivement réservé à d'autres usages.

D'autre part, la recherche de puissances volumiques élevées entraîne l'utilisation d'un métal fondu comme fluide caloporteur, ce qui nécessite la mise au point de toute une technologie spéciale. On conçoit donc que seuls quelques pays à la fois fortement industrialisés et motivés aient entrepris le développement de centrales à neutrons rapides, et ce d'autant plus que, pour le moment le coût de l'électricité produite à partir de telles installations est encore nettement supérieur à celui de l'électricité fournie par les réacteurs à neutrons thermiques.

La centrale Super-Phénix

La centrale Super-Phénix est en construction depuis 1976 à Creys-Malville (Isère) sur la rive gauche du Rhône. Elle aura une puissance électrique nette de 1 200 MW. Elle sera composée d'une chaudière, de deux groupes turbo-alternateurs et des postes d'eau associés.

SCHÉMA DE PRINCIPE D'UNE CENTRALE
NUCLÉAIRE A NEUTRONS RAPIDES

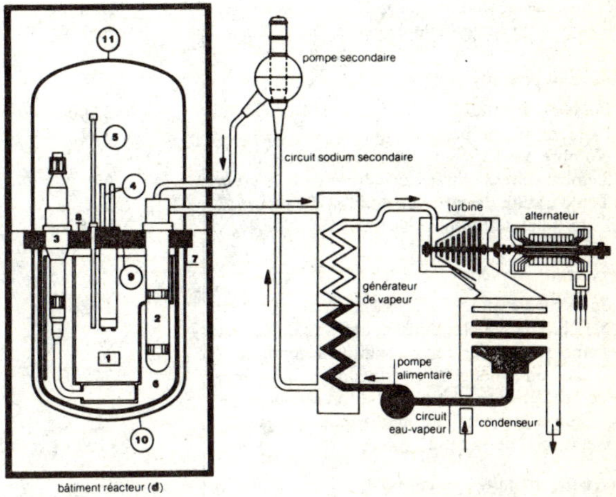

1 Cœur
2 Echangeur intermédiaire
3 Pompe primaire
4 Barres de commande
5 Machine de transfert
6 Cuve principale contenant le sodium primaire
7 Dalle
8 Grand bouchon tournant
9 Petit bouchon tournant
10 Cuve de sécurité
11 Dôme

Le réacteur est formé d'un cœur entouré d'une couverture radiale et de couvertures axiales. Sa puissance est de 3 000 MW.

CARACTÉRISTIQUES PRINCIPALES DE LA CENTRALE SUPER PHÉNIX	
De la centrale	
Puissance thermique	3 000 MW
Puissance électrique brute	1 240 MW
Rendement brut	41,5 %
Du cœur	
Volume du cœur	10 820 l
Longueur d'un assemblage	5,4 m
Nombre d'aiguilles de combustible par assemblage	271
Diamètre extérieur d'une aiguille	8,65 mm
Puissance linéaire d'une aiguille	450 W/cm
Taux de combustion nominal	70 000 MWJ/t
Flux neutronique maximum	6,2 10^{15} n/cm^2/s
Taux de surrégénération	1,2
Intervalle entre deux rechargements de combustible	12 mois
Température nominale de gaine	620 °C
Du circuit primaire intégré	
Poids du sodium	3 500 t
Nombre de pompes	4
Nombre d'échangeurs intermédiaires	8
Température d'entrée du sodium dans le cœur	395 °C
Température de sortie du sodium du cœur	545 °C
Débit total de sodium	16 400 kg/s
Des circuits secondaires	
Poids du sodium	1 500 t
Nombre de boucles et de pompes	4
Température d'entrée du sodium secondaire dans un échangeur intermédiaire	345 °C
Température de sortie du sodium secondaire d'un échangeur intermédiaire	525 °C
Débit total de sodium	13 100 kg/s
Du circuit tertiaire eau-vapeur	
Nombre de générateurs de vapeur	4 (1 par boucle)
Température de la vapeur à l'admission des turbines	487 °C
Pression de la vapeur à l'admission des turbines	177 bar
Débit total de vapeur	1 360 kg/s
De l'installation de production d'électricité	
Deux groupes de 620 MW tournant à	3 000 t/mm

Le cœur est constitué par la juxtaposition d'assemblages verticaux comportant chacun un boîtier de forme hexagonale contenant les aiguilles combustibles. Un fil d'acier enroulé en hélice autour de chaque aiguille sert d'espaceur et imprime au sodium un mouvement de rotation qui homogénéise les températures. Chaque aiguille contient des pastilles frittées d'un mélange d'oxydes d'uranium et de plutonium. Deux zones radiales d'enrichissement sont prévues pour permettre l'utilisation optimale du combustible. La gaine est en acier inoxydable. La masse totale de plutonium est légèrement inférieure à cinq tonnes.

Le contrôle de la réaction en chaîne est assuré par des grappes formées d'aiguilles absorbantes pour les neutrons rapides. Il est en outre prévu un système d'arrêt complémentaire.

Les couvertures axiales sont intégrées, c'est-à-dire que chaque aiguille contient de part et d'autre de la colonne de pastilles fissiles, des pastilles fertiles en oxyde d'uranium.

Formée de trois couronnes concentriques, la couverture radiale est constituée d'assemblages contenant des aiguilles en oxyde d'uranium.

Le sodium pénètre dans le réacteur à une température voisine de 400°C ; il s'échauffe de 150°C en traversant le cœur.

Le renouvellement du combustible se fait réacteur à l'arrêt, à raison d'une fois par an. La moitié du cœur est alors déchargée et remplacée par du combustible neuf. Une partie de la couverture radiale est également déchargée.

L'extraction du combustible usé se fait dans le sodium à l'aide d'une machine de transfert. Il est ensuite dirigé vers un stockage provisoire dans le sodium.

Le sodium primaire circule dans quatre circuits comprenant chacun deux échangeurs intermédiaires et une pompe.

Dans les *échangeurs intermédiaires*, le sodium primaire qui s'est échauffé au contact du combustible cède ses calories à un sodium secondaire.

Chaque circuit de sodium secondaire contient environ 400 tonnes de sodium. La circulation du sodium est assurée par quatre pompes secondaires entraînées chacune par un moteur électrique.

La puissance électrique de la centrale est de 1 200 MW. Or, des groupes turbo-alternateurs de cette puissance, fonctionnant à l'aide d'une vapeur ayant les caractéristiques de celles de Super-Phénix, n'existent pas. En revanche ces caractéristiques sont à peu près celles de la vapeur qui actionne des groupes turbo-alternateurs de 600 MW dans les centrales thermiques classiques. Plutôt que de dessiner un groupe turbo-alternateur prototype à côté d'une chaudière elle-même prototype, il a été décidé d'utiliser deux groupes turbo-alternateurs de 600 MW. La vapeur issue des générateurs de vapeur est donc envoyée vers chacune des turbines puis condensée au moyen d'eau prélevée dans le Rhône. L'eau condensée retourne ensuite vers les générateurs de vapeur par l'intermédaire du poste d'eau. Les excellentes caractéristiques de la vapeur confèrent à l'installation un rendement voisin de 40 %.

Les réacteurs à neutrons rapides dans le monde

Peu de pays, nous l'avons dit, sont en mesure de développer ce type de réacteurs. Nous allons passer rapidement en revue la situation dans les pays consentant un effort dans ce domaine, en accordant un poids plus important à la France qui joue en quelque sorte un rôle de pionnier dans les rapides.

Les *Etats-Unis* furent les premiers à se lancer dans cette technique et démarrèrent leur premier réacteur à neutrons rapides CLEMENTINE (25 kWth), dès 1946. D'autres réacteurs expérimentaux suivirent : EBR 1 (1 400 kWth, 200 kWe), EBR 2 (62 MWth, 16,5 MWe), ENRICO FERMI (200 MWth, 65,9 MWe), SEFOR (20 MWth). Puis cette technique ne fut plus considérée comme prioritaire, et bien qu'étant partis les premiers, les Etats-Unis sont maintenant distancés quant à l'expérience d'exploitation de réacteurs de puissance. Seul un réacteur d'irradiation, FFTF (400 MWth) est en cours de montée en puissance. En outre, le réacteur de Clinch River (975 MWth, 350 MWe) s'est attiré les foudres de l'administration Carter, et n'a jamais vu sa construction autorisée bien que les principaux composants soient fabriqués et stockés en différents points des Etats-Unis.

L'*Union soviétique* après avoir construit quelques réacteurs de petite taille : BR 5 - 10 (5 puis 10 MWth), BOR-60 (60 MWth, 12 MWe), exploite actuellement deux réacteurs de puissance : BN 350 (1 000 MWth) situé à Chevchenko sur les bords de la Caspienne et dont la fonction est double : production d'électricité (150 MWe) et dessalement d'eau de mer, et BN 600 (1 430 MWth, 600 MWe) situé dans l'Oural. Des réacteurs plus puissants sont en outre à l'étude.

Le *Royaume-Uni* a exploité un petit réacteur d'irradiation DFR (72 MWth, 12 MWe) et a ensuite construit, également à Dounreay, une centrale de démonstration, PFR (600 MWth, 250 MWe). La divergence du réacteur a eu lieu en 1974, mais fin 1981 la production électrique cumulée dépassait à peine 1 TWh.

Parmi les autres pays intéressés, citons l'*Allemagne* qui exploite un réacteur expérimental KNK (58 MWth, 20 MWe) à Kalkar et qui construit en collaboration avec la Belgique et les Pays-Bas la centrale de démonstration SNR 300. La construction a débuté en 1974 et on ne prévoit pas la mise en service avant 1985. Le *Japon* exploite le réacteur expérimental JOYO (100 MWth) et construit la centrale de démonstration MONJU (714 MWth, 250 MWe). L'*Italie* construit le réacteur expérimental PEC (140 MWth) et enfin l'*Inde* construit à Kalpakkam le réacteur expérimental FBTR (40 MWth, 15 MWe).

En ce qui concerne la France, les premières études ont commencé en 1957. Depuis lors le C.E.A. a consacré un effort important, marqué par une volonté affirmée et une continuité remarquable à la fois dans les équipes et dans les objectifs, qui ne se sont jamais démenties. Cinq étapes peuvent être distinguées dans le développement relatif à cette filière ; la première a consisté à acquérir les connaissances de base nécessaires, concernant la physique, la technologie du plutonium, celle du sodium, etc. ; elle a été concrétisée par la construction des réacteurs critiques HARMONIE et « MASURCA » à Cadarache. La seconde étape a été consacrée à la construction du réacteur d'irradiation RAPSODIE (20 puis 24 MWth), mis en service à Cadarache en 1967, devenu après modification FORTISSIMO (40 MWth) en 1970. Ce réacteur a permis au C.E.A. d'acquérir une expérience considérable des combustibles pour réacteurs à neutrons rapides. L'étape suivante a vu la réalisation de PHÉNIX (563 MWth, 250 MWe) édifié à Marcoule par le C.E.A., E.D.F. et G.A.A.A. (Groupement pour les Activités Atomiques et Avancées), dans des délais records et avec un respect presque absolu du budget initial. A titre indicatif, le premier béton fut coulé en octobre 1968, le réacteur divergea pour la première fois le 31 août 1973 et la mise en service industriel fut prononcée le 14 juillet 1974. Depuis cette époque, le réacteur a fonctionné de façon remarquable, à l'exception d'une période de 21 mois au cours de laquelle les six échangeurs intermédiaires durent être modifiés, à la suite d'une erreur de conception ayant entraîné des fuites de sodium secondaire. Début 1982, la centrale avait fourni plus de 10 TWh. La quatrième étape, en cours, voit la construction de la centrale prototype Super-Phénix, sous l'égide de la Société NERSA groupant des sociétés d'électricité allemande, belge, hollandaise, anglaise, italienne ainsi qu'E.D.F. La *mise en service industriel aura lieu dans le courant 1984.* L'étape suivante devrait voir l'essor de la filière.

Les réacteurs modérés à eau lourde

L'eau lourde est, rappelons-le, le meilleur modérateur. En effet, si son pouvoir ralentisseur est sept fois moins élevé que celui de l'eau ordinaire, sa capture est 250 fois plus faible. Le pouvoir modérateur étant le rapport du pouvoir ralentisseur sur le pouvoir capturant, celui de l'eau lourde est donc bien meilleur que ceux de l'eau ordinaire et du graphite. Le principe des réacteurs modérés à l'eau lourde a donc été étudié très tôt, d'autant plus que ce modérateur est le seul qui permette d'utiliser l'uranium naturel sous la forme d'oxyde, mais le premier réacteur de puissance significative, Douglas-Point, n'a été mis en service au Canada qu'en 1968. Comment explique-t-on que le développement de réacteurs fonctionnant avec le meilleur modérateur possible n'ait pas été plus rapide ? L'une des raisons est probablement que l'eau lourde étant un moins bon ralentisseur que l'eau ordinaire, son volume doit être plus important. Or la fabrication d'une cuve de grandes dimensions capable de tenir une pression élevée n'est pas envisageable : il existe en effet une limite technologique à l'épaisseur de la paroi. Pour pallier cette difficulté, on a donc eu recours au système des tubes de force : des tubes horizontaux d'environ dix centimètres de diamètre qui contiennent le combustible et dans lesquels circule l'eau lourde de refroidissement sous pression. Ces tubes de force sont baignés extérieurement par l'eau lourde dont la fonction est de modérer les neutrons. La technologie de ces tubes de force est délicate ce qui explique l'avènement tardif de cette filière. Notons également la nécessité de disposer d'une usine de fabrication d'eau lourde de grande capacité.

Promoteurs de cette filière, les Canadiens dès 1947 construisirent le réacteur expérimental NRX qui fut suivi d'un autre réacteur expériemental NRU. En 1954, ils s'intéressèrent à l'eau lourde sous pression et construisirent le réacteur NPD 2 – puissance électrique 22,5 MW, puissance thermique 82,5 MW –, qui entra en service en 1962. Ce fut ensuite la construction à Tiverton du réacteur Douglas-Point (206 MWe, 700 MWth) qui constitue la tête de série de la filière dite CANDU où modérateur et caloporteur sont de l'eau lourde, le combustible étant de l'uranium naturel.

La centrale de Tiverton est située sur les bords du lac Huron dans l'Ontario. Elle comporte en exploitation quatre tranches identiques de 750 MWe chacune. Quatre autres tranches de 770 MWe y sont en construction. Les tranches de type Bruce sont naturellement composées d'une chaudière nucléaire et d'un groupe turbo-alternateur.

La chaudière est constituée d'un réacteur dont la puissance est de 2 855 MW et de huit générateurs de vapeur, le tout situé à l'intérieur d'un bâtiment parallélépipédique en béton surmonté d'un toit en acier.

Le réacteur est essentiellement une cuve en acier austénitique contenant l'eau lourde du modérateur, que traversent de part en part des tubes de force horizontaux en alliage de zirconium-niobium dans lesquels se trouvent le combustible et l'eau lourde de refroidissement sous la pression de 112 bars.

Deux zones de refroidissement sont prévues pour assurer une distribution homogène des températures. Le contrôle de la réaction s'effectue à l'aide de barres de commande qui pénètrent verticalement dans le cœur.

Le combustible se compose de grappes contenant les crayons combustibles. Chaque crayon est un tube de zircaloy, servant de gaine, dans lequel sont empilées des pastilles d'oxyde d'uranium naturel fritté. Le renouvellement du combustible se fait réacteur en marche ; les grappes sont introduites à une extrémité du réacteur et récupérées à l'autre : elles sortent toutes d'un canal au même taux de combustion.

Les générateurs de vapeur sont au nombre de huit ; leur dessin est analogue à celui des générateurs de vapeur des chaudières à eau ordinaire. L'eau lourde y cède ses calories à de l'eau ordinaire qui entre en phase liquide après avoir été réchauffée dans des échangeurs eau lourde-eau légère. L'eau se vaporise

RÉSUMÉ DES PRINCIPALES CARACTÉRISTIQUES DES RÉACTEURS BRUCE, DE LA CENTRALE DE TIVERTON

Puissance thermique	2 855 MW
Puissance électrique nette	750 MW
Rendement net	26,3 %
Nombre de tubes de force	480
Longueur du cœur	594 cm
Diamètre du cœur	706 cm
Masse d'uranium en pile	114 t
Taux de combustion maximal	9 770 MWj/t
Masse de modérateur	338 t
Température eau lourde entrée cœur	253/265 °C
Température eau lourde sortie cœur	304 °C
Pression vapeur à l'admission turbine	42,7 bars
Température vapeur à l'admission turbine	254 °C
Débit vapeur	9 400 t/h

dans les générateurs de vapeur et est envoyée vers le groupe turbo-alternateur.

Le groupe turbo-alternateur se compose d'une turbine et d'un alternateur couplés, tournant à 1 800 tr/mn.

La filière à eau lourde dans le monde

Elle est essentiellement développée au Canada où vingt-trois tranches totalisant 15 106 MWe sont en exploitation, en construction ou en projet. Toutes sont équipées d'un réacteur modéré à l'eau lourde et refroidi à l'eau lourde pressurisée. Les Canadiens ont obtenu quelques succès à l'exportation : en Argentine, en Inde, en Corée, en Roumanie et au Pakistan. L'Allemagne fédérale possède un petit réacteur à eau lourde et en a exporté un autre en Argentine. Les Britanniques se sont également intéressés à l'eau lourde et ont construit à Winfrith un petit réacteur (309 MWth, 94,5 MWe), utilisant ce modérateur et l'eau ordinaire en tant que caloporteur. En 1973, ils ont manifesté l'intention de développer cette filière, appelée SGHWR (*Steam Generating Heavy Water Reactor*) et trois doubles tranches de 660 MWe chacune, totalisant donc 4 000 MWe, ont été fugitivement programmées, mais aucune suite n'a été donnée à ce projet.

Quant à la France, les tout premiers réacteurs expérimentaux qui y furent construits étaient, on l'a vu, modérés à l'eau lourde. En raison des difficultés rencontrées pour se procurer de l'eau lourde, les pouvoirs publics optèrent pour la filière graphite-gaz. Vers la fin des années 1950, le C.E.A. s'intéressa de nouveau à l'eau lourde dans l'espoir de mettre au point une filière économiquement plus avantageuse que le graphite-gaz. Le C.E.A. souhaitait dessiner un réacteur utilisant de l'uranium naturel et permettant d'obtenir une vapeur ayant de bonnes caractéristiques thermodynamiques ; pour satisfaire ce double but, il était nécessaire d'une part que l'uranium fût sous forme d'oxyde et d'autre part que le fluide caloporteur fût du gaz sous pression. Pour des raisons neutroniques, il était indispensable que le combustible fût gainé à l'aide d'un matériau absorbant très peu les neutrons, ce qui donna lieu à un pari technique sur la mise au point de gaines au béryllium. Or en dépit de progrès importants réalisés dans la métallurgie du béryllium et malgré une solution de rechange fondée sur un alliage zirconium-cuivre, ce pari fut perdu.

Un réacteur expérimental fut cependant construit à Brennilis (Finistère) : EL4. Le combustible est bien de l'oxyde d'uranium mais qui doit être légèrement enrichi, parce que d'une part les gaines, aujourd'hui en acier, absorbent les neutrons et que d'autre part la fabrication du combustible étant coûteuse, il importe d'en prolonger la vie dans le réacteur. Le fluide caloporteur est de l'anhydride carbonique sous pression. La centrale, construite par le C.E.A. en liaison avec E.D.F. entra en service en 1967 mais dut être arrêtée de longs mois en raison de la mauvaise conception des échangeurs de chaleur. Elle a redémarré en 1971 et fonctionne depuis de façon très satisfaisante (facteur de charge voisin de 85 % en 1980). Mais les centrales à eau ordinaire sous pression s'étant révélées plus économiques cette filière a été abandonnée.[3]

Les réacteurs à sels fondus

Nous allons nous borner dans ce qui suit à donner quelques généralités sur cette filière assez futuriste à laquelle peu de pays s'intéressent encore, mais qui dans l'avenir pourrait trouver sa place à côté des réacteurs à neutrons rapides (ou leur succéder).

Les premières études concernant cette filière remontent à 1947. Elles furent entreprises aux Etats-Unis, à

---

1. Notons cependant que l'intéret manifesté en France pour l'eau lourde a eu pour conséquence la mise au point d'un procédé original de production fondé sur l'échange ammoniac-hydrogène.

Oak Ridge, dans le but de mettre au point un moteur d'avion. A cet effet, elles donnèrent lieu à une première réalisation, l'ARE (*Aircraft Reactor Experiment*), réacteur expérimental de 2,5 MWth, qui fonctionna de 1952 à 1957. En 1957, le projet fut abandonné à la suite d'un rapport mettant en relief les conséquences fâcheuses que pourrait avoir un accident survenant sur un avion équipé d'un tel réacteur.

Les résultats de l'ARE s'étant cependant avérés prometteurs, les techniciens d'Oak Ridge s'intéressèrent alors aux applications électronucléaires d'un tel réacteur et entreprirent la construction du réacteur MSRE (*Molten Salt Reactor Experiment*). Ce réacteur de 7,4 MWth fonctionna de façon très satisfaisante de juin 1965 à décembre 1969.

Dans ce type de réacteurs et contrairement à ceux de toutes les autres filières, le combustible est liquide, ce qui présente l'avantage d'ôter une préoccupation commune à tous les exploitants de réacteurs : la fusion accidentelle du combustible.

Le combustible se présente sous la forme d'un mélange de fluorures de lithium et de béryllium et de tétrafluorures d'uranium et de thorium. La température de fusion de ce sel est d'environ 500°C. Le modérateur est un massif de graphite à densité élevée. Pour les mêmes raisons que dans le cas des réacteurs rapides refroidis au sodium, il est nécessaire d'intercaler un circuit intermédiaire entre le circuit primaire et le circuit eau-vapeur. Un échangeur intermédiaire permet l'échange de calories entre les deux circuits.

L'intérêt majeur de la filière des réacteurs à sels fondus est qu'elle permet le retraitement en continu du combustible : par prélèvement, on extrait d'une part les produits de fission, d'autre part le protactinium qui par décroissance radioactive donne un nucléide fissile : l'uranium 233. Le renouvellement du combustible se fait naturellement en continu. Un tel système conduit à une économie de neutrons excellente qui permet la surrégénération.

Cette filière a d'autres qualités : la suppression de la fabrication des assemblages ; un fonctionnement à température élevée, d'où un rendemnt thermodynamique élevé et la possibilité de produire de l'hydrogène ; l'utilisation du thorium dont les ressources sont importantes ; enfin une grande souplesse du cycle du combustible, car on peut également utiliser l'uranium 235 ou le plutonium comme matières fissiles. Elle présente aussi des inconvénients : une production importante de tritium par irradiation de lithium ; il est difficile de mettre au point des alliages portés à des températures élevées et résistant aux fluorures ; enfin la température de fusion élevée du mélange de sels-combustibles oblige à prévoir des dispositifs pour le préchauffage et pour éviter que les sels ne gèlent.

Les Américains ont dans leurs cartons le projet d'un réacteur appelé MSBR (*Molten Salt Breeder Reactor*), de 1 000 MWe dont voici les caractéristiques essentielles :

Puissance thermique	2 250 MW
Puissance électrique nette	1 000 MW
Rendement net	44 %
Température sel entrée réacteur	566 °C
Température sel sortie réacteur	704 °C
Température sel secondaire entrée échangeur	454 °C
Température sel secondaire sortie échangeur	621 °C
Température vapeur admission turbine	538 °C
Pression vapeur admission turbine	245 bars
Puissance volumique moyenne dans le cœur	22 MW/m^3
Masse de matière fissile	1 470 kg
Masse de thorium	68 000 kg
Taux de surrégénération	1,06

En France, des études sur la filière des réacteurs à sels fondus sont menées conjointement par le C.E.A., E.D.F. et l'industrie (Péchiney-Ugine-Kuhlmann).

Applications non électriques des réacteurs nucléaires

Bien que ce soit leur vocation essentielle, les réacteurs nucléaires n'ont pas pour unique possibilité la production d'électricité ; des applications calogènes peuvent également être envisagées conduisant : à la production d'eau chaude pour réseaux de chauffage urbain ; au dessalement de l'eau de mer ; à la production de vapeur à des fins industrielles.

Le chauffage urbain

En 1979, le chauffage des locaux a absorbé 30 p. 100 de nos importations pétrolières. Il existe donc une forte incitation à rechercher des énergies de substitution. L'énergie nucléaire peut apporter, outre la production d'électricité à bon marché utilisable pour le chauffage des locaux, une solution intéressante pour le chauffage urbain. A cet effet, la société Technicatome, filiale du C.E.A. et d'E.D.F., a mis au point un projet de réacteur nucléaire appelé THERMOS. Ce réacteur, de type piscine, est conçu pour produire de l'eau à 120 °C ; la chaleur se distribuant relativement mal sur de longues distances, seule une utilisation dans un rayon de quelques kilomètres est envisageable, d'où l'intérêt de ce réacteur d'une puisance de 100 MW, dimensionné pour alimenter le réseau de chauffage urbain d'une ville de 50 000 à 70 000 habitants. Différentes municipalités s'intéressent actuellement au projet. Par ailleurs un marché à l'exportation existe, de nombreux pays ayant développé le chauffage urbain dans des proportions beaucoup plus importantes qu'en France.

Le dessalement

Pour de nombreux pays dépouvus d'eau douce, l'énergie nucléaire peut également apporter une réponse à leurs besoins. Un réacteur produisant de l'eau à 120 °C peut en effet alimenter une usine de dessalement par distillation. Notons qu'une telle application existe déjà en U.R.S.S. le réacteur BN 350 de Chevchenko étant en partie utilisé pour le dessalement de l'eau puisée dans la mer Caspienne.

Autres applications industrielles

En dehors des applications précédentes, d'autres utilisations de l'énergie nucléaire sont possibles ; citons à cet égard deux applications qui n'ont pas encore donné lieu à des réalisations, mais qui sont toutefois envisagées :
– la production d'hydrogène et la gazéification du charbon.

Indépendamment de la possibilité d'utiliser l'électricité d'origine nucléaire pour produire l'hydrogène par électrolyse, les applications spécifiquement calogènes de l'énergie nucléaire sont envisageables pour produire l'hydrogène à l'aide des procédés suivants : le reformage du méthane, – un réacteur du type haute température fournissant à la fois la chaleur nécessaire à la réaction et la vapeur du procédé ; la thermolyse ou décomposition thermochimique de l'eau, au moyen de la chaleur produite par un réacteur à haute température.

Quant à la gazéification du charbon, bien qu'encore futuriste, elle serait plausible à l'aide de la chaleur à haute température produite par un réacteur nucléaire, ce qui permettrait de fabriquer un substitut au gaz naturel et valoriserait, si elle était faite *in situ*, les gisements pauvres ou difficiles d'accès.

CHAPITRE III

L'uranium et le cycle du combustible nucléaire

Il est convenu de dénommer cycle du combustible nucléaire l'ensemble des opérations allant de l'extraction de la matière fissile jusqu'au retraitement du combustible irradié. Ce cycle implique l'existence d'industries très diverses (voir les différents schémas en annexe, p. 172) : minière pour la prospection et l'extraction du minerai ; chimique pour la concentration et le raffinage de l'uranium ; physico-chimique pour l'enrichissement ; métallurgique et mécanique pour la fabrication du combustible ; mécanique et chimique à nouveau pour le retraitement du combustible.

Nous allons examiner successivement chacune de ces opérations, et d'abord la prospection et l'extraction de la matière fissile.

Prospection et extraction de la matière fissile

L'élément uranium. Ses caractéristiques.

L'uranium, 92ème élément de la classification périodique de Mendeleeff, est un métal gris-blanc, beaucoup plus dense que le plomb, puisque 1 dm^3 pèse 18,7 kilogrammes !

L'uranium est présent dans pratiquement tous les matériaux naturels : roches, eaux, etc., bien que parfois en proportions infimes. Mais quelles que soient les teneurs en uranium dans ces matériaux les proportions entre les trois isotopes de cet élément restent les mêmes, à savoir :

U 238 : 99,28 %
U 235 : 0,71 %
U 234 : 0,0054 %

C'est à l'uranium ainsi constitué que l'on attribue l'appellation d'uranium *naturel*. Les minerais d'uranium ont bien entendu cette constitution isotopique qui persiste d'ailleurs jusqu'au stade de concentré marchand qui est une sorte de « gâteau jaune », généralement constitué d'uranate de magnésie, de soude ou d'ammonium et qui est le produit final sortant des usines de concentration transformant le minerai de la mine en un produit à teneur en uranium beaucoup plus élevée et sous une forme chimique utilisable pour sa transformation ultérieure en combustible nucléaire. Cette constitution isotopique n'est modifiée que lorsque sous la forme de combustible nucléaire, il est chargé dans un réacteur dit « à uranium naturel » ou lorsqu'il est introduit dans une usine d'enrichissement en U 235 pour la fabrication du combustible des réacteurs à uranium enrichi.

L'uranium est un des rares éléments radioactifs naturels, comme le thorium, son associé ordinaire dans la plupart des roches cristallines, volcaniques et même beaucoup de roches sédimentaires. C'est-à-dire qu'il émet des radiations alpha, bêta et gamma (α, β et γ) et que, par perte de neutrons, il donne naissance à toute une chaîne d'isotopes instables aboutissant à un isotope stable du plomb.

En fait l'U 238 et l'U 235 forment deux familles radioactives indépendantes dans le groupe de l'uranium ; l'U 234 est un descendant direct de l'U 238. Etant les isotopes d'un même élément chimique l'U 238 et l'U 234 devraient se trouver, dans la nature, dans une même proportion, réglée par le rapport de leurs périodes respectives[1]. Cependant il arrive qu'en phase

1. Rappelons que la période radioactive d'un élément est le temps

aqueuse, temporairement, l'équilibre radioactif U 238/U 234 soit rompu. Au contraire U 238 et U 235 étant radioactivement indépendants, leurs proportions dépendent non seulement de leurs périodes (celle de l'U 235 est environ 3,5 fois plus courte) mais aussi de leur concentration relative à la naissance de notre planète (il y a quelque 4,5 milliards d'années). Si donc leur proportion est constante en tout point du globe à une époque donnée de son histoire, elle varie avec le temps à cause de l'évolution plus rapide de l'U 235.

Une conséquence du plus haut intérêt est qu'à présent aucune accumulation d'uranium naturel, sous forme de minerai, même à très haute teneur ne peut conduire à une masse critique déterminant un processus de fission. Il n'en fut pas toujours ainsi. Il y a quelque 2,2 milliards d'années une forte accumulation d'uranium naturel (beaucoup plus riche en U 235 que maintenant) a pu produire une telle réaction.

C'est ce qui a été découvert dans le gisement d'uranium d'Oklo au Gabon où les chercheurs du Commissariat à l'énergie atomique ont mis en évidence une proportion en U 235 anormale, ainsi que des produits de fission inconnus par ailleurs dans la nature et en revanche communs dans les combustibles irradiés. Il y avait eu là une concentration d'U 235 suffisante pour produire la réaction en chaîne et le gisement a fonctionné spontanément comme un réacteur nucléaire. Jusqu'à présent c'est le seul exemple connu, bien que depuis sa découverte la recherche de cas similaires ait excité les savants du monde entier.

L'uranium est un élément lithophile ou à forte affinité pour l'oxygène avec lequel il se combine pour donner une série d'oxydes et une multitude d'autres combinaisons. Il a deux valences principales ; c'est-à-dire qu'il peut s'associer à un nombre variable d'autres atomes : une valence IV, la plus basse, qu'il possède dans les milieux réducteurs, magmatiques ou aqueux ; une valence VI qu'il tend à acquérir lorsqu'il entre dans des milieux oxydants, en particulier dans les parties superficielles de la croûte terrestre. Enfin récemment on a mis en évidence une valence V dans des conditions réductrices anhydres (ou sans eau), c'est-à-dire dans les magmas (roches fondues).

---

nécessaire pour que la moitié de sa masse soit désintégrée pour donner naissance à ses descendants.

L'uranium n'est pas répandu uniformément sur notre planète. On ne possède pas de données directes relatives aux zones profondes mais en revanche des échantillons de minéraux inaltérés du manteau supérieur[2] (ramenés des profondeurs par des phénomènes géologiques) ont donné des teneurs moyennes de 0,01 à 0,03 gramme d'uranium à la tonne (gU/t) de roche. Dans la croûte océanique la teneur moyenne croît de 0,01 gU/t en profondeur à 0,06 à la partie supérieure des basaltes mais peut atteindre des valeurs plus élevées (plus de 1 gU/t) dans les sédiments qui le recouvrent. Dans la croûte continentale la teneur moyenne est plus élevée, 3 gU/t, tout au moins dans la zone superficielle. Elle est très faible à 40 km de profondeur, augmente jusqu'à 1 gU/t à 10 km pour passer rapidement à 3 gU/t. La teneur en thorium varie de même d'une fraction de gramme à 40 km de profondeur à 4 g Th/t à 10 km et 12 g Th/t vers la surface. Le potassium avec des teneurs absolues beaucoup plus importantes présente la même évolution.

En plus de cette variation avec la profondeur, les teneurs en uranium varient d'un type de roche à l'autre. Très faible dans les roches basiques composées de minéraux riches en magnésium et fer, de couleur sombre comme les basaltes, elles peuvent avoir des valeurs comparativement élevées dans les roches riches en silicium et potassium comme certains granites clairs dans lesquels elles peuvent atteindre 20 g U/t voire davantage alors que les granites courants n'en contiennent que 3 à 4 g U/t. Les granites clairs étant, en particulier en France, souvent en liaison avec des gisements d'uranium, nous les distinguerons dès à présent par le nom de leucogranites (de *leucos* : clair en grec) que leur accordent les techniciens. Chose intéressante, la proportion du thorium par rapport à l'uranium dans les roches cristallines et la plupart des roches sédimentaires varie peu et se

2. Le manteau est la partie de notre globe située immédiatement en dessous de la croûte terrestre (océanique ou continentale) et s'étendant jusqu'à une profondeur de quelque 700 km.

maintient entre 3,5 et 4, sauf dans les leucogranites où il est beaucoup plus faible.

L'uranium est aussi présent dans les eaux naturelles. Ainsi les eaux océaniques ont une teneur moyenne de 3 mg d'uranium par tonne, c'est-à-dire mille fois inférieure à la teneur moyenne de la croûte continentale. Cependant la masse totale des océans, étant donné son énormité, en contient environ 4,5 milliards de tonnes ! Bien entendu ce chiffre a incité politiciens et chercheurs à se pencher sur les possibilités d'extraire l'uranium des océans. Cette question revient périodiquement à l'ordre du jour. Mais chaque fois les problèmes associés de coûts, d'énormité des masses à traiter, d'écologie, voire de bilan énergétique, la rejettent dans le domaine des utopies. D'ailleurs d'autres solutions beaucoup plus satisfaisantes existent pour assurer les besoins des programmes nucléaires les plus ambitieux.

Des concentrations anormales d'uranium aux gisements exploitables.

On oppose instinctivement le monde vivant au monde minéral inerte. Bien que des manifestations brutales, comme les séismes ou les éruptions volcaniques, rappellent parfois l'activité interne de notre planète, on a tendance à la croire sporadique et limitée à quelques régions réputées instables et dangereuses du globe. Or, rien n'est plus faux. La science moderne démontre que toutes les masses continentales sont en continuel mouvement et les fonds océaniques en perpétuel renouvellement. Cette « vie » engendre les montagnes, conditionne la mise en place de roches profondes comme les granites et la transformation par effet de pression et de température de roches préexistantes en roches nouvelles (métamorphiques) ; elle provoque les échanges de matière entre le manteau et la croûte terrestre, la destruction des montagnes et l'accumulation de leurs débris dans les bassins, l'enfoncement progressif de ces derniers,... et bien entendu la formation des gisements de substances utiles : combustibles d'origine organique (pétrole, charbons,...), métaux, matériaux de construction, matières premières pour les industries chimiques diverses (potasse, phosphates,...).

L'uranium est soumis à tous ces avatars : il quitte le manteau en compagnie du thorium et du potassium pour entrer dans la croûte continentale généralement sous la forme d'élément tracé dans les roches ignées en particulier acides, profondes comme les granites ou au contraire s'élevant jusqu'à la surface comme les roches volcaniques. Il est probable que ces roches constituent les stocks naturels originaux très peu concentrés d'uranium aux dépens desquels s'élaborent ultérieurement la plupart des concentrations exploitables grâce à des successions d'événements que nous allons résumer.

En effet ces roches, après leur mise en place, peuvent être soumises à deux séries de processus : supergènes et endogènes ou superficiels et profonds. On appelle supergènes les processus d'origine météorique comme l'altération, l'érosion, le transport par l'eau soit sous forme de solutions donnant lieu en fin de course à une sédimentation chimique (calcaires, argiles, etc.), soit sous forme de débris solides en suspension ou roulés sur le fond et dont la sédimentation engendre les roches détritiques (conglomérats, grès, etc.) ; ou encore les processus diagénétiques, c'est-à-dire les modifications des roches sous l'effet du temps, et aussi d'augmentation de température et de pression résultant d'un simple enfoncement des bassins sans variation locale du degré géothermique[3].

De même on appelle endogènes les processus dérivant d'activités tectoniques[4] ou magmatiques impliquant des causes dynamiques profondes, qui engendrent des pressions ou des tensions anormales et des augmentations de température dont résultent les phénomènes de plissement, de métamorphisme ou transformation, de mise en place des roches ignées graniti-

3. On appelle degré géothermique en un point donné l'approfondissement en mètres pour lequel la température augmente de 1° C. Dans les zones inactives il est de 30 m. Dans les zones actives, volcaniques par exemple il peut être beaucoup plus faible.

4. Les processus tectoniques engendrent la déformation souple (plis) ou rigide (fractures) des roches.

ques ou volcaniques et aussi de gisements dits hydrothermaux c'est-à-dire formés à partir de solutions dont l'origine est liée à ces événements endogènes.

Lorsqu'elles sont soumises aux actions supergènes les roches, en particulier les plus riches en uranium, comme les roches granitiques ou volcaniques acides, libèrent de l'uranium de deux façons. D'une part les débris de ces roches, avec l'uranium qu'ils contiennent initialement, descendent par gravité et s'accumulent dans les bassins sous forme de sables et conglomérats. D'autre part sous l'effet des conditions humides et oxydantes de la surface la roche s'altère et l'uranium disséminé contenu, se séparant du thorium, passe de sa forme originelle tétravalente ou à la valence IV sous laquelle il est peu soluble, à sa forme hexavalente ou à la valence VI sous laquelle il est facilement mis en solution. Ces solutions, si elles rencontrent des milieux de précipitation favorables, c'est-à-dire réducteurs, comme des accumulations de matière organique (et de sulfures souvent associés), précipitent leur uranium qui retrouve sa forme tétravalente peu mobile. Il peut en résulter des accumulations de types très différents.

Ainsi, dans des bassins stables aux eaux non renouvelées, riches en matière organique, des boues noires enrichies en uranium peuvent se déposer, évoluer ensuite en schistes noirs titrant d'une dizaine à une centaine de grammes d'uranium à la tonne et constituer des stocks naturels de plusieurs millions de tonnes d'uranium. Mais ce ne sont pas des minerais exploitables et ceci non seulement pour des questions de coûts de production mais pour des problèmes insurmontables d'environnement. Des processus géologiques ultérieurs (intrusions granitiques, métamorphisme, diagènese,...) peuvent en remobiliser une partie et donner naissance à des formes très variées de gisements. Nous y reviendrons. Retenons simplement ici l'effet de la diagenèse qui a reconcentré une partie de l'uranium des schistes de Suède en donnant le célèbre gisement de Billingen-Ranstad (cependant inexploitable aux prix actuels du marché).

Les solutions, dérivant du lessivage des roches granitiques ou volcaniques riches en uranium, peuvent donner directement des gisements exploitables en pénétrant dans les grès faiblement pentés où elles peuvent rencontrer des lits de rivières fossiles, enrichis en matières organiques (débris végétaux) qui peuvent concentrer l'uranium de ces solutions. Elles peuvent former aussi dans ces grès des nappes aquifères oxydantes entre deux couches argileuses imperméables qui, en se déplaçant selon la pente des couches, oxydent progressivement celles-ci de l'amont vers l'aval, mobilisent l'uranium de ces grès, qui s'ajoute éventuellement à celui existant déjà dans la solution. Simultanément le fer contenu dans le grès s'oxyde et il se forme, progressant vers l'aval, un interface grès oxydés/grès inoxydés qui revêt une forme de croissant et que les auteurs américains appellent *roll*. C'est en liaison avec ces *rolls* que se concentre l'uranium (ainsi que d'autres éléments comme le molybdène, le sélénium, le vanadium, formant des halos individualisés, en avance ou en retard les uns par rapport aux autres). Ces gisements de grès contiennent actuellement près de la moitié des ressources connues en uranium du monde occidental : la quasi-totalité des ressources d'Argentine, d'Amérique du Nord, du Niger et une partie des ressources de France et d'Australie,...

Il arrive que les processus supergènes ou superficiels parviennent à dégager, puis à transporter et même à concentrer les minéraux d'uranium des roches granitiques et en particulier l'uraninite[5] surtout si elle contient un peu de thorium. C'est le cas des alluvions actuelles du cours supérieur de l'Indus. Mais ce phénomène est exceptionnel et ne conduit jamais à des concentrations exploitables, l'atmosphère oxydante actuelle faisant passer tout l'uranium à l'état hexavalent soluble. Il n'en fut pas toujours ainsi. Il y a plus de 2,2 milliards d'années on pense que l'atmosphère était pauvre en oxygène mais riche en gaz carbonique. Les processus supergènes affectant certaines régions archéennes (plus anciennes que 2,5 milliards d'années) et avant l'apparition de l'atmosphère oxygénée, ont conduit au dépôt de conglomérats

5. Uraninite : Oxyde d'uranium cristallisé.

ou roche sédimentaire formée de galets ou de débris anguleux contenant localement des concentrations de minéraux uranifères (uraninite sans doute) et de sulfures. Des processus de remobilisation ultérieurs ont partiellement oblitéré les caractères originels. Ces minerais se présentent actuellement comme des conglomérats de quartz cimentés par de la silice et de la pyrite (plus de 10 %. Ce sulfure de fer est utilisé pour fabriquer l'acide sulfurique nécessaire au traitement du minerai). Ils renferment près du quart des ressources en uranium connues du monde occidental et ceci dans deux régions du globe : dans le Sud du Canada, où les teneurs en uranium sont de l'ordre de 1 kg U/t, et dans le Witwatersrand en Afrique du Sud, où l'uranium, à des teneurs presque dix fois plus faibles en moyenne, ne peut être extrait qu'en sous-produit de l'or, dont cette région est le plus gros producteur du monde (plus de la moitié de la production mondiale).

Les processus endogènes peuvent aussi bien affecter les roches ignées que les roches métamorphiques ou sédimentaires. Ils peuvent s'exercer à des niveaux où se produit l'anatexie (fusion partielle des roches aboutissant à la formation d'un granite). Comme l'uranium, au cours des cristallisations successives ultérieures, a tendance à se réfugier dans les fluides résiduels, plus les roches affectées par l'anatexie auront été enrichies en uranium (schistes noirs uranifères par exemple) plus riches en uranium seront les dernières roches mises en place, qui auront en quelque sorte extrait l'uranium d'un magma originel beaucoup plus volumineux. Ce sera le cas des granites uranifères français à qui leur composition liée à leur caractère acide, confère une teinte claire (d'où comme nous l'avons dit leur nom de leucogranites). Les gisements d'uranium associés se forment grâce à des processus ultérieurs de remobilisation de l'uranium disséminé dans ces leucogranites par des fluides de haute température et grâce à sa concentration sous forme de filons ou colonnes de minerais.

Ces corps minéralisés sont généralement contenus

dans le granite lui-même. Mais certaines provinces uranifères (Portugal Oriental/Espagne Occidentale, Massif de Bohême,...) sont caractérisées par le fait que les corps minéralisés se situent à l'extérieur du granite, bien qu'à proximité, dans des sédiments (schisteux en particulier), métamorphisés (modifiés) par cette intrusion granitique. Leurs relations avec ces roches sont encore mal connues mais il est probable qu'une partie de l'uranium au moins provient d'une remobilisation de l'uranium des schistes par l'intrusion dans des niveaux peu profonds.

D'autres gisements de type filonien et d'origine endogène, c'est-à-dire qui proviennent de l'intérieur de la terre, se trouvent dans des formations métamorphiques sans liaison apparente avec des intrusions. Il est probable qu'ils dérivent de remobilisation d'uranium des roches régionales par remplacement d'éléments. De tels gisements sont parfois associés au contact de roches du Protérozoïque inférieur (de 2,5 à 1,8 milliards d'années) réduites à l'état de pénéplaine puis recouvertes de grès du Protérozoïque moyen (de 1,7 à 1 milliard d'années). Mais pour certains auteurs, dans ce dernier cas, le rôle essentiel est joué par des transformations à haute température s'exerçant soit sur la pile des grès de couverture, soit sur des concentrations d'origine superficielle d'uranium formées à la base de cette couverture avant son dépôt. Ces gisements sont souvent à hautes teneurs et très importants en tonnage (Saskatchwan/Canada, Territoires du Nord/Australie).

Ajoutons enfin un type très proche de la phase magmatique où l'uranium sous forme d'uraninite est disséminé dans la masse granitique. C'est le cas du gisement de Rössing en Namibie qui est l'un des plus importants du monde.

La prospection de l'uranium

Le prospecteur d'uranium utilise bien entendu tout l'arsenal des techniques employées pour la recherche des autres substances minérales : lever de la carte géologique et métallogénique, application des techniques géophysiques en avion, au sol et en sondages, prospection géochimique de l'élément cherché et des éléments associés dans les roches, les alluvions, les eaux, etc., tranchées, sondages, utilisation de la photographie aérienne et des enregistrements de satellites... Mais en outre il exploite les propriétés spécifiques de l'uranium liées en particulier à sa radioactivité : mesures des rayonnements gamma en comptage total ou en sélectionnant des fenêtres sur des énergies spécifiques, (spectrométrie γ), en avion, au sol, en sondages, en laboratoire ; mesures des rayonnements $\propto$ par différentes méthodes ; mesures des gaz radiogéniques (radon, hélium) dans les matériaux et les conditions les plus variables : sols, eaux superficielles ou de sondage ; géochimic des radio-isotopes issus de la désintégration de l'U 238 ou l'U 235, etc.

Un effort de recherche scientifique considérable pour l'amélioration des méthodes existantes et la découverte de méthodes nouvelles, est fait dans le monde et en particulier en France. On s'attend en effet à ce qu'une grande partie des ressources restant à découvrir se situe dans des conditions rendant leur identification difficile. En particulier, une fraction importante est selon toute probabilité dissimulée par des couvertures épaisses de mort-terrains ou même d'eau (plateaux continentaux, grands lacs).

Les ressources en uranium et leur répartition géographique.

Les ressources en uranium font l'objet tous les deux ans d'un rapport conjoint de l'O.C.D.E.[6] et de l'A.I.E.A.[7]. Il s'agit d'une synthèse établie à partir d'un questionnaire envoyé à tous les pays membres. Jusqu'à présent seuls les pays à économie de marché y ont

6. O.C.D.E. : Organisation de coopération et de développement économiques.

7. A.I.E.A. : Agence internationale pour l'énergie atomique.

répondu. Les ressources ainsi estimées concernent des minerais déjà identifiés, évalués avec une précision minimale acceptable et dont les coûts d'extraction de la mine et de production dans l'usine de concentration totalisent au plus 130 dollars US par kilogramme d'uranium dans le concentré marchand. A vrai dire on distingue les minerais à coût inférieur à 80 dollars et ceux entre 80 et 130 dollars. Seuls les premiers sont exploitables aux prix actuels du marché.

Le tableau suivant présente en milliers de tonnes d'uranium métal l'état des ressources mondiales au 1er janvier 1981.

	80 US $/kg U (milliers tonnes U)	80-130 US $/kg U (milliers tonnes U)
Australie	558	44
Brésil	200,3	0
Canada	588	430
France	87,7	33,7
Gabon	19,4	12,1
Namibie	149	39
Niger	213	0
Afrique du Sud	331	200
Suède	0	82
États-Unis	1 043	659
Autres	162,6	161,2
Totaux partiels	3 352	1 661
Total général	5 013	

Comme on le voit 94 % de ces ressources sont comprises dans dix pays seulement et 76 % aux Etats-Unis, au Canada, en Afrique du Sud et en Australie. En ce qui concerne la Suède, ses ressources sont quelque peu fictives, car il s'agit de schistes noirs dont l'exploitabilité, pour cause d'environnement, n'est pas certaine.

Les ressources connues ne représentent en aucune façon la totalité de ce que la terre peut contenir. En

1978, dans le cadre d'un projet international (*International Uranium Ressources Evaluation Project* ou IUREP) conduit sous l'égide de l'O.C.D.E. et de l'A.I.E.A., on a évalué pour chacun des pays du monde des « ressources spéculatives », au-delà des ressources connues, sur la base de considérations purement géologiques. En additionnant toutes ces ressources, on trouve entre 6,6 et 14,8 millions de tonnes pour le monde à économie de marché. Mais il faut souligner le caractère très discutable de ces chiffres.

En outre, il faut ajouter que des ressources considérables existent dans les phosphates sédimentaires. Mais il est hors de question de produire l'uranium autrement qu'en sous-produit de l'acide phosphorique, ce qui en limite la production à une fraction modeste dans la capacité globale de production de l'uranium.

Le marché de l'uranium.

Le marché de l'uranium a été très irrégulier jusqu'à présent. Les besoins militaires, au cours de la décennie 1950, avaient provoqué une production rapidement croissante qui, en 1959, avait culminé avec 33 000 t.U. Ces besoins militaires ayant atteint leur saturation et l'industrie nucléaire étant encore bien loin de prendre le relais, la production est tombée à 14 500 t.U en 1967 et les prix (en dollars US courants) de 6 sont tombés à près de 4 dollars par livre d'U_3O_8.

A partir de 1967 et jusqu'en 1975 une timide reprise se dessina avec une production légèrement croissante oscillant autour de 19 000 t.U/an et s'accompagnant d'une remontée des prix au niveau de 6,5 puis de 8 dollars par livre.

Mais, à partir de 1976, avec l'aggravation de la crise énergétique, la production prit une allure accélérée pour atteindre en 1979 quelque 38 000 t.U/an. Parallèlement, les prix ont eu tendance à s'envoler. En réalité, la structure du marché de l'uranium est très complexe. On sait peu de choses des transactions internationales et, en fait, le marché de référence est celui des Etats-Unis. Or, les consommateurs (électriciens) avaient contracté des accords à moyen et long terme pour l'achat de quantités considérables d'uranium à l'époque des prix très bas. De sorte que les renégociations ultérieures n'aboutirent qu'à une revalorisation très lente des prix. Simultanément se développait un marché parallèle pour la livraison rapide de quantités faibles d'uranium (marché *spot*) et les prix atteignirent près de 44 dollars la livre entre 1978 et 1979. Vers la fin de cette dernière année, le coup de frein au programme nucléaire américain donné par l'Administration du président Carter détermina une chute rapide des prix qui, entre la fin de 1979 et le début de 1981, tombèrent de 44 dollars à 25 dollars par livre. Ces variations du marché *spot* influencèrent les transactions à long terme avec un décalage notoire. En effet de moins de 22 dollars en 1979 la moyenne des prix de contrat dépasse 30 dollars en 1981.

Considérés globalement, les besoins en uranium du monde vivant en économie de marché, notablement affaiblis par rapport aux prévisions, correspondent aux capacités de production possibles. Jusque vers la fin du siècle on peut même s'attendre à une tendance à la surproduction. Cette situation pourrait notablement changer si pour des raisons non prévisibles actuellement un pays producteur majeur d'uranium venait à se retirer du marché pour une longue période (conflits intérieurs ou extérieurs par exemple). Cela nous conduit à souligner une caractéristique importante de cet équilibre offre/demande : hors les Etats-Unis qui peuvent théoriquement vivre longtemps en autarcie, il y a d'une part des pays producteurs (Canada, Afrique du Sud, Namibie, Australie,...) d'autre part des pays consommateurs (Japon, République Fédérale d'Allemagne, Royaume-Uni, Suisse, Suède, Italie,...).

La France, bien que largement importatrice, assure et assurera, avec une production annuelle croissant d'environ 2 600 tonnes d'uranium en 1980 à un chiffre entre 3 100 tonnes et 4 300 tonnes vers la fin de la décennie, la satisfaction de ses besoins dans une proportion d'un tiers à la moitié. Son avance notable sur le reste du monde dans les techniques du retraitement des combustibles irradiés et des surgénérateurs lui permet d'envisager pour l'avenir, en maintenant son programme nucléaire, des consommations d'uranium moins importantes.

La fabrication des combustibles nucléaires

Qu'il s'agisse du combustible des réacteurs à eau ordinaire ou de celui des réacteurs surgénérateurs à neutrons rapides, la partie élémentaire est fondamentalement identique. L'élément chauffant – le crayon – est constitué par un tube métallique – la gaine – fermé aux deux extrémités par un bouchon soudé. Cette gaine isole du fluide caloporteur (et modérateur de neutrons dans le cas des réacteurs à eau ordinaire) la matière fissile qu'elle contient sous forme de petites pastilles d'oxyde. Les différences entre les deux types de combustible apparaissent dans la nature des matériaux utilisés et le mode de regroupement en faisceau des crayons pour constituer un assemblage combustible.

Pour un réacteur à eau ordinaire : Le cœur d'un réacteur de 900 MWe comporte 157 assemblages placés côte à côte. D'une longueur de quatre mètres et d'un poids total d'un peu plus de 650 kg, dont environ 500 d'uranium enrichi, l'assemblage est constitué par le regroupement en faisceau de 264 crayons sur un réseau carré de 17 x 17. L'assemblage se termine par deux pièces d'extrémité. La pièce inférieure sert à l'insertion dans le réseau du cœur. La pièce supérieure a diverses fonctions dont la manutention de l'assemblage.

L'espacement des crayons, afin de permettre à la fois le ralentissement des neutrons et la circulation du fluide caloporteur est assuré par l'intermédiaire de 8 grilles en inconel ou en zircaloy. Vingt-quatre positions dans les grilles sont occupées par des tubes vides : les tubes guides qui permettent le passage de crayons d'instrumentation ou de contrôle. Ces derniers ne font pas partie de l'assemblage proprement dit mais d'un sous-ensemble différent : la grappe de contrôle qui contribue, en absorbant des neutrons, au pilotage du réacteur par une insertion plus ou moins prononcée dans l'assemblage combustible.

Le crayon est constitué d'une gaine en zircaloy, matériau résistant à la corrosion par l'eau et absorbant faiblement les neutrons. Les pastilles qu'il contient sont du bioxyde d'uranium fritté, enrichi à 3,5 % environ en isotope 235. Un ressort maintient les pastilles en place. L'hélium introduit dans le crayon a pour but d'assurer en particulier un bon échange thermique.

Pour un réacteur à neutrons rapides : Le cœur d'un réacteur à neutrons rapides, tel que SUPERPHENIX, est constitué d'une part d'assemblages fissiles – 364 disposés en deux zones concentriques à teneur en plutonium différente – d'autre part d'assemblages fertiles – 233 disposés en périphérie des précédents. C'est dans les assemblages fertiles, couverture fertile radiale, que l'isotope 238 de l'uranium se transforme en isotope 239 de plutonium, contribuant ainsi à la surgénération du plutonium. Vingt-quatre assemblages de commande sont répartis dans le cœur.

D'une longueur de 5,4 mètres et d'un poids de 560 kg, l'assemblage combustible de SUPERPHENIX comporte 271 crayons espacés entre eux par un fil enroulé en hélice sur chacun d'eux. Le faisceau de crayons est placé dans un tube enveloppé en acier de section hexagonale. A la base, un pied de positionnement dans le cœur et d'alimentation en sodium, à la partie supérieure, une pièce également en acier assure la sortie du sodium et permet la manipulation de l'assemblage.

Le crayon est constitué d'une gaine en acier inoxydable. Celle-ci contient dans sa partie centrale un empilement de pastilles d'oxyde mixte de plutonium et d'uranium et de part et d'autre de celles-ci, deux colonnes de pastilles d'oxyde d'uranium appauvri. Ces dernières constituent la couverture fertile axiale. L'ensemble des pastilles est maintenu en place au moyen d'un ressort.

La fabrication comporte trois parties complétées par de nombreux contrôles.

La fabrication des pièces de structure et des composants : Il s'agit de têtes, pieds, tubes hexagonaux, grilles, bouchons, réalisés en matériaux inertes : acier inoxydable, inconel, zircaloy... Ces fabrications peuvent être effectuées dans des installations classiques de la métallurgie fine et de la mécanique de précision. Les contraintes

Assemblage combustible 17 × 17 et grappe de contrôle

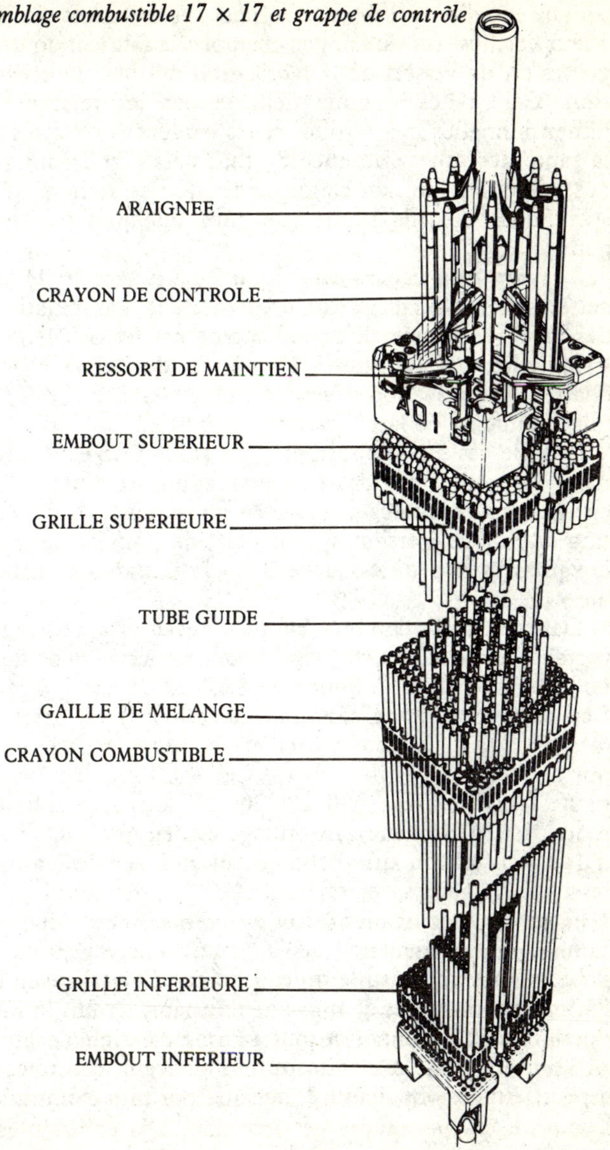

sont essentiellement liées au respect des spécifications et à leur vérification. Ainsi, par exemple, la fabrication des gaines est du ressort de la fabrication du tube de précision. Celle-ci est rendue délicate par les tolérances dimensionnelles très étroites et les exigences relatives à la santé des tubes : absence de tout défaut. La gamme des opérations de fabrication nécessite des ateliers très spécifiques qui n'existent que chez quelques tubistes dans le monde.

La fabrication des crayons : La difficulté essentielle de cette partie de la fabrication provient de la manipulation des matières fissiles, difficulté accrue par les problèmes spécifiques du plutonium. Ce qui conduit alors à des chaînes de fabrication isolées du milieu extérieur et à la télécommande de la plupart des opérations.

Dans le cas du combustible pour réacteur à eau ordinaire, le produit de départ est l'hexafluorure d'uranium enrichi provenant des usines d'enrichissement. L'opération dite de conversion a pour objet de transformer cet hexafluorure en une poudre d'oxyde d'uranium frittable.

Dans le cas du combustible pour réacteur à neutrons rapides, les produits de départ sont généralement des poudres d'oxyde d'uranium et d'oxyde de plutonium. Les poudres d'oxyde sont mélangées, broyées, granulées ; les granulats obtenus servent à alimenter la presse qui délivre des pastilles crues. Celles-ci sont frittées à haute température 1 600 à 1 700 °C sous atmosphère réductrice (hydrogène). Le frittage est, en général, suivi d'une rectification afin d'obtenir, au montage des pastilles dans les gaines, les tolérances de jeu diamétral exigées par les spécifications. Les différents cycles d'opérations depuis le mélange de la poudre d'oxyde jusqu'à l'obtention d'une pastille finie, diffèrent d'un fabricant à l'autre et font l'objet de brevets importants. Avant introduction dans les gaines et tout au long du cycle de préparation les pastilles subissent de nombreux contrôles : aspect, dimensions, texture, densité, porosité, composition...

Pour fabriquer le crayon, les gaines, munies de leur premier bouchon soudé sont chargées en pastilles, le ressort de calage est mis en place et le second bouchon est soudé. Le crayon est soigneusement nettoyé extérieurement pour éliminer toute trace de contamination par de la matière fissile et il subit un certain nombre de contrôles : contrôle visuel, étanchéité, vérification de l'empilement, et de la santé des soudures par des méthodes de contrôle non destructif.

Le montage des assemblages : Les crayons et les pièces de structure sont amenés vers un banc de montage. Il sont assemblés, d'où le nom d'assemblage combustible. Après un dernier ensemble de contrôle et emballage, celui-ci est prêt à être livré.

Le problème des contrôles : La gaine de crayon combustible est la première barrière qui s'oppose à la dissémination des produits radioactifs de la fission nucléaire. La rupture de l'une d'entre elles a des conséquences variables d'un réacteur à l'autre mais tous les exploitants de réacteurs ont pour objectif un fonctionnement en l'absence de rupture de gaine.

Le cœur d'un réacteur nucléaire d'un millier de mégawatts électriques contient de 50 à 100 000 crayons combustibles. Limiter le nombre de ruptures à quelques unités par an signifie que les taux de rupture visés doivent être de l'ordre au plus du dix millième et plus près du cent millième.

Ces ordres de grandeur qui approchent en fait zéro montrent qu'il est nécessaire par des contrôles appropriés d'éliminer tous les défauts de fabrication qui pourraient entraîner une rupture. D'où la mise en place à tous les stades de la fabrication des combustibles nucléaires d'un ensemble de contrôles extrêmement complets et sévères.

L'enrichissement de l'uranium

L'enrichissement isotopique est l'opération grâce à laquelle la teneur en isotope 235 de l'uranium peut être portée de 0,7 % (teneur naturelle) aux teneurs plus élevées auxquelles il devient possible d'utiliser l'eau ordinaire comme ralentisseur de neutrons dans les réacteurs nucléaires. Il s'agit d'une opération de nature exclusivement physique, même si elle peut se produire à l'occasion d'une réaction chimique, et elle s'intercale dans le cycle du combustible des réacteurs à eau, entre la production d'uranium naturel et la fabrication des éléments combustibles. Dans un cycle comportant une étape de retraitement, elle peut également s'appliquer à l'uranium récupéré après le passage en pile. Par ailleurs, elle est immédiatement précédée et suivie par deux petites opérations dénommées conversion et reconversion qui ont pour but d'amener l'uranium sous la forme chimique – généralement l'UF_6 – propice à l'enrichissement isotopique et de le reconvertir sous une forme convenant à la fabrication des éléments combustibles.

La filière des réacteurs à uranium faiblement enrichi qui regroupe les réacteurs pressurisés (PWR) et les réacteurs bouillants (BWR), utilise de l'uranium à teneur isotopique variable, comprise entre 2 % et 3,5 % d'U 235. C'est de loin la filière la plus répandue dans le monde et on peut affirmer que cette prédominance ne sera guère remise en question avant la première et très probablement même la deuxième décennie du XXIe siècle. D'où l'importance que revêt l'opération d'enrichissement, importance qui est d'ailleurs rehaussée par la difficulté que présente la mise au point des techniques d'enrichissement industrielles et le risque de prolifération des armes nucléaires qui accompagne la maîtrise de ces techniques.

Avant d'examiner plus complètement le sujet, un mot encore sur la terminologie que nous utilisons, et en particulier sur la notion d'unité de travail de séparation (UTS) grâce à laquelle il est possible de quantifier la capacité des usines d'enrichissement indépendamment du procédé utilisé. Cette capacité est uniquement fonction des quantités et des teneurs des produits entrant et sortant de l'usine. Elle a donc la dimension d'un débit et elle est exprimée en kg UTS/an, notion qui est explicitée dans l'encadré ci-après. Il est nécessaire pour produire de l'uranium enrichi de disposer d'une certaine quantité d'uranium naturel et de dépenser un certain travail de séparation. On pourra retenir que pour produire 1 kg d'uranium enrichi à 3 % il faut environ 5,7 kg d'uranium naturel et 4 UTS. Il s'ensuit que pour disposer d'une première charge d'un réacteur à eau de 1 GWe, soit 60 tonnes d'uranium à une teneur moyenne un peu inférieure à 3 %, il faut 350 tonnes d'uranium naturel et 240 000 UTS. Pour les recharges annuelles, on comptera environ 150 tonnes d'uranium naturel et 110 000 UTS.

QU'EST-CE QUE L'UTS ?

Le travail de séparation est le travail qui est effectué au cours de toute opération de tri sur les composants d'un mélange. Ainsi, le cultivateur qui trie les lentilles dans un mélange cailloux-lentilles, effectue un travail de séparation, aussi bien que l'usine d'enrichissement isotopique qui trie l'U_{235} dans le mélange naturel U_{235} - U_{238}.

Définir une unité pour exprimer le travail de séparation est un problème plus difficile qu'il n'y paraît au premier abord. Considérons, par exemple, une personne dont la profession est de trier les lentilles. Elle vend un service qui est le travail de tri qu'elle effectue sur le mélange lentilles-cailloux que lui apportent ses clients. Pour facturer ce service, il lui faut une unité d'œuvre. Dans ce cas simple, l'unité d'œuvre peut être l'heure de travail. Mais le problème se complique si l'on s'intéresse à une entreprise de tri de lentilles composée, par exemple, de l'ensemble des membres d'une famille. Si l'organisation de cette entreprise est bonne, elle fonctionnera en utilisant au mieux les capacités spécifiques de chaque membre de la famille : ainsi, le père qui a une grosse puissance de travail pourra traiter, en un temps donné, une quantité importante de mélange cailloux-lentilles, mais comme ses doigts sont gros et sa vue affaiblie, il laissera passer beaucoup de cailloux avec les lentilles. Il passera alors le résultat de son travail à son épouse qui a une puissance de travail légèrement moindre, mais des doigts plus fins et qui ne laissera passer que quelques cailloux avec les lentilles qu'elle aura triées. Enfin, elle passera le mélange ainsi obtenu à sa fille qui a une puissance de travail faible et qui ne peut pas traiter des quantités aussi importantes que peuvent le faire ses parents dans le même temps, mais qui avec ses doigts fins et sa bonne acuité visuelle extraira les derniers cailloux existant dans le mélange.

Dans ce cas, on est en présence d'une entreprise de tri en « cascade » qui offre une certaine analogie avec une cascade d'étages de séparation isotopique (étages successifs de taille dégressive). Il est clair que, dans une telle entreprise, l'heure de travail du père ne représente pas le même effet séparatif qu'une heure de tri effectuée par la mère ou par la fille. Il serait donc fallacieux pour obtenir le nombre d'unités d'œuvre effectuées par cette entreprise d'additionner simplement le nombre d'heures de travail de chaque membre de la famille. Il faut définir une unité d'œuvre qui soit utilisable pour comptabiliser le travail effectué par chaque membre de la famille et que l'on puisse additionner pour obtenir le travail globalement effectué par l'ensemble de la famille. On peut d'ailleurs vouloir aller plus loin dans la généralisation et chercher à définir une unité d'œuvre qui soit applicable à toutes les entreprises de tri de lentilles du monde entier et qui permettrait de comparer leur capacité de production.

Ainsi posé, le problème est transposable à toutes les installations ou systèmes qui effectuent un travail de séparation et, en particulier, aux installations de séparation isotopique. La solution recherchée est simple dans son principe : lorsqu'on effectue un tri parmi les composants d'un mélange, c'est que *l'un des composants est plus intéressant que les autres*. De ce fait, plus le mélange est riche en ce composant particulier, plus il a de « *valeur* ».

Une entreprise de tri qui effectue un travail de séparation sur un mélange apporté par son client, restitue à ce client un produit trié et un produit de rejet dont l'ensemble représente une valeur plus importante que celle du mélange initial. *Le travail de séparation a été générateur de valeur ajoutée.* Et, si l'on peut définir pour le mélange, en fonction de sa composition, un barème de valeur *universellement admis*, on aura le moyen de représenter le travail de séparation par la valeur ajoutée dont il est générateur. Le calcul de cette valeur ajoutée s'effectue très simplement en faisant la différence entre la valeur des produits obtenus (enrichi et rejet) et la valeur du mélange sur lequel a été effectué le tri, ces valeurs étant obtenues à l'aide du barème.

Grâce à une formulation mathématique complexe mais rigoureuse, un tel barème a été établi pour les mélanges isotopiques, et les valeurs ajoutées qu'il permet de calculer s'expriment en une unité particulière : l'Unité de Travail de Séparation (UTS).

Bref historique de la séparation isotopique

Plusieurs procédés de séparation isotopique étaient connus avant la deuxième guerre mondiale et des séparations avaient été effectivement réalisées sur des éléments légers, mais c'est la perspective de fabriquer une super-arme qui, dans le cadre du *Manhattan Project* lancé en 1942, devait conduire à développer les méthodes de séparation des éléments lourds et tout particulièrement la séparation des isotopes 235 et 238 de l'uranium. Plusieurs procédés tels que la diffusion thermique, le procédé électro-magnétique, la diffusion gazeuse et même l'ultracentrifugation gazeuse furent essayés dans des délais très courts et à une échelle souvent impressionnante. Parmi ceux-ci c'est la diffusion gazeuse qui devait permettre d'atteindre les hauts enrichissements requis pour réaliser une arme et, tout naturellement, c'est ce procédé qui devait être repris et développé tant aux Etats-Unis qu'en U.R.S.S. lors de la course à l'armement nucléaire engagée entre ces deux pays dès la paix revenue. Ainsi fut construit aux Etats-Unis, vers le milieu des années 50, le complexe des trois usines Oak Ridge/Paducah/Portsmouth qui représente à ce jour la plus forte capacité mondiale d'enrichissement. Face à cette capacité américaine de 17 millions d'UTS/an, l'U.R.S.S. construisait également une forte capacité de diffusion gazeuse dont la valeur exacte n'a jamais été publiée, suivie dans l'ordre par la Grande-Bretagne à Capenhurst, la Chine, et enfin la France à Pierrelatte qui réalisaient à leur tour et à plus petite échelle des usines de diffusion gazeuse militaires.

La percée de l'électronucléaire observée au cours des années 60 devait stimuler la production d'uranium faiblement enrichi dont, seuls, les Etats-Unis étaient en mesure de produire de larges quantités à un prix fixé de manière unilatérale mais relativement bas en raison d'un régime d'amortissement tenant largement compte de l'origine militaire des installations. Prévoyant une extension rapide de l'électronucléaire, la Commission de l'énergie atomique américaine annonçait en 1970 une refonte de leurs usines qui devait porter la capacité totale américaine à 27 millions d'UTS/an soit de quoi alimenter un parc de centrales nucléaires d'environ 250 000 MWe. Or, non seulement cette capacité électronucléaire ne devait pas être construite dans les délais prévus mais le monopole de production américain devait être entamé dès le début des années 70.

Cela devait être en grande partie dû à l'action de la France. Il faut se souvenir en effet que ce n'est pas sans de graves controverses internes que la filière dite « nationale » des réacteurs gaz-graphite français avait été abandonnée en 1967 au bénéfice de la filière américaine des réacteurs à eau pressurisée mise au point par Westinghouse. Ces controverses avaient mis en lumière la vulnérabilité de notre politique électronucléaire à l'égard des Etats-Unis qui détenaient à la fois la technique des réacteurs construits en France et la clé du cycle du combustible correspondant, c'est-à-dire l'usine d'enrichissement. Aussi, la décision fut-elle prise très tôt de s'affranchir de la sujétion de l'enrichissement. Un premier pas fut franchi en 1970 avec la signature d'un contrat d'UTS délivrées par l'U.R.S.S. à la France. Puis, des initiatives furent prises pour intéresser un certain nombre de pays européens à la construction d'une grande usine de diffusion gazeuse qui ferait appel à la technique française. C'est ainsi que malgré l'absence de la Grande-Bretagne, de l'Allemagne Fédérale et de la Hollande toutes trois engagées dans un projet d'enrichissement dénommé URENCO, la Belgique, l'Espagne, la France et l'Italie devaient décider de construire peu après la crise pétrolière d'octobre 1973 une usine d'enrichissement située au Tricastin dans la vallée du Rhône. Cette usine entrée en production en 1979 a atteint sa pleine capacité, soit 10,7 millions d'UTS/an au début de 1982, représentant à cette date environ 30 % de la capacité totale d'enrichissement du monde occidental.

Ainsi en vient-on à la situation commerciale actuelle dans laquelle on observe un très petit nombre de producteurs : l'USDOE (le ministère américain de l'énergie) qui détient environ 60 % de la capacité mondiale, Eurodif 30 %, et enfin les autres c'est-à-dire BNFL (British Nuclear Fuel Services), TECHNABEXPORT (U.R.S.S.), URENCO (Association Anglo-germano-hollandaise) qui détiennent le reste. Il faut noter que pour le moment, environ 98 % de la capacité mondiale fait appel au procédé de diffusion gazeuse et 2 % seulement à l'ultracentrifugation. On notera enfin que les durées de construction des usines d'enrichissement sont un peu plus faibles que celles des centrales nucléaires qu'elles alimentent (4 à 8 ans selon le procédé utilisé au lieu de 6 à 10 ans pour les centrales) et que les durées de vie sont comparables (30 ans dans les deux cas). Il s'ensuit que les investissements en usines d'enrichissement peuvent être envisagés avec de bonnes assurances d'écoulement du produit et par là des conditions favorables d'amortissement.

Les différents procédés d'enrichissement

Il est à noter pour commencer que les opérations d'enrichissement résultent d'effets isotopiques de faible ampleur et qu'il y a donc lieu de répéter l'opération élémentaire de nombreuses fois, ne serait-ce que pour passer de la teneur naturelle de 0,7 % en U235 à la teneur de 3 % nécessaire pour entretenir la réaction en chaîne dans les réacteurs à eau. La raison en est simple, c'est que les phénomènes physiques utilisés jusqu'à présent pour obtenir un effet isotopique ne font intervenir que les différences relatives des masses moléculaires en présence, différences relatives qui sont faibles dans le cas des isotopes d'éléments lourds. Autrement dit, le facteur d'enrichissement qui représente la richesse de l'U235 à la sortie de l'élément séparateur (R') divisée par la richesse de l'U235 à l'entrée de cet élément (R) n'est que très légèrement supérieur à 1. En voici des exemples :

- en diffusion gazeuse : R'/R = 1,0047
- en centrifugation gazeuse : R'/R = 1,10 à 1,30
- procédés aérodynamiques : R'/R varie de 1,01 à 1,03
- procédés d'échange chimique : R'/R varie de 1,001 à 1,003

Encore ne s'agit-il que de valeurs théoriques ou maximales alors que des conditions pratiques peuvent notablement diminuer ces valeurs. Il s'ensuit que les cascades d'enrichissement comprennent un grand nombre d'étages et par conséquent (même s'il est possible dans certains cas d'incorporer plusieurs étages en un seul appareil séparateur) nécessitent un grand nombre d'interconnexions. Cette multitude d'interconnexions comporte en soi un risque car si les concentrations isotopiques ne sont pas rigoureusement les mêmes aux points de jonction, on en vient à opérer des mélanges qui détruisent le travail de séparation opéré par ailleurs. C'est pourquoi les études de cascade ont été portées à un haut degré d'élaboration et que nous allons devoir nous y arrêter quelques instants.

Dans le cas le plus simple où une *cascade d'enrichissement* comporte une alimentation (F comme *Feed*), une production riche (P comme *product*) et un rejet (W comme *waste*) l'introduction de la condition de non mélange dans le système d'équations exprimant la conservation du bilan massique et celle du bilan isotopique conduit à un profil de tailles d'étages comme celui qu'illustre la figure 1. Or, bien entendu, il n'est pas concevable dans des conditions industrielles de fabriquer des étages « sur mesure » ayant tous des tailles différentes, aussi se contente-t-on, comme il est indiqué sur la figure 2, de réaliser une approximation du profil idéal de non mélange en utilisant au mieux les caractéristiques de l'élément séparateur dont on dispose : barrière poreuse, ultracentrifugeuse ou autre. Il en résulte quelques pertes par mélange qui se traduisent par un rendement ou efficacité de cascade dont les valeurs sont élevées et peuvent atteindre 95 %.

Figure 1

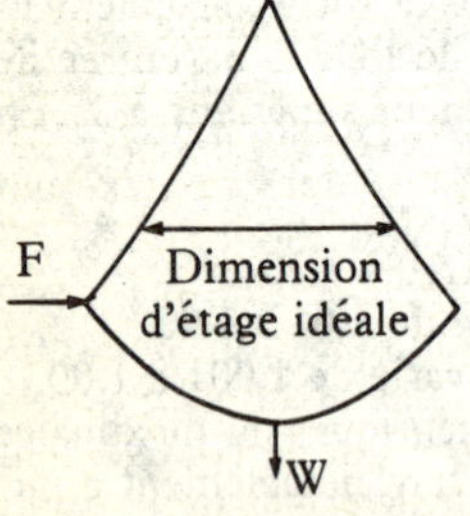

Figure 2

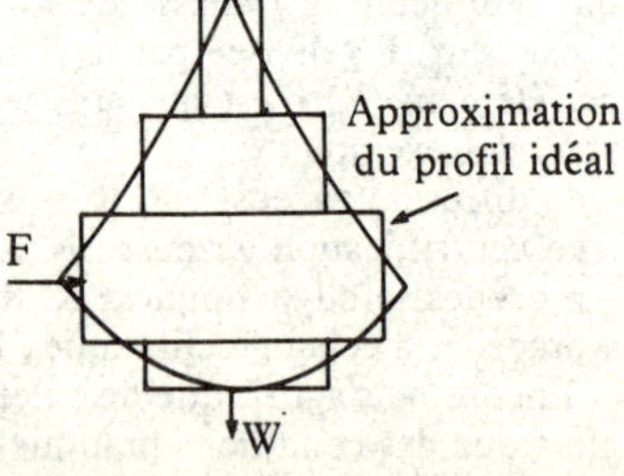

Mais le profil de la figure 1 et l'approximation (ce que les Américains appellent *squaring off*) qui en est tirée dans la figure 2 ne correspondent qu'au cas simple d'une usine comportant une entrée et deux sorties. Il serait différent si on ajoutait des entrées ou des sorties supplémentaires dans la cascade. Aussi est-il possible de concevoir d'autres systèmes ayant un profil différent tout en conservant un bon rendement de cascade. C'est ce que nous verrons un peu plus loin lors de l'examen du procédé français d'échange chimique.

Nous en venons maintenant au cœur du sujet, c'est-à-dire aux différents procédés d'enrichissement utilisés. Pour chacun d'entre eux, nous exposerons successivement le principe physique, le milieu et l'élément séparateur utilisés, la technologie requise et enfin certaines particularités des usines correspondantes. De manière un peu arbitraire car on enregistre des progrès aussi bien dans les techniques déjà rendues au stade des applications industrielles que dans des techniques plus récentes, nous passerons successivement en revue la diffusion gazeuse, l'ultracentrifugation gazeuse, les procédés aérodynamiques et les procédés basés sur des échanges chimiques qui sont tous parvenus à un stade pré-industriel ou industriel et nous examinerons enfin les procédés dits « avancés » : procédés de séparation par laser et résonance cyclotronique.

En fait, de nombreux phénomènes physiques sont accompagnés d'un effet isotopique mais peu d'entre eux peuvent répondre aux exigences économiques qui accompagnent une réalisation industrielle à des fins commerciales. C'est ainsi qu'à l'exception de la diffusion gazeuse, la plupart des procédés essayés en temps de guerre aux Etats-Unis ont été abandonnés, tout au moins en ce qui concerne la séparation des isotopes de l'uranium. Passons les procédés actuels en revue :

La diffusion gazeuse. – Ce procédé tire parti du passage préférentiel des molécules gazeuses de l'espèce isotopique la plus légère à travers des micropores dont le rayon est faible comparé au libre parcours moyen des molécules. Le gaz de procédé utilisé est l'hexafluorure d'uranium (UF_6) en raison de sa relative stabilité chimique et de l'absence d'isotopes du fluor qui ne viennent pas contrarier la séparation de l'uranium.

En pratique, le flux à séparer est présenté devant une membrane constituée de pores ayant un rayon moyen un peu inférieur au micron. La partie du flux qui diffuse au travers de la membrane est légèrement enrichie alors que le complément qui ne traverse pas la membrane se trouve appauvri. Après compensation au moyen de compresseurs des pertes de charge occasionnées au passage de la membrane, la fraction enrichie est envoyée à l'étage d'enrichissement suivant alors que la fraction appauvrie est retournée à l'étage précédent. Ainsi se trouve constituée une cascade d'élements séparateurs dont le schéma de principe est le suivant :

Figure 3

ETAGE DE DIFFUSION GAZEUSE

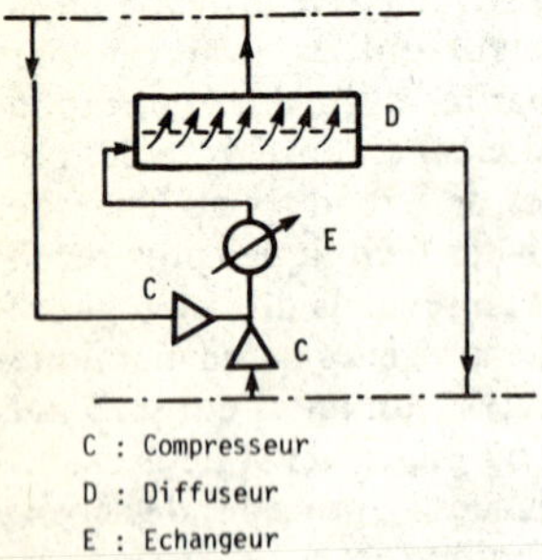

Figure 4

CASCADE DE DIFFUSION GAZEUSE

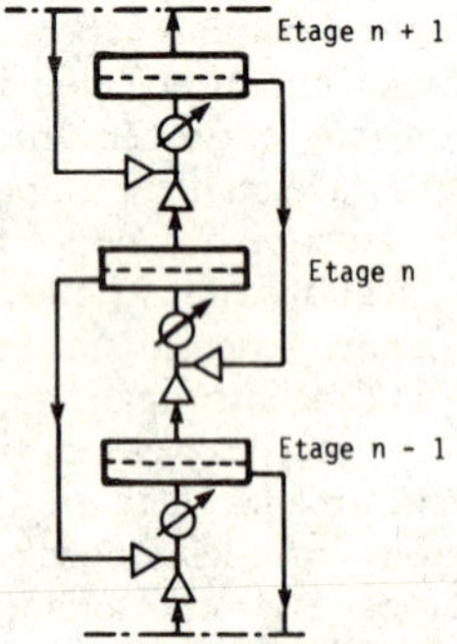

Le facteur d'enrichissement théorique du procédé serait égal à la racine carrée des masses moléculaires des espèces isotopiques en présence soit 1,0043 mais en pratique cette valeur est amenuisée par la présence de flux parasites non séparatifs. Ainsi l'enrichissement réellement obtenu est de l'ordre de 1,002 et il est nécessaire de placer environ 1200 étages en série pour enrichir le produit aux teneurs commerciales courantes comprises entre 3 et 4 % et épuisant l'uranium rejeté aux environs de 0,2 %.

Dans le cas du schéma industriel développé en France, l'étage est constitué par un ensemble compact placé verticalement et monté sur une dalle de béton qui sépare une zone inférieure tiède (40 °C) où se trouve suspendu le moteur électrique d'entraînement du compresseur et la zone supérieure chaude (80 °C) qui comprend les autres composants assemblés sous forme d'un empilage intégré, à savoir :

– un diffuseur contenant des membranes poreuses (D),

– un compresseur destiné à compenser les pertes de charge

et à assurer la circulation du fluide de procédé entre un étage et ses voisins (C),

– un échangeur qui assure l'évacuation des calories de compression (E),

– et, enfin, un distributeur de flux auquel aboutissent les tuyauteries servant à l'interconnexion des étages (DF).

Figure 5

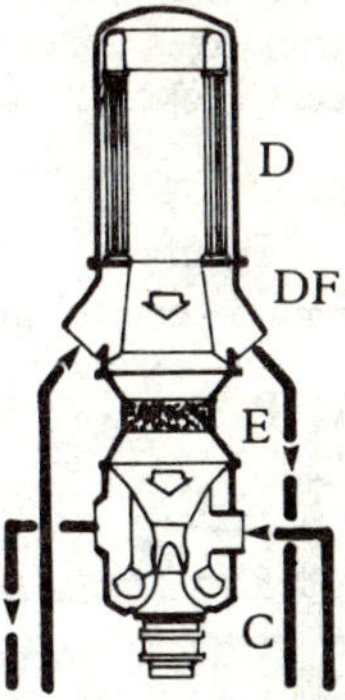

Pour des raisons économiques, il est avantageux de construire des étages de taille aussi grande que possible, c'est pourquoi une usine de diffusion gazeuse ne comporte que des étages en série et aucun assemblage parallèle. Les matériaux constitutifs des circuits de procédé sont soit des alliages légers (c'est le cas du mobile de compresseur en particulier) soit des aciers revêtus (aciers recouverts d'une pellicule de quelques dizaines de microns de nickel : c'est le procédé dit kanigène ; ou encore revêtus, après sablage, d'une projection de métal léger). Les raccordements sont assurés par des joints toriques en métal.

L'ultracentrifugation gazeuse. – Dans ce procédé, l'effet isotopique est provoqué par un champ centrifuge imprimé au gaz de procédé qui est encore une fois l'UF_6. Ce champ est obtenu au moyen d'un bol tournant à grande vitesse ce qui a pour effet de plaquer les molécules de l'$U_{238}\,F_6$ contre la paroi du bol. L'effet isotopique qui en résulte est amplifié plusieurs fois grâce à un léger gradient de température longitudinal qui entretient une circulation à contre-courant à l'intérieur de la machine (voir figure 6). Une centrifugeuse comprend essentiellement un bol de faible épaisseur terminé par deux couvercles. Ce bol est placé à l'intérieur d'un carter fixe qui est tout à la fois une enceinte à vide pour réduire les forces de friction sur le rotor et une protection en cas de rupture du rotor. Animé par un moteur noyé tournant à grande vitesse (30 000 tours/minute), l'ensemble est couplé et positionné par des paliers spéciaux, mécaniques ou électromagnétiques. Enfin, l'UF_6 est introduit et extrait de la machine par une canne centrale fixe comportant trois tiges concentriques terminées par des orifices appelés encore écopes.

Figure 6
Schéma de centrifugeuse

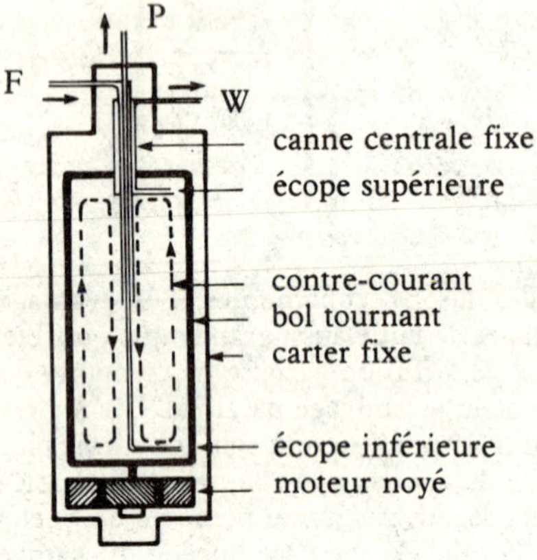

Le rapport des richesses en U_{235} entre l'axe et la périphérie du bol est donné par la formule :

$$\alpha = \frac{1}{2} \exp (M_2 - M_1)\, \omega^2 r^2 / 2\, RT$$

où M_1 et M_2 sont les masses moléculaires des espèces isotopiques en présence et ω r la vitesse périphérique du bol alors que les autres symboles ont les significations habituelles en thermodynamique. Par exemple, si ω r = 400 m/s, $\alpha \simeq 1{,}10$. Mais ce résultat est celui d'un effet simple obtenu sans contre-courant alors qu'avec un contre-courant interne α peut atteindre

1,30 par exemple. La puissance de séparation d'une machine δU_0 est donnée à une constante près par l'expression :

$$\left[\frac{(M_2 - M_1)\, w^2\, r^2}{2\, RT}\right]^2 . L$$

le terme L représentant la longueur du bol.

Même si la puissance réelle délivrée par une machine est inférieure à cette valeur en raison de mélanges internes, on voit à quel point intervient la vitesse périphérique du bol, ainsi que sa longueur L. On se heurte toutefois à des difficultés de deux ordres : une limite en vitesse due à la contrainte de résistance élastique du matériau constitutif du bol, et une limite en longueur due principalement à l'apparition de vitesses critiques qui doivent être franchies malgré les phénomènes de résonance qui les accompagnent. Alors que la deuxième difficulté peut être résolue au moyen d'un équilibrage soigné des mobiles, la première difficulté demeure tributaire des matériaux utilisables. Si les aciers à haute résistance sont relativement répandus et peuvent, après mise en forme par fluotournage, permettre d'atteindre des vitesses de l'ordre de 450 m/s, seuls des matériaux composites permettent d'atteindre des vitesses égales ou supérieures à 600 m/s.

La structure des usines de centrifugation est notablement différente de celle des usines de diffusion gazeuse car, en raison du coefficient d'enrichissement plus élevé, le nombre d'étages placés en série est relativement faible alors que la puissance élémentaire faible des centrifugeuses conduit à des mises en parallèle de très nombreuses machines.

Deux techniques de centrifugation sensiblement différentes existent : l'une faisant appel à de petites machines capables de délivrer aux environs d'une dizaine d'UTS/an a été développée en Europe par Urenco et au Japon, l'autre utilisant des machines de grande dimension environ dix fois plus puissantes que les précédentes a été développée aux Etats-Unis.

Les procédés aérodynamiques. – Il s'agit d'une famille de procédés basés sur l'écorçage d'un jet convenablement orienté. L'orientation du jet peut être obtenue au moyen d'une ou de plusieurs tuyères : c'est le procédé Becker développé en République Fédérale Allemande ; ou encore au moyen d'un vortex, c'est le procédé UCOR, connu encore sous le nom de procédé Hélikon, qui a été développé en Afrique du Sud. Si le gaz de procédé est encore l'UF_6, celui-ci est mélangé à un gaz léger (hélium ou hydrogène) dit « gaz porteur » destiné à accroître la vitesse du jet et ainsi à améliorer les performances du procédé.

La théorie de cette famille de procédés n'est pas entièrement maîtrisée. Elle est rendue difficile en effet d'une part par la présence du « gaz porteur » qui conduit à un système de séparation à trois corps, d'autre part, en raison des nombreuses variantes géométriques auxquelles il peut être fait appel. Ceci explique les efforts prolongés qui ont été consacrés à l'amélioration de ces procédés et qui ne semblent plus guère progresser notablement.

L'enrichissement isotopique par échange chimique. – Le principe de l'opération repose sur de légères différences de vitesses d'échange lorsque deux composés de l'uranium U_A et U_B sont amenés à interagir. L'effet isotopique observé résulte d'une réaction d'échange isotopique caractérisée par une constante d'équilibre telle que :

$$235_{U_A} + 238_{U_B} \rightleftarrows 238_{U_A} + 238_{U_B} - (1)$$

Si x et y sont les concentrations respectives en 235_U dans les composés U_A et U_B, on observe que :

$$\frac{x}{1 - x} = \alpha \frac{y}{1 - y}$$

où α est à la fois la constante d'équilibre de la réaction (1) et le facteur d'enrichissement isotopique entre les deux composés de l'uranium.

Ce facteur d'enrichissement est habituellement faible et il convient de choisir les composés U_A et U_B de façon à obtenir une constante α aussi élevée que possible. Mais ce n'est pas la seule condition à remplir pour que le procédé soit viable. Il faut également que la vitesse d'échange soit suffisamment rapide et il faut également éviter de remélanger les fractions déjà séparées. Ce dernier problème est habituellement résolu en fixant les fractions séparées sur deux phases non miscibles qui peuvent être liquides, gazeuses ou solides. C'est là un problème de génie chimique classique que l'on rencontre dans de nombreuses industries et dont il existe deux versions employées en séparation isotopique de l'uranium. L'une est un échange liquide-liquide qui a été développé en France par le Commissariat à l'énergie atomique (C.E.A.), l'autre est un échange solide-liquide obtenu au moyen d'une résine échangeuse d'ions qui est en cours de développement par la Société Asahi au Japon.

Le procédé français fait appel à deux phases liquides l'une aqueuse, l'autre organique qui ne sont pas miscibles. Les contacteurs sont des appareils classiques : mélangeurs-décanteurs, colonnes pulsées ou contacteurs rotatifs. Après avoir fait des essais comparatifs entre ces divers appareillages, le C.E.A. a finalement adopté des colonnes pulsées comme solution de base applicable à un projet d'usine de référence. Il s'agit de colonnes de grande taille ayant un diamètre supérieur à un mètre et une hauteur utile d'échange d'environ 20 mètres. Leur puissance unitaire est supérieure à 3 000 UTS/an et devrait pouvoir être notablement augmentée par la suite. Ces colonnes sont disposées en série les unes par rapport aux autres de manière à constituer des modules industriels ayant une capacité unitaire de plusieurs centaines de milliers d'UTS/an et capables de délivrer de l'uranium faiblement enrichi à teneur commerciale. On notera d'une part que grâce à une configuration de cascade originale il est possible d'utiliser des séparateurs de grande capacité dans des modules de petite taille, d'autre part de construire des modules à vocation commerciale à volonté et en fonction notamment du programme électronucléaire à pourvoir.

Le milieu d'échange ne faisant pas appel à l'UF_6 il est bien entendu nécessaire d'avoir recours à des opérations de conversion et reconversion différentes mais plus simples que les techniques habituelles de fluoration et de défluoration de l'uranium.

Comparaison des différents procédés d'enrichissement

Si la diffusion gazeuse est de loin la technique la mieux confirmée et la plus largement appliquée, d'autres techniques sont parvenues à un stade de développement industriel ou préindustriel. Il n'est pas rare cependant que des pays aient atteint un stade de développement très différent pour une technique particulière en raison du soin que mettent les détenteurs de technique à protéger leurs connaissances et ceci aussi bien pour des raisons politiques que commerciales. Voici un tableau qui donne une idée de l'état d'avancement atteint par les pays détenteurs de techniques dans les différentes catégories de procédés d'enrichissement :

Pays \ Procédé	Diffusion Gazeuse	Ultracentrifugation	Procédés aérodynamiques	Procédés chimiques
Afrique du Sud	-	-	D	-
États-Unis	A	D	-	E
France	A	E	-	D
G.-B.	C	C	-	-
Hollande	-	C	-	-
Italie	D	E	-	-
Japon	E	D	-	E
RFA	-	C	D	-
URSS	B ?	?	-	-

Légende :
A = taille d'installation > 10 000 000 UTS/an
B = taille d'installation > 1 000 000 UTS/an
C = taille d'installation > 100 000 UTS/an
D = taille d'installation > 10 000 UTS/an
E = taille d'installation < 1 000 UTS/an
Remarque : Ce tableau dépeint la situation observée au 1er janvier 1982.

Du point de vue technique la diffusion gazeuse et les deux procédés aérodynamiques présentent une certaine analogie. Ils font appel à des appareils du même type tels que compresseurs, échangeurs, vannes de réglage et dispositifs de séparation réunissant un grand nombre d'éléments séparateurs : barrières poreuses, tuyères ou vortex en parallèle. Les étages sont des ensembles de grande taille atteignant des puissances de séparation unitaires de plusieurs milliers d'UTS/an. Ils sont principalement disposés en série alors que la centrifugation fait appel à un grand nombre de machines ayant des capacités unitaires faibles qui sont en grande partie disposées en parallèle. Les procédés chimiques occupent une place privilégiée avec des éléments séparateurs de grande taille assemblés néanmoins en modules de capacité relativement modeste.

La comparaison économique est tout à la fois fondamentale et particulièrement difficile à traiter en raison de la difficulté que présente une estimation économique bien faite. S'ajoutent à cela, la discrétion industrielle et commerciale dont font preuve les détenteurs de technique et les hypothèses et fluctuations économiques qui peuvent peser notablement sur les résultats. Nous nous contenterons donc de formules très simplifiées et nous admettrons de travailler dans un environnement économique constant, ce qui, bien entendu, est loin d'être le cas en réalité.

La formule utilisée est la suivante :

$$C_{\triangle} = I_{\triangle} \,.\, \tau + W_{\triangle} \,.\, C_w + H\,U_{\triangle} \,.\, C_F + FEE_{\triangle}$$

avec :

- $C_{\triangle}$ = coût de l'UTS aux conditions économiques de 1980
- $I_{\triangle}$ = investissement par UTS/an installée
- $W_{\triangle}$ = consommation spécifique d'énergie exprimée en KWh/UTS
- C_w = prix de l'énergie, soit 0,15 F/KWh
- $HU_{\triangle}$ = immobilisation spécifique d'uranium en kg U contenu/UTS/an
- C_F = prix de l'uranium, soit 400 F/kg U
- $FEE_{\triangle}$ = frais d'exploitation et d'entretien par UTS/an
- $\triangle U$ = capacité de l'usine exprimée en 10^6 UTS/an
- τ = taux d'amortissement, soit 15 %

On voit que pour cette classe de procédés, ce sont les procédés de diffusion gazeuse en version française, l'ultracentrifugation américaine et le procédé chimique français qui sont les plus compétitifs. Reste à savoir si les procédés avancés confirmeront les performances que leur accordent leurs promoteurs.

Si l'on compare les différents procédés *sous l'angle des risques de prolifération*, on aborde un sujet très vaste, dont on ne peut rendre compte en quelques lignes. Il faudrait d'abord analyser les différents scénarios qui permettent d'enrichir de l'uranium à une teneur suffisamment élevée pour qu'il puisse servir de matériau militai-

Procédé	Diffusion gazeuse		Ultra centrifugation		Échange chimique	Procédés aérodynam.
Pays	F	USA	F	USA	F	RFA, RDA
ΔU (10^6 UTS/an)	10,8	9	1	8,8	3	2,5
I_Δ	2 000	3 000	6 000	4 000	3 000	3 000
W_Δ	2 400	2 500	200	100	600	4 000
HU_Δ	0,2	0,1	0	0	1	0
FEE_Δ	50	30	100	90	120	60
C_Δ						
$I_\Delta . T$	300	450	900	600	450	300
$W_\Delta . C_W$	360	375	30	15	90	600
$HU_\Delta . C_F$	8	4	–	–	40	–
FEE_Δ	50	30	100	90	120	100
Total	720	860	> 1 000	700	700	1 000

(*Les valeurs données ci-dessus sont exprimées en francs aux conditions économiques de 1980 et reflètent l'état d'avancement auxquelles étaient parvenues les techniques à la même date*).

re. Il faudrait également entrer dans l'analyse des moyens dont dispose l'Agence Internationale de l'Energie Atomique (AIEA) ou Euratom pour s'assurer que les installations placées sous leur surveillance ne sont pas utilisées à des fins autres que commerciales. Il faudrait enfin tenir compte largement des buts poursuivis par le proliférateur potentiel et des moyens dont il dispose. Nous nous limiterons donc à des considérations générales et par conséquent difficilement quantifiables en utilisant les critères suivants :

– La difficulté que présente la mise au point de la technique de fabrication des composants nécessaires pour produire de l'uranium très enrichi. On notera à cet égard que le souci de rentabilité peut être délaissé dans la poursuite d'un objectif militaire et que le recours à des technologies frustes peut être envisagé.

– La difficulté que peuvent présenter le démarrage et la conduite des installations. Par exemple, une durée de plusieurs années de montée à l'équilibre isotopique de la cascade ou des risques d'excursion critique peuvent être des obstacles majeurs à surmonter.

– Enfin, la difficulté de dissimuler des actions de prolifération, qui peut permettre d'intervenir à temps pour entraver l'action prolifératrice en cours.

Ces trois aspects sont repris dans le tableau ci-après d'où il ressort que le procédé chimique français est probablement le moins proliférant des procédés viables actuellement connus.

Procédé	Diffusion gazeuse	Centrifugation gazeuse	Échange chimique	Procédés aérodynamiques
A. Difficulté technique	+	–	–	–
B. Difficultés opératoires	–	–	+	–
C. Efficacité des contrôles	–	–	+	–
Appréciation d'ensemble	–	–	+	–
Légende : + = Forte résistance à la prolifération – = Faible résistance à la prolifération				

Quant à l'impact sur l'environnement, comme l'enrichissement commercial de l'uranium ne présente pratiquement aucun risque nucléaire, il concerne essentiellement le refroidissement, pour les procédés fortement consommateurs d'énergie (diffusion gazeuse, procédés aérodynamiques) et la pollution chimique plus particulièrement sensible pour les procédés à forte rétention d'uranium et les procédés mettant en jeu des composés chimiques particuliers (procédés par échange chimique).

Perspectives d'avenir

Les perspectives d'avenir dépendent de l'évolution du marché de l'enrichissement, du développement de techniques adaptées aux caractéristiques de ce marché, et enfin de la volonté des hommes, des entreprises, et des Etats de participer à cette activité industrielle.

Le marché. – La demande en services d'enrichissement est déterminée principalement par le nombre et le mode de fonctionnement des réacteurs à eau (PWR et BWR) qui sont ou seront mis en service. Cette capacité nucléaire est certainement appelée à croître considérablement, mais il est difficile malgré la fréquence des exercices d'évaluation qui sont régulièrement accomplis par des organismes spécialisés tels que l'Agence Internationale de l'Energie Atomique ou l'O.C.D.E. de s'en faire une idée véridique. Ce n'est donc qu'avec beaucoup de prudence que l'on peut avancer une série de chiffres et le lecteur ne devra pas hésiter à réviser ces valeurs en fonction de publications plus récentes.

Besoins annuels d'enrichissement exprimés en millions d'UTS hors stockage, et en admettant une teneur de rejet de 0,2 % U_{235}.

	1985	1990	1995	2000
France	4,5	6	7,5	9
R.F.A.	2	3	4,5	6
Europe des 10	8,5	14	18,5	24
Europe occidentale	11	17	23	30
Japon	3	4,5	6	8
États-Unis	14	17	22	26
Monde occidental	30	40	55	70

Face à cette demande, les capacités d'enrichissement que l'on peut considérer comme assurées sont les suivantes (exprimées en millions d'UTS/an) :

Producteur	Capacités disponibles en 1982
US.DOE	27
EURODIF	10,7
U.R.S.S.	3
URENCO	0,8
Total	41,5

On voit qu'en comparant l'offre à la demande, il n'est pas nécessaire d'envisager de mettre de nouvelles usines en service avant le début des années 90, ce qui conduira néanmoins en raison des délais de construction à prendre des décisions d'ici 1986.

En fait, la situation n'est pas aussi simple que le laissent paraître ces chiffres car elle ne tient compte ni des actions de concurrence commerciale auxquelles se livreront les producteurs, ni des progrès de la technique qui peuvent modifier la situation actuelle.

Les techniques. – De notables progrès sont attendus au cours de la décennie 1980-1990 concernant le développement des techniques de séparation isotopique. Il ne s'agit pas seulement d'améliorations apportées aux techniques actuelles mais également de l'apparition de techniques entièrement nouvelles. Commençons par les techniques actuelles.

Une attention toute particulière à été apportée au Commissariat à l'énergie atomique français aux baisses de consommation d'énergie qui pouvaient être obtenues en diffusion gazeuse. Ainsi, une nouvelle barrière a été mise au point et essayée à l'hexafluorure d'uranium (UF_6) dont la mise en œuvre, toutes choses égales par ailleurs, devrait permettre de ne plus consommer que 1 800 KWh/UTS au lieu des 2 400 KWh/UTS que nécessitent les barrières du Tricastin. La mise au point de matériaux à haute résistance tels que les fibres de verre et les fibres de carbone ainsi que l'allongement des bols et l'amélioration des reflux internes devraient également permettre d'améliorer les puissances des centrifugeuses à gaz, notamment dans la version développée par les Américains. Enfin des progrès spectaculaires ont été enregistrés depuis 1977 dans les performances du procédé chimique français alors que des résultats intéressants semblent également avoir été obtenus au Japon sur un procédé chimique entièrement différent (ASAHI).

Toutes ces améliorations sont intéressantes lorsqu'on sait combien il est long et difficile de mettre un nouveau procédé au point. Pourtant, c'est bien cette deuxième éventualité qui risque de modifier profondément l'enrichissement industriel et même toute la partie du cycle du combustible qui se situe en amont des réacteurs. Il s'agit de l'apparition des procédés dits « avancés » de séparation par laser et résonance cyclotronique.

La séparation isotopique par laser. – Elle est basée sur les faibles différences qui sont observées dans les longueurs d'ondes lumineuses qui sont susceptibles d'exciter un atome ou une molécule lorsqu'on passe d'une espèce isotopique à une autre. Dans le cas d'un atome, il s'agira d'exciter ses niveaux électroniques alors que dans le cas d'une molécule on agira sur l'un des modes de vibration de la molécule. Mais ce sont là les cas les plus simples et il existe en fait de très nombreuses interactions entre électrons et noyaux qui peuvent être mises à profit pour réaliser une sélection suivie d'une séparation isotopique. Une fois l'excitation sélective réalisée, on peut amplifier cette excitation, au besoin par d'autres lasers, jusqu'à ce que le seuil d'ionisation soit atteint ou encore jusqu'à ce qu'une réaction photochimique puisse se produire.

En pratique, deux procédés de séparation isotopique par laser ont été développés à ce jour et ceci notamment aux Etats-Unis bien que l'U.R.S.S. ait également accompli des travaux remarquables et que la Grande-Bretagne, la R.F.A., la France et vraisemblablement le Japon explorent activement les possibilités du procédé. Le premier des procédés développés aux Etats-Unis est une photo-ionisation sélective de la vapeur d'uranium qui a été étudiée par AVCO (filiale d'Exxon et de Jersey Nuclear) et par le Centre national de recherche de Livermore. Le procédé se heurte principalement à des difficultés technologiques d'émission et de collection de la vapeur d'uranium. Le second procédé étudié à Los Alamos repose sur une irradiation infrarouge d'UF_6 dilué et refroidi suivie d'une dissociation photochimique de l'UF_6 en fluor et UF_5. Ce procédé est réputé moins performant en séparation isotopique que le précédent.

La séparation isotopique par laser exige des lasers ayant des propriétés bien particulières et notamment :
- un monochromatisme rigoureux accordé à la fréquence d'excitation sélective,
- une irradiation discontinue de puissance élevée,
- une bonne longévité malgré une cadence de tir élevée,
- et, enfin, un bon rapport entre photons émis et énergie appelée.

En fait, il s'agit véritablement de créer une industrie nouvelle.

La séparation par résonance cyclotron. – Ce procédé consiste à exciter un plasma d'uranium confiné magnétiquement au moyen d'un champ électrique dont la fréquence est ajustée pour n'entrer en résonance qu'avec l'une des espèces isotopiques en présence. Celle-ci voit alors ses trajectoires diverger et rencontrer des plaques collectrices convenablement orientées.

Le procédé fait appel aux techniques d'émission des plasmas ainsi qu'aux supraconducteurs qui sont développés pour d'autres applications en physique, mais il se heurte à la difficulté d'exciter convenablement un plasma dense et de grande taille.

D'après des estimations faites aux Etats-Unis, il semblerait que sous réserve de confirmation aux échelles industrielles appropriées, ces divers procédés avancés pourraient non seulement délivrer du travail de séparation à un coût moindre que les procédés actuels, mais inférieur même aux seuls frais d'exploitation des procédés concurrents et notamment de la diffusion gazeuse. Dans ces conditions il deviendrait intéressant de remplacer les usines existantes sans même attendre qu'elles aient été amorties. Par ailleurs, ces procédés sont hautement sélectifs et pourraient être alimentés avec le produit rejeté par les procédés classiques. D'où l'engouement dont bénéficient ces procédés et les problèmes de choix de programmes de recherche en séparation isotopique qui se posent en ce début de décennie 1980.

Car, en effet, les réalisations qui verront le jour dépendront non seulement du marché, des techniques, mais aussi de la volonté et de la capacité de réussite dont feront preuve les hommes. C'est sur ce dernier point que nous terminerons ce chapitre consacré à l'enrichissement.

– *Aux Etats-Unis*, la décision de principe a été prise de construire et de mettre en service vers 1989 une tranche de centrifugation ayant une capacité d'enrichissement de 2,2 millions d'UTS/an. Cette unité pourrait être suivie d'extensions équipées de machines plus performantes mais à cette époque il est possible que l'un des procédés avancés ait fait une percée et que les Etats-Unis soient alors engagés dans un vaste programme de remplacement de leurs installations.

– *La France* achève de construire avec ses partenaires d'Eurodif l'usine du Tricastin. Mais ses besoins d'enrichissement dépasseront peu après 1990 la part de la production du Tricastin qui lui revient et elle devra alors avoir recours à d'autres possibilités. Aucune décision n'est encore prise mais la France développe un éventail de procédés qui devrait lui permettre de conserver son rang de deuxième puissance mondiale de l'enrichissement. Entre autres possibilités, il n'est pas exclu de réaliser une unité destinée à réenrichir de l'uranium de retraitement.

– *L'Allemagne Fédérale, la Grande-Bretagne et la Hollande* développent avec persévérance une technique relativement simple de centrifugation gazeuse dont la capacité devrait progressivement augmenter au cours de la présente décennie.

– Parti tardivement dans la course aux techniques d'enrichissement, *le Japon* est néanmoins parvenu à développer dans des délais relativement courts une technique de centrifugation autonome mais probablement coûteuse, ainsi qu'un procédé opérant sur résines échangeuses d'ions.

Enfin, on constate que les efforts de promotion de nouvelles usines d'enrichissement ne sont pas uniquement prodigués par les détenteurs de techniques et on assiste à deux courants qui pourront conduire à d'autres types de montages industriels. Le premier concerne les pays producteurs d'uranium qui voudront « ajouter une valeur » à leurs exportations d'uranium. C'est le cas de l'Australie, et ce pourrait être celui du Canada, notamment si ce pays devait décider d'utiliser de l'uranium très faiblement enrichi dans la filière dite « Candu » des réacteurs à eau lourde. Un autre courant est celui des pays qui n'envisageront de s'engager dans la production d'énergie d'origine nucléaire que s'ils peuvent s'affranchir de dépendances extérieures dans le cycle du combustible et tout particulièrement dans l'étape délicate de l'enrichissement isotopique de l'uranium. C'est ce créneau que vise tout particulièrement le procédé français d'enrichissement par échange chimique.

Retraitement et déchets

Le retraitement – expression abrégée pour « traitement des combustibles irradiés » – est l'opération par laquelle les matières fissiles et fertiles contenues dans les combustibles irradiés sont extraites de ceux-ci, purifiées et converties en produits prêts à être utilisés pour la fabrication de nouveaux combustibles. En permettant aux matières nucléaires de faire un nouveau séjour dans un réacteur, le retraitement est à la fois la phase ultime du cycle du combustible et la première phase du cycle suivant.

La « matière première » du retraitement est le combustible qui a séjourné dans un réacteur. Ce combustible comprend cinq catégories de composants :

L'*uranium* qui a survécu à la réaction en chaîne, c'est-à-dire appauvri en isotope 235 par rapport au combustible neuf.

Le *plutonium* formé par la réaction en chaîne (plus une partie de celui qui existait au départ s'il s'agit du cœur d'un réacteur à neutrons rapides).

Les autres éléments *transuraniens* qui se sont formés au cours de la réaction en chaîne (neptunium, americium, curium).

Les *produits de fission.*

Des métaux et alliages constituant les *pièces de structure* des combustibles : gaines, « tête » et « pied » des assemblages, entretoises, boîtiers, etc.).

Tous ces corps sont radioactifs. Tous émettent des rayons bêta plus ou moins pénétrants, les plus actifs étant de loin les produits de fission. Les trois premières catégories sont des émetteurs. Le plutonium et les transuraniens émettent en outre un rayonnement neutronique.

Le retraitement consiste à isoler l'uranium et le plutonium des autres composants, ceux-ci constituant les *déchets* du retraitement (et même les principaux déchets de toute l'industrie nucléaire).

La mission essentielle du retraitement se présente donc de la façon suivante : à partir d'un mélange d'uranium et de plutonium contenant, par tonne, plusieurs dizaines de kilogrammes d'isotopes divers représentant toutes les familles d'éléments (alcalins, alcalino-terreux, terres rares, métaux nobles, halogènes, gaz rares, etc.) et pour la plupart hautement radioactifs, il faut obtenir séparément et avec un rendement élevé, l'uranium et le plutonium complètement débarrassés des produits de fission et des transuraniens, c'est-à-dire parfaitement « *décontaminés* ». Pour cela, il faut que leurs concentrations finales en produits de fission tombent à des valeurs de 10^{-11} à 10^{-12}, ce qui impose des facteurs de « décontamination » de l'ordre de 10^7 à 10^9. Ces chiffres donnent une idée des problèmes propres au retraitement, surtout si l'on se souvient que tous ces corps se trouvent au départ enfermés dans une gaine étanche, solide et réfractaire aux réactifs chimiques usuels, et que leur radioactivité intense impose une protection rigoureuse du personnel, qui doit être parfaitement isolé des produits et à l'abri de leurs rayonnements ; des normes très strictes de rejets liquides et gazeux, afin de respecter l'environnement de l'usine ; enfin, une maîtrise parfaite des corps radioactifs se trouvant dans les déchets.

Pourquoi le retraitement ?

Pourquoi faut-il entreprendre une séparation qui s'avère si compliquée et si délicate ? Pourquoi ne pas stocker indéfiniment le combustible usé ? Plusieurs arguments militent en faveur du retraitement, contre un stockage de durée indéterminée.

D'abord, le stockage immobiliserait sans profit de la matière fissile et fertile qui a son origine dans les minerais. Ce serait donc un gaspillage de matière première très chère et il accélérerait l'épuisement des réserves. Pour la France, qui n'a pas de ressources considérables en uranium, cette politique la rendrait de plus en plus tributaire de l'étranger. Cela reviendrait, à terme, à remplacer une dépendance à l'égard du pétrole par une dépendance à l'égard de l'uranium. Dans cette perspective de la meilleure utilisation possible des matières nucléaires, les réacteurs à neutrons rapides s'imposent : eux seuls peuvent consommer à la fois le plutonium et l'uranium appauvri, rejeté par les usines d'enrichissement, en transformant progressivement ce dernier en plutonium. Or le développement de cette filière n'est possible que grâce au retraitement dont le but est justement de récupérer et de recycler le plutonium.

Ensuite, le retraitement présente des avantages certains du point de vue de la sûreté. En effet, sur ce plan, le stockage n'offre pas une longue garantie : les altérations qu'a subies le combustible au cours de son séjour en pile le préparent très mal à supporter un stockage prolongé. On ne voit pas encore très clairement toutes les précautions qu'imposeraient les dimensions, la structure et la relative fragilité des assemblages combustibles usés. A cet égard, l'expérience du retraitement est plus ancienne et l'on sait qu'il conduit à un confinement sûr et relativement peu volumineux des déchets radioactifs. Il permet, en particulier, d'adapter le mode de stockage aux propriétés et à la durée de vie des radioéléments.

Le procédé

Avant de procéder au retraitement proprement dit, on soumet le combustible à deux opérations préliminaires : d'abord, dès sa sortie du réacteur, on va commencer par le stocker sur place dans une *piscine de désactivation*. Là, pendant quelques années, on laissera décroître la fraction la plus importante de la radioactivité des produits de fission. On dit que le combustible « refroidit ». Ensuite, on procède au *transport* du combustible, car l'usine de retraitement ne se trouve presque jamais sur le même site que les réacteurs. Pour son expédition (par la route, le rail ou le bateau), on le place dans des conteneurs plombés et étanches conçus pour résister à tous les accidents possibles et imaginables qui pourraient survenir au cours du trajet : chocs, chutes, incendie, immersion. En outre, ces conteneurs sont munis de systèmes de refroidissement pour évacuer la chaleur dégagée par la radioactivité. A son arrivée à l'usine, le combustible est à nouveau stocké dans une piscine en attendant d'être traité.

Le retraitement proprement dit commence par des opérations *mécaniques* qui ont pour but d'extraire les oxydes irradiés de leur structure métallique ; on procède ensuite à des traitements *chimiques* pour isoler, décontaminer et remettre sous forme utilisable l'uranium et le plutonium.

Le procédé chimique universellement utilisé pour séparer et purifier l'uranium et le plutonium est le procédé baptisé *PUREX* par les Américains. Il consiste à faire passer les produits en solution aqueuse pour les soumettre ensuite à une série d'extractions par un solvant organique qui a la propriété d'extraire presque sélectivement l'uranium et le plutonium, tandis que la plupart des produits de fission, insolubles dans le solvant, restent en solution aqueuse. La description qui suit se réfère au retraitement des combustibles des réacteurs à eau légère, qui sont les plus répandus.

Dans ses grandes lignes, le retraitement des oxydes « *rapides* » est comparable à celui des oxydes « *eau légère* », avec toutefois des différences importantes :

La structure des assemblages d'aiguilles est différente et les gaines sont en acier inoxydable au lieu de zircaloy ; le taux de combustion est plus élevé (60 à 100 000 $MWj.t^{-1}$ au lieu de 30 à 40 000) d'où des concentrations plus fortes en produits de fission, une radioactivité et une puissance thermique plus intenses ; enfin la teneur en plutonium est de 15 à 20 % au lieu de 1 %. Dans les deux cas, la succession des opérations est la suivante :

1. *Dégainage.* – Pour mettre à nu les oxydes, on procède à un cisaillage des aiguilles, afin de les réduire en tronçons de quel-

Cette opération se présente de façon assez différente, suivant qu'elle porte sur des assemblages *eau légère* ou *rapides* : les assemblages *eau légère* sont cisaillés en bloc, après écrasement, par une lame à créneaux poussée par un puissant vérin. Les assemblages *rapides* sont, eux, d'abord débarrassés de l'épais boîtier hexagonal en acier inoxydable qui renferme les aiguilles, puis celles-ci sont cisaillées une par une ou par petits « fagots » par des cisailles à forte cadence.

Dans les deux cas, avant le cisaillage proprement dit, on s'efforce d'éliminer par des moyens mécaniques toutes les pièces de structures massives (têtes, pieds, etc.) qui n'ont rien à faire dans les appareils de dissolution et qui ne pourraient qu'en compliquer la conception et le fonctionnement.

2. *Dissolution.* – Les tronçons d'aiguilles sont soumis à l'action de l'acide nitrique qui digère rapidement l'uranium et le plutonium ainsi que la plupart des produits de fission, mais n'attaque pas les gaines en zircaloy ou en acier inoxydable.

Jusqu'ici cette opération a été effectuée de façon discontinue : les tronçons d'aiguilles tombent dans des paniers perforés disposés dans des réservoirs d'acide puis, après dissolution des oxydes, les paniers ne contenant plus que les morceaux de gaine – ou « coques » – sont sortis, rincés et vidés en vue de la dissolution suivante. Tous les appareils qui doivent être au contact de l'acide nitrique sont en acier inoxydable spécial.

Cette technique de dissolution discontinue est assez laborieuse et elle nécessite des appareils très volumineux, ce qui la rend peu praticable à de fortes cadences. C'est pourquoi, dans les futures usines, on envisage de la remplacer par une technique continue, plus simple et plus compacte. Dans ce but, le C.E.A. a mis au point un dissolveur rotatif en forme de roue munie de godets qui tourne dans une cuve remplie d'acide nitrique. Les « coques » métalliques sortent vides et rincées d'un côté, tandis que la solution sort en continu d'un autre côté. C'est le système qui sera exploité dans l'usine UP3 de la C.O.G.E.M.A. à La Hague.

3. *Clarification.* – La dissolution n'est jamais totale : il reste toujours en suspension de fines particules de produits de fission peu solubles (molybdène, zirconium, ruthénium, rhodium, palladium) ainsi que des petits fragments de gaine provenant du cisaillage. L'ensemble de ces corps solides entraînés avec la solution est appelé « fines » de dissolution. Pour éviter que ces particules n'aillent perturber les extractions par solvant, on les élimine aussitôt après la dissolution. Cette opération, appelée clarification, est assurée soit par filtration, soit, le plus souvent, par centrifugation.

4. *Purification de l'uranium et du plutonium : extraction par solvants.* – Les opérations précédentes n'ont éliminé que les pièces de structure et une très faible fraction des produits de fission, ceux qui sont gazeux (iode, krypton, xénon) ou insolubles. C'est donc à partir de la solution clarifiée que commencent les séparations qui sont le but même du retraitement. Les extractions par solvant constituent le cœur du procédé.

Dans un premier temps, on va commencer par éliminer les éléments les plus gênants, à cause de leur forte radioactivité β, γ : les produits de fission. C'est l'opération de *décontamination*. Dans ce but, on fait appel à une méthode qui a déjà été utilisée pour le raffinage de l'uranium : l'extraction par solvant en milieu nitrique, en choisissant un solvant particulièrement sélectif de l'uranium et du plutonium et aussi peu sensible que possible à l'acide nitrique et aux radiations : le *phosphate tributylique* (en abrégé : T.B.P.), dilué dans des hydrocarbures pour diminuer sa densité et sa viscosité.

On extrait donc l'uranium et le plutonium ensemble, la majeure partie des produits de fission restant dans la solution aqueuse. Ensuite, après avoir lavé la phase organique chargée par de l'acide dilué, on les réextrait par une nouvelle phase aqueuse en faisant changer les conditions du milieu (acidité, concentrations). Le solvant ainsi débarrassé de l'uranium et du plutonium est prêt pour une nouvelle extraction. Toutefois, vu les facteurs de décontamination très élevés qu'il faut obtenir, un seul cycle d'extraction – lavage – réextraction n'est pas suffisant. En général, trois cycles sont nécessaires.

L'extraction par le T.B.P., qui permet la décontamination de l'uranium et du plutonium, va aussi servir à les séparer entre eux. Au cours de l'un des cycles d'extraction – en général le premier, parfois le second – on réextrait sélectivement le plutonium (passé à la valence IV en phase organique) en le réduisant à une valence inférieure (la valence III) insoluble dans le solvant. Pour cela, on utilise l'uranium tétravalent ou l'hydroxylamine. Dans ces conditions, l'uranium, toujours hexavalent, reste dans la phase organique tandis que le plutonium passe dans la phase aqueuse.

Toutes ces opérations « *liquide-liquide* » sont effectuées en faisant circuler la solution aqueuse et le solvant organique à contre-courant, une phase épuisant progressivement l'autre, réalisant ainsi de façon continue l'équivalent de plusieurs « étages » d'extraction (ou de réextraction). Plusieurs types d'appareils permettent de réaliser ces extractions :

– Les batteries de *mélangeurs-décanteurs*, horizontales, où sont effectués successivement les mélanges intimes des deux liquides par brassage mécanique, et leurs séparations grâce à des décantations par gravité.

– Les *colonnes pulsées*, longs cylindres verticaux munis de plateaux perforés, dans lesquelles descend le liquide le plus dense (la phase aqueuse) et monte le liquide le plus léger (le solvant). Un mouvement de va-et-vient – la pulsation – imprimé aux liquides améliore leur contact et facilite leur circulation. Ces colonnes sont munies d'une partie évasée en haut et en bas – les décanteurs – afin de permettre une bonne séparation des deux phases qui sont plus ou moins émulsionnées dans la colonne.

– Les *extracteurs centrifuges,* qui sont des sortes de mélangeurs-décanteurs rotatifs (à un ou plusieurs étages) dans lesquels la décantation des deux phases est assurée par la force centrifuge.

Chacun de ces trois types d'extracteurs a ses avantages et ses inconvénients mais les plus en faveur semblent actuellement les colonnes pulsées, notamment parce qu'elles sont de construction relativement simple, ne nécessitant ni nombreux moteurs, ni mécanique de précision.

La description succincte qui précède pourrait faire croire que les purifications par solvant sont choses relativement aisées, mais plusieurs phénomènes secondaires viennent compliquer les opérations :

– Le T.B.P. est un des solvants les plus stables que l'on connaisse mais il n'est pas complètement insensible à l'action de l'acide nitrique (hydrolyse) et à celle des rayonnements (radiolyse). Certains de ses produits de dégradation restent dans la phase organique, y fixant certains produits de fission, voire du plutonium ; d'autres forment des précipités très fins qui ont tendance à s'accumuler aux « interfaces » c'est-à-dire entre les deux phases liquides, venant perturber les extractions et accentuer encore les effets de la radiolyse. On limite ces inconvénients en « purgeant » le solvant de ses impuretés par un *traitement alcalin* avant de le recycler à l'extraction. Mais cette purification n'est pas parfaite et il faut périodiquement remplacer le solvant usé par du solvant neuf.

– Le T.B.P. n'est pas complètement insoluble dans l'eau. Il faut donc soigneusement *laver par du diluant* les phases aqueuses qui viennent d'être en contact avec lui afin d'éviter que les produits de dégradation du T.B.P. ne s'y accumulent.

– Chaque cycle d'extraction a tendance à fournir des solutions d'uranium et de plutonium plus diluées qu'à l'entrée. On doit donc parfois effectuer une *concentration « intercycle »* des solutions *par évaporation*.

– L'américium et le curium restent dès le premier cycle en solution aqueuse avec les produits de fission, mais le *neptunium* a tendance à s'extraire avec l'uranium et le plutonium. Comme on veut diriger ce transuranien vers les déchets, cela complique la chimie du procédé puisqu'il faut le ramener à une valence « inextractible » pour le repousser en phase aqueuse.

Toutes ces sujétions expliquent pourquoi, à partir d'un procédé relativement simple dans son principe, on aboutit à des installations très complexes, avec de nombreux réservoirs intermédiaires et des kilomètres de tuyauteries.

5. *Conditionnement final des produits*. – La solution de nitrate de plutonium purifié est concentrée par évaporation, puis le plutonium est précipité par l'acide oxalique. L'oxalate est ensuite filtré et séché, et une calcination à 450° le décompose en oxyde PuO_2.

De son côté, la solution de nitrate d'uranyle est concentrée par évaporation pour être provisoirement stockée ou expédiée à l'usine chimique qui transformera le nitrate en hexafluorure UF_6 en vue d'un nouvel enrichissement isotopique.

Les usines

Les usines de retraitement ne ressemblent en rien aux autres usines chimiques car leur conception est entièrement conditionnée par la forte radioactivité des produits traités et par les précautions draconiennes qui en résultent. Les impératifs de sûreté dominant aussi bien la structure des usines que leur mode d'exploitation et de contrôle, c'est la raison pour laquelle le retraitement est l'étape la plus difficile du cycle du combustible.

Les mesures que l'on prend pour protéger le personnel et l'environnement extérieur dépendent de la nature des rayonnements et des risques associés.

Il faut d'abord éviter tout risque de pénétration des corps radioactifs dans l'organisme, à cause de la nocivité des émetteurs bêta, gamma et surtout des émetteurs alpha. C'est le risque de *contamination*. On s'en prémunit en multipliant les « *barrières* » entre les opérateurs et les radioéléments : la première est constituée par les appareillages eux-mêmes, en acier inoxydable soudé avec beaucoup de soin pour éviter tout risque de fuite ; la seconde barrière est constituée par l'étanchéité rigoureuse des enceintes qui abritent le matériel. Ces enceintes sont elles-mêmes entourées de murs de protection qui constituent la troisième barrière. Enfin, une ventilation puissante maintient en dépression les différentes zones de confinement afin d'éviter toute propagation de la contamination vers l'extérieur, en cas de défaillance accidentelle d'un de ces systèmes d'étanchéité. Les effluents gazeux provenant de cette ventilation sont filtrés et épurés afin d'empêcher la dissémination de tout produit dont le rejet ne serait pas autorisé.

Il faut aussi protéger le personnel contre le rayonnement bêta, gamma. C'est le risque d'*irradiation*. L'atténuation des rayons dépendant directement de la masse interposée sur leur trajet, on entoure les enceintes d'écrans de protection suffisamment denses et épais. Ces protections sont en béton ordinaire aussi souvent que possible, mais lorsque la place manque on a recours à un béton plus dense (chargé de baryte ou de magnétite), à de la fonte ou à du plomb. Pour observer l'intérieur des enceintes tout en conservant ces protections, on utilise soit des hublots de verre au plomb, soit des endoscopes ou des caméras de télévision.

Pour arrêter le rayonnement neutronique, qui est très pénétrant, on utilise des écrans de protection contenant à la fois des noyaux qui ralentissent les neutrons (le plus souvent l'hydrogène, sous forme d'eau, de polyéthylène etc.) et des noyaux qui les absorbent (bore, cadmium).

Un autre risque doit être pris en considération lorsque l'on conçoit les appareillages : c'est celui de *criticité*. Ce risque est celui du déclenchement spontané d'une réaction en chaîne par suite de l'accumulation fortuite d'une quantité de matière fissile supérieure ou égale à la masse critique. Pour éviter cet accident il existe plusieurs méthodes :

– La plus sûre est la *géométrie* des appareils : si le rapport surface/volume est suffisant pour que les neutrons qui s'échappent à l'extérieur soient toujours plus nombreux que ceux qui se forment par fissions à l'intérieur, il n'y aura jamais de réaction en chaîne. Pratiquement cela revient à fabriquer des appareils constitués seulement de tubes, de réservoirs plats ou de récipients annulaires, ce qui conduit à du matériel compliqué et encombrant.

– La limitation de la *masse* de matière fissile mise en jeu ou de la *concentration* des solutions.

– L'emploi de *poisons « neutrophages »* soit en solution (par exemple : le gadolinium), soit incorporés dans les matériaux de structure des appareillages (par exemple : le bore ou le hafnium).

Pratiquement, on optimise la combinaison de ces diverses méthodes tout en multipliant les contrôles par surcroît de précautions.

Les usines sont divisées en plusieurs zones, suivant les niveaux d'irradiation et de risques de contamination. Pour simplifier, on peut en dénombrer quatre :

– Une *zone active*, qui contient les appareillages. Cette zone comprend toutes les enceintes de traitement étanches entourées des écrans de protection. Son accès est interdit.

– Une zone *semi-active* contenant les organes mécaniques qui nécessitent un entretien régulier (moteurs), les prises d'échantillons, certains appareils de contrôle, etc. Son accès est limité et strictement réglementé (durée, vêtements de protection, etc.).

– Une *zone de travail* où se tient habituellement le personnel et où se trouvent les tableaux de contrôle et de commande. La personne y porte une tenue spéciale et est soumise à un contrôle permanent.

– Une zone tout à fait *inactive* mais *surveillée* comprenant les bureaux, magasin, etc. Cette zone est séparée de la précédente par des vestiaires munis de douches.

La ventilation est conçue de telle façon que n'importe quelle zone se trouve toujours en dépression par rapport à la zone adjacente moins « active ».

Indépendamment de toutes ces dispositions propres à assurer la sécurité du personnel et de l'environnement, les usines sont conçues pour prévenir tout risque provenant de l'extérieur : séismes, chutes d'objets volants, tentatives de détournement de matières fissiles, etc. Toutes ces mesures ont des répercussions importantes sur le génie civil des usines qui ressemblent de plus en plus à des forteresses en béton armé...

L'interdiction d'accéder directement aux appareillages conditionne leur conception jusque dans les moindres détails. N'importe quelle opération qui serait d'une simplicité extrême en toute autre circonstance devient des plus délicates à cause de l'obligation de travailler derrière des murs et sans aucune intervention manuelle. Les opérations sont entièrement télécommandées et les manutentions indispensables se font à distance au moyen de ponts roulants, de robots ou de télémanipulateurs « maître-esclave ». Ces conditions de travail tout à fait particulières imposent la mise au point d'un matériel de haute *fiabilité*, c'est-à-dire propre à éviter au maximum toute anomalie de fonctionnement pouvant entraîner l'arrêt des installations. Cette préoccupation majeure implique :

– Une maîtrise complète du procédé pour prévenir toute perturbation grave dans l'exploitation. Il faut notamment empêcher la formation de précipités qui risqueraient de boucher les tuyauteries.

– Un choix judicieux des matériaux constituant les appareils (aciers inoxydables spéciaux, zircaloy) et un contrôle très poussé des liaisons et des soudures, afin de prévenir tout risque de corrosion et de fuite.

– La prohibition, dans toute la mesure du possible, d'engins mécaniques (pompes, agitateurs) en zone active, afin d'éviter les pannes. Les liquides sont transférés par des moyens pneumatiques.

Par supplément de prévoyance, les appareils qui présentent des risques, même minimes, de corrosion ou de panne sont doublés (voire triplés) et adaptés aux interventions à distance. Enfin, avant d'envoyer les produits radioactifs dans les appareils, on procède à de nombreux essais préliminaires afin de déceler les moindres défauts du matériel. L'importance de ces essais est fondamentale pour éviter au maximum les « maladies de jeunesse » des usines, c'est-à-dire leurs difficultés de fonctionnement des premières années.

Malgré tous les raffinements dans la conception, la réalisation et les essais des appareillages, on ne peut pas exclure, pendant toute la vie de l'usine, certains arrêts forcés, surtout quand on connaît la complexité des installations. Il faut donc prévoir tous les incidents possibles afin d'y apporter remède sans avoir à se livrer à la moindre improvisation.

Bien entendu, on pratique autant que possible un

entretien préventif, préférant suspendre périodiquement les opérations pendant un temps limité, plutôt que d'encourir le risque d'un arrêt prolongé. Toutefois, si un incident imprévu se produit, et si aucune action à distance ne peut y remédier, il faut bien en venir à l'intervention humaine, après décontamination poussée des appareillages afin d'abaisser le niveau d'irradiation à des valeurs acceptables. De telles interventions ne se font qu'avec de multiples précautions et notamment en revêtant les opérateurs de combinaisons étanches spéciales afin de leur épargner tout risque de contamination.

Ce type d'intervention ne peut être considéré que comme un ultime recours à caractère tout à fait exceptionnel. En plus des risques qu'il présente pour le personnel, il a l'inconvénient de produire des déchets supplémentaires et de faire perdre un temps précieux. On lui préfère toujours, quand on peut le faire, l'intervention à distance au moyen d'engins télécommandés. Mais cela n'est possible que si le matériel a été conçu dès l'origine pour subir un tel mode de dépannage. On voit, une fois encore, l'importance de la réflexion et de l'expérimentation poussées avant toute mise en service des installations.

Enfin, les usines de retraitement sont équipées de nombreux *systèmes de contrôle* tant pour le suivi du procédé que pour la sécurité des travailleurs et de l'environnement.

Contrôle chimique. – Un contrôle analytique est régulièrement assuré, pour suivre le fonctionnement des appareils, le rendement des opérations et le non-détournement des matières fissiles (bilans), enfin, la qualité des produits finis. Les échantillons pour analyses sont prélevés à distance et acheminés aux laboratoires par transfert pneumatique. Les analyses sont effectuées dans des enceintes blindées ; leur automatisation a été poussée au maximum.

Contrôle instrumental. – Afin de limiter les contrôles chimiques, qui exigent des transferts d'échantillons, on a développé des appareils automatiques branchés directement sur les circuits actifs. Cette tendance va en s'accentuant et coïncide avec une informatisation poussée pour le traitement des résultats et même pour la conduite des appareils (automatisation).

Contrôle de santé. – Les différentes zones de travail ou d'intervention sont munies de nombreux appareils pour déceler toute radioactivité anormale. Les visiteurs comme les opérateurs sont pourvus de moyens portatifs pour mesurer la quantité de rayonnements qu'ils ont pu recevoir. En outre, des contrôles de radioactivité sont effectués régulièrement à l'extérieur des usines.

L'industrie du retraitement.

Les buts et la conception des usines de retraitement ont beaucoup évolué depuis les débuts de l'énergie nucléaire. On peut distinguer trois phases dans cette histoire de l'industrie du retraitement.

Les premières usines de retraitement ont pour but de fournir le plutonium pour ses *applications militaires.* Elles appartiennent toutes aux Etats intéressés : Handford et Savannah River aux États-Unis, Windscale en Grande-Bretagne, Marcoule (UP1) et La Hague (UP2) en France, sans parler des usines des pays de l'Est. Dans cette première phase de l'industrie nucléaire, le retraitement consiste à extraire du plutonium à partir d'un combustible relativement simple (barreaux d'uranium) et peu irradié (quelques milliers de $MWj.t^{-1}$ au maximum), et sans impératif économique. Il se déroule sans obstacle majeur. Le traitement des combustibles de la filière graphite-gaz pose quelques problèmes supplémentaires mais pas essentiellement nouveaux, ce qui peut faire croire que toutes les difficultés du retraitement ont été surmontées.

Mais avec le développement des *réacteurs de puissance à eau légère* apparaissent les assemblages d'aiguilles d'oxyde d'uranium enrichi gainées de zircaloy ayant subi des taux de combustion beaucoup plus élevés (au moins

30 000 MWj.t^{-1}). Ces nouvelles caractéristiques posent des problèmes chimiques et technologiques beaucoup plus difficiles. On voit bien – même si, à cette époque, on sous-estime encore les difficultés – que le retraitement va entrer dans une phase nouvelle et qu'il faut s'y préparer. Dans cette deuxième phase, approximativement entre 1960 et 1970, apparaissent donc des installations de taille modeste, à caractère plus ou moins expérimental, conçues surtout pour préparer l'ère industrielle du retraitement. Ces *unités « pilotes »* sont encore construites par les gouvernements : telles sont les deux chaînes de Dounreay en Ecosse, l'atelier pilote de Marcoule, « AT1 » à La Hague (pour les combustibles de Rapsodie), les petites usines de Trombay en Inde, de Karlsruhe en Allemagne fédérale, de Tokai Mura au Japon, etc. ; ainsi que l'usine de Mol en Belgique, exploitée par la Société européenne « Eurochemic ».

La phase proprement industrielle commence vers les dernières années 1960, avec le lancement de trois usines privées aux États-Unis : l'usine de la Nuclear Fuel Services, à West Walley, près de Buffalo aux États-Unis, démarrée en 1966, à la cadence de 1 t/jour ; l'usine de General Electric à Morris, dans l'Illinois, conçue pour une capacité de 1 t/jour et exploitant un procédé original dit « Aquafluor » ; l'usine de Barnwell (Caroline du Sud) devant être exploitée par l'Allied Gulf Nuclear Services, selon le procédé classique et avec une capacité de 5 t/jour. A peu près en même temps, en Europe occidentale, les trois principales puissances nucléaires (Grande-Bretagne, France, Allemagne) groupent leurs moyens et créent en 1971 la Société United Reprocessors, chargée de commercialiser pour les combustibles oxydes les services de retraitement offerts par Windscale, par l'usine de La Hague à partir de 1975 et, ultérieurement, par un groupe allemand.

Toute cette activité technique et commerciale laisse augurer d'un brillant avenir quand, assez soudainement, entre 1972 et 1974, on voit cette industrie naissante arrêtée presque partout :

Aux États-Unis, l'usine N.F.S. qui avait travaillé par intermittence de 1966 à 1972 doit s'arrêter pour subir des transformations. Elle ne recommencera jamais à fonctionner. La General Electric renonce définitivement à mettre en service son usine de Morris. L'usine d'Allied Chemical de Barnwell est pratiquement terminée mais son démarrage est ajourné indéfiniment.

En Grande-Bretagne, l'usine de Windscale doit suspendre ses activités à la suite d'un incident technique, et les retraitements ne reprendront pas avant l'achèvement d'une usine neuve.

En Allemagne, le lancement de la grande usine nationale décidé seulement en 1978 est différé d'année en année.

A cette époque, seules fonctionnent encore de façon à peu près satisfaisante d'une part les usines britanniques et françaises qui traitent les combustibles « gaz-graphite » et, d'autre part, les installations pilotes dont la petite capacité et le caractère expérimental s'accommodent de techniques relativement « artisanales » : Eurochemic, l'atelier de Dounreay, W.A.K. à Karlsruhe, AT1 à La Hague, l'atelier pilote de Marcoule.

Que s'est-il passé ? La conjonction de deux phénomènes, suivie bientôt d'un troisième. D'une part la prise de conscience – d'autant plus aiguë que tardive – des *problèmes techniques* que posent la nouvelle génération de combustible et le passage aux fortes capacités. D'autre part, la flambée d'une certaine *phobie du nucléaire* dans une partie du public faisant mal la part entre des soucis de sûreté et de respect de l'environnement tout à fait justifiés et une appréhension irrationnelle des risques liés à la radioactivité. Ces préoccupations sont d'ailleurs plus ou moins reprises à leur compte par les autorités de sûreté de presque tous les pays, soucieuses de rassurer l'opinion.

Ce passage brutal d'une vision un peu trop optimiste du retraitement à une vive inquiétude se traduit par une véritable obsession de la sécurité et de la fiabilité des usines et de la nocivité potentielle de leurs déchets. Les conséquences en sont certainement positives dans l'ensemble, mais il en résulte une très grande prudence dans les prévisions et dans les engagements... et un coup de frein spectaculaire aux programmes nucléaires, notamment aux usines de retraitement.

Enfin, un peu plus tard, en 1977, pour éviter le risque de *prolifération* des armes atomiques, le président Carter décide d'ajourner indéfiniment le retraitement et le recyclage à des fins commerciales du plutonium produit aux U.S.A. Quand on connaît l'influence des États-Unis dans le monde, on imagine sans peine les répercussions d'une telle décision sur les gouvernements et sur l'opinion publique dans tous les pays.

Après le flux et le reflux observés au cours des années 1970, il semble que l'on aborbe enfin la phase de développement industriel raisonné du retraitement.

D'abord sur le plan technique, les résultats récents sont relativement encourageants. Au début de 1982, la situation est la suivante :

• L'usine de La Hague exploitée par la C.O.G.E.M.A. (Compagnie générale des matières nucléaires), filiale du C.E.A., a été pourvue d'une nouvelle « tête » H.A.O. (haute activité oxydes). Elle a effectué avec succès plusieurs campagnes de traitement de combustibles « eau légère » (environ 350 tonnes, dont plus de 100 pour chacune des deux années 80 et 81).

• L'usine japonaise de Tokai Mura a démarré de façon satisfaisante en 1978 et, malgré quelques « maladies de jeunesse », a traité plus de 100 tonnes d'oxydes « eau légère ».

• L'usine allemande de Karlsruhe, démarrée en 1972, a traité 120 tonnes d'oxydes.

• En ce qui concerne les combustibles rapides, les deux ateliers expérimentaux, AT1 et l'atelier pilote de Marcoule, ont déjà traité à eux deux plus de 7 tonnes d'oxydes UO_2-PuO_2 hautement irradiés, provenant de Rapsodie et de Phénix, tandis que l'usine de La Hague a traité, de son côté, plus de 4 tonnes du combustible de Phénix.

• Pour le confinement des déchets de haute activité, l'excellent démarrage en juin 1978 de l'Atelier de vitrification de Marcoule et son fonctionnement très satisfaisant depuis ont confirmé la maîtrise du C.E.A. et son avance en ce domaine.

Un autre effet de la « crise » des années 1972-1974 a été le renforcement des recherches et développements sur le retraitement. Il est vrai que ces études avaient été un peu négligées en regard des travaux consacrés aux réacteurs et à l'enrichissement, mais des moyens importants ont été dégagés à partir de 1975 pour combler le retard. L'effort est particulièrement sensible en France où, depuis 1976, on a décidé de compléter les travaux de laboratoire et les essais pilotes par la construction et l'expérimentation de prototypes industriels, c'est-à-dire par la réalisation, en inactif, de tous les appareillages en vraie grandeur et avec toutes leurs annexes. Préfiguration exacte des futures installations, ces prototypes jouent un rôle capital pour toutes les mises au point technologiques. Ils permettront, en particulier, de réduire considérablement les essais préliminaires au démarrage des usines.

Sur le plan de la sûreté du retraitement, le rôle et les pouvoirs accrus des organismes de sûreté et la multiplication des procédures d'autorisation et de contrôle sont de nature à rassurer l'opinion publique la plus exigeante en lui apportant toutes les garanties qu'elle est en droit d'attendre.

Quelles sont les perspectives d'avenir ?

La crise n'est pas entièrement terminée et la situation est encore assez confuse, mais on peut déjà noter une certaine tendance à la « reprise », surtout en Europe.

De tous les pays occidentaux, c'est incontestablement la France qui a la position la plus avantageuse et la politique la plus claire. Grâce à son expérience industrielle des usines de Marcoule et de La Hague et aux résultats de ses laboratoires, de ses pilotes et de ses prototypes, elle a acquis, et continue d'acquérir, une somme de connaissances qui la place au premier rang en ce domaine.

Pour le retraitement des combustibles « eau légère » et compte tenu du développement du programme électronucléaire national, il est devenu indispensable d'accroître la capacité de retraitement de l'établissement de La Hague de la C.O.G.E.M.A. ;

Par la modification de l'usine existante UP2, afin de porter sa capacité à 800 t de combustible par an ;

Par la construction d'une nouvelle usine, UP3, dont la capacité annuelle serait également de 800 tonnes de combustible. Cette nouvelle usine devrait démarrer en principe à la fin de 1986.

Pour le retraitement des combustibles « rapides », on envisage de construire une usine prototype de taille commerciale, baptisée P.U.R.R. (prototype d'usine de retraitement des rapides), qui serait alimentée par les combustibles de Creys-Malville et ceux des réacteurs suivants de la filière. Dans cette perspective, afin de promouvoir le retraitement de ces combustibles avec le maximum d'atouts, le C.E.A. a décidé de compléter et de rénover l'atelier pilote de Marcoule en lui adjoignant une nouvelle tête oxydes rapides (projet T.O.R.). Cette extension accroîtra les possibilités d'études et de mises au point de l'atelier pilote, tout en augmentant sa capacité et sa fiabilité. Elle doit recevoir les premiers oxydes irradiés de Phénix. Sa capacité sera de 5 t./an.

En *Grande-Bretagne,* la société B.N.F.L. (British Nuclear Fuels Limited) travaille sur un projet d'usine « eau légère » baptisée T.H.O.R.P. (Thermal Oxides Reprocessing Plant) dont la mise en service est prévue vers 1990 à Windscale.

En *Allemagne,* la situation est encore relativement floue et marquée par une vive opposition d'une partie de l'opinion publique. Le projet d'une usine « eau légère » de 1400 t/an a été abandonné au profit d'une usine de taille beaucoup plus modeste (350 t/an) qui devrait être située dans l'Etat de Hesse. Plusieurs sites sont à l'étude ; la décision ne sera vraisemblablement pas prise avant 1984.

En *Belgique,* on étudie la remise en service de l'usine Eurochemic de Mol avec une capacité de 60 tonnes par an.

Au *Japon,* la situation est assez comparable à celle de

l'Allemagne : intention évidente de retraiter les combustibles, freinée par des difficultés internes. Une usine de 1 500 t/an est envisagée.

Il est encore trop tôt pour apprécier les conséquences du changement de président des *États-Unis* sur la politique américaine – et mondiale – en ce domaine, mais on peut prévoir que la tendance à la reprise du nucléaire se confirmera, ne serait-ce qu'en raison de la crise pétrolière qui ne peut que s'accentuer.

La gestion des effluents et déchets.

Toutes les installations nucléaires qui ont été mentionnées dans ce chapitre produisent au cours de leur fonctionnement des effluents et des déchets radioactifs. Arrêtons-nous un moment sur la signification de ces termes. On entend par *effluent* ce qui est rejeté dans l'environnement pour y être dispersé rapidement, alors qu'un *déchet* est au contraire conditionné sous une forme qui en évite la dispersion et en permet le stockage pour une durée plus ou moins longue.

On conçoit facilement que pour une installation donnée, la production des effluents et celle des déchets ne sont pas indépendantes l'une de l'autre. Ce sont en effet les mêmes composants radioactifs, inutilisables dans l'installation, qui doivent être évacués et plus les rejets d'effluents seront réduits, plus la production de déchets sera importante.

Du point de vue de la gestion des effluents et déchets radioactifs les caractéristiques les plus importantes des radionucléides qui doivent être prises en compte sont les suivantes :

– La période radioactive : elle définit le rythme selon lequel le produit radioactif va disparaître au cours du temps et intervient pour fixer la durée pendant laquelle le stockage des déchets doit rester sûr.

– La nature des rayonnements émis : les rayonnements alpha ou bêta, facilement absorbés, peuvent provoquer dans la masse du déchet des effets thermiques ou des modifications de structure dues à la radiolyse et ces phénomènes doivent être pris en compte pour prédire l'évolution des déchets au cours du stockage ; par contre, le déchet ne présente pas de risque d'irradiation. Il n'en est pas de même s'il y a présence d'émetteurs γ qui sont moins facilement absorbés et peuvent créer un risque d'exposition à leur voisinage immédiat.

– La radiotoxicité des radionucléides : cette radiotoxicité est une notion bien définie et quantifiable qui tient compte des caractéristiques radioactives du radionucléide considéré et de son métabolisme. Des groupes d'experts internationaux évaluent pour chaque radionucléide la toxicité qui s'exprime par une limite d'incorporation annuelle (L.I.A.) d'où se déduisent en particulier les valeurs de la concentration maximale admissible (C.M.A.) dans l'air et dans l'eau. Les valeurs de C.M.A. dans l'air ou dans l'eau interviennent directement pour fixer des limites de rejet des effluents tenant compte de la dispersion. Dans le cas des stockages de déchets en surface le risque de mise en dispersion accidentelle dans l'air conduit à prendre en considération la C.M.A.-air et le risque de transfert par les eaux de ruissellement fait intervenir la C.M.A.-eau. Dans le cas des stockages en profondeur c'est la C.M.A. dans l'eau qui intervient, cette dernière étant le vecteur par lequel se fera le retour dans la biosphère au bout d'un temps plus ou moins long.

– L'activité spécifique : c'est l'activité contenue par unité de volume ou de masse. Dans les rejets d'effluents elle intervient pour calculer la dilution. Dans les stockages elle intervient à un double titre : si elle est élevée, le volume du déchet à stocker sera faible pour une activité donnée, mais par contre l'usure progressive du déchet entraînera le passage, dans le milieu environnant, d'une quantité plus grande de matière radioactive dans un laps de temps déterminé. L'activité spécifique joue également un rôle dans la dégradation provoquée par les effets thermiques et la radiolyse mais ces phénomènes ne sont réellement sensibles que pour les déchets les plus actifs produits par les usines de retraitement.

– L'activité totale : c'est à partir de la valeur de l'activité totale sortant d'une installation que sont évaluées les possibilités du rejet sous forme d'effluents, que l'on tend d'ailleurs à minimiser, et que sont dimensionnées les installations de traitement et de stockage des déchets. Lorsqu'il s'agit d'un mélange de radionucléides de périodes[8] très différentes l'activité à prendre en compte à des intervalles de temps plus ou moins éloignés dépend naturellement de la composition initiale du mélange.

Les installations nucléaires industrielles, aux différentes étapes du cycle de combustible, mettent en œuvre ou produisent un grand nombre de radionucléides qui se retrouvent en partie, ou en totalité, dans les effluents et déchets. Mais la plupart des corps radioactifs ainsi formés interviennent peu pour fixer les conditions de traitement des effluents et déchets parce que leurs périodes sont trop courtes ou qu'ils sont produits en faibles quantités. Les radionucléides les plus importants à prendre en considération peuvent être regroupés en quatre catégories qui présentent des caractéristiques voisines et correspondent approximativement à des étapes identiques du cycle du combustible.

— *L'uranium naturel et ses descendants.* – Les isotopes naturels uranium 238 et uranium 235 que l'on trouve dans les minerais sont accompagnés de descendants, principalement le radium 226 et le thorium 230 *(voir tableau ci-dessous)*.

La très longue période de l'U238 et de l'U235 les rend peu radiotoxiques. Des précautions doivent cependant être prises au traitement des minerais où du Ra226 et du Th230 se trouvent séparés et concentrés. Une immobilisation par précipitation chimique est réalisée sur place.

---

8. Rappelons que la période radioactive est le temps au bout duquel la moitié des atomes radioactifs initialement présents a disparu par désintégration spontanée. La période d'un corps radioactif est d'une constance remarquable et constitue une caractéristique de ce corps. Les périodes diffèrent considérablement d'un corps à un autre : de quelques fractions de seconde à quelques milliards d'années.

Radionucléide	période (en années)	L.I.A.* (en curies)
uranium 238	$4,5.10^{9}$	$1,4.10^{-6}$
uranium 235	7.10^{8}	$1,4.10^{-6}$
radium 226	8.10^{5}	$1,9.10^{-7}$
thorium 230	1 600	$2,7.10^{-7}$

* Limite d'incorporation annuelle par ingestion pour les personnes du public. Les valeurs données ici sont les valeurs publiées au Journal Officiel des communautés européennes (L.246 du 17 septembre 1980). Une révision permanente est effectuée par la Commission internationale de protection radiologique et ces valeurs peuvent évoluer ; c'est le cas pour le neptunium 237 dont la L.I.A. sera divisée d'un facteur environ 300.

– *Les produits d'activation.* – Les radionucléides sont produits par réactions nucléaire induites par les neutrons dans les matériaux de structure des réacteurs et contaminent les circuits de refroidissement. Ils ont pour caractéristiques globales d'être de période relativement courte et d'être émetteurs de rayonnement bêta-gamma sans alpha, ce qui conduit à une radiotoxicité faible.

Radionucléide	période (en années)	L.I.A. (en curies)
tritium (^{3}H)	12,3	$8,1.10^{-3}$ (eau)
manganèse 54	0,85	$1,9.10^{-4}$
cobalt 60	5,27	$1,9.10^{-5}$

– *Les produits de fission.* – La fission de l'uranium, en réacteur nucléaire, produit un grand nombre de radionucléides d'activité très élevée mais qui sont généralement émetteurs bêta-gamma sans alpha avec, pour la plupart d'entre eux, une radiotoxicité faible ou moyenne. Ils interviennent dans les problèmes d'effluents et déchets en fonction de leur activité et de leur période et on doit tenir compte principalement des radionucléides suivants, classés ici en fonction de leur période.

Radionucléide	Période (en années)	L.I.A. (en curies)
ruthénium 106	1	$9{,}6.10^{-6}$
krypton 85	10,7	$1{,}4.10^{-4}$ (*)
tritium (^{3}H).................	12,3	$8{,}1.10^{-3}$ (eau)
strontium 90	28,8	$2{,}7.10^{-6}$
caesium 137	30,2	$1{,}1.10^{-5}$
technétium 99	$2{,}1.10^{5}$	$2{,}6.10^{-4}$
iode 129	$1{,}6.10^{7}$	$5{,}4.10^{-7}$

(*) S'agissant d'un gaz la L.I.A. ingestion ne s'applique pas. On calcule une concentration dans l'air en Ci/m^3 qui s'applique aux travailleurs.

Les produits de fission se retrouvent dans les effluents et dans les déchets de très haute activité des usines de retraitement.

– *Les transuraniens.* – Ce sont des produits d'activation formés par capture neutronique à partir des isotopes de l'uranium. Ils ont en commun d'être émetteurs alpha (sauf le plutonium 241) avec des périodes longues et en conséquence ils sont fortement radiotoxiques.

Les transuraniens se retrouvent principalement dans les déchets des usines de retraitement et des installations de fabrication des combustibles au plutonium pour les réacteurs surgénérateurs.

Radionucléide	Période (en années)	L.I.A. (en curies)
plutonium 238	87,7	$8{,}1.10^{-7}$
plutonium 239............	24 100	$5{,}4.10^{-7}$
plutonium 240............	6 570	$5{,}4.10^{-7}$
plutonium 241............	14,4	$2{,}7.10^{-5}$
américium 241	433	$1{,}4.10^{-7}$
neptunium 237...........	$2{,}1.10^{6}$	$2{,}5.10^{-6}$

Dilution ou confinement

L'objectif primordial qui doit guider tout système de gestion des effluents et déchets est d'assurer que lors du retour dans l'environnement, qui se produira inévitablement à plus ou moins long terme, les concentrations des radionucléides dans l'air ou dans l'eau soient aussi faibles que cela est possible de manière raisonnable ; et en tout cas telles que le groupe de population le plus exposé (groupe critique) ne soit pas soumis à des concentrations qui dépassent les valeurs fixées par les autorités internationales pour les personnes du public.

Dire que les concentrations doivent être aussi faibles que cela est possible de manière raisonnable signifie qu'il faut prendre en considération l'état de la meilleure technologie existant lors de la définition du procédé de traitement des effluents et déchets, et la comparaison économique entre divers procédés possibles.

La présence de radionucléides de période très longue, et c'est en particulier le cas des émetteurs alpha (uranium et transuraniens), pose un problème particulier, par le fait que leur radioactivité va persister pendant des durées qui recouvrent plusieurs générations humaines et que les conséquences des modes de gestion adoptés aujourd'hui ne se feront sentir que sur des générations futures dont il convient de préserver l'environnement. Compte tenu des incertitudes sur la prévision du comportement des matériaux de conditionnement pendant de très longues durées, une marge de sécurité importante doit être prise en compte. Les experts s'accordent pour estimer que la durée sur laquelle portera l'évaluation de la sûreté doit être choisie pour exclure des phénomènes géologiques extrêmes (glaciation, volcanisme) et donc être fixée à quelques dizaines de milliers d'années.

L'expérience de plusieurs années d'exploitation d'installations nucléaires génératrices d'effluents et déchets a permis de dégager un schéma général de gestion sur lequel, à quelques variantes près, il existe un bon accord au niveau international.

En tout premier lieu les rejets doivent être réduits à la source par le choix du procédé et par l'installation de moyens de recyclage interne.

Un choix intervient ensuite entre une option de dispersion avec dilution par rejet d'effluents et une option de confinement avec production d'un déchet solide retardant la dispersion et le retour dans l'environnement. En fait ce choix se fait à partir de la question : « Y a-t-il une méthode techniquement et économiquement accessible qui soit meilleure que le rejet immédiat ? » L'état de la technique permet presque toujours d'orienter le choix vers la solution de production d'un déchet confiné. Les rejets d'effluents actuellement acceptés ne concernent que des produits de période courte ou de très faible activité ou de très faible radiotoxicité.

Dans la plupart des cas l'option de confinement étant retenue, il faut adapter la production du déchet au mode de stockage qui sera utilisé. Ce dernier dépend, pour une large part, de ses caractéristiques. Pour la commodité de la gestion des déchets on est amené à les classer en catégories qui relèveront de modes de stockage identiques.

Ces catégories sont établies en tenant compte :

– De l'activité volumique du déchet conditionné qui s'exprime en C.M.A. (concentration maximale admissible). On utilise ainsi la C.M.A.-eau appliquée à 1 m^3 de volume de déchets enrobés en tenant compte de la concentration des différents radionucléides, ou groupes de radionucléides présents dans le déchet ;

– De la concentration en certains radionucléides présentant à cause de leur période un risque particulier ; c'est-à-dire notamment des émetteurs alpha, du strontium 90 et du caesium 137.

Les valeurs des seuils d'activité intermédiaires entre les différentes catégories peuvent varier dans une certaine mesure selon le site prévu pour le stockage en fonction des conditions géographiques et hydrologiques propres à ce site.

Actuellement, l'existence du Centre de stockage de la Manche (C.S.M.) conduit à la classification suivante :

– Déchets de faible activité (F.A.)
- déchets alpha ou bêta, gamma d'activité $< 10^3$ C.M.A.

– Déchets de moyenne activité (M.A.)
- déchets alpha d'activité $< 2.10^4$ C.M.A.
- déchets contenant ^{90}Sr ou ^{137}Cs avec activité $< 10^6$ C.M.A.
- autres déchets bêta, gamma d'activité $< 10^7$ C.M.A.

– Déchets de haute activité (H.A.)
- tous les autres déchets sauf les produits de fission vitrifiés.

– Déchets de très haute activité (T.H.A.)
- produits de fission vitrifiés.

Cette classification permet, comme on le verra en détail plus loin, d'orienter les déchets soit vers des stockages de surface, soit vers des stockages profonds.

Les effluents gazeux et liquides

Les rejets d'*effluents gazeux* des centrales nucléaires proviennent principalement de fuites minimes à partir des éléments combustibles vers le circuit primaire de refroidissement et contiennent en faibles quantités du tritium et des gaz rares (krypton 85, xénon 133). On évite l'apparition d'iode radioactif dans les effluents par un système de piégeage approprié. Ce sont surtout les usines de retraitement qui nécessitent une épuration avant rejet des effluents gazeux, car les quantités de tritium, krypton 85 et iode 129 mises en jeu sont beaucoup plus grandes que dans les réacteurs nucléaires.

Seul parmi ces éléments le *krypton 85* est rejeté sans traitement préalable car il est peu toxique et qu'il est aisé d'en assurer une dilution atmosphérique suffisante. Les organismes de sûreté acceptent le rejet annuel de plusieurs millions de curies de krypton 85 à l'usine de La Hague. Il est toutefois prévu qu'au fur et à mesure des extensions de l'usine un procédé de piégeage cryogénique devra pouvoir être appliqué. Le *tritium* fait l'objet d'un traitement qui a pour but, par échange avec l'eau, de le confiner en tête d'usine et d'en rejeter plus de 90 %

avec les effluents liquides. L'*iode 129* pose un problème particulier à cause de sa longue période et des possibilités de contamination par la chaîne alimentaire. C'est pourquoi les usines traitant des combustibles à fort taux d'irradiation comporteront un piégeage de l'iode par la soude qui permettra d'en rejeter moins de 5 %, le reste étant transformé en un déchet solide stockable.

Quant aux *effluents liquides,* c'est ici encore au niveau des usines de retraitement que les activités sont les plus grandes. En effet les différentes étapes du procédé qui a été décrit précédemment conduisent à la suite de la séparation de l'uranium, du plutonium et de 99,9 % des produits de fission à la production de solutions aqueuses et de solvants contaminés par des émetteurs alpha, bêta et gamma. Ces solutions ou solvants sont trop actifs pour pouvoir être rejetés directement et doivent subir un traitement qui permette d'obtenir un facteur de décontamination (F.D.) de 100 à 1000. Pour cela on utilise trois types de procédés :

– L'échange d'ions qui convient particulièrement pour les solutions aqueuses peu chargées en sels et qui peuvent bénéficier d'une régénération continue. C'est le cas des circuits d'eau de refroidissement des réacteurs et des piscines de stockage des éléments combustibles. La résine échangeuse d'ions lorsqu'elle est saturée est incorporée aux déchets solides.

– L'évaporation qui procure d'excellents facteurs de décontamination, mais est forte consommatrice d'énergie et qui, pour ces raisons, est appliquée de préférence au traitement de volumes restreints d'effluents de moyenne activité.

– La précipitation chimique qui permet de traiter de grands volumes d'effluents de faible activité.

Les facteurs de décontamination obtenus varient avec la nature chimique des radionucléides présents ; ils sont excellents (~ 1000) pour les éléments dont les hydroxydes sont peu solubles, ce qui est le cas notamment des transuraniens et des lanthanides. Des réactifs spécifiques sont utilisés pour améliorer le facteur de décontamination d'autres éléments et atteindre F.D. = 100–200 ; on utilise le sulfate de baryum pour ^{90}Sr, le sulfure de cobalt pour ^{106}Ru et le ferrocyanure de nickel pour ^{137}Cs. Les boues obtenues après décantation sont incorporées aux déchets solides.

Les quantités maximales de matière radioactive dont le rejet peut être autorisé sont évaluées après examen de l'environnement du site en tenant compte de la répartition des populations avoisinantes, de telle sorte que la dilution dans l'air ou dans l'eau ramène les concentrations à des valeurs qui, même pour le groupe le plus exposé, soient très inférieures aux concentrations maximales admissibles. Il est donc nécessaire de procéder à un *double contrôle* :

– Le premier au point de rejet de l'installation, c'est-à-dire à la cheminée pour les effluents gazeux et à la canalisation de rejet pour les effluents liquides, a pour but de vérifier le respect des quantités maximales autorisées.

– Le second, aux alentours de l'installation par des stations de prélèvement atmosphérique ou en rivière, a pour objet de s'assurer que les facteurs de dilution ont été correctement évalués et que les populations avoisinant les sites nucléaires ne sont pas exposées. Ce second contrôle fait l'objet d'une surveillance systématique du Service Central de Protection contre les Rayonnements Ionisants, service expert du ministère de la Santé.

Les déchets de faible et moyenne activité

Rappelons qu'entrent dans cette catégorie les déchets contenant des radioéléments à période courte, inférieure à trente ans (essentiellement des émetteurs bêta-gamma) et dont la teneur en radioéléments à vie longue (essentiellement des émetteurs alpha) est inférieure aux seuils fixés, pour le site considéré, par les autorités chargées de la sûreté des installations nucléaires. Ces déchets représentent plus de 90 % du volume de l'ensemble des déchets radioactifs et seulement 1 % de leur activité totale. Leur production cumulée jusqu'en l'an 2000 sera inférieure à un million de m^3, – en comprenant toutes les sources de déchets radioactifs, c'est-à-dire : centrales électronucléaires, usines de retraitement du combustible, centres de recherche, universités, hôpitaux, industries...

L'objectif recherché dans le traitement de ces déchets de faible et moyenne activité est de permettre leur *stockage en surface* ou à faible profondeur. On doit donc pouvoir manutentionner et ranger les déchets en colis conditionnés qui peuvent être des fûts ou des blocs ; garantir une intégrité suffisante pour que la sûreté soit maintenue tant que la radioactivité n'a pas fortement décru ; préserver les colis de déchets des atteintes atmosphériques qui pourraient être préjudiciables (pluie, gel).

Un stockage de surface est donc conçu comme une installation comportant des aires bétonnées, des tranchées en terre et des tranchées bétonnées, chacun de ces éléments étant apte à recevoir des types de déchets bien déterminés. Au fur et à mesure du remplissage, la zone de stockage est recouverte de terre assurant la couverture de l'ensemble. Dans le but de limiter autant que possible l'étendue des stockages, il est nécessaire de réduire le volume des déchets à stocker. Le traitement de ces déchets, avant stockage, comportera donc des opérations de réduction de volume ; celles-ci sont suivies d'un enrobage qui assurera l'intégrité des colis au cours du temps.

Une part non négligeable (20 à 30 %) des déchets de faible et moyenne activité contient des matières combustibles et une excellente *réduction du volume* de ces déchets peut être obtenue par incinération. Celle-ci se déroule dans des conditions proches de l'incinération des ordures ménagères dans les installations industrielles. Il est toutefois indispensable que les gaz de combustion soient lavés et filtrés avec une grande efficacité pour éviter la contamination atmosphérique. L'emploi de

EFFLUENTS REJETÉS ET DÉCHETS
PRODUITS PAR UNE CENTRALE DE 1 000 MW

Filière	U.N.G.G.	P.W.R.	Surgénérateur
Effluents gazeux[1]			
Xénon (Ci/an)[2].....	120	0,5 à 2.10^4	30
Krypton 85 (Ci/an)		500 à 2 000	300 à 400
Tritium (Ci/an)....	–	100 à 150	–
Iode 131 (Ci/an)...	10^{-1}	< 1	10^{-2}
Argon 41 (Ci/an) .	5 000 à 15 000	–	–
Effluents liquides[1]			
Volume (m^3/an) ...		4 000 à 15 000	400 à 500
Activité gamma-bêta (Ci/an)	10 à 15	10 à 50	20 à 30
Tritium (Ci/an)....		1 000 à 1 500	–
Déchets solides			
Tout venant .... volume (m^3/an) .... (avant conditionnement)	100 à 150	25 à 50	50 à 100
Activité (Ci/an)	100	0,3 à 1.10^4	3 à 6.10^3

(1) *D'une manière générale, les rejets réalisés sont inférieurs aux normes réglementaires. C'est ainsi qu'à Fessenheim, en 1980, pour deux réacteurs P.W.R., on constatait :*
— rejets d'halogènes gazeux effectués (dont iode) : 0,014 Ci ;
— rejets d'halogènes gazeux autorisés : 3,0 Ci ;
— rejets liquides effectués (hors tritium) : 7,0 Ci ;
— rejets liquides autorisés : 25,0 Ci.
(2) *Mesure en curies par année.*

l'incinération est cependant limité par deux facteurs : Le premier est technique car les déchets contiennent souvent des produits combustibles chlorés dont l'incinération risque de conduire à une corrosion exagérée de l'installation. Le second est économique car l'incinération n'a d'intérêt que si elle permet de diminuer le coût global du traitement et du stockage, en comparaison avec d'autres procédés.

Dans la pratique, le procédé concurrent de l'incinération est le compactage qui est en fait la méthode actuellement la plus répandue. En effet, les presses industrielles classiques permettent, avec une adaptation simple, d'obtenir des facteurs de réduction de volume de l'ordre de cinq pouvant atteindre dix dans les cas favorables.

L'*enrobage* est l'opération qui consiste à former à partir de la matière constituant le déchet un matériau composite qui sera stocké, éventuellement dans un conteneur. Les propriétés de ce matériau composite (enrobé) vont déterminer le comportement du déchet au cours du stockage. On recherche particulièrement de bonnes propriétés mécaniques et une grande résistance à l'eau (imperméabilité et faible dissolution).

Trois types de matériaux d'enrobage, ou matrices, sont utilisés :

Le bitume. – Le mélange, à du bitume chaud, de déchets contenant une certaine proportion d'eau permet d'évacuer cette dernière et de concentrer les matières solides dans la matrice. C'est la méthode couramment utilisée pour enrober les boues d'évaporation ou de précipitation des stations de traitement d'effluents liquides. Deux procédés de bitumage sont possibles : un procédé par extrudeuse à vis chauffées dans lequel la phase aqueuse est relarguée ; un procédé par évaporation en couche mince sur rotor dans lequel l'eau est éliminée sous forme de vapeur.

Le ciment. – L'incorporation dans un ciment ou un béton permet d'obtenir un matériau de tenue mécanique supérieure à l'enrobé de bitume. La mise en œuvre se fait par injection ou par immersion d'un panier contenant les déchets dans un conteneur empli du coulis de ciment. L'addition d'adjuvants permet de modifier la fluidité, la durée de la prise et les propriétés du produit final. Le ciment permet d'enrober la plupart des déchets et en particulier les déchets solides.

Les résines. – Ce sont des matériaux organiques de haut poids moléculaire, de préférence des résines époxydes, dont la polymérisation après incorporation du déchet permet d'obtenir un bloc de grande résistance. Le déchet à enrober doit être exempt d'eau et donc, si nécessaire, être prétraité avant enrobage. La méthode s'applique aux concentrats d'évaporateurs et particulièrement bien aux résines échangeuses d'ions.

En matière de stockage de déchets le risque à prendre en considération est celui lié au retour des matières radioactives dans l'environnement par la voie atmosphérique ou par l'eau. Il convient également d'évaluer la durée pendant laquelle ce risque peut exister, compte tenu de la période des radionucléides considérés.

Dans l'étude d'un stockage en surface, deux voies de retour dans l'environnement sont examinées :

– La voie aérienne : il s'agit du cas où, après une durée telle que l'existence du stockage ne serait plus connue, des travaux de remaniement du terrain mettraient en suspension des poussières radioactives,

– La voie hydrogéologique : il s'agit du transport par l'eau de ruissellement de matières radioactives dissoutes qui viendraient contaminer des points d'eau utilisés pour l'alimentation humaine.

La voie aérienne prédomine lorsqu'il s'agit de radioéléments de longue période puisque l'incident pris en compte suppose qu'on a perdu la trace du stockage, ce qui n'est vraisemblable qu'après plusieurs centaines d'années. C'est sur ce type de risque que sont basées les valeurs limites acceptables en particulier pour les émetteurs alpha dans un stockage de surface.

La voie hydrogéologique prédomine pour l'ensemble des radioéléments à vie courte et c'est sur l'étude du transfert par l'eau que s'appuie l'évaluation de la quantité totale de matière radioactive pouvant être stockée sur un site donné (capacité radiologique).

Pour déterminer cette valeur on fait intervenir :

– la vitesse d'émission à la source que l'on appelle taux de lixiviation, c'est-à-dire la quantité de matière (et donc de radioactivité) libérée par unité de temps sous l'effet de l'attaque par l'eau. Ce taux de lixiviation dépend en particulier de la nature de l'enrobé et de la solubilité des radioéléments qu'il contient.

Les valeurs mesurées sont toujours très faibles dans les différentes matrices envisagées puisqu'elles s'échelonnent entre 10^{-4} et 10^{-7}g.cm^{2}.j^{-1} pour les émetteurs bêta, gamma et 10^{-6} à 10^{-9}g.cm^{2}.j^{-1} pour les émetteurs alpha.
– l'hydrogéologie du site qui permet de définir les modes de cheminement les plus probables de l'eau éventuellement contaminée, d'en rechercher les exutoires et enfin d'évaluer le facteur de dilution depuis la source jusqu'aux points où l'eau peut être utilisée pour l'alimentation humaine.

Le contrôle de la sûreté du site de stockage se fait, comme pour les rejets d'effluents, par un grand nombre de prélèvements, directement dans la nappe phréatique au voisinage immédiat du site, et dans les eaux de surface à des distances plus grandes. Ces contrôles sont également effectués par le Service central de protection contre les rayonnements ionisants.

Les déchets de haute activité

Lorsque des déchets radioactifs sont stockés en surface, le transit des matières radioactives progressivement dissoutes par l'eau de ruissellement est assez rapide et, la dilution dans les exutoires naturels étant limitée, le rejet des concentrations maximales admissibles restreint fortement l'activité spécifique et l'activité totale des déchets dont le stockage est acceptable sur un tel site. Pour des déchets de plus haute activité et contenant des radionucléides de longue période (supérieure à trente ans) – les émetteurs alpha en particulier – la solution retenue est celle du *stockage en profondeur* (de 100 m à 500 m)[9].

Cette solution présente les caractéristiques suivantes :
– L'intrusion accidentelle, qui à la limite est envisageable à long terme pour un stockage de surface, n'est plus ici concevable.

9. Ces déchets résultent du fonctionnement des installations du cycle du combustible (fabrication, retraitement). Leur production cumulée en l'an 2000 est évaluée à une trentaine de milliers de m^3.

– Il est possible de trouver à une profondeur suffisante des formations géologiques dont la perméabilité est faible et dans lesquelles, par conséquent, les mouvements d'eau sont très lents (de l'ordre du centimètre par an) ; ceci garantit que le retour dans la biosphère de l'eau contaminée par la lixiviation des déchets sera considérablement retardé (au moins de plusieurs dizaines ou centaines de milliers d'années) et que la radioactivité aura décru.

– Les terrains qui doivent être traversés par l'eau pendant ce transfert contiennent des matériaux naturels présentant des propriétés de rétention des ions de radionucléides dissous dans l'eau, ce qui introduit un retard supplémentaire dans le transfert de radioactivité vers l'environnement ; il est d'ailleurs parfaitement concevable d'entourer la zone profonde de stockage des déchets par des barrières artificielles présentant des propriétés spécifiques d'échange ionique et de renforcer ainsi cette propriété favorable.

– La conductivité thermique des terrains profonds étant faible, le dégagement de chaleur dû à la radioactivité des déchets peut entraîner une élévation de température du milieu d'accueil ; celle-ci ne doit pas dépasser environ 100 °C pour éviter des modifications de structure qui pourraient être préjudiciables à la sûreté du stockage.

– A grande profondeur des contraintes mécaniques importantes s'exerceront sous l'effet des pressions hydrostatique et lithostatique et il doit en être tenu compte dans la conception des conteneurs.

Trois types de formations géologiques ont été sélectionnés pour réaliser des stockages de déchets en profondeur. Ce sont l'argile, le granite, et les dômes de sel. Des études comparatives en cours dans différents pays, et en particulier ceux de la Communauté européenne, permettront de mieux cerner les avantages et inconvénients propres à chacune de ces formations, mais il apparaît déjà qu'elles sont toutes utilisables avec des technologies appropriées.

Aucun stockage profond de déchets n'a jusqu'à présent été mis en service, mais plusieurs études conceptuelles ont été faites et un tel stockage se présentera sous forme d'un ensemble de galeries servant à la manutention et à l'entreposage, ces galeries étant reliées à la surface par un ou plusieurs puits d'accès ; au fur et à mesure du remplissage les galeries sont garnies si nécessaire d'une barrière géochimique et d'un matériau de comblement. Des essais sur des forages expérimentaux ou dans des mines désaffectées sont en cours pour déterminer avec exactitude les caractéristiques des milieux étudiés et évaluer les conséquences des perturbations apportées au milieu par le dépôt de déchets.

L'étape suivante, préalable à la réalisation, devrait être celle d'une cavité de démonstration permettant d'expérimenter à échelle réduite, mais à la profondeur prévue pour le stockage définitif, l'ensemble des techniques qui seront mises en œuvre. Une possibilité de reprise des déchets sera réservée à ce stade pour le cas où la surveillance de la cavité amènerait à constater des phénomènes susceptibles de mettre en cause la sûreté.

Le rythme de production des déchets de haute activité n'impose pas qu'une installation industrielle de stockage en profondeur soit disponible avant plusieurs années. Dans l'intervalle, les déchets enrobés en vue de leur stockage définitif sont, ou seront, entreposés, ce qui permettra de perfectionner les connaissances sur leurs propriétés afin d'en tenir compte jusqu'au dernier moment dans la conception des sites de stockage.

Les déchets de haute activité proviennent des usines de retraitement de combustible. Ce sont principalement : les résidus solides du traitement mécanique de cisaillage des éléments combustibles (embouts et coques) ; les résidus insolubles lors de la dissolution de l'oxyde d'uranium (fines) ; les boues de traitement d'effluents provenant de la régénération des solvants.

Les procédés d'*enrobage* retenus pour ces déchets dans les futures usines sont les suivants : les embouts et coques sont enrobés dans du ciment ; les fines de dissolution sont véhiculées en même temps que les solutions de produits de fission vers l'atelier de vitrification ; les boues de traitement des solvants sont enrobées dans le bitume.

Dans l'usine de La Hague, telle qu'elle fonctionne actuellement, les résidus solides sont stockés en silo en attente de reprise pour leur traitement dans les installations à construire. Le volume de déchets de haute activité produit annuellement par une usine retraitant 800 t de combustible de la filière à eau (cas de UP2-800 ou UP3) sera de l'ordre de 1 500 m^3.

La *sûreté* d'un stockage en profondeur repose sur la combinaison de trois facteurs : la vitesse d'émission à la source (taux de lixiviation) ; la circulation de l'eau dans le milieu ; le retard introduit par la rétention dans les barrières géochimiques artificielles ou naturelles.

C'est à partir de ces paramètres que peuvent se déterminer le temps de transit et les concentrations apparaissant dans les eaux de surface.

– La vitesse d'émission à la source. – Il y a lieu tout d'abord de remarquer que la durée de vie du conteneur d'enrobage des déchets n'est pas un élément décisif de la sûreté. En effet, s'agissant de produits de longue période qui, par la conception même du stockage, ne réapparaîtront que très tardivement dans l'environnement, le temps initial où peut commencer la lixiviation de la matrice d'enrobage intervient peu ; la résistance mécanique de ce conteneur doit par contre être suffisante pour assurer une manutention correcte pendant l'entreposage, le transport et l'enfouissement. La vitesse d'émission à la source est donc prise en compte par la connaissance du taux de lixiviation et de son évolution prévisible au cours du temps dans les conditions du stockage. Ces déterminations se font par lixiviation d'échantillons représentatifs et par la modélisation du processus de vieillissement, si possible basée sur des essais de vieillissement accéléré.

– La circulation de l'eau. – Elle peut être mesurée sur un site donné par des méthodes classiques d'hydrogéologie complétées par des essais à l'aide de traceurs radioactifs.

– La rétention. – Elle peut être déterminée par des

expérimentations faites en laboratoire et sur le terrain avec les radionucléides dont le comportement doit être étudié ; l'utilisation des données ainsi recueillies doit être faite avec prudence en gardant des marges de sécurité importantes à cause de la complexité des phénomènes intervenant dans le processus de rétention.

Les déchets de très haute activité.

Les déchets de très haute activité sont produits, dans les usines de retraitement, à partir des solutions concentrées obtenues après extraction de l'uranium et du plutonium. On retrouve dans ces solutions la totalité des produits de fission et des actinides et une très faible fraction (quelques pour mille) de l'uranium et du plutonium de départ. C'est dire que les activités alpha et surtout bêta-gamma sont considérables.

La gestion de ces déchets – dont la production cumulée en l'an 2 000 sera de l'ordre de 2 000 m^3 – passe par quatre phases successives : le stockage temporaire en solution, la vitrification, le stockage intérimaire, le stockage définitif.

Le stockage en solution acide concentrée des déchets de très haute activité a été d'abord retenu comme une disposition transitoire permettant d'attendre la mise au point du procédé de solidification par vitrification ; des stockages de longue durée (20 ans) ont fonctionné sans incident en utilisant des cuves en acier inoxydable fortement refroidies. Depuis la mise en route du procédé industriel de vitrification, ce stockage temporaire est davantage conçu pour permettre la décroissance des produits de période courte et pour amortir les variations de la composition des solutions sortant de l'usine de retraitement, afin d'introduire dans l'atelier de vitrification un produit de composition relativement constante.

La mise sous forme solide de solutions de très haute activité renfermant un grand nombre de composés divers (produits de fission, actinides, impuretés du procédé) a nécessité la mise au point d'une matrice d'enrobage particulière, choisie de telle manière que les atomes radioactifs soient incorporés dans le réseau des atomes de la matrice. Le choix s'est porté sur le verre pour trois raisons : On connaît par les découvertes archéologiques l'exceptionnelle résistance du verre pendant de longues durées et on connaît des matériaux géologiques stables de composition voisine de celle des verres. Il est possible d'introduire dans le réseau moléculaire du verre, sans lui faire perdre ses propriétés, un très grand nombre d'éléments et en particulier ceux que l'on retrouve dans les solutions de produits de fission. Enfin, la flexibilité des compositions de verre permet de s'adapter à des variations dans l'origine des combustibles et à des modifications du procédé.

Le type de verre finalement retenu est un verre borosilicaté auquel sont incorporés 10 à 25 % d'oxydes de produits de fission et d'actinides.

Mis au point et développé pendant une vingtaine d'années le procédé a été mis en œuvre industriellement à Marcoule depuis juillet 1978 dans l'A.V.M. (Atelier de vitrification de Marcoule). Depuis cette date jusqu'à la fin de 1980, l'atelier a traité 300 m^3 de solutions concentrées et produit 140 tonnes de verre d'une activité approximative de 50 millions de curies. Ce procédé, ayant fait ses preuves, est retenu pour les futures usines de retraitement de La Hague ; il va d'ailleurs s'étendre à d'autres pays (Grande-Bretagne, République fédérale d'Allemagne, Belgique) qui ont adopté le procédé français.

A la sortie de la vitrification, les conteneurs de verre dégagent, sous l'effet de l'absorption du rayonnement dans leur propre masse, une énergie thermique importante, de l'ordre de 5 KW par conteneur de 200 litres. Cette puissance dissipée décroît avec le temps et diminue d'un facteur 4 en 30 ans et 20 en 100 ans. Le stockage en profondeur dans un milieu peu conducteur, de blocs de verre dissipant plusieurs kilowatts imposerait donc nécessairement un refroidissement et il est préférable de laisser décroître leur activité dans un *stockage temporaire en surface* avant de les enfouir.

Un tel stockage a été construit à Marcoule auprès de l'A.V.M. et est muni d'un refroidissement par air capable de fonctionner en ventilation forcée ou en ventilation naturelle. Il est remarquable de constater que cette installation, capable de recevoir la production de toute l'usine depuis 1960 et jusqu'en 1990, occupe un hall industriel de dimensions modestes. D'ailleurs une grosse usine, retraitant annuellement 800 tonnes de combustible ne produira chaque année que 120 m^3 de verres.

Le *stockage définitif* des verres se fait évidemment en profondeur comme celui des déchets alpha de haute activité. Il en diffère cependant sur un point essentiel car, même après une décroissance de plusieurs dizaines d'années en stockage intérimaire, la puissance dissipée par les conteneurs est encore suffisante pour obliger à tenir compte des limitations thermiques imposées par le milieu d'accueil ; c'est ce paramètre qui est déterminant pour fixer l'étendue du stockage et l'espacement des conteneurs.

Du point de vue de la sûreté, on peut reprendre ici ce qui a été indiqué plus haut du stockage en profondeur, pour ce qui concerne l'influence de la circulation de l'eau et de la rétention dans le milieu, c'est-à-dire les facteurs qui sont directement liés au site.

Les études concernant la vitesse d'émission à la source doivent être plus poussées car la forte radioactivité des déchets peut provoquer des phénomènes d'évolution résultant des effets du rayonnement sur le verre. Ces effets sont étudiés par des méthodes de simulation utilisant des verres « dopés » par des émetteurs alpha de période plus courte que ceux qui seront incorporés dans les verres réels ; il est ainsi possible de simuler en un an plusieurs milliers d'années de stockage.

QUELQUES SCHÉMAS SIMPLIFIÉS ILLUSTRANT LE CYCLE DU COMBUSTIBLE NUCLÉAIRE

Cycle des réacteurs à uranium naturel.

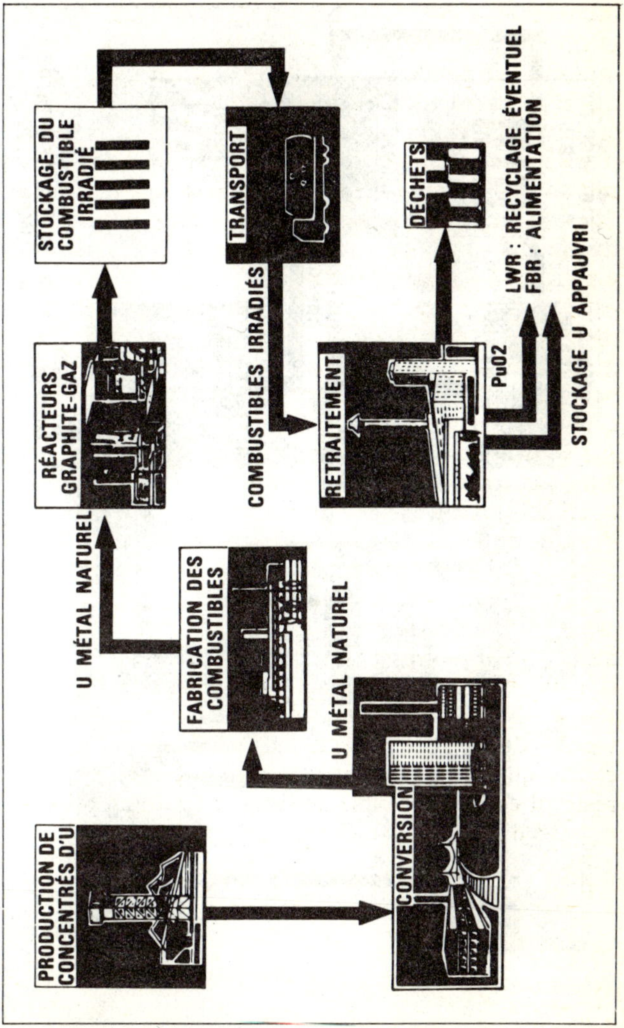

Cycle des réacteurs à eau légère.

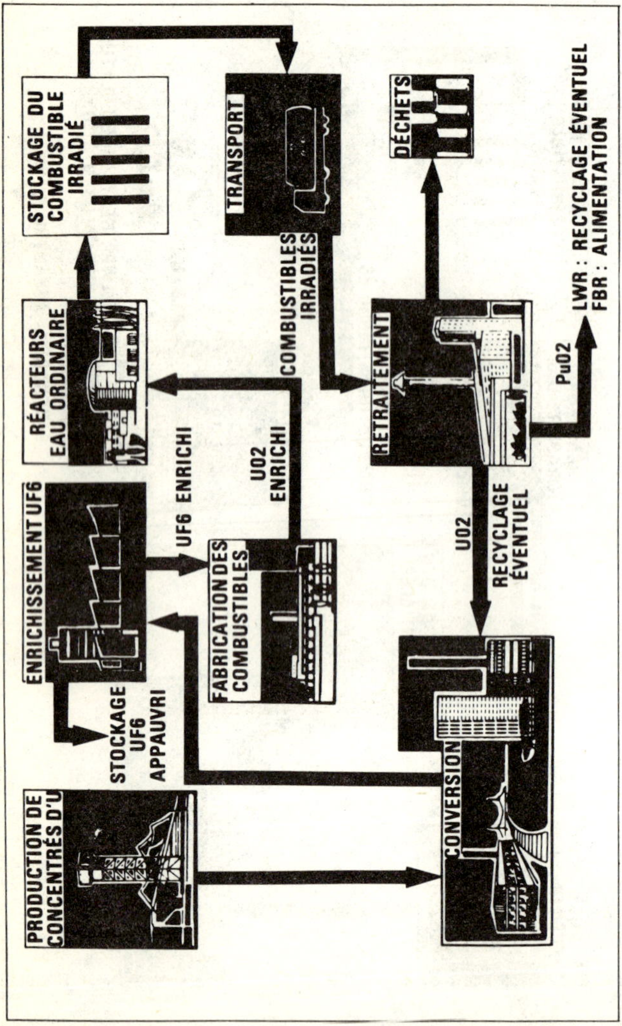

Cycle des réacteurs à neutrons rapides.

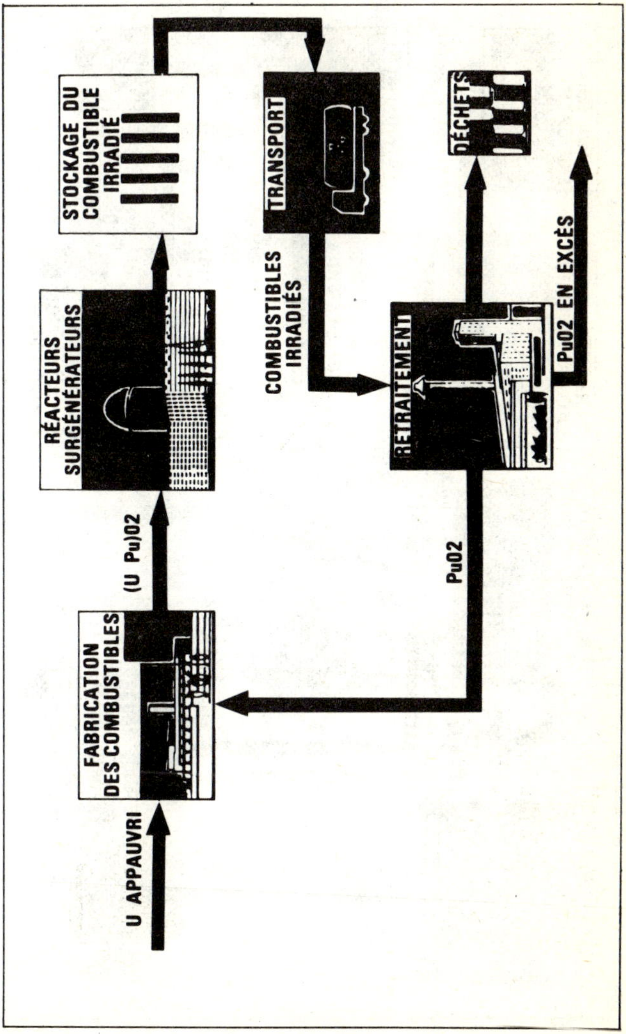

Cycle des réacteurs à neutrons thermiques et neutrons rapides.

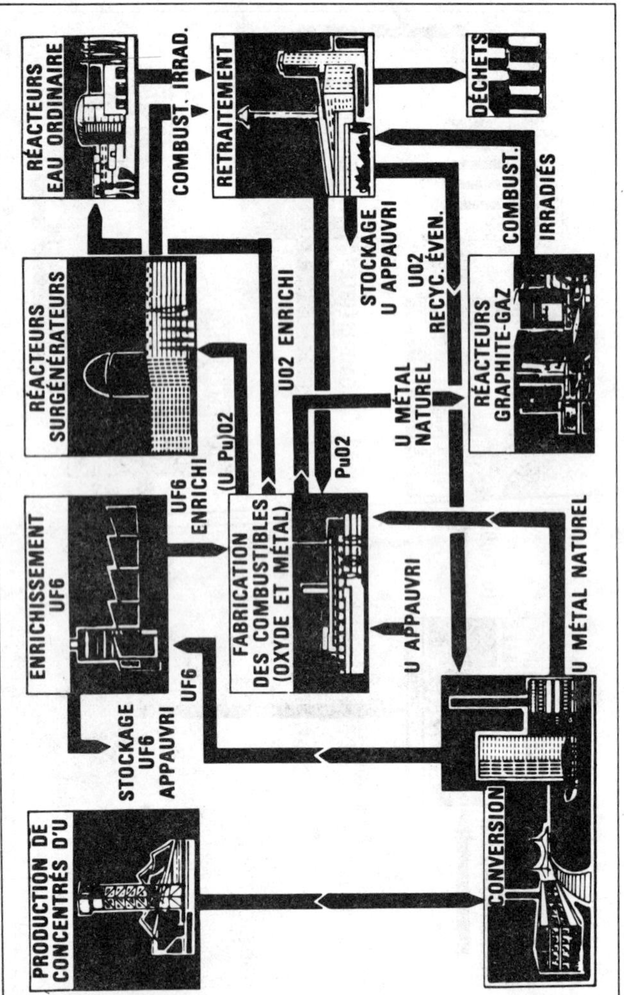

Modèle du cycle du combustible pour une centrale P.W.R. — 1000 Hwe à l'équilibre (pour n.w. = 0,2 %)

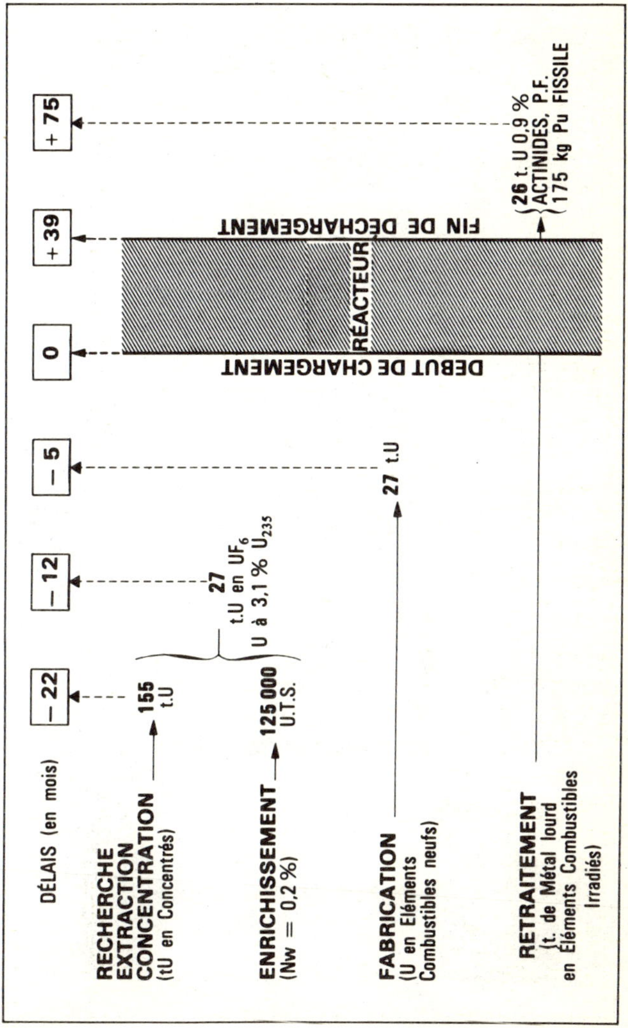

CHAPITRE IV

Les effets de la radioactivité sur l'homme et l'environnement et les moyens mis en œuvre pour s'en protéger

Ce chapitre comprend trois parties :

– La première analyse les différentes modalités d'irradiation, puis expose les principaux effets des rayonnements ionisants notamment sur l'être humain, à savoir ceux qui peuvent affecter les individus eux-mêmes (effets somatiques) et ceux susceptibles d'atteindre leur descendance (effets génétiques).

– La seconde indique comment ont été élaborées les normes à partir des connaissances sur les effets des faibles doses, et précise la philosophie de la radioprotection.

– La troisième, enfin, étudie l'irradiation de la population due au cycle du combustible et notamment au fonctionnement (normal) des centrales nucléaires.

Les effets des rayonnements sur l'homme

La radioactivité naturelle fut mise en évidence à la fin du siècle dernier, lorsque Becquerel s'aperçut que des sels d'uranium placés près d'une plaque photographique impressionnaient celle-ci. C'était en 1896, un an après la découverte des rayons X, et deux ans avant que le radium et le polonium ne soient séparés des minerais uranifères par Marie et Pierre Curie. On s'aperçut vite que ces rayonnements provoquaient sur la peau l'apparition d'un « érythème », rougeur analogue à un coup de soleil. L'extension rapide de l'utilisation des générateurs X notamment pour le radiodiagnostic et la radiothérapie entraîna l'apparition d'effets plus tardifs et plus graves. Le premier radiocancer de la peau fut diagnostiqué en 1902, et Pierre Marie, en 1910, provoqua pour la première fois un cancer sur l'animal. L'absence initiale d'une bonne connaissance des risques des radiations et donc le défaut de précautions expliquent les accidents, notamment les cancers, dont furent victimes les pionniers des rayons X et des corps radioactifs, dans la première moitié de ce siècle. Par contre les radiologistes qui commencèrent à exercer leur profession à partir des années 1945-1950 n'eurent pas à souffrir de ces atteintes.

En effet, face aux accidents, peu à peu, des mesures de protection s'imposèrent : dès 1896, Röntgen créa à cette intention une Société chargée d'étudier les risques entraînés par la manipulation des générateurs de rayons X, et en 1921, le Comité britannique de protection contre les rayons X jeta les bases des premières recommandations qui furent élaborées un peu plus tard par la Commission internationale de protection radiologique (C.I.P.R.) créée en 1928. Nous y reviendrons dans la deuxième partie de ce chapitre.

Dans ce contexte, l'étude des effets des rayonnements ionisants sur l'homme bénéficia durant le dernier demi-siècle de moyens matériels et financiers sans commune mesure avec ceux mis en œuvre pour les recherches sur les autres nuisances. Quand apparurent, dans les années 1950, les applications industrielles de l'énergie nucléaire, les risques des rayonnements étaient reconnus depuis longtemps et les normes de radioprotection étaient déjà en vigueur ; alors que pour beaucoup d'autres activités industrielles, l'emploi d'agents toxiques ou polluants précéda largement le constat de leur nocivité. Ceci explique que, sur le plan de la protection, l'industrie nucléaire possède aujourd'hui vingt ans d'avance sur les autres industries et que la réglementation qui se met en place pour ces dernières tende à la prendre pour modèle.

Modalités et mesure d'une irradiation

On parle d'*irradiation externe* quand la source est située hors de l'organisme et atteint celui-ci par l'émission de rayonnements pénétrants (tels que les photons X ou gamma, les bêta énergétiques ou les neutrons), et d'irradiation par *contamination interne,* si les rayonnements sont émis par des éléments ayant pénétré dans l'organisme en traversant les poumons, le tube digestif ou la peau. Il faut noter que dans ce second cas les rayonnements peu pénétrants, c'est-à-dire les bêta de faible énergie et les alpha, contribuent à l'irradiation aussi bien que les rayonnements pénétrants. En particulier les alpha, dont le parcours dans les tissus vivants ne dépasse pas en longueur une dizaine de microns, sont inopérants en irradiation externe mais très actifs en contamination interne.

On définit la *dose d'irradiation* (D) par la quantité d'énergie cédée par le rayonnement à l'unité de masse de matière. L'unité légale de dose est le gray (symbole : Gy) qui correspond à un dépôt d'énergie de 1 joule par kilogramme. On utilise encore plus fréquemment l'ancienne unité ou *rad,* qui est cent fois plus petite.

En réalité, l'effet biologique du rayonnement ne dépend pas uniquement de l'énergie déposée. La nature du rayonnement intervient (X, gamma, alpha, bêta, neutrons, etc.). Pour prendre en compte ce facteur on a l'habitude de choisir un rayonnement de référence (rayons X, ou rayons gamma) ; tout autre rayonnement est alors caractérisé par son *efficacité biologique relative* (ou E.B.R.) qui est simplement le rapport de la dose X ou gamma à la dose du rayonnement considéré produisant le même effet biologique. Il faut savoir que ceci n'a de sens que si l'on précise parfaitement l'effet considéré (par exemple : rougissement de la peau), le système biologique irradié (homme, espèce animale) et les conditions d'irradiation (débit de dose en particulier, voir plus loin). En pratique, pour la radioprotection on se contente souvent de valeurs moyennes, et on affecte simplement à chaque type de rayonnement un facteur, dénommé *facteur de qualité* (Q) qui représente son E.B.R. moyen. Par convention on a Q = 1 pour les rayons X, gamma et bêta ; pour les rayons alpha Q = 20 ; quant aux neutrons, leur facteur de qualité dépend d'un paramètre supplémentaire, leur énergie ; celle-ci est liée à leur vitesse : pour les neutrons thermiques, relativement lents, Q = 2,3 ; pour les neutrons rapides, Q = 10.

Il résulte de tout ceci que l'effet biologique d'un rayonnement doit s'apprécier non pas en fonction de la dose (D) en gray ou rad, mais du produit de la dose par le facteur Q. La nouvelle grandeur obtenue (H) s'appelle équivalent de dose, et son unité légale est le *Sievert* (symbole Sv) ; en pratique on utilise fréquemment l'ancienne unité ou *rem*, qui est 100 fois plus petite.

$$\text{H (en Sievert ou rem)} = \text{D (en Gray ou rad)} \times \text{Q}$$

Par exemple, à 1 Gray de rayonnement X, gamma ou bêta correspond un équivalent de dose de 1 sievert, alors qu'à 1 gray de rayonnement alpha correspondent 20 sieverts. On utilise si nécessaire des sous-multiples de toutes ces unités (mGy = milligray, mrad = millirad, mSv = millisievert, mrem = millirem, etc.).

Signalons que très souvent, par commodité d'expression, on dit ou écrit « dose » en sous-entendant « équivalent de dose » : le nom de l'unité utilisée dissipe toute ambiguïté.

L'effet biologique d'une dose D varie non seulement en fonction de la nature de l'irradiation, mais aussi en fonction de sa durée. On appelle *débit de dose* la dose reçue par unité de temps ; le débit d'équivalent de dose est défini de la même manière. Selon les besoins, on se rapporte à la seconde, au mois, à l'année... ainsi l'irradiation naturelle s'exprime commodément en mrad/an et mrem/an ; l'irradiation thérapeutique en Gy/min et Sv/min.

L'irradiation peut intéresser une partie plus ou moins importante de l'organisme. A dose délivrée égale, plus le *volume irradié* est grand, plus sévères seront les conséquences : c'est ainsi que 400 rems reçus sur l'extrémité de la main n'occasionnent qu'un rougissement vite réversible, alors que cette même dose reçue sur l'ensemble du corps entraîne la mort dans un cas sur deux.

En contamination interne également, l'importance du volume irradié est déterminante. Notamment, dans le cas d'un émetteur alpha, comme le plutonium, l'expérimentation animale a montré que pour la même quantité totale inhalée, plus la répartition des particules était large dans le tissu pulmonaire, plus le risque de cancer était grand.

La contamination interne dépend aussi de la *période effective* d'irradiation. La pénétration d'un radioélément dans l'organisme entraîne en effet sa diffusion suivant des modalités qui dépendent de la nature chimique du produit, de sa forme physique, et de sa « porte » d'entrée (bouche, poumon, blessure...). Certains éléments comme le tritium ou le césium diffusent dans tout l'organisme tandis que d'autres se localisent préférentiellement dans un organe : squelette pour le strontium, glande thyroïde pour l'iode... Par ailleurs la substance est éliminée par l'organisme de diverses manières, plus ou moins rapidement. On conçoit donc que l'irradiation qu'entraîne une contamination dépende de la durée de présence de la substance dans le corps. Cette durée est estimée en tenant compte de deux facteurs.

– D'une part, un facteur lié uniquement à la nature du radioélément, qui est sa *période radioactive* Tr, encore appelée sa demi-vie. C'est le temps nécessaire pour que l'activité initiale ait décru de moitié par désintégration. Par exemple, pour l'iode 131, Tr = 8 jours ; pour le strontium 90, Tr = 28 ans.

– D'autre part, un facteur qui dépend seulement de

l'élimination par l'organisme. Par analogie avec la période radioactive, on définit une période biologique, Tb, temps nécessaire pour que la moitié de la substance soit relâchée à l'extérieur.

Au total, les deux modes de disparition de la contamination ajoutent leurs effets et on peut définir une période effective Te, au bout de laquelle l'activité présente a été divisée par 2. Comme ce sont les vitesses d'élimination qui s'ajoutent et que celles-ci sont à l'inverse des périodes, on voit assez facilement qu'il existe la relation $\frac{1}{Te} = \frac{1}{Tr} + \frac{1}{Tb}$: en d'autres termes la période effective est inférieure à la plus petite des deux périodes. Exemples :

Iode 131 : Tr = 8 jours ; Tb = 120 jours ; Te = 7,6 jours.

Strontium 90 : Tr = 28 ans ; Tb = 36 ans ; Te = 15,6 ans.

Chaque radionucléide a fait l'objet d'une étude de la Commission Internationale de Protection contre les Rayonnements Ionisants, afin de préciser, selon la forme chimique et la voie d'entrée, quels sont les taux de transfert vers les divers organes, les temps de séjour dans chaque organe, etc. Les résultats de ces études permettent le calcul de l'équivalent de dose délivré. Pour les radionucléides dont la période effective est très longue (dizaine d'années) on utilise la notion de dose engagée : c'est celle qui sera délivrée pendant toute la vie du sujet ; le calcul est alors effectué sur une durée de cinquante ans après la contamination [2]*

Causes d'irradiation

L'irradiation naturelle. L'irradiation naturelle, à laquelle sont soumis tous les êtres vivants, provient de plusieurs causes.

– Le sol renferme des radioéléments tels que le potas-

* Les chiffres entre crochets renvoient à la bibliographie figurant à la fin de ce chapitre p. 228.

sium 40, l'uranium, le thorium et le radium, responsables d'une irradiation externe d'intensité variable selon la région du globe. En France, celle-ci est de l'ordre de 25 mrad/an dans les régions sablonneuses de Basse-Normandie, mais beaucoup plus importante dans certaines provinces granitiques telles que la Bretagne ou le Massif Central, dont les terrains sont riches en uranium et en thorium, et où la dose annuelle peut atteindre 200 à 250 mrad (voir tableau, page suivante). On connaît quelques contrées comme la province du Kérala sur la côte nord-ouest de l'Inde à sol riche en thorium, où la dose naturelle annuelle peut atteindre localement 3 rads, mais ceci est exceptionnel.

– Le ciel est une source d'irradiation en raison des rayons cosmiques qui frappent le globe terrestre, venant de toutes les directions. Ceux-ci sont surtout constitués par du rayonnement gamma, des protons et des particules lourdes. En raison de l'effet d'écran de l'atmosphère la dose de rayons cosmiques dépend de l'altitude ; elle dépend aussi de la latitude à cause de l'action du champ magnétique terrestre sur les rayonnements extérieurs (maximum aux pôles, minimum sur l'équateur). En France, au niveau de la mer, l'irradiation cosmique moyenne est de l'ordre de 30 mrad/an ; cette valeur est multipliée par 3 à l'altitude de 2000 m.

– Enfin, les radioéléments naturels occasionnent une contamination interne des organismes vivants. Une proportion importante de cette dose interne provient de l'inhalation du radon 222. Cet élément, descendant gazeux du radium, est un émetteur alpha, de période courte Tr = 3,8 jours, dont la concentration dans l'air peut être accrue à l'intérieur de certaines habitations construites en granite ou en béton, matériaux riches en radium. L'organe le plus irradié par ce processus est le poumon qui reçoit en moyenne 30 mrad/an soit 600 mrem/an puisque Q = 20 pour les alpha. En tenant compte d'un facteur de pondération de 0,12 recommandé par la C.I.P.R., ceci équivaut à une dose de 70 mrem environ pour l'organisme entier. Le second radioélément naturel, par ordre d'importance, est le potassium 40, présent à raison de 0,011 % dans le potassium naturel, et responsable d'une dose interne annuelle de 18 mrad à l'organisme entier. D'autres radioéléments naturels contribuent plus faiblement à l'irradiation interne. Ce sont le radium 226, le carbone 14 et le tritium, ces deux derniers formés dans la couche supérieure de l'atmosphère sous l'effet des rayons cosmiques.

Si l'on regroupe l'effet du sol, des rayons cosmiques et de la contamination interne, on trouve un équivalent de débit de dose moyen, en France, de l'ordre de 165 mrem/an pour l'organisme entier.

IRRADIATION NATURELLE EN FRANCE EN MRAD ET MREM/AN				
Source d'irradiation	Irradiation externe (moyenne) mrad	Irradiation interne (moyenne) mrad pondérée à l'organisme entier	Equivalent de dose (moyenne) mrem pondérée à l'organisme entier	Équivalent de dose (maximum) mrem pondérée à l'organisme entier
Sol				
K 40	12			200-250
U 238, Ra 226, etc.	8	32		(Bretagne,
Th 232, Ra 224,				Creuse,
etc.	12			Haute-Vienne)
Rayons cosmiques				
(altitude zéro)	30		30	100 à l'altitude de 2 000 m 200 à l'altitude de 4 000 m
Contamination interne (ingestion et inhalation)				
K 40		18	18	
Famille de l'uranium et du thorium (hors radon)		0,68	14,0	
radon		3,60	70,0	
C 14 + H 3, etc. ..		0,04	0,8	
Total général		22,32 22	164,8 165	300-350 (Bretagne, Creuse, Haute-Vienne)

A ces doses de rayonnements inévitables il convient d'ajouter encore diverses irradiations liées à notre mode de vie :

PRINCIPALES CAUSES D'IRRADIATION			
Type d'irradiation	Dos en mrem/an	débit de dose	Durée
NATURELLE	150 - 170 300 (Bretagne) 3 000 (Kérala)	faible	continue
ARTIFICIELLE			
– Médicale	70	fort	unique ou fractionnée
– Transports aériens	6 (A-R transat.)	faible	fractionnée
– ski (3 000m)	1,5/semaine	faible	fractionnée
– Retombées d'explosion nucléaire	4	faible	continue
– Domestiques	1 - 2	faible	fractionnée
– Centrales nucléaires			
• 1981	$\leqslant 1$	faible	continue
• an 2000 (tout le cycle)	= 3	faible	continue

– les irradiations « domestiques ». Les postes de télévision en couleur et les montres à cadran lumineux ne représentent qu'une faible contribution : 2 mrem/an. Les matériaux de construction des habitations apportent des doses très variables suivant leur nature : nulle pour le bois, relativement élevée pour le granite à cause du radon dont il a déjà été parlé. Le calfeutrage pour isolation thermique augmente les doses de radon qui peut ainsi délivrer dans certaines habitations canadiennes ou suédoises 600 mrem/an.

– les irradiations dues aux voyages et aux loisirs. La traversée aller-retour de l'Atlantique en avion à réaction, Boeing ou Concorde, entraîne une dose de l'ordre de 6 mrem. Le séjour en haute montagne apporte une dose

DOSES ABSORBÉES PAR LES CURISTES ET LE PERSONNEL			
	Poumons mrad/ sem.	Trachée mrad/ sem.	Durée de l'exposition
I. - *A La Bourboule.*			
Curisies respirant des vapeurs............	32	160	Une séance quotidienne de 45 minutes pendant 21 jours consécutifs et par an, 2 à 3 années de suite.
Curistes respirant des aérosols	12,6	63	Une séance quotidienne de 20 minutes pendant 21 jours consécutifs.
Curistes respirant des gaz..................	1 535 (max.)	7 675 (max.)	Une séance quotidienne de 20 minutes pendant 21 jours consécutifs.
Personnel des salles de vapeur	210	1 050	7 fois 5 heures par semaine pendant 4 mois sur 12.
II. – *Au Mont-Dore.*			
Curistes respirant des vapeurs............	1,30	6,5	Une séance quotidienne de 1 heure pendant 21 jours consécutifs et par an, plusieurs années de suite.
Curistes respirant des aérosols	0,0430	0,21	Une séance quotidienne de 20 minutes pendant 21 jours consécutifs.
Curistes respirant des gaz..................	7	35	Une séance quotidienne de 10 minutes pendant 21 jours consécutifs.
Source : A. Fritsch, I. Pinset-Härström et J. Coursaget., *Jl. Rad. Elect. Med. Nucl. 39*, 1958, p. 148-151.			

supplémentaire de 1,5 mrem par semaine, soit 6 mrem en un mois de vacances.

– les irradiations médicales. Les pratiques médicales contribuent pour l'essentiel à l'irradiation artificielle subie par l'homme. Des doses locales importantes sont appliquées par radiothérapie, mais ceci ne concerne qu'un petit nombre de personnes. Par contre, un nombre considérable d'individus reçoivent des doses faibles au cours des examens radiodiagnostiques (ex : radiographie pulmonaire). En France, on estime à environ 70 mrem par an la dose moyenne individuelle due au radiodiagnostic. Les irradiations médicales ont des caractéristiques différentes de celles des irradiations naturelles : débit de dose en général élevé (dizaines de rad/mn) et concernant une région restreinte du corps ; irradiation unique ou fractionnée dans le temps mais toujours en poses de durée brève.

Les cures thermales entraînent des irradiations internes par contamination respiratoire (à Luchon par exemple) ou digestive (à Vichy ou à La Bourboule). La dose est limitée par la durée de la cure (trois semaines) et elle n'intéresse que quelques organes particuliers (voies aériennes supérieures et poumons, ou tube digestif, voire squelette), mais peut atteindre des valeurs relativement élevées.

– les irradiations dues aux retombées d'explosions nucléaires militaires : de nombreuses explosions nucléaires à l'air libre ont eu lieu entre les années 50 et 60 et même après 1960 (Chine et France notamment). Les retombées qui se poursuivent intéressent surtout l'hémisphère nord ; le Comité des Nations Unies estime la dose correspondante à 4 mrem par an jusqu'à l'an 2000. Les radioéléments à vie courte, tel l'iode 131, ayant disparu rapidement, il s'agit de produits de fission à vie longue comme le plutonium et les transplutoniens, le césium 137, le strontium 90. On évalue à plus de 5 tonnes la quantité totale de plutonium ainsi retombé depuis 30 ans sur l'ensemble du globe.

Les irradiations dues aux centrales nucléaires. – Malgré la grande quantité de radioéléments présente dans le cœur d'un réacteur nucléaire, plusieurs barrières protectrices arrêtent la quasi-totalité des rayonnements émis et seuls les travailleurs de la centrale sont exposés à une irradiation externe. Cependant des radionucléides présents en quantités faibles et constamment contrôlées dans les rejets gazeux et liquides de l'installation entraînent pour le voisinage une irradiation minime par voie pulmonaire ou digestive. La dose maximale pour la population vivant au voisinage immédiat des centrales n'excède pas 5 mrem par an*, et celle pour la population générale reste inférieure à 1 mrem par an.

ÉVALUATION DES DOSES EN PROVENANCE D'UN RÉACTEUR NUCLÉAIRE*

	mrem/an
A la limite de la centrale	5
Population habitant dans un rayon de 10 km autour de la centrale	0,6
Consommation de 50 grammes par jour de poissons et crustacés pêchés à la sortie du canal de rejet	2,5
Baignade 3 heures par jour et 120 jours par an dans le canal de rejet des effluents du condenseur	0,03
Baignade 3 heures par jour, 120 jours par an, sur les plages de part et d'autre de la centrale	0,0006
Radioactivité naturelle moyenne aux États-Unis	105

* Tiré de Hamilton [3]
Les évaluations portent sur l'environnement de la centrale de Millstone Point dans le Connecticut, comprenant 2 réacteurs de 1300 MW.

* Soit le centième de la limite admissible pour une personne du public (voir la seconde partie de ce chapitre).

En France, les rejets radioactifs des centrales nucléaires sont maintenus en dessous des seuils autorisés par le ministère de la Santé, eux-mêmes inférieurs aux limites acceptables fixées par la C.I.P.R. (voir troisième partie). Le calcul des doses apportées à la population tient compte du risque de dépôt sur les végétaux consommés et de la contamination interne de ces végétaux et des animaux servant à l'alimentation compte tenu des reconcentrations possibles.

Ces reconcentrations peuvent en effet se produire dans la *chaîne alimentaire* c'est-à-dire la suite des êtres vivants qui se nourrissent les uns aux dépens des autres. Certains « maillons » de cette chaîne sont capables de concentrer dans leur organisme divers radionucléides présents à faible teneur dans leur ambiance. L'homme, consommateur de végétaux et d'animaux, se trouve au niveau du maillon supérieur et pourrait ainsi être contaminé à un degré plus important que celui résultant de la simple dispersion des substances.

La reconcentration peut avoir plusieurs origines.

– Ou bien l'élément radioactif est un isotope d'un élément stable nécessaire à la vie, que l'être vivant concentre pour ses besoins. C'est ainsi que le potassium 40 est absorbé avec le potassium naturel et l'iode 131 avec l'iode naturel. Il n'y a ici aucune sélection particulière du corps radioactif, c'est-à-dire que le rapport élément radioactif/élément stable n'est pas modifié par l'absorption.

– Ou bien l'élément radioactif mime, par ses propriétés chimiques, un élément stable dont l'être vivant a besoin : ainsi le césium 137 mime le potassium, le strontium 90 mime le calcium.

– Ou bien l'élément radioactif, au lieu d'être absorbé dans le cycle métabolique d'une manière active, se trouve incorporé passivement et accumulé comme déchet : ceci se rencontre dans les coquillages et autres organismes qui se nourrissent en filtrant l'eau de mer et accumulent ainsi dans certaines parties de leur corps les éléments qu'ils ne peuvent éliminer ; les algues et lichens présentent des propriétés analogues. Parmi les nombreux radioéléments concernés, citons le plutonium ou le ruthénium. Dans de tels cas, les maillons supérieurs de la chaîne alimentaire effectuent toujours une certaine déconcentration. Ceci a été particulièrement étudié pour le plutonium : on trouve ici que la concentration dans l'organisme humain, du fait de la chaîne alimentaire plantes – animaux – homme, est 10 millions de fois plus faible qu'au niveau du sol.

Au demeurant, les études de tous ces phénomènes, qui constituent la « radioécologie » ont été nombreuses et soignées, et les cas critiques sont bien connus. Concernant les radioéléments présents dans les rejets liquides et gazeux des centrales, l'attention se porte sur trois substances, l'iode 131, le césium 137 et le tritium, que nous allons examiner successivement.

L'iode 131 : La chaîne suivie par cet élément est la suivante :

Air - herbe - vache - lait { – nourrisson (glande thyroïde)
– adulte (*idem*)

En raison de la faculté de notre glande thyroïde de concentrer l'iode, c'est la dose d'iode 131 à cet organe qui est limitée par la réglementation (1,5 rem/an au maximum). Les rejets d'iode 131 par les centrales sont plafonnés en vue de n'entraîner tout au plus que des irradiations 1 000 fois plus faibles ; encore ce chiffre est-il calculé en cumulant les hypothèses les plus pénalisantes, ce qui est fort peu réaliste : conditions météorologiques favorables à une retombée rapide, vaches alimentées essentiellement sur les herbages les plus contaminés, population humaine nourrie par le lait de ces animaux à l'exclusion d'autre origine...

Des rejets d'iode passagèrement supérieurs à la normale n'ont eu lieu que très exceptionnellement : accident de l'usine anglaise de Windscale en 1957, et du réacteur américain de Three Mile Island en 1979, et ceci n'a abouti qu'à des teneurs d'iode 131, mesurées dans le lait, considérablement inférieures aux limites admissibles, preuve concrète du degré de surestimation volontaire lors des calculs. Les allégations d'une certaine presse sur l'augmentation des fréquences d'insuffisances thyroïdiennes et de mortalité infantile constatées dans le mois ayant suivi ce dernier accident relèvent de statistiques incorrectes et sont sans fondement. [5]

Le césium. – Les césiums radioactifs 134 et 137, métaux alcalins comme le potassium, sont fixés par les animaux marins ou d'eau douce, poissons, mollusques, crustacés, qui ont besoin de cette dernière substance. A concentration donnée du radioélément, son absorption est 20 à 40 fois plus grande en eau douce, pauvre en potassium dont les organismes sont donc avides, qu'en eau salée où ce corps existe en concentration élevée. Les limites de rejet de césium dans l'eau par les centrales sont calculées en faisant des hypothèses sur les déplacements des poissons par rapport aux points de rejet, et sur la quantité de chair de poisson consommée par les populations les plus concernées. Dans le cadre des limites réglementaires de rejet, la contamination mesurée sur les poissons n'a jamais dépassé un niveau conduisant à plus de 1/50 de la dose admissible sur des individus qui consommeraient journellement cette nourriture ; cette dose admissible est 500 mrem/an. La moyenne pour la population globale reste bien inférieure au mrem/an.

Le tritium. – Présent dans les rejets des centrales notamment sous forme d'eau tritiée, il ne paraît pas se concentrer dans les organismes vivants. Isotope de l'hydrogène, il diffuse largement dans tous les tissus vivants et s'élimine rapidement puisque sa période biologique est de l'ordre de dix jours. Dans le cadre des rejets autorisés, il n'apporte que des irradiations extrêmement faibles, de l'ordre du 1/10 de mrem/an sur les groupes les plus exposés.

Les effets cellulaires des rayonnements ionisants

Un être vivant est constitué de cellules : un homme de 70 kilos en possède environ 60 000 milliards. L'effet d'une irradiation sur l'organisme résulte des atteintes subies par un plus ou moins grand nombre d'entre elles. Les rayonnements agissent soit directement en lésant ou disloquant les molécules complexes qu'elles contiennent, soit de manière indirecte en décomposant partiellement l'eau qui baigne tout le milieu cellulaire interne ; les produits de « radiolyse » de l'eau sont des atomes ou groupes d'atomes ionisés ou excités, très réactifs et capables de léser les molécules organiques. On admet que ces deux modes d'action direct et indirect ont à peu près la même importance.

Les dommages les plus graves sont ceux qui atteignent les molécules les plus nobles, c'est-à-dire les acides nucléiques, et notamment l'A.D.N. constituant l'essentiel des chromosomes du noyau cellulaire. L'A.D.N. joue un rôle fondamental dans la vie et la multiplication de la cellule. Cette multiplication est ajustée aux besoins de l'organisme, pour assurer sa croissance jusqu'à l'âge adulte, et ensuite pour remplacer au fur et à mesure les cellules vieillies ou mortes ; la cellule se scinde en deux cellules-filles au terme d'un processus de duplication très précis et très complexe qui aboutit à doter chacune des cellules-filles d'un A.D.N. rigoureusement semblable à celui de la cellule-mère. Les cellules possèdent des mécanismes de réparation qui permettent, si les lésions de l'A.D.N. ne sont pas trop importantes, de les réparer à peu près complètement. Si les dégâts sont considérables, la cellule meurt, ou devient incapable de se reproduire, ce qui est une mort différée.

Revenant à l'effet des rayonnements sur un tissu, on comprend que la proportion de morts cellulaires provoquées ainsi soit d'autant plus élevée que la dose a été plus importante. Cependant, si l'on trace une courbe représentant le taux de cellules survivantes en fonction de la dose, on constate que la relation n'est pas proportionnelle : l'effet de destruction, très peu marqué aux doses faibles, croît ensuite plus vite que la dose. Ceci est important pour la radioprotection, comme nous le verrons dans la seconde partie de ce chapitre.

Les morts cellulaires dues à l'irradiation, lorsqu'elles surpassent de beaucoup les morts naturelles, se traduisent par des effets sensibles à court terme dont un exemple bénin est l'érythème, brûlure passagère de la peau analogue au coup de soleil. Sauf cas particuliers, comme la cataracte (opacification du cristallin des yeux), ces effets se manifestent dans les jours ou semaines suivant l'irradiation. Ils n'apparaissent qu'au-dessus d'une certaine *dose-seuil*. Celle-ci dépend de la radiosensibilité du tissu ; elle est de l'ordre de 20 rems pour certains globules blancs (lymphocytes) dont le nombre diminue dans les 48 heures suivant l'irradiation ; elle dépasse 400 rems pour l'érythème mentionné précédemment, et 2 000 rems pour l'action sur le système nerveux. La valeur du seuil varie légèrement d'un individu à l'autre.

Ces lésions peuvent guérir grâce à la régénération des tissus. Leur gravité croît avec la dose et si celle-ci est trop élevée les lésions ne sont plus réparables car le nombre de cellules survivantes est trop faible. Les accidents graves surviennent au-delà de 1 000 rems reçus en une seule séance pour les irradiations locales ; en irradiation totale, une dose de 400 rems entraîne la mort de la moitié des individus.

Les limites de dose recommandées par la C.I.P.R. (la Commission internationale de protection radiologique) ont été déterminées pour assurer une protection totale contre tous les effets à court terme.

A côté de ces dommages dus à la mort d'un grand nombre de cellules d'un même tissu, il existe d'autres groupes d'effets nocifs, à long terme. L'événement initial est alors une lésion de l'A.D.N. non réparée ou mal réparée dans une cellule, et transmissible aux cellules-filles : on dit qu'il y a mutation. Les *mutations somatiques* affectent les cellules des divers tissus et organes ; elles sont le plus souvent sans importance, mais peuvent exceptionnellement initier un cancer. Une *mutation génétique* peut survenir si une modification transmissible affecte une cellule de reproduction, ovule ou spermatozoïde, et si cette modification est compatible avec la formation d'un œuf et le développement d'un embryon viable.

Les cancers et effets génétiques radio-induits ont en commun divers caractères qui les opposent aux effets à court terme :

– Comme ils ont pour origine une seule cellule, leur temps d'apparition est long : années ou dizaines d'années pour les cancers, génération (s) pour les effets génétiques.

– Ils présentent un aspect tout-ou-rien : l'effet apparaît ou n'apparaît pas, sa gravité est sans rapport avec la dose.

– Ils sont aléatoires (on dit encore « stochastiques »), avec une probabilité d'apparition croissant avec la dose. En d'autres termes, on ne les observe pas chez tous les sujets irradiés mais chez certains d'entre eux, apparemment au hasard, mais en nombre d'autant plus grand que la dose reçue a été élevée.

– Enfin, contrairement à la plupart des effets à court terme, ils sont « sans signature » : on ne peut les imputer à coup sûr à l'irradiation car la population non irradiée y est également et fréquemment sujette, et il n'existe aucun moyen de discerner un cancer ou une malformation d'origine radio-induite des mêmes affections spontanées ou provoquées par d'autres causes.

Dans ces conditions, la mise en évidence de telles conséquences, et la détermination de la relation (statistique) entre dose et effet exigent des observations sur une population d'autant plus importante que la dose est plus faible.

Ainsi, admettons que 10 000 personnes (ou animaux d'expérience) soient nécessaires pour faire apparaître d'une manière « statistiquement significative » l'excédent de cas de cancer dû à une dose de 100 rems ; si la probabilité d'effet est à peu près proportionnelle à la dose, on peut prévoir à partir des règles du calcul statistique la nécessité d'un effectif de l'ordre de 1 million d'individus pour conclure avec la même sûreté à l'existence de cet effet au niveau de 10 rems, et 100 millions au niveau de 1 rem...

A l'évidence, de grandes populations ne sont jamais assez homogènes pour que les résultats soient sûrs et reproductibles. Ceci explique la difficulté de ces recherches.

De fait, une somme énorme d'expériences animales et de données épidémiologiques humaines a été accumulée depuis une cinquantaine d'années sur le sujet. Elles ont été passées au crible par plusieurs commissions d'experts internationales ou nationales, notamment le Comité scientifique des Nations Unies sur les effets des rayonnements atomiques (U.N.S.C.E.A.R.), le Comité sur les effets biologiques des rayonnements ionisants (B.E.I.R.) de l'Académie des sciences des Etats-Unis, et la Commission nationale de protection radiologique des Etats-Unis (N.C.R.P.). Ces organismes établissent périodiquement les rapports qui font le point sur les connaissances acquises. Ce sont les données admises par ces assemblées d'experts que nous allons examiner maintenant.

Les effets à long terme des rayonnements sur les individus : cancers et leucémies

Les cancers radio-induits. – Les expérimentations animales, essentiellement sur les mammifères (souris, rats, chiens, porcs et singes), ont permis d'analyser le rôle joué par les principaux paramètres : le débit de dose, le fractionnement de la dose, la nature des organes irradiés, l'âge et le sexe, et également d'étudier les mécanismes d'induction du cancer, notamment en examinant les stades intermédiaires qui précèdent son apparition. Ces recherches ont notamment montré que l'émergence d'un cancer est le résultat d'un long processus, comportant plusieurs étapes. L'initiation ou transformation d'une cellule saine en cellule potentiellement cancéreuse doit être suivie de l'action de plusieurs autres agents dits de « promotion » pour que naisse le cancer.

L'intérêt des études animales réside aussi dans le gain de temps d'observation, car le délai d'induction du cancer est d'autant plus court que la durée de vie de l'espèce est faible. L'inconvénient est qu'il existe une grande variabilité selon les espèces dans la fréquence des cancers provoqués par une même dose.

Les études humaines provenant d'observations prolongées sur des populations irradiées (enquêtes épidémiologiques) sont donc indispensables pour évaluer l'effet chez l'homme. Trois groupes de populations ont été particulièrement étudiés :

– Les travailleurs irradiés professionnellement : principalement les radiologistes, les peintres en cadrans lumineux (ayant manipulé des sels de radium et de thorium) et les mineurs d'uranium.

– Les sujets irradiés médicalement : rhumatisants, patients traités au radium 224, enfants traités pour gros thymus ou pour teigne, femmes traitées pour tuberculose pulmonaire par un pneumothorax, ayant été suivies par radioscopies répétées, ou ayant été soignées pour mastites après leur accouchement, etc.

– Enfin, les survivants d'Hiroshima et de Nagasaki.

Les résultats dépendent des caractéristiques propres de l'irradiation et de la nature des tissus ou de l'organisme traité globalement. On n'a pas pu mettre en évidence de façon indiscutable l'induction de cancers chez l'homme aux doses inférieures à une centaine de rems.

Parmi les caractéristiques de l'irradiation, il faut relever d'abord la nature du rayonnement, puisque l'efficacité biologique des rayons alpha et des neutrons, dits à haute densité d'énergie le long de la trajectoire des particules, est très supérieure à celle des rayons gamma, X et bêta, à basse densité. Mais les modalités de l'irradiation interviennent aussi : le mode de distribution de la dose au cours du temps, c'est-à-dire le débit de dose et le fractionnement, modifie l'importance de l'effet pour les rayonnements à basse densité d'énergie.

Ainsi, des expériences sur la souris effectuées à grande échelle dans les laboratoires d'Oak Ridge ont montré la réduction par un facteur compris entre 5 et 10 du taux de leucémies radio-induites par 150 ou 400 rads, selon que l'administration avait duré 5 minutes ou 10 jours [8]. Ce facteur de réduction correspond à ce qui a été observé chez l'homme lors de l'irradiation de la glande thyroïde. Les experts (U.N.S.C.E.A.R. et N.C.R.P.) ont conclu que la diminution de l'effet pouvait atteindre un facteur 2 à 10 par rapport à la même dose délivrée à fort débit ou administrée en une seule fois. La raison en est que les processus de réparation mis en œuvre dès l'induction d'une lésion cellulaire sont beaucoup plus efficaces lorsque la dose est plus étalée dans le temps.

D'autres caractéristiques biologiques, notamment la nature du tissu irradié, l'âge de l'individu et son sexe, jouent un rôle important.

Certains tissus sont beaucoup plus sensibles que d'autres ; ce sont notamment la thyroïde, le sein, et aussi la moelle osseuse qui fabrique les globules sanguins et est responsable de la leucémie. On a décelé chez l'homme des cancers pour des doses à ces tissus voisines de 100 rems alors que des doses nettement supérieures à 1 500 rems sont nécessaires pour augmenter la fréquence des cancers de la peau et du squelette.

De la même façon, il existe une sensibilité différente selon le sexe, ainsi les cancers du sein et de la thyroïde sont plus spécifiquement féminins alors que ceux des poumons sont plus particulièrement masculins.

L'âge est également un paramètre déterminant. Les études sur les populations irradiées d'Hiroshima et de Nagasaki ont montré que les enfants et les adolescents ainsi que les personnes âgées étaient plus sensibles à la radio-induction de cancers que les adultes [9]. Le risque de cancer du sein est particulièrement important pour l'adolescente et la très jeune femme [11].

Enfin, la gravité des cancers est variable selon le tissu : alors que le cancer thyroïdien est rarement mortel, le cancer du poumon ou la leucémie le sont généralement. Il faut donc tenir compte de ce facteur de gravité pour pondérer le risque d'incidence du cancer.

Les leucémies radio-induites. – Les données concernant la leucémie sont parmi les plus intéressantes, car cette affection est induite avec une fréquence relativement élevée et la mise en évidence d'un excès dans une population est plus facile que dans le cas des autres cancers pour deux raisons : d'abord par suite de la faible incidence spontanée de cette affection (80 morts par million par an en France en 1978), ensuite parce que le temps d'induction est plus court que celui des autres cancers : en moyenne 10 ans, au lieu de 20 ou 30. Ainsi les leucémies se sont-elles trouvées parmi les premiers cancers décelés à la suite d'expositions aux rayonnements, notamment chez les premiers radiologistes. Ce sont également elles, qui, signalées en nombre excédentaire parmi les rhumatisants britanniques soignés par les rayons X, ont permis d'établir la première relation entre la dose et l'effet cancérogène. Cependant, la fréquence absolue des leucémies radio-induites est relativement faible : de l'ordre de 1 % pour une irradiation de l'ensemble de l'organisme à une dose proche de la dose mortelle. Pour des doses faibles ou modérées (<50 rems) on trouve autant d'enquêtes statistiques dont les résultats ont été négatifs que d'enquêtes à résultats positifs [10].

Concernant le risque de leucémie, on relève une certaine concordance entre les résultats des enquêtes menées sur les rhumatisants britanniques, sur les survivants d'Hiroshima et de Nagasaki, et sur les médecins radiologistes ayant commencé l'exercice de leur profession vers les années 1910-1920 : pour 10 000 personnes ayant reçu chacune 100 rads, on aurait entre 20 et 30 cas supplémentaires [13]. Ce risque est estimé à partir des effets constatés aux doses supérieures à 100 rads.

Le risque de décès, tous cancers radio-induits confondus, est environ cinq fois plus important que celui relatif aux leucémies, c'est-à-dire de l'ordre de 100 à 125 cas pour 10 000 personnes irradiées à 100 rads. Ce risque global, calculé pour toute la durée de vie, se répartit selon les organes de la façon suivante :

Sein	25
Poumons	20
Moelle osseuse	20
Thyroïde	5
Os	5
Autres tissus	50
	125

Chaque coefficient de risque a été estimé en tenant compte à la fois de la probabilité de cancérisation du tissu, et de la gravité du cancer : c'est pourquoi la thyroïde est affectée d'un coefficient faible.

La relation entre la dose et l'effet pour la cancérisation radio-induite. – La connaissance de la relation dose-effet est indispensable au calcul des risques pour les doses inférieures à 100 rads. Le risque croît avec la dose et atteint un maximum pour une dose élevée (selon les cas quelques centaines de rems ou plus) au-delà de laquelle il décroît. Cette courbe s'observe à la fois dans les expériences animales, comme par exemple la cancérisation du rein chez le rat et chez l'homme par exemple pour la cancérisation du squelette chez les peintres en cadrans lumineux. La décroissance aux fortes doses s'explique par le fait que la quasi-totalité des cellules sont devenues incapables de se diviser, ce qui réduit la probabilité de mutations somatiques capables de s'exprimer.

Dans la population des 285 000 survivants d'Hiroshima et de Nagasaki, ayant reçu de plus d'une dizaine de rads à plusieurs centaines de rads, il y eut environ 450 cancers supplémentaires imputables à l'irradiation, ce qui représente 1,5 mort par millier de survivants recensés en 1950, ou environ 6% des cas de morts naturelles recensées durant 25 ans (70 000 en tout) [9]. Pour la leucémie, parmi les 1 200 survivants qui ont subi les plus fortes irradiations (moyenne à 330 rads), la fréquence a été de 1 % [13]. Cela est relativement peu, si l'on considère que le cancer représente normalement plus de 20 % des causes de mort. *Aux faibles doses, par conséquent, le risque de cancers surajoutés est relativement très faible.* A Nagasaki, où il s'agissait d'une irradiation par des rayonnements de faible densité d'énergie (gamma) et où la dose avait été reçue en un temps très bref par l'ensemble de l'organisme, aucune augmentation par rapport à la normale n'a été constatée pour les doses inférieures ou égales à 100 rads. Dans le groupe irradié de 50 à 100 rads on trouve même moins de leucémies que le nombre attendu, mais cette différence n'est pas statistiquement significative.

Concernant l'estimation des conséquences de *très faibles doses,* on peut rappeler que diverses enquêtes récentes, menées sur des effectifs insuffisants ou avec des méthodes statistiques incorrectes, ont prétendu établir l'augmentation des cas de cancers. Citons le travail de Mancuso, Stewart et Kneale [15, 16] sur la mortalité des travailleurs du Centre nucléaire américain de Hanford, et celui d'autres auteurs sur les travailleurs des sous-marins nucléaires du Chantier de Portsmouth [27] ou sur les habitants des régions exposées à des pollutions radioactives d'origine civile ou militaire (29]. Ces travaux ont été critiqués ou contredits par une série d'experts, notamment sur le plan de la méthodologie statistique et de la significativité des résultats [17 à 26]. Ceci explique qu'aucun des rapports récents des commissions d'experts ne les ait retenus (U.N.S.C.E.A.R. 1977, C.I.P.R. 1977, B.E.I.R. 1980). Dans l'impossibilité d'apprécier aussi bien expérimentalement sur l'animal que statistiquement sur l'homme l'effet dû aux faibles doses, on est conduit à se contenter d'hypothèses en accord avec les connaissances des mécanismes fondamentaux. Deux types de relations dose-effet méritent d'être considérés :

– Ou bien on admet qu'il y a proportionnalité jusqu'à la dose 0, c'est-à-dire que l'effet des faibles doses est déduit de celui des fortes doses par une simple règle de trois. Ceci a l'avantage de la simplicité et aussi de la prudence car la plupart des données suggèrent qu'on surestime ainsi le risque des faibles doses.

– Ou bien l'on retient une relation « curvilinéaire » dans laquelle la partie initiale de la courbe a une très faible pente. Ceci est plus en accord avec les résultats expérimentaux et les observations humaines, mais comme le fait n'est pas formellement établi pour tous les cas, on a reproché à ce modèle de risquer de sous-estimer certains effets cancérogènes.

Selon la relation retenue, le risque estimé aux faibles doses diffère et il est possible qu'il soit trop faible pour pouvoir être jamais perceptible, même sur une population de plusieurs millions de personnes. Ainsi la relation la plus plausible pour les leucémies des survivants de Nagasaki apparaît plutôt quadratique, c'est-à-dire que l'excès de leucémies varierait comme le carré de la dose (courbe B de la figure ci-dessous).

Différents modèles de radiocancérogénèse

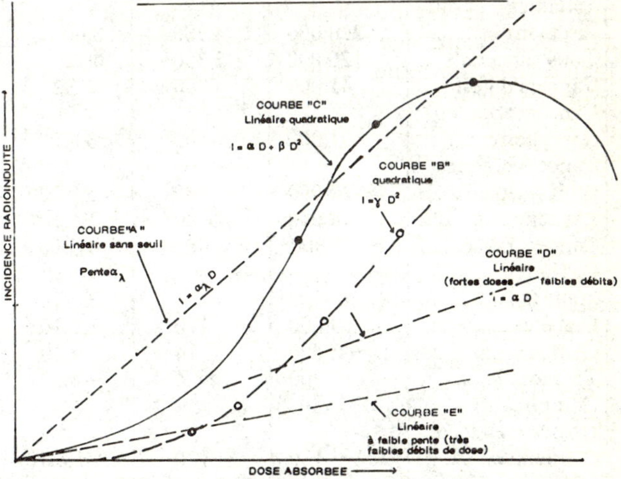

[d'après Brown J. M. Health Physics, *31*, 1976, 231-249 et Bond V.P. Conf. 14ème Congrès de l'European Society of Radiation Biology. 8 – 14 octobre 1978].

On retrouve cette même relation pour les anomalies des chromosomes observées dans la population de Nagasaki. Elle cadre également avec les résultats des études sur les leucémies radio-induites des souris. Dans le cas général des cancers dus aux rayonnements à faible densité d'énergie (gamma, X et bêta) cette relation, ou la relation linéaire-quadratique, apparaissent comme les plus probables, selon les conclusions des experts des Nations Unies et du B.E.I.R. [5, 6].

QUELQUES CAUSES DE MORTS PAR MALADIES EN FRANCE (VALEURS APPROXIMATIVES)			
Causes	Nombre de morts par an	Taux par an par million	Risque individuel relatif
Toutes maladies...	~ 500 000	9 500	0,9
Maladies cardio-vasculaires............	220 000	4 200	0,40
Tous cancers........	120 000	2 300	0,22
Cancers digestifs..	41 000	800	$7{,}5.10^{-2}$
Cancers appareil respiratoire...........	21 000	400	$3{,}8.10^{-2}$
Cancers organes génit. urin.	~ 20 000	380	$3{,}5.10^{-2}$
Leucémies............	4 000	80	$7{,}6.10^{-3}$
Cancers tabac.......	~ 25 000*	480	$4{,}5.10^{-2}$
Cirrhoses (toutes)	17 500	330	$3\ .10^{-2}$
Diabète..................	9 000	170	$1{,}5.10^{-2}$
Grippe..................	~ 5 000	94	9.10^{-3}
Tétanos	~ 200	~ 4	$\sim 4.10^{-1}$
Complications grossesse et accouchements..............	~ 130	~ 170	$\sim 1{,}6.10^{-2}$

* Cancers du larynx, du pharynx, des bronches et de la vessie.

Au plan de la radioprotection, la Commission internationale de protection radiologique recommande d'admettre une relation dose-effet proportionnelle, sans seuil, et indépendante du débit de dose. C'est une volonté délibérée de prudence qui conduit à une surestimation du risque [1] peut-être d'un facteur 5 à 10 lorsqu'il s'agit d'une irradiation chronique à très faible débit de dose avec des rayonnements X ou gamma, mode d'irradiation le plus fréquent dans les centrales nucléaires [6]. Avec cette hypothèse et en se basant sur les effets des fortes doses, les experts estiment ainsi le risque par rem à environ 100 à 125 cas de cancers supplémentaires pour un million de personnes exposées. Ce risque est à rapprocher des 220 000 morts par cancers qui surviendront, de toute façon, dans cette population et des principales causes de mortalité en France par maladies, comme les rappelle le tableau ci-dessus. On peut voir que le tabac, à lui seul, est responsable par an d'environ 25 000 morts par cancer en France, ce qui représente 4,5 % des décès.

Avant de passer en revue les effets génétiques des irradiations, il reste à examiner un cas particulier : *l'action sur le fœtus.*

La radiosensibilité d'un tissu étant d'autant plus grande qu'il est constitué de cellules plus jeunes et en voie de multiplications plus actives, l'embryon est émimemment vulnérable. Les conséquences d'une telle irradiation dépendent du moment où celle-ci a été effectuée. Trois périodes peuvent être distinguées, celle des quinze premiers jours (depuis la conception jusqu'à la nidation de l'œuf), la période embryonnaire qui s'étend jusqu'à la fin du deuxième mois et enfin la période fœtale qui débute ensuite.

– Pendant les quatorze premiers jours suivant la conception, le seul effet possible est la mort de l'œuf fécondé, donc une résorption précoce. La dose nécessaire pour détruire l'œuf est d'autant plus faible qu'elle est appliquée plus précocement : de l'ordre de 5 à 10 rads dans les 48 h qui suivent la fécondation, elle atteint plus de 100 rads juste avant la nidation.

– La période embryonnaire débute après l'implantation de l'œuf dans la muqueuse utérine (nidation) et dure jusqu'à la fin du deuxième mois. C'est le stade où les ébauches des organes se forment et c'est aussi le moment de la radiosensibilité maximale. L'expérimentation animale montre que des doses supérieures ou égales à 10 rads sont nécessaires pour augmenter de façon significative les anomalies congénitales. Celles-ci s'observent essentiellement au niveau du système nerveux et du squelette.

Sur les 183 enfants exposés à Hiroshima dans le sein de leur mère, 33 cas de « microcéphalie » ont été observés dont 15 accompagnés d'une diminution du poids, de la taille ainsi que du développement mental : tous avaient été exposés à au moins 50 rads, ceci pour 11 d'entre eux dans l'intervalle des 7e et 15e semaines de la gestation. L'âge moyen des mères pour les cas retardés mentaux fut de 30,8 ans, donc de 4 ans supérieur à la moyenne générale observée.

La C.I.P.R. admet que l'incidence des malformations congénitales radio-induites est de 5.10^{-4} (5 cas sur 10 000) par rad pour une fréquence naturelle de l'ordre de 5 %.

– Durant la période fœtale, qui est la plus longue de la grossesse, la radiosensibilité est plus faible et les doses nécessaires pour entraîner un avortement sont très élevées. Certains épidémiologistes ont avancé que de faibles doses d'exposition pendant cette période pouvaient être à l'origine de leucémies chez l'enfant. Néanmoins, il s'agit là d'enquêtes rétrospectives difficiles [30]. A noter d'ailleurs que ces conclusions n'ont pas été confirmées par l'observation de 1 292 enfants d'Hiroshima et Nagasaki exposés *in utero* [9]. Aucune certitude n'existe donc à l'heure actuelle sur cet effet leucémogène.

La radioprotection de la femme enceinte ou en présomption de grossesse est assurée en observant la « règle de dix jours », qui consiste à ne pas faire d'examen radiologique juste après l'ovulation, c'est-à-dire pendant les deux semaines précédant les règles en raison de la possibilité de grossesse débutante, et à éviter ensuite au maximum ce genre d'examens pendant toute la grossesse.

Enfin, pour les irradiations professionnelles la C.I.P.R. recommande aux femmes enceintes de ne pas dépasser une dose de 1 rem/an.

Les effets génétiques des rayonnements ionisants

Les effets génétiques sont aléatoires comme les effets cancérogènes et susceptibles d'apparaître avec une certaine probabilité parmi la descendance d'une population irradiée.

Rappelons que tout nouvel être est le résultat de la fusion de deux cellules germinales, l'ovule et le spermatozoïde, qui renferment chacune chez le couple humain un lot de 23 chromosomes. L'œuf résultant de cette fusion et toutes les cellules de l'organisme qui se formeront à partir de lui contiendront 46 chromosomes, disposés en 23 paires. Parmi eux, une paire détermine le sexe : elle est formée de 2 chromosomes identiques (notés XX) chez la femme et de deux chromosomes différents (notés XY) chez l'homme.

Les chromosomes sont les supports matériels de l'hérédité : les caractères physiologiques ou physiques de l'individu se trouvent « codés » en langage biochimique sur des tronçons de l'A.D.N. qui constituent des portions de chromosomes appelées « gènes ». Au total, pour l'espèce humaine, il doit exister plusieurs dizaines de milliers de gènes, répartis en des endroits déterminés des divers chromosomes.

Chaque gène existe en double exemplaire, l'un d'origine paternelle et l'autre d'origine maternelle. Quand un caractère est gouverné par une seule paire de gènes, deux situations peuvent se présenter : ou bien les deux gènes de la paire considérée sont semblables et l'individu est qualifié d'« homozygote » pour le caractère correspondant, ou bien ils diffèrent, et l'individu est dit « hétérozygote ». Dans cette dernière éventualité, le gène qui s'exprime est dit gène *dominant* et celui qui ne s'exprime pas est dit *récessif.* Une mutation de type dominant se manifeste dès la première génération. Au contraire elle reste masquée, si elle est du type récessif : dans ce cas au moment de la procréation, un descendant peut recevoir soit le gène normal soit le gène muté. Ce gène muté sera ainsi transmis éventuellement de nombreuses fois de génération en génération sans se manifester. Certains auteurs pensent néanmoins que, même à l'état récessif, de tels gènes exercent parfois un certain effet [31]. De plus une mutation récessive peut s'extérioriser un jour, en passant à l'état homozygote chez l'un des descendants : il suffit que le gène correspondant provenant de l'autre parent présente la même mutation. On estime qu'il faut en moyenne de cinq à vingt générations pour qu'un gène récessif se manifeste.

Les petites anomalies du matériel héréditaire sont assez fréquentes puisque environ 10 % des enfants en sont porteurs à la naissance : beaucoup d'entre elles ont déjà d'ailleurs été éliminées au cours de la gestation (avortements spontanés et fausses couches). Un millier de maladies sont dues à des anomalies héréditaires spontanées du type dominant ; elles concernent environ 1 enfant sur 100.

A côté de ces mutations de gènes, existent des aberrations chromosomiques spontanées, c'est-à-dire des anomalies de structure des chromosomes, affectant leur taille ou leur nombre. Le mongolisme en est un exemple ; il correspond à la présence de 3 chromosomes n° 21 au lieu de 2. Sa fréquence spontanée moyenne est de 1 sur 750 naissances, et croît avec l'âge de la mère. L'ensemble des aberrations chromosomiques concernent environ un nouveau-né sur 250 [32].

Par rapport à cette situation naturelle, l'irradiation est susceptible d'apporter un surcroît de mutations. Celles-ci trouvent leur origine dans l'altération des molécules d'A.D.N. constituant les gènes quand cette altération concerne les lignées de cellules donnant naissance au spermatozoïde ou à l'ovule. De plus, la lésion initiale ne provoque une mutation que si l'altération est compatible avec la division cellulaire et si la cellule mutée participe à la fécondation. Deux types d'effets génétiques peuvent se produire : des aberrations dues à une atteinte grossière des chromosomes (cassures ou échanges de fragments) et des mutations « ponctuelles » qui proviennent d'une atteinte plus fine de la structure même des gènes. Ce sont surtout ces dernières qui sont transmissibles.

Comme pour les effets somatiques, l'expérimentation animale a permis de progresser dans la connaissance qualitative des risques. Mais plus encore que dans l'étude des effets somatiques, les difficultés sont grandes pour obtenir des résultats à partir des enquêtes épidémiologiques sur l'homme.

– *Effet du débit de dose*. Comme pour l'induction expérimentale de cancers, la réduction du débit de dose, à dose administrée égale, diminue le taux de mutations induites chez la souris. Cette réduction est plus sensible pour l'irradiation des femelles que pour celle des mâles.

– *Rôle du sexe.* Le sexe femelle semble être le moins sensible aux effets génétiques, du moins aux faibles doses et il semble même exister des seuils de débit de dose. Par contre, aucun seuil de débit n'est observé sur les mâles. Les experts des Nations Unies ainsi que ceux du B.E.I.R. ont donc estimé les risques génétiques en tenant compte essentiellement du risque masculin.

– *Relation dose-effet.* La relation entre la dose et l'effet n'est pas proportionnelle même chez le mâle. Elle est plus vraisemblablement curvilinéaire, peut-être même quadratique pour les effets génétiques comme pour les cancers ; en d'autres termes le risque par unité de dose, d'abord très faible, croît rapidement lorsque la dose augmente.

Certaines expériences ont cherché à mettre en évidence l'accumulation des mutations récessives sur de nombreuses générations. Dans une étude poursuivie durant vingt-deux ans, au laboratoire de Los Alamos aux États-Unis, on a délivré systématiquement une dose de 200 rems aux souris mâles avant l'accouplement pendant 83 générations successives : ces animaux étaient accouplés à chaque génération avec des femelles non irradiées, mais dont tous les ascendants mâles avaient été irradiés de la même façon, car les fécondations se faisaient entre souris « frères » et « sœurs ». Aucune anomalie n'a pu être notée sur ces générations successives, qui ont été étudiées vis-à-vis de nombreux critères : poids à la naissance, croissance, fertilité, type de maladies, taux de cancers, de leucémies, longévité... Il n'a été constaté en fait qu'une légère diminution de la durée de la période féconde chez certaines de ces souris. Au total si un effet génétique existe, il n'a pu être mis en évidence [34].

On a utilisé pour apprécier les risques éventuels chez l'homme des expériences effectuées à fortes doses (100 à 600 rads à 24 heures d'intervalle) sur la souris, qui ont déterminé des anomalies squelettiques sur la descendance. Pour transposer ces résultats à l'homme, on a adopté comme pour le cancer une relation de proportionnalité entre la dose et l'effet [6]. Il s'agit de nouveau d'une surestimation volontaire dans un souci de prudence.

Dans ces conditions les experts de l'U.N.S.C.E.A.R. aboutissent à la conclusion suivante : une irradiation des parents à 1 rem durant une génération conduirait à 63 anomalies par million de naissances vivantes à la première génération, soit 0,06 % de l'incidence naturelle, et après une ou plusieurs dizaines de générations (équilibre génétique) à 185 anomalies par million, soit 0,18 % de la valeur naturelle actuelle [5].

Chez l'homme, le fait fondamental est que les enquêtes effectuées n'ont pu déceler aucune augmentation de la fréquence des anomalies génétiques consécutives à une irradiation parentale. Ceci est attesté tant par la descendance des radiologues du début du siècle qui avaient été très irradiés et chez lesquels un excès de cancers avait été constaté, que par les 30 000 enfants des survivants japonais d'Hiroshima et de Nagasaki, suivis à présent durant leurs vingt premières années. Les généticiens pensent donc que si un effet existe, il est plus faible (d'un facteur au moins 4) que celui estimé à partir des irradiations effectuées à doses élevées chez la souris. Peut-être, la plupart des mutations radio-induites sont-elles éliminées par le jeu de la sélection naturelle, aux différents stades de la fécondation et de la gestation, tandis que les mutations récessives se trouvent diluées parmi celles existantes.

Le risque génétique des faibles doses d'irradiation est ainsi relativement secondaire par rapport au risque cancérogène et aux effets des autres nuisances auxquelles l'homme est exposé.

Les principes de la radioprotection

Les pionniers de la radiologie – on l'a dit – payèrent un lourd tribut au cancer et à la leucémie. C'est pourquoi, dès 1928, le deuxième Congrès international de radiologie, réuni à Stockholm, décida de créer un Comité international d'experts chargé d'étudier et de formuler des recommandations pour la protection des personnes utilisant des sources radioactives. Il devint plus tard la Commission internationale de protection radiologique, appelée plus simplement C.I.P.R. Ses premières « recommandations » (1928-1934) concernaient les utilisateurs de rayons X, s'appliquaient aux effets à seuil, et considéraient « qu'une personne en bonne santé pouvait tolérer des doses de rayons X jusqu'à environ 0,2 röntgen par jour ». La dose annuelle pour les travailleurs se trouvait ainsi implicitement fixée aux alentours de 50 rems par an.

Après la deuxième guerre mondiale, la C.I.P.R. élargit son action. L'utilisation des sources de rayonnements avait pris alors un essor considérable, qu'il s'agisse des utilisations médicales ou industrielles ou du démarrage de l'industrie électronucléaire. Elle élabora un système complet et cohérent de recommandations concernant l'ensemble de la population (1954) et pas seulement les travailleurs [35], prenant en compte tous les effets : d'une part les effets génétiques et cancérogènes, qui ne surviendront qu'après de longs délais, comme il a été expliqué dans les pages précédentes, d'autre part ceux dus à l'atteinte des organes les plus radiosensibles, dits parfois organes critiques : testicules et ovaires, organes hématopoïétiques (moelle osseuse en particulier), cristallin, thyroïde, os et peau. En 1958, la Commission proposa donc pour les travailleurs une dose annuelle moyenne de 5 rems, durant toute la vie professionnelle, assortie d'une restriction supplémentaire telle que la dose ne dépasse pas un maximum de 3 rems par trimestre [36].

Depuis vingt-cinq ans, les limites de dose n'ont pas changé, aucun fait scientifique nouveau n'ayant, en effet, apporté d'arguments pour le faire, contrairement à ce qui est souvent dit. Par contre, le système de limitation des doses a été précisé par de nombreuses publications. En 1977 enfin, la C.I.P.R. a publié de nouvelles recommandations, exposant l'ensemble de sa doctrine [1] et présentant une sorte de bilan. Les normes ont été examinées à la lumière des connaissances accumulées et aucun changement notable n'a été apporté. Les publications récentes ont surtout donné les moyens d'appliquer, dans la pratique journalière, ces recommandations (par exemple, pour évaluer les doses résultant des contaminations internes par inhalation, ingestion ou blessure).

Objectifs de la radioprotection

L'objectif majeur de la radioprotection est évidemment d'assurer la protection des êtres humains et de leur descendance. L'homme doit être protégé contre les deux types d'effets des rayonnements décrits dans la première partie de ce chapitre : les effets à seuil et les effets aléatoires. Comme nous l'avons vu, les premiers ne se produisent qu'au-delà d'une dose seuil, variable selon le type d'effet considéré ; la protection peut donc les prévenir, puisqu'il suffit de fixer les limites de dose inférieures à ces seuils d'action. Pour les seconds, la démarche est différente : en effet, en l'absence de certitude sur l'existence ou non d'un seuil d'action, on doit admettre par prudence, pour les besoins de la radioprotection, qu'il n'existe pas de seuil pour l'induction des cancers et des effets génétiques ; la protection vise donc à réduire leur probabilité d'apparition et le but est de limiter le risque à un niveau de probabilité acceptable, en tenant compte, non seulement de la probabilité de chacune des affections dues aux rayonnements, mais aussi de leur gravité.

Pour juger de l'acceptabilité, il ne faut pas évaluer le risque radiologique dans l'absolu, mais le comparer aux autres risques de la vie quotidienne, à ceux des autres activités humaines et en particulier aux autres industries énergétiques ; il est logique en effet de se demander quelle est la meilleure façon, au plan sanitaire, de produire de l'énergie. Il faut encore tenir compte des avantages qu'apporte l'action considérée. L'utilisation médicale des rayonnements pour traiter les cancers en est un exemple : pour un pourcentage important de guérisons, variable suivant le type de cancer, on prend un risque ajouté minime de cancer secondaire tardif lié à l'irradiation elle-même (de l'ordre de 1 % à 1 ‰ après des doses de 6 000 à 7 000 rads sur l'organe atteint). Bien entendu toute exposition à une nuisance, de quelque nature que ce soit : physique, chimique ou psychologique, pourrait aussi conduire à l'établissement du même type de bilan justificatif.

Par ailleurs, il est essentiel que toute activité s'exerce dans les meilleures conditions possibles de protection. Ceci signifie, au plan pratique, que le niveau d'exposition aux rayonnements doit être tel que les efforts que nécessiterait une nouvelle diminution de l'exposition ne soient plus justifiés par la réduction du risque qui serait ainsi obtenue et qu'ils pourraient même se traduire par l'augmentation de risques d'autres natures. Ce problème lui aussi n'est pas spécifique de l'industrie nucléaire ; il se pose, ou devrait se poser en des termes analogues, dans presque toutes les activités humaines.

Il serait incomplet enfin de ne considérer que l'espèce humaine, en faisant abstraction de l'environnement dans lequel elle vit et dont elle tire les ressources indispensables à son existence. Toute atteinte à cet environnement – comme, par exemple, aux équilibres biologiques et écologiques – doit donc être évitée. En fait, les études menées sur la sensibilité aux rayonnements de très nombreuses espèces, animales et végétales, que ce soit au niveau cellulaire ou de l'organisme lui-même, autorisent à penser que le système de limitation très sévère fixé pour la protection de l'homme contre les rayonnements assure, *a fortiori*, la protection des autres espèces.

Le système de limitation des doses de rayonnement

La Commission internationale de protection radiologique a, en 1977, recommandé un système de limitation des doses qui comporte deux principes essentiels :

Les doses reçues par les individus ne doivent, en

aucun cas, à l'exception des doses reçues à des fins médicales, dépasser les limites de dose recommandées.

Toute exposition, quand elle est jugée nécessaire, doit être réduite autant qu'on peut raisonnablement le faire, compte tenu des aspects économiques et sociaux. C'est le principe d'optimisation de la radioprotection.

Sans entrer dans les détails du système, qui deviennent très rapidement affaire de spécialistes, surtout quand il s'agit des problèmes liés à l'évaluation des doses par incorporation de produits radioactifs (inhalation, ingestion ou pénétration au travers d'une blessure), il faut savoir que, dans ses recommandations de 1977, la Commission estime qu'*une protection absolue des travailleurs (du nucléaire) est garantie contre les effets non aléatoires si les doses, sur une année, restent inférieures à 0,5 sievert (50 rems) pour chaque organe pris isolément* (une limite plus faible est fixée pour le cristallin) ; parallèlement, le risque des effets aléatoires est maintenu à un niveau acceptable en se fixant une limite de 0,05 sievert (5 rems) pour la dose annuelle dans le cas d'une irradiation uniforme de la totalité de l'organisme. Il est évident qu'il faut respecter simultanément ces deux limitations.

Pour le public, les doses annuelles ne doivent pas dépasser 5 millisieverts (0,5 rem), soit le dixième de la limite fixée pour les travailleurs exposés. Ceci ne veut pas dire qu'on accepte pour les travailleurs des risques dix fois plus élevés ; ceci signifie que *les marges de sécurité sont encore plus élevées pour la population*. Il est d'ailleurs habituel, dans toutes les activités économiques, que les règles de sécurité soient beaucoup plus rigoureuses pour la population que pour les travailleurs. C'est le cas par exemple des « concentrations maximales admissibles » pour les substances chimiques, aussi bien aux Etats-Unis qu'en U.R.S.S. De plus, dans le cas du nucléaire trois autres raisons interviennent :

– Les travailleurs du nucléaire sont uniquement des adultes (âge minimum 18 ans), médicalement sélectionnés (certaines interdictions, pour raison de santé, apparaissent même dans la réglementation) et surtout médicalement surveillés, deux fois par an durant toute leur vie professionnelle. La population dans son ensemble, elle, n'est pas sélectionnée et comprend évidemment des personnes plus sensibles que d'autres à l'irradiation, qu'il s'agisse de malades, de très jeunes enfants et, surtout, de femmes enceintes. Le fœtus est en effet plus sensible encore que l'enfant. Il faut donc des limites plus faibles pour la population en général ; il existe d'ailleurs des règles particulières pour la femme enceinte exposée professionnellement.

– Les travailleurs sont surveillés par dosimétrie individuelle et la dose reçue par chacun est connue chaque mois durant toute la vie professionnelle. Par contre, comme on connaît les quantités de radioéléments rejetées, les doses reçues par l'ensemble de la population sont évaluées et contrôlées par les mesures dans l'environnement. Mais comme on ignore comment elles se répartissent, il est indispensable que la dose moyenne admise soit plus faible.

– Enfin, les effets génétiques posent, comme on l'a vu, des problèmes particuliers. Certaines mutations dites récessives ne peuvent se manifester chez un enfant que si ses deux parents sont porteurs de cette anomalie. Si la mutation récessive est très peu répandue dans une population, les statistiques montrent qu'il est très peu probable que les parents d'un enfant soient porteurs de cette même anomalie. Les statistiques montrent aussi que ceci est toujours vrai, même si un petit groupe de cette population présente cette mutation avec une plus grande fréquence car, après plusieurs générations, il est très peu probable qu'un enfant naisse de deux parents descendant eux-mêmes de ce petit groupe. Il faut donc que la dose d'irradiation reçue par l'ensemble de la population soit très faible ; la probabilité d'une affection génétique à l'échelle de la population est donc liée à la dose collective (produit de la dose individuelle par le nombre d'individus), quelles que soient les doses individuelles reçues par les personnes composant cette population.

La réglementation française

La radioprotection dans son ensemble est souvent citée en exemple. En effet, elle est un modèle unique de normalisation et le mérite en revient certainement au fait que les publications de la C.I.P.R. font autorité dans le monde entier. Grâce à cela, les réglementations qui existent dans tous les pays du monde et qui sont adoptées par toutes les organisations internationales ont les mêmes bases.

Naturellement, la réglementation française n'échappe pas à cette normalisation. Comme tous les pays de la Communauté européenne, la France est liée par les articles 30 et 31 du traité de Rome. Ce dernier stipule que les États membres doivent appliquer à leur législation les directives d'EURATOM qui en fait reprennent, sous un aspect pratique, les recommandations de la C.I.P.R. Il y a donc standardisation des règlements nationaux dans les principaux pays européens concernés.

Actuellement, la radioprotection est régie en France par un certain nombre de lois, décrets et arrêtés : les principaux, relatifs aux principes généraux de protection contre les dangers des rayonnements et aux problèmes particuliers concernant les travailleurs, datent de 1966, 1967 et 1975 (décret n° 66-450 du 20 juin 1966, n° 67-228 du 15 mars 1967 et n° 75-306 du 28 avril 1975) [37 à 39]. Quelques modifications devront intervenir dans les années à venir, tenant compte des dernières recommandations de la C.I.P.R de 1977, reprises par les Communautés européennes, dans sa directive du 15 juillet 1980 et portant sur les normes de base relatives à la protection sanitaire de la population et des travailleurs [40]. La réglementation française est édictée sous les auspices de nombreuses autorités : le premier ministre, les ministres et secrétaires d'État de la Santé, de l'Industrie, de l'Énergie, de la Recherche et du Développement, de l'Intérieur, de l'Agriculture, des Transports, de l'Environnement, du Travail, etc. Au ministère de la Santé, le Service central

REJETS EN CURIES PAR AN (CI/AN)					
	Limites pour réacteur de 1 000 MWe (arrêté du 10.8.1976)	Rejets autorisés		Rejets effectifs en 1973	
		Fessenheim 2 × 900 MWe = 1800 MWe	Le Bugey 4 × 900 MWe 1 × 150 MWe = 3750 MWe	Fessenheim	Le Bugey
Rejets gazeux :					
● gaz rares	80 000 Ci	40 000 Ci	70 000 Ci	1 972 Ci	110,5 Ci
● aérosols-halogènes	5 Ci	3 Ci	3 Ci	0,0177 Ci ou 17,7. 10^{-3} Ci	0,0016 Ci ou 1,6. 10^{-3} Ci
Rejets liquides :					
● radionucléides (en dehors du tritium)	40 Ci	25 Ci	55 Ci	2,4 Ci	4,9 Ci
● tritium	2 000 Ci	2 000 Ci	5 000 Ci	832 Ci	89,8 Ci

LIMITES DE DOSES EN REM/AN pour l'irradiation globale du corps		
	Limites prescrites pour l'irradiation	*Dose effectivement reçue*
Personnel exposé	5 rems/an	en moyenne en 1980 0,25 rem/an
Population	0,5 rem/an soit 500 mrem	environ 0,001 rem/an ou 1 mrem/an

de protection contre les rayonnements ionisants (S.C.P.R.I) joue un rôle clef dans ce dispositif.

Dans la pratique, les doses reçues par la population autour des centrales sont trop faibles pour être directement mesurables. Elles peuvent être évaluées à partir des concentrations de radioéléments présents dans les effluents rejetés dans l'air, l'eau ou les aliments car la C.I.P.R. a déterminé les valeurs de concentrations en produits radioactifs, dans l'air et dans l'eau, qui correspondent aux limites de dose réglementaires pour la population et pour les travailleurs. Les rejets dans le milieu naturel, de produits radioactifs en provenance d'installations nucléaires, que ce soit sous forme de gaz dilués dans l'air ambiant ou de liquides dilués dans les eaux des rivières ou de la mer, sont sévèrement contrôlés. Deux lois (lois du 2 août 1961 et du 16 décembre 1964) [41-42] et deux décrets définissent les conditions de rejet des effluents radioactifs, gazeux et liquides (décrets n° 74-945 et 74-1181 des 6 novembre et 31 décembre 1974 [43-44]). Ces rejets font l'objet d'autorisations par arrêtés conjoints des ministres responsables, après examen détaillé d'une étude fournie par l'exploitant et après enquête publique. Chaque installation nucléaire fait l'objet d'arrêtés fixant la limite maximale de ses rejets et leurs modalités.

Mais il faut encore souligner deux points :

– Les doses correspondant à ces limites autorisées de rejets, délivrées aux individus les plus exposés de la population, du fait de leur situation géographique, de leurs habitudes de vie, de leur âge, etc., sont beaucoup plus faibles que les limites de dose fixées pour la population par les recommandations internationales.

– De plus, les rejets réels se situent généralement à des niveaux beaucoup plus bas que ces limites autorisées si bien que, par exemple, au voisinage de certaines centrales françaises P.W.R, en 1980, la dose reçue par la population la plus exposée était de l'ordre de 0,1 mrem/an, alors que la dose autorisée pour chaque personne du public est de 500 mrem/an : elle était donc 5 000 fois plus faible.

Les risques liés à l'électronucléaire

Le cycle du combustible et le mode d'évaluation des doses

La centrale nucléaire ne constitue qu'un maillon du cycle du combustible nucléaire. Les étapes en ont été décrites dans le chapitre III et il faut tenir compte de chacune d'entre elles pour évaluer l'importance de l'irradiation de la population et des travailleurs due à l'industrie électronucléaire.

Son importance peut être exprimée de plusieurs façons. La plus simple et la plus claire est évidemment d'indiquer la dose reçue par chacun : c'est ce qui est fait pour les travailleurs du nucléaire, mais, en raison des effectifs, pour suivre son évolution d'une année à l'autre, la dose moyenne est un très bon point de repère. Pour la population, on s'intéresse surtout au groupe le plus exposé : si on détermine la dose reçue par ce groupe, on est, *a fortiori,* certain que le reste de la population est encore moins irradiée ; pour déterminer l'irradiation maximale que peut subir ce groupe, on fait un certain nombre d'hypothèses qui toutes, par prudence, *majorent* le risque réellement encouru. Par exemple, dans le cas de l'iode radioactif, la population critique sera celle des nourrissons ; ils sont en effet plus sensibles que les adultes car, leur thyroïde étant de plus petite dimension, la concentration d'iode y sera plus élevée. On tiendra compte essentiellement de la contamination par voie digestive plus dangereuse que la voie respiratoire. De plus, on admettra qu'ils ne seraient alimentés qu'avec du lait provenant de vaches qui ne se nourriraient qu'avec du fourrage provenant de prairies contaminées, etc. Pour la population, en effet, le calcul de la dose ne peut être fait qu'en tenant compte des concentrations tout au long de la chaîne alimentaire, car l'irradiation directe est beaucoup trop faible pour être mesurable. De toute façon, à cause de ces hypothèses, l'irradiation calculée est très supérieure à l'irradiation effective.

Autre notion utilisée, un peu abstraite, celle de *dose collective.*

Elle est basée sur l'hypothèse qu'il y a proportionnalité entre les doses et les effets nocifs qui en découlent. Ceci signifie que le nombre d'effets dus aux rayonnements et apparaissant dans deux groupes de personnes, sera le même lorsque le produit de la dose moyenne individuelle par le nombre de personnes est le même. Par exemple, un groupe A, dont chacun des individus recevrait des doses dix fois plus faibles que ceux d'un groupe B, souffrirait d'autant d'effets nocifs que ce dernier, si l'effectif irradié y est dix fois plus important. Cette relation n'est sans doute pas valable, aux faibles doses, car comme nous l'avons vu, la relation dose-effet n'est sans doute pas linéaire. Elle conduit donc à une forte surestimation des effets des faibles doses. Son seul intérêt est d'obtenir des ordres de grandeur, de permettre des comparaisons et d'évaluer une dose collective par unité d'énergie produite par an ou par unité de puissance installée. Celle-ci est égale au produit de la dose moyenne individuelle par le nombre d'individus qui reçoivent cette dose, divisée par la puissance électrique de l'installation nucléaire. L'unité employée est l'homme/rad par mégawatt électrique et par an.

L'irradiation provoquée par les centrales nucléaires

En fonctionnement normal, les centrales nucléaires rejettent dans l'atmosphère et dans les rivières ou la mer des produits radioactifs ; mais comme on l'a déjà indiqué, les quantités rejetées font l'objet d'autorisations des « autorités de tutelle » et elles sont fixées en fonction des caractéristiques du milieu. Les effluents gazeux sont essentiellement constitués de gaz rares, d'iode, de produits de fission et les effluents liquides de tritium, de cobalt, de césium, de manganèse et d'iode.

Le tableau de la page 214 compare les quantités effectivement rejetées avec les quantités autorisées ; elles n'en représentent donc qu'une petite proportion (quelques ‰ dans certains cas). En conséquence, les doses effectivement reçues sont beaucoup plus modestes que les limites de dose fixées par la réglementation. Le même tableau fait apparaître clairement que, si l'irradiation annuelle moyenne du personnel ne représente que 5 % des doses à ne pas dépasser, la proportion est encore plus basse pour la population, puisque la dose reçue est de l'ordre de 1 mrem/an pour la population la plus exposée, soit 500 fois moins que la limite prévue.

L'impact des surgénérateurs (ou réacteurs à neutrons rapides) sur la population se pose en des termes différents. En effet, l'un des objectifs de ces réacteurs est de réaliser une « installation propre », c'est-à-dire à rejets gazeux et liquides quasiment nuls. Les rejets gazeux sont essentiellement constitués par des gaz rares et il n'y a pas de contamination par l'iode ou le tritium, grâce à la capacité du sodium de piéger ou de se combiner avec ces gaz. Les quantités de gaz rares rejetées se situent aux environs de quelques centaines de curies par an pour une centrale de 1 200 MWe. Quant aux effluents liquides radioactifs d'un surgénérateur, ils ne représentent que quelques fractions de curie par an.

Les doses reçues par les travailleurs dans les centrales nucléaires sont évidemment plus importantes que celles reçues par la population. L'irradiation moyenne annuelle du personnel, travaillant dans les centrales nucléaires, est actuellement d'environ 250 millirems par travailleur, pour un effectif de 7 000 personnes. Les irradiations ne sont pas réparties également dans l'ensemble du personnel, en raison de l'hétérogénéité des types de réacteurs, de l'âge de ceux-ci et surtout du travail fait par chaque agent. Les trois quarts du personnel travaillant en centrale reçoivent moins du dixième de la limite réglementaire de 5 rems pour les travailleurs. Cette dose moyenne peut varier d'un réacteur à un autre, et d'un moment de l'année à l'autre pour un même réacteur ; en effet, il est difficile de comparer les opérations en cours normal de fonctionnement avec celles qu'entraînent les arrêts, pour entretien ou rechargement du combustible. D'une façon générale, la dose tend à augmenter avec le vieillissement de l'installation, en particulier au niveau de certains points sensibles : tuyauteries, pompes, générateurs de vapeur.

Pour comparer la situation française avec celle d'autres pays, il suffit de se référer aux données du Comité scientifique des Nations Unies, qui a évalué la dose collective à 1 homme/rad par mégawatt par an ; en France, on obtient la valeur de 0,34 homme/rad, c'est-à-dire une valeur trois fois plus faible. L'irradiation annuelle du personnel travaillant sur PHENIX, réacteur surgénérateur de puissance de 250 MWe est de 20 millirems, c'est-à-dire qu'elle est environ dix fois plus faible que dans les autres centrales. Le parc français des centrales électronucléaires est actuellement en pleine croissance. Cela se traduit évidemment par une augmentation de la dose collective, mais cette dose n'augmente pas dans le même rapport que le nombre des centrales. En effet, tous les jours des progrès sont faits, grâce à un affinement des techniques utilisées et surtout à l'expérience acquise au fil des années.

Irradiations dues aux autres étapes du cycle du combustible nucléaire

L'extraction et le traitement du minerai, la fabrication du combustible. — Ces étapes, qui constituent le début du cycle du combustible nucléaire, avant son utilisation par la centrale, ne concernent que les travailleurs. L'exemple type est celui des mines d'uranium. Le risque que court le mineur est essentiellement pulmonaire à cause de l'inhalation du radon, responsable d'une irradiation alpha au niveau de l'appareil respiratoire. La dose ainsi reçue est égale à quelques dixièmes de la limite réglementaire individuelle pour les travailleurs. A cette irradiation localisée du poumon s'ajoute une dose globale puisque le mineur, quand il est dans la galerie de mine, est entouré de roches qui ont un taux de radioactivité supérieur à la normale. Dans les mines françaises, la dose moyenne externe due à l'ambiance de la mine est aux environs du dixième de la limite réglementaire (moins de 500 mrem/an).

La population qui habite autour des mines d'uranium n'est que peu ou pas concernée. Le seul point qui mérite d'être signalé est celui de l'évacuation des eaux qui servent au lavage, décantage, etc., dans le traitement du minerai. Celles-ci sont épurées et leurs niveaux d'activité contrôlés. Dans tous les cas, les niveaux relevés sont très inférieurs aux limites fixées. Le traitement du minerai et la fabrication du combustible n'entraînent pas de nuisance pour le public. Les doses reçues par les travailleurs demeurent à des niveaux faibles.

Le transport du combustible. — Le combustible doit être acheminé de l'usine, dans laquelle il a été fabriqué, à la centrale où il sera utilisé puis, dans un deuxième temps, de la centrale vers l'usine de retraitement. Une partie de ce combustible va se retrouver sous forme de déchets, qui nécessiteront à nouveau un transport vers le lieu de stockage. Ces transports n'entraînent que des doses individuelles très faibles. Les conditions de sûreté des transports de combustible sont telles que la population n'est pas concernée.

Le retraitement. — Les usines de retraitement du combustible constituent en fait, avec les centrales génératrices d'électricité, les seules sources d'irradiation de la population, toutes les autres étapes du cycle étant négligeables. Les radioéléments qu'il faut considérer à ce niveau sont assez nombreux ; les principaux sont le krypton 85, le tritium, l'iode, le césium, le ruthénium, le strontium, le plutonium et les transplutoniens. Les doses délivrées aux populations locales sont du même ordre de grandeur que celles provenant des centrales nucléaires. Elles sont, pour un individu vivant à proximité d'une usine de retraitement, de l'ordre d'un millirem par an, soit l'équivalent de l'irradiation naturelle reçue lors d'un séjour de deux jours en Bretagne.

C'est en particulier le cas de l'usine de retraitement de La Hague, située dans le Cotentin ; les doses reçues par la population habitant à proximité sont donc très faibles. Elles sont calculées en prenant en compte les rejets gazeux et liquides, les expositions dues au passage dans l'atmosphère des gaz radioactifs, celles dues à la consommation des poissons qui auraient absorbé des produits radioactifs rejetés en mer, et les doses reçues par certains organes, comme la thyroïde. Dès que l'on s'éloigne de l'usine, ces doses sont à diviser par un facteur 5 environ, pour une distance de dix kilomètres.

Le retraitement du combustible nucléaire n'est pas encore pratiqué à grande échelle dans le monde. Il augmentera la dose globale d'origine professionnelle ; le Comité scientifique des Nations Unies a estimé que la valeur d'environ 1 homme/rad par MWe et par an constitue une évaluation raisonnable. Dans les installations françaises, les doses moyennes, par travailleur, sont inférieures à 300 millirems. Les doses individuelles sont donc du même ordre de grandeur que celles reçues par le personnel travaillant dans les centrales nucléaires.

Les activités de recherches. — Les recherches et les activités axées vers le développement de l'énergie d'origine nucléaire n'entraînent qu'un faible accroissement des doses reçues par la population. Par contre, elles sont loin d'être négligeables pour les chercheurs impliqués : la contribution de ces activités à la dose collective mondiale se situe au-dessus de 30 %, soit environ 1,5 homme/rad par MWe et par an. Dans ce domaine, la notion de dose moyenne n'a que peu de signification, car les activités sont extrêmement diversifiées et l'échelle des doses reçues par le personnel est large.

Le stockage des déchets. — Les déchets radioactifs peuvent entraîner un certain risque d'irradiation ou de contamination pour le personnel au moment de leur conditionnement puis lors de leur stockage définitif proprement dit. En fait, les doses reçues demeurent faibles.

La protection des populations est assurée en empêchant la contamination des eaux superficielles et souterraines et de l'atmosphère. L'évaluation des risques est pratiquée, non seulement pour les habitants actuels, mais aussi pour les générations futures, appelées à séjourner à proximité des aires de stockage. Cette évaluation tient compte, non seulement des caractères physicochimiques de chaque produit radioactif et de leurs évolutions au cours du temps, mais aussi des caractères spécifiques de l'environnement. Par exemple, pour une zone de stockage située près de la mer, l'estimation des doses que les populations risquent d'absorber est faite compte tenu des possibilités de fuites et de leur importance relative dans l'environnement, des possibilités d'ingestion d'eau et de consommation des produits de jardin, des produits laitiers et des produits de la pêche. Dans aucun cas, les doses de rayonnements ne dépassent pour la population critique la fraction de mrem en irradiation globale ou le mrem en irradiation partielle ; elles sont souvent très inférieures.

Bilan général

D'une façon générale le public n'est concerné que par deux étapes du cycle du combustible : la centrale nucléaire et l'usine de retraitement. Chaque mégawatt produit par an est théoriquement responsable, au niveau des centrales, d'une *dose collective* égale à environ 0,30 homme/rad et du fait des usines de retraitement d'environ 0,40 homme/rad délivrés aux populations habitant à proximité des installations. Les *doses individuelles* sont extrêmement faibles, de l'ordre du mrem et ne représentent donc que des fractions minimes de la dose due à l'irradiation naturelle (cent fois ou deux cents fois moins).

La dose collective reçue par les populations locale et régionale est petite comparée à la dose collective des travailleurs du nucléaire. Pour ces derniers, les étapes du cycle qui contribuent le plus à la dose sont les mines, les centrales et les usines de retraitement. La dose collective, par MWe (mégawatt électrique) produit chaque année, est évaluée pour les travailleurs à 0,30 homme/rad, au niveau des mines d'uranium, à 1 du fait des centrales et 1,20 pour le retraitement ; les doses individuelles moyennes sont de l'ordre de 5 à 20 % des limites réglementaires.

Le tableau ci-après résume la situation théorique, telle qu'elle était évaluée en 1977 par le Comité scientifique des Nations Unies (U.N.S.C.E.A.R.). Il indique les doses reçues chaque année par les sujets exposés professionnellement, localement et régionalement, du fait de l'ensemble des installations nécessaires pour qu'une centrale fonctionne à la puissance d'un MWe (un million de watts électriques). La somme des doses individuelles reçues constitue la dose collective et il est habituel de l'exprimer en homme/rad. (Un homme/rad équivalant à toute combinaison de doses individuelles dont le total est de un rad ; par exemple un homme recevant un rad ou quatre hommes recevant un quart de rad, ou mille sujets recevant chacun un millirad, etc.)

IRRADIATION LIÉE AU CYCLE DU COMBUSTIBLE

	Dose collective annuelle (en homme/rad par mégawatt électrique produit)	
Étape du cycle	Irradiation profession nelle	Irradiation des populations locale et régionale
Extraction et traitement du minerai........... Fabrication....................	0,2 à 0,30	
Centrales nucléaires	1	0,30
Usine de retraitement....	1,20	0,40
Activités de recherches..	1,40	
Total...............................	3,8	0,70
	4,5*	

* Si l'on prend en compte, non seulement la population locale et régionale, mais la population du globe dans sa totalité, la dose collective annuelle varie de 5,2 à 8,2 homme/rads.

La puissance électrique d'origine nucléaire prévue pour l'an 2000 est d'environ 2 000 gigawatts pour l'ensemble du globe (1 gigawatt = 1 milliard de watts), alors qu'elle était en 1976 de 80 gigawatts. Dans la perspective de l'an 2000, il est possible d'évaluer l'irradiation supplémentaire de la population française à 1 ou 2 millirems par an, tous groupes confondus. En fait, ce niveau de dose est estimé en se basant sur une proportionnalité entre la puissance installée et la dose qui en découle. Cette proportionnalité, si elle peut s'appliquer en première approximation à l'irradiation en provenance des centrales, n'est pas valable quand il s'agit de l'ensemble du cycle. Pour le traitement du minerai, la fabrication du combustible et le retraitement, il n'y a pas proportionnalité entre les tonnages traités, les effectifs et les doses reçues. De ce fait, la dose moyenne individuelle sera inférieure à cette valeur. Cette dose, due aux diverses étapes du cycle du combustible nucléaire, doit être comparée aux autres sources de rayonnements subies par l'homme, les deux principales étant la radioactivité naturelle et l'irradiation médicale. La première est en moyenne de 100 mrem par an avec, suivant les régions, des variations qui peuvent atteindre en France des valeurs deux à trois fois plus élevées ; la seconde est estimée entre 50 et 100 mrem en moyenne, par individu et par an, donc est du même ordre de grandeur que l'irradiation naturelle. Les autres sources de rayonnements sont nombreuses mais à des niveaux beaucoup plus faibles. Pour fixer les idées, l'irradiation due à la production d'énergie d'origine nucléaire équivaut actuellement en France, au maximum, à quelques heures d'irradiation naturelle, et équivaudra en l'an 2000 à quelques jours.

ANNEXE

Bibliographie

[1] C.I.P.R. « Recommandations de la Commission internationale de protection radiologique. » Rapport 26. *Annales de la C.I.P.R*, Vol. 1, n° 3, Pergamon Press, 1977, 53 pages.

[2] HAMILTON L.D. « Comparaison des risques inhérents à différents systèmes énergétiques : évolution des méthodes d'analyse », *A.I.E.A. Bulletin*, 1980, *22*, pages 36-72.

[3] BATTIST L. et al. *Population dose and health impact of the accident at the Three Mile Island nuclear station*. NUREG 0558. US Nuclear Regulatory Commission. Washington D.C. 20555, 1979, 77 p. + 5 annexes.

[4] DOUSSET M. « L'accident de Three Mile Island et le taux de mortalité infantile en Pennsylvanie ». *Radioprotection*, Dunod, 1981, *16*, 147-159.

[5] United Nations Scientific Committee on the Effects of Atomic Radiation 1977. Report to the General Assembly. *Sources and Effects of Ionizing Radiations*. United Nations publication sales n° E.77.IX. New York, 1977, 1 vol. 725 p.

[6] Committee on the Biological Effects of Ionizing Radiations (B.E.I.R. III). *The effects on populations of exposure to low levels of ionizing radiation*. National Academy of Sciences. National Research Council. Washington, D.C., 1979, 638 p.

[7] National Council on Radiation Protection and Measurements. *Influence of dose and its distribution in time on dose-response relationship for low-let radiations*. Report n° 64 N.C.R.P., 1980, 216 p.

[8] UPTON, A. « Radiobiological effects of low doses. Implications for radiological protection. » *Rad. Res.*, 1977, *71*, 51-74.

[9] FINCH S.C. « Hiroshima and Nagasaki : a review of 30 years of study. » Proceedings du sixième congrès international de Radiation Research à Tokyo, 13-19 mai 1979, dans *Radiation Research*, S. Okada et coll. J.A.A.R. ed., 1979, 50-58.

[10] BOICE J.B. et HUTCHINSON G.B. « Leukemia following radiotherapy for cervical cancer. Ten years follow-up of an international study. » *Jl. Nat. Cancer Institute*, 1980, *65*, 115-129.

[11] BOICE J.D. « Multiple chest fluoroscopies and the risk of breast cancer. » In : Margison G.P., ed. Advances in medical oncology research and education. Vol. 1, *Cancerogenesis*, Pergamon Press, 1979, 147-156.

[12] LYON J.L., KLAUBER M.R., GARDNER J.W. et UDALL K.S. New Engl. *Jl. Med.* 1979, *300*, 397.

[13] TUBIANA M. Les bases biologiques de la radioprotection. Conférence de l'Uranium Institute, sept. 1979. *Radioprotection*, 1980, *15*, 23-40.

[14] ROWLAND R.E., STEHNEY A.F. et LUCAS H.F. « Dose response relationships for female radiation dial workers. » *Rad. Res.* 1978, *76*, 368-383.

[15] MANCUSO T.F., STEWART A., et KNEALE G. « Radiation exposures of Hanford workers dying from cancer and other causes ». *Health Physics*, 1977, *33*, 369-385.

[16] KNEALE G.W., STEWART A., and MANCUSO T.F. « Reanalysis of data relating to the Hanford study of cancer risks of radiation workers. » In *Late Biological Effects of Ionizing Radiation*, Vol. 1, 387-410, International Atomic Energy Agency, Vienna, 1978.

[17] ANDERSON T.W. « Radiation exposures of Hanford workers : a critique of the Mancuso, Stewart and Kneale report. » *Health Physics*, 1978, *35*, 743-750.

[18] GERTZ S.M. « Some major statistical comments on radiation exposure of Hanford workers dying from cancer and other causes. » *Health Physics*, 1978, *35*, 723-724.

[19] GILBERT E.G. et MARKS S. « An analysis on the mortality of workers in a nuclear facility. » *Rad. Res.*, 1979, *79*, 122-148.

[20] GOFMAN J.W. « The question of radiation causation of cancer in Hanford workers. » *Health Physics*, 1979, *37*, 617-639.

[21] HUTCHISON G.S., JABLON S., LAND C.E. and MACMAHON B. « Review of report by Mancuso, Stewart and Kneale of radiation exposure of Hanford workers. » *Health Physics*, 1979, *37*, 207-219.

[22] MOLE R.H. « Occupational exposure to ionizing radiation. » *The Lancet*, 1978, I, 1155-1156.

[23] REISSLAND J.A., DOLPHIN, G.W. « A review of the study of mortality among radiation workers at Hanford. » *Atom.*, 1978, *262*, 206-207.

[24] SANDERS B.S. « Low-level radiation and cancer deaths. » *Health Physics*, 1978, *34*, 521-538.

[25] SPIERS F.W. « Background radiation and estimated risks from low dose irradiation. » *Health Physics*, 1970, *37*, 784-789.

[26] COHEN B.L. « The cancer risk from low-level radiation. » *Health Physics*, 1980, *39*, 659-678.

[27] NAJARIAN T. et COLTON T. « Mortality from leukemia and cancer in shipyard nuclear workers. » *The Lancet*, 1978, I, 1018-1020.

[28] RINSKY R.A. et al. « Cancer mortality at a naval nuclear shipyard. » *The Lancet*, 1981, I, 231-235.

[29] LAND C.E. « The hazards of fallout or of epidemiologic research ? » *New England J. of Medicine*, 1979, *300*, 431-432.

[30] KNEALE G.W. et STEWART A.M. « Pre-conception X-rays and childhood cancers. » *Brit. J. Cancer*, 1980, *41*, 222-226.

[31] CROW J.F. « Can we assess genetic risks ? » Proceedings du 6ᵉ congrès international de Radiation Research. Tokyo, 13-19 mai 1979, dans *Radiation Research*, S. Okada et coll. JAAR ed, 1979, 70-78.

[32] DUTRILLAUX B. « La génétique et les rayonnements ionisants. » *Radioprotection*, 1980, *15*, 117-134 et 203-214.

[33] RUSSEL W.L. Conf. A/49/P/677. Proceedings de la 4ᵉ Conf. Int. Nat. Unies sur l'utilisation énergie atomique à des fins pacifiques. Genève, 1971.

[34] SPALDING J.F., BROOKS M.R. et TIETJEN G.L. « Comparative litter and reproduction characteristics of mouse populations for 82 generations of X irradiated male progenitors. » *Proceedings of the Society for Experimental Biology and Medicine*, 1981, *166*, 237-240.

[35] C.I.P.R. « Recommandations de la Commission internationale de protection radiologique (adoptées en juillet 1953). » *Journal de Radiologie et d'Electrologie et Archives d'Electricité Médicale*, *36*, n° 10 bis (octobre 1955), 64 pages.

[36] C.I.P.R. « Recommandations of the International Commission on Radiological Protection. » *Rapport n° 1*, ed. Pergamon Press, 1959.

[37] Décret n° 66-450, 20.VI.1966, relatif aux principes généraux de protection contre les rayonnements ionisants, *J.O.R.F. (Journal officiel de la République française)* (30.VI.1966), fascicule n° 66-76 p. 5490-5503.

[38] Décret n° 67-228, 15.III.1967, portant règlement d'administration publique relatif à la protection des travailleurs contre les rayonnements ionisants. *J.O.R.F.* (22.III.1967), fascicule n° 67-42, p. 2754-2771.

[39] Décret n° 75-306, 28.IV.1975, relatif à la protection des travailleurs contre les dangers des rayonnements ionisants dans les installations nucléaires de base. *J.O.R.F.*, 107 (30.IV.1975), fascicule n° 75-87, p. 4428-4432.

[40] Directive du Conseil du 15 juillet 1980, portant modification des directives fixant les normes de base relatives à la protection sanitaire de la population et des travailleurs contre les dangers résultant des rayonnements ionisants. *J.O.C.E. 23*, (17.X.1980) L 246, p. 1-72.

[41] Loi n° 61-842 du 2.VIII.1961 relative à la lutte contre les pollutions atmosphériques et les odeurs et portant modification à la loi du 19.XII.1917. *J.O.R.F.* (3.VIII.1961).

[42] Loi n° 64-1245 du 16.XII.1964, relative au régime et à la répartition des eaux et à la lutte contre leur pollution. *J.O.R.F.* (18.XII.1964), p. 11258-11265.

[43] Décret n° 74-945 du 6.XI.1974 relatif aux rejets d'effluents radioactifs gazeux provenant des installations nucléaires de base et des installations nucléaires implantées sur le même site. *J.O.R.F., 160* (15.XI.1974), p. 11472-11473.

[44] Décret n° 74-1181 du 31.XII. 1974 relatif aux rejets d'effluents radioactifs liquides provenant d'installations nucléaires. *J.O.R.F.*, 107 (4.I.1975), p. 230-232.

Rappel du cycle du combustible nucléaire.

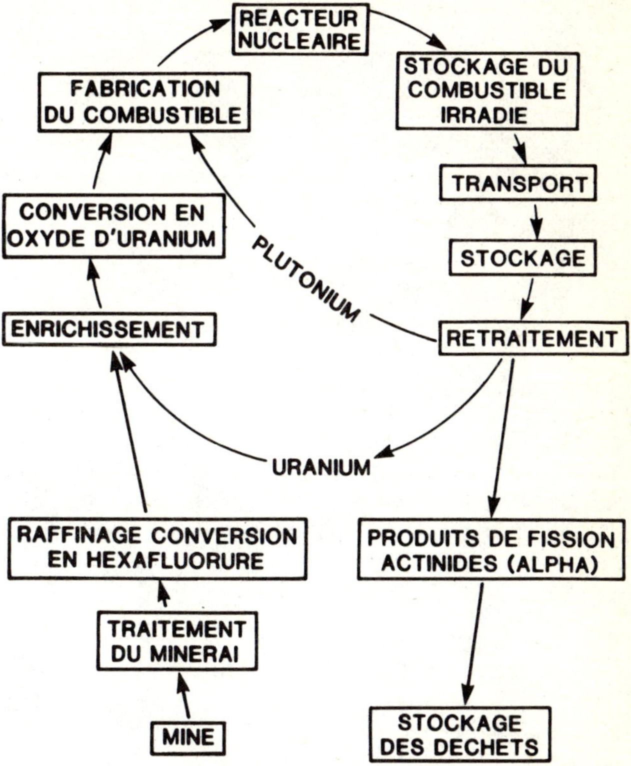

CHAPITRE V

La sûreté des installations nucléaires

L'objectif de la *sûreté nucléaire* est d'évaluer les risques que les installations nucléaires peuvent présenter pour les travailleurs, le public et l'environnement, de définir les dispositions à prendre pour faire face à ces risques et d'en contrôler l'efficacité.

Le risque nucléaire est directement lié à l'effet sur l'homme des rayonnements ionisants, et par conséquent aux produits radioactifs émetteurs de rayonnements présents dans les installations. En *fonctionnement normal*, des dispositions sont prises, à la conception des installations, et dans leur exploitation, pour limiter les rejets éventuels de radioactivité, et le contrôle permet de vérifier le respect de ces limites. Le risque maximal pour l'homme est donc facile à évaluer, puisqu'il est directement fonction des limites fixées, en conformité avec les règles définies dans les chapitres précédents. Il est très faible pour les travailleurs et non significatif pour le public.

Dans le cas de fonctionnement anormal, en revanche, c'est-à-dire *en cas d'accident*, on doit envisager la possibilité d'une dissémination de produits radioactifs au-delà des limites prévues. C'est donc là le risque essentiel qui doit être maîtrisé, au niveau de la prévention, en mettant en œuvre les moyens propres à rendre un accident aussi improbable que possible, et au niveau de la limitation des conséquences radiologiques des accidents qui pourraient néanmoins survenir. Finalement la sûreté d'une installation nucléaire devra être appréciée en prenant en considération les deux aspects – probabilité d'occurrence d'un accident éventuel et ampleur de ses conséquences – l'ensemble constituant le *risque résiduel* dont les pouvoirs publics doivent juger l'acceptabilité.

Si dans toutes les installations nucléaires, quelle qu'en soit la nature, c'est toujours le risque d'une dissémination accidentelle de radioactivité qui doit être envisagé, ce risque prend des formes différentes d'une installation à l'autre. Dans les pages qui suivent on examinera successivement les différentes étapes du cycle du combustible, avec une attention particulière pour les réacteurs, dont on considère généralement qu'ils représentent le risque dominant, au moins en ce qui concerne les accidents.

Revue du cycle du combustible sous l'angle de la sûreté

Le cycle du combustible, rappelons-le, commence par l'extraction de l'uranium dans des mines ou des carrières. L'uranium et ses descendants contenus dans le minerai émettent des rayonnements bêta et gamma qui occasionnent une irradiation externe des mineurs. L'inhalation des poussières et du radon (gaz rare descendant du radium) qui sont émetteurs alpha, peut entraîner une irradiation de leur appareil pulmonaire. Les limites réglementaires sont respectées par un aménagement des techniques d'extraction, en limitant les accès aux zones exposées, et en établissant une ventilation efficace ; le contrôle individuel des mineurs permet d'assurer leur radioprotection. Vis-à-vis de l'environnement, on surveille le niveau de radioactivité des eaux de surface qui peuvent se trouver en contact avec les minerais radioactifs retirés du sol.

Dans les opérations qui séparent l'extraction du minerai de l'enrichissement de l'uranium, on ne met en jeu que de l'uranium naturel et les risques radiologiques ne sont donc pas significativement différents ; encore faut-il signaler que, contrairement aux mineurs, les travailleurs dans ces installations ne sont pas au contact direct des unités de traitement ou de stockage. Par contre, au stade de l'enrichissement en uranium 235, apparaît un risque nouveau, celui de *criticité*, c'est-à-dire du rassemblement accidentel d'une quantité de matière fissile suffisante pour initier involontairement une réaction en chaîne. Dans le cas d'un tel accident, la réaction s'arrêterait rapidement d'elle-même, par l'effet de contre-réactions physiques intrinsèques, mais elle produirait néanmoins un flux instantané de rayonnements dont il faut protéger les travailleurs de l'installation. Nous reviendrons en détail, un peu plus loin, sur les dispositions prises lorsque nous examinerons les installations de retraitement du combustible irradié, pour lesquelles la prévention des accidents de criticité revêt une grande importance.

Mentionnons également la possibilité de fuite accidentelle de l'hexafluorure d'uranium (UF_6) dans une grande usine d'enrichissement qui comporte des kilomètres de tuyauteries. En fait, le risque est plutôt chimique que radiologique. La réaction avec l'humidité contenue dans l'air donne en effet de l'acide fluorhydrique dont le potentiel de danger chimique est très supérieur aux risques associés aux aérosols d'oxyfluorure d'uranium, ce dernier produit se déposant à proximité de la fuite, vu sa masse spécifique. On dispose de détections de fuite par la présence d'uranium dans les appareillages, après quoi l'arrêt des compresseurs donne une pression dans les circuits inférieure à la pression atmosphérique, ce qui arrête la fuite. Il ne faut pas cependant surestimer les conséquences d'une fuite, même importante, d'UF_6 ; des incidents survenus en France comme à l'étranger, avec notamment à Pierrelatte un rejet d'environ sept tonnes de ce produit, n'ont eu que des conséquences très limitées sur le site, sans accident de personne ni dommage significatif à l'environnement.

Touchant les usines de fabrication de combustible, nous nous limiterons ici au cas des éléments combusti-

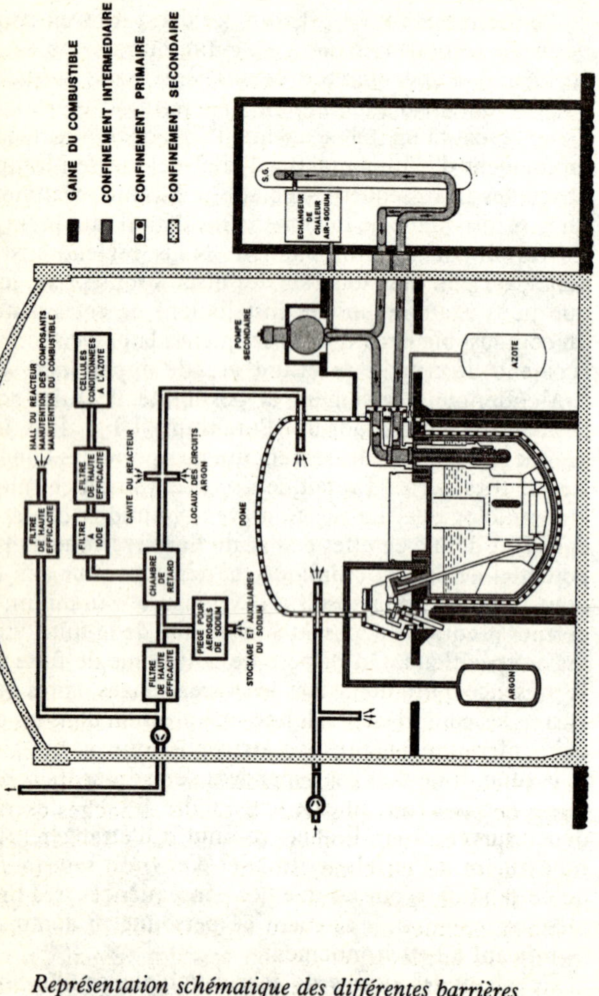

Représentation schématique des différentes barrières d'une centrale nucléaire à eau sous pression.

bles pour réacteurs à neutrons rapides (surgénérateurs) dont la fabrication fait ressortir des risques particuliers dus à l'emploi de plutonium à des enrichissements de 15 à 25 % environ.

Contrairement à l'uranium, la radio-toxicité du plutonium est supérieure à sa toxicité chimique, ce qui nécessite des précautions supplémentaires : par exemple, les interventions sur les circuits et appareils se font par l'intermédiaire de boîtes à gants pour introduire une barrière supplémentaire avec les opérateurs. L'enrichissement plus élevé nécessite des limitations sévères sur les géométries des stockages et des appareillages du point de vue des risques de criticité. Les capacités de production bien plus faibles que pour le combustible des réacteurs à eau ordinaire rendent plus facile le renforcement des précautions et des contrôles.

Après l'extraction de l'uranium, l'enrichissement et la fabrication des combustibles, nous arrivons au *réacteur*, et aux problèmes délicats posés par sa sûreté. Si, à l'arrivée sur le site d'une centrale nucléaire, le combustible ne présente en effet que des risques faibles pour l'environnement, son passage au stade « actif » dans le cœur du réacteur se traduit, en plus de l'énergie recherchée, par une production de radioactivité importante qu'il convient de confiner avec un grand soin. Quel que soit le type de réacteur, la même méthode est utilisée.

La protection du public contre les conséquences d'un relâchement accidentel des produits de fission d'un réacteur nucléaire repose sur une application du concept capital de toute activité industrielle nucléaire, *le concept de barrière* : entre la source radioactive et le milieu qu'il s'agit de préserver, plusieurs barrières étanches doivent être disposées. Leur nombre dépendra à la fois du degré d'efficacité de chacune, autant que des conséquences prévisibles de leur rupture. L'analyse de sûreté consiste donc en premier lieu à s'assurer de la validité de chacune de ces barrières, et de son fonctionnement correct dans les conditions normales et accidentelles d'opération du réacteur.

Ce type d'analyse permet de faire ressortir le caractère progressif de la sûreté, en distinguant trois étapes successives, mais non indépendantes :

– La prévention : la validité de chaque barrière doit être démontrée par le choix des matériaux, leur adaptation aux conditions de fonctionnement et le maintien

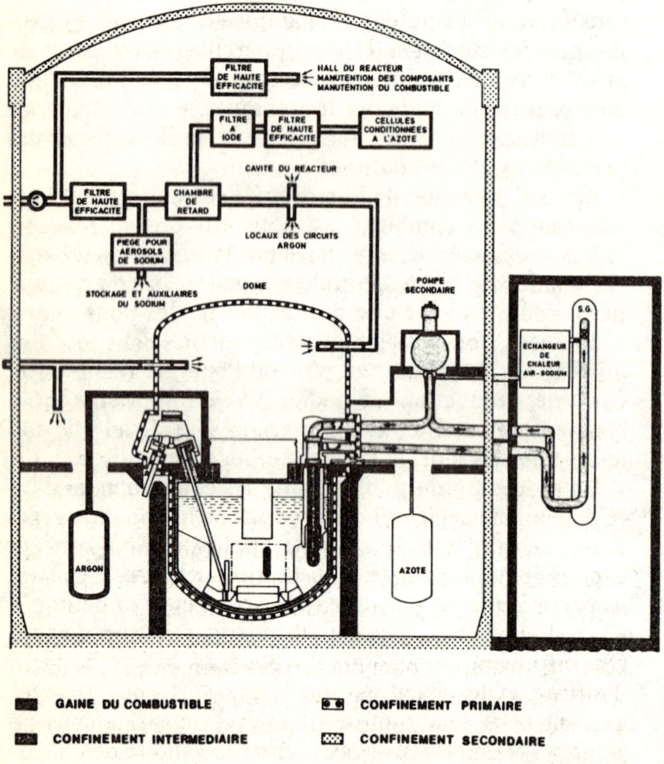

Système de confinement de la centrale Super-Phénix.
(réacteur à neutrons rapides.)

dans le temps des caractéristiques imposées. Il est essentiel de mettre en évidence les limites technologiques de manière à définir en toute connaissance de cause les marges réelles entre les conditions de fonctionnement et ces limites,

– La surveillance : elle est destinée à détecter toute entrée à l'intérieur des marges précédemment définies afin d'être en mesure, dans ce cas, de déclencher à temps une action corrective, automatique ou manuelle, pour revenir aux conditions normales,

– L'action de sécurité : elle a pour but, en cas de dépassement accidentel des limites technologiques, de prévenir l'émission de produits radioactifs ou d'en limiter l'importance.

Pour chaque type de réacteur, les barrières réputées à la fois étanches et résistantes sont généralement au nombre de trois ou quatre : la gaine, l'enveloppe du circuit primaire, le confinement primaire et éventuellement le confinement secondaire. Chacune d'elles est examinée en détail dans les trois cas de fonctionnement ci-dessous :

– Le fonctionnement normal : c'est le cas le plus simple et le mieux défini ; la fixation des marges par rapport aux limites technologiques doit prendre en compte les incertitudes qui peuvent subsister (caractéristiques des matériaux, conditions d'environnement...).

– Les transitoires normaux (démarrages, montées en puissance, variations de charge) ; par principe, les marges de sécurité définies en fonctionnement normal doivent permettre d'absorber ces transitoires sans déclenchement d'actions correctives irréversibles,

– Les transitoires accidentels, consécutifs à des défaillances de matériels ou à des erreurs humaines. L'établissement des diverses séquences possibles permet de mettre en évidence les points critiques pour en améliorer la fiabilité ou la surveillance.

Pour ce qui concerne les réacteurs à eau sous pression, les gaines des éléments combustibles constituent la première barrière entre les produits de fission et l'extérieur. Au contraire des autres barrières (circuit primaire et enceinte de confinement), celle-ci est divisée en un grand nombre de cellules indépendantes que sont les gaines des crayons combustibles.

La deuxième barrière assure le confinement de l'eau du circuit primaire et, de ce fait, comporte un certain nombre d'éléments fonctionnant à haute pression (155 bars) : ce sont essentiellement la cuve, les canalisations, pompes et vannes, les générateurs de vapeur, et le pressuriseur. Cet ensemble doit conserver son intégrité durant toute la vie du réacteur ; toute rupture ou fuite importante est un événement grave et des dispositifs de sécurité (systèmes d'injection de secours), sont mis en place pour y parer.

La troisième barrière d'un réacteur à eau sous pression est constituée par l'enceinte de confinement qui enferme de façon étanche l'ensemble du circuit primaire. Cette enceinte doit assumer trois fonctions : le confinement des produits radioactifs en cas d'accident du cœur, pour éviter leur dissémination dans l'environnement ; la tenue à la pression interne en cas de rupture d'une tuyauterie primaire ; la protection du réacteur à l'égard des agressions externes, telles que les chutes d'avion.

Après son passage au stade « actif » dans le cœur du réacteur le combustible désormais irradié doit être transporté. La *sureté du transport* est assurée essentiellement par la conception de l'emballage, dit « château de transport ». Une protection de plomb, intégrée à l'emballage, permet d'absorber tous les rayonnements émis par les combustibles contenus, et un système de refroidissement assure l'évacuation de la puissance résiduelle. L'ensemble est étudié pour résister sans perte d'étanchéité aux accidents les plus sévères susceptibles de survenir au cours des transports : chocs, incendie, immersion. La sévérité des épreuves réglementaires que doit subir chaque « château », complétée par une surveillance des mouvements de transport, explique qu'il n'y ait jamais eu d'accident radiologique en cours de transport.

Le retraitement du combustible irradié a, on le sait, pour objet de récupérer les matières fissiles (U 235, Pu 239) et de mettre le reste sous une forme stockable à long terme. Les risques engendrés par ces émetteurs alpha et les produits de fission, émetteurs bêta et gamma, sont la criticité, l'irradiation et la contamination.

Précisons d'abord le risque *d'incident de criticité* que nous avons déjà évoqué à propos de l'enrichissement : une accumulation, soit d'U 235, soit de Pu 239, la présence éventuelle autour de celle-ci d'un réflecteur hydrogéné, peuvent induire une excursion neutronique. Des dispositions redondantes sont prises pour éviter un tel événement. D'abord, des hypothèses majorantes sont systématiquement adoptées : ainsi tous les calculs effectués pour la réalisation de l'usine seront conduits en supposant que l'uranium présent dans telle partie de l'installation a une teneur en U 235 supérieure à celle qu'il présentera réellement. La sûreté-criticité repose ensuite sur des limites supérieures imposées à l'une ou plusieurs des fonctions suivantes : masse de matière fissile présente dans un appareil ; géométrie d'un récipient ; concentration au sein d'une solution, toutjours mesurée par deux méthodes différentes ; empoisonnement neutronique enfin, sous forme soluble ou sous forme solide.

En ce qui concerne le risque *d'irradiation du personnel*, les dispositions et mesures de base font appel au concept de zones de séjour allant de la zone 1 ouverte à tous en toute circonstance à la zone 4, interdite sauf cas tout à fait exceptionnel, – par exemple lors d'une intervention dûment préparée et concertée.

Les séparations physiques entre ces zones sont réalisées en fonction du potentiel d'irradiation qu'elles sont susceptibles d'émettre : écran de plomb, épaisseur de béton, profondeur d'eau, etc. sont calculés pour que les irradiations reçues soient, au-delà de ces protections, pour chacun, largement inférieures aux normes prescrites. Les accès d'une zone 2 vers une zone 3 ou 4 sont pourvus de sas. Il est clair que des dispositions spéciales empêchent de pénétrer dans une zone 4. Le balisage de ces zones se trouve dûment indiqué. Le personnel, enfin, est instruit et entraîné en conséquence.

La *contamination* résulte du contact physique entre le produit contaminant (particule solide, aérosol) et l'être humain susceptible d'être contaminé. Pour éviter pareille éventualité, le principe de base retenu dans l'agencement d'une usine de retraitement est le confinement. Celui-ci doit être réalisé au plus près de la source contaminante, et être aussi absolu que faire se peut grâce à une nouvelle application du concept de barrière.

Dans une piscine de stockage d'éléments combustibles irradiés, la première barrière, au plus près de la source, est constituée par la gaine qui enveloppe les pastilles d'oxydes d'uranium et de plutonium et les produits de fission engendrés par irradiation neutronique du combustible. Une rupture de gaine, même si elle est improbable n'est pas à écarter. La seconde barrière opposée à la diffusion des éléments contaminants est la masse d'eau de la piscine à laquelle s'ajoutent les dispositifs d'épuration par lesquels cette eau est filtrée en permanence. Si quelques particules franchissaient cette seconde barrière, elles seraient encore retenues par les parois métalliques de la piscine ; elles seraient confinées dans le hall situé au-dessus du niveau d'eau, dont l'ensemble constitue une troisième barrière.

Dans une cuve permettant le transit ou le séjour d'une solution contenant des radioéléments, la première barrière est constituée par les parois de la cuve et celles des tuyauteries y aboutissant. En cas de défaillance, que la qualité des matériaux et le soin de la fabrication rendent très improbable, une capacité de réception, ou « lèchefrite », permet de recueillir tout le volume de la cuve. Cette lèchefrite comme les murs de l'enceinte où est confinée la cuve représentent la deuxième barrière ; les filtres du circuit de ventilation, en général indispensables en raison des calories dégagées par les produits radioactifs, complètent cette seconde barrière. Enfin, autour de cette première enceinte, le génie civil des installations ménage une seconde enceinte de confinement. Celle-ci constitue une troisième barrière s'opposant à toute dispersion de la contamination, au cas où, simultanément, l'intégrité de la première et de la deuxième barrière serait déficiente.

Dans l'atelier de conditionnement des déchets radioactifs, où on incorpore les produits de fission dans des blocs de verre, la matrice de confinement, soit le verre lui-même, joue le rôle de première barrière. Elle est doublée par le conteneur métallique dans lequel est fondu puis conservé ce verre. La masse de béton, qui entoure les puits où sont stockés les blocs de verre, constitue une troisième barrière.

Le stockage des déchets est précisément la dernière étape du cycle du combustible, au cours de laquelle il faut maîtriser la radioactivité décroissante des produits. Il faut d'abord noter que, sur le site d'une installation nucléaire (réacteur ou usine de retraitement), seuls les stockages provisoires de déchets sont autorisés. Les déchets produits devront donc être transportés vers des centres spécialisés de stockage. Sur ces centres, on veille à l'interposition de barrières entre le déchet et l'homme comme il a été dit précédemment, compte tenu des agressions possibles en provenance du milieu ambiant, et notamment de l'action de l'eau.

Pour évaluer la sûreté des stockages, il faut distinguer deux grandes catégories de déchets : ceux à haute et très haute activité, qui contiennent des radioéléments à vie longue et ceux qui ne contiennent que des produits à vie relativement courte (période de décroissance de l'ordre d'une dizaine d'années). Dans ce dernier cas – dont il faut souligner qu'il concerne la plus grande partie en volume des déchets –, l'effet de décroissance permet de considérer qu'au bout de deux cents à trois cents ans environ, la radioactivité contenue est négligeable ; il s'agit donc simplement d'assurer un confinement satisfaisant pendant cette période, en utilisant toujours la méthode des barrières – par exemple enrobage dans du béton ou du bitume – et de surveiller l'état de ces barrières par un réseau de drainage approprié.

Dans le premier cas, par contre – celui des radioéléments à vie longue –, nul ne peut garantir la tenue d'une enveloppe étanche pendant des durées supérieures à dix mille ans ; au bout d'un temps plus ou moins long, la radioactivité contenue dans les déchets – qui se sera alors d'ailleurs abaissée à un niveau inférieur à la radioactivité contenue dans le minerai d'uranium initial – retournera dans l'environnement. Pour éviter que ceci ne se traduise par un accroissement significatif de la radioactivité naturelle, on enfouira ces déchets dans des structures géologiques (granite, sel) dont la stabilité a été démontrée sur des périodes géologiques. Ces déchets à longue vie représentent des volumes limités[1].

Le risque d'accident nucléaire

L'interposition de barrières étanches entre les produits radioactifs contenus dans une installation nucléaire et le public permet de garantir, en fonctionnement normal, le confinement de la radioactivité. C'est donc l'étude des accidents possibles que nous allons maintenant aborder, en nous attachant plus particulièrement au cas des réacteurs, car ils constituent potentiellement le risque dominant, en raison d'abord de la quantité importante de produits radioactifs qu'ils contiennent, – essentiellement les produits de fission de l'uranium –, mais en raison également du potentiel physico-chimique de dissémination de la radioactivité qui résulte de l'utilisation, pour la production d'énergie, de températures et/ou de pressions élevées. Il importe de rappeler en effet qu'*un accident nucléaire, même le plus hypothétique, ne peut pas être de même nature qu'une explosion d'arme nucléaire*, avec boule de feu, onde de choc, etc. Il ne peut s'agir que d'une fuite accidentelle de radioactivité, dans l'atmosphère ou dans les sols, et c'est cette dissémination accidentelle qu'il s'agit dans toute la mesure du possible de prévenir, et à tout le moins d'en limiter les conséquences.

Avant d'examiner les possibilités de défaillances – matérielles ou humaines – propres aux installations elles-

1. Rappelons que la production cumulée en l'an 2000 des déchets à haute activité (essentiellement les déchets alpha) ne devrait pas dépasser 30 000 m^3, et celle des déchets à très haute activité (vitrifiés) 2 000 m^3.

mêmes, il nous faut cependant évoquer d'abord les risques d'accidents dus à des causes « naturelles » ou à la malveillance.

Un certain nombre de cataclysmes naturels sont considérés lors de la conception d'une centrale nucléaire, avec comme objectif la rétention des produits radioactifs. Parmi les plus caractéristiques, figurent les *séismes*.

Le cas du « séisme majoré de sûreté » est traité de façon particulièrement pessimiste. On considère le séisme le plus grave survenu dans la région tectonique où est située la centrale ; on suppose que l'épicentre de ce séisme est au voisinage de la centrale ; on double l'accélération de ce séisme (en fait, on utilise un spectre d'accélération en fonction de la fréquence caractéristique du type de terrain) ; on calcule ainsi en dynamique les structures importantes pour qu'elles assurent leurs fonctions de sûreté ; on superpose à ce chargement sévère l'accident de perte de réfrigérant par brèche du circuit primaire, pour les réacteurs à eau pressurisée. Le résultat du calcul doit être un confinement total des produits radioactifs.

Ces dispositions devraient donc rassurer pleinement, d'autant plus que la méthode que nous venons d'exposer est appliquée à toutes les « barrières » définies plus haut et aux systèmes nécessaires à leur fonctionnement : contrôle, énergie, système de noyage et de refroidissement...

Les *actes de malveillance* constituent également un sujet majeur de préoccupation. S'il s'agit d'arrêter le fonctionnement de la centrale, on peut concevoir qu'un individu ayant des connaissances techniques poussées puisse créer une défaillance provoquant un arrêt du fait du grand nombre de systèmes de protection. Si le sabotage a pour but de créer un risque important en libérant une quantité massive de produits radioactifs, il est très difficile à réaliser (même avec des roquettes comme on a pu le constater il n'y a pas longtemps). Il faudrait en effet provoquer une série d'« événements » conduisant à la fusion du cœur et empêchant le fonctionnement des différents dispositifs de sauvegarde. C'est un scénario qui semble peu crédible, en raison même des mesures prises pour prévenir les accidents et protéger le personnel des circuits véhiculant des produits radioactifs : les occasions, et les moyens, ne manquent pas de provoquer, ailleurs, plus de victimes, et beaucoup plus facilement...

Autre préoccupation du public, liée à la précédente : le vol de combustible nucléaire en vue de la fabrication d'une bombe nucléaire qui, même avec des performances faibles, pourrait représenter une menace pour la collectivité. Bien que la probabilité soit très faible que des terroristes soient capables de réaliser effectivement un tel engin avant d'être détectés, des mesures particulières de protection doivent être prises, notamment en cours de transport des matières radioactives, essentiellement pour éviter qu'ils puissent prétendre, même à tort, y être parvenus.

On a parlé aussi d'une dispersion possible de la radioactivité, par sabotage d'installations de stockage de déchets, ou de convois de transport de combustible. Mais la dispersion de solides radioactifs par explosifs ne peut contaminer que des zones relativement peu étendues. Ceci a été vérifié lors d'accidents survenus à des engins nucléaires : à Palomares, en Espagne, et au Groenland, à la suite d'accidents d'avions ; en Californie du Sud, où une bombe est tombée accidentellement ; un missile incendié. Dans chaque cas, la contamination a été très faible.

Les scénarios d'accidents

Pour qu'il puisse y avoir un relâchement accidentel de radioactivité, il faut que soient mises en cause l'intégrité des barrières décrites précédemment, et en premier lieu, de la première barrière, la gaine métallique qui entoure le combustible nucléaire. Cette détérioration de la gaine ne peut se produire que si sa température excède largement la valeur fixée en fonctionnement normal. Pour prévenir tout accident, il est donc prévu, à la conception, une large redondance des circuits de refroidissement du combustible, et, en cas de défaillance des circuits normaux, la mise en service automatique de circuits de secours complètement indépendants. De même, au niveau des exploitants, les consignes imposent une surveillance permanente de l'état de la gaine et des circuits, et des actions manuelles si nécessaires. Il en résulte qu'un endommagement grave de la première barrière ne peut résulter d'une défaillance de matériel, ou d'une erreur humaine, mais exige *la coïncidence de plusieurs défaillances, ou erreurs,* sur les circuits normaux, mais aussi sur les systèmes de secours. Pour que puisse s'ensuivre un relâchement de radioactivité, il faut de plus faire l'hypothèse que la deuxième, puis la troisième barrière perdent également leur intégrité. On conçoit alors qu'un tel scénario d'accident devient de moins en moins probable au fur et à mesure qu'il implique davantage de défaillances ou erreurs multiples.

Pour évaluer la probabilité de tels accidents, on ne peut s'appuyer sur une statistique des accidents passés. En effet, le bilan actuel de l'énergie nucléaire est extrêmement favorable, puisqu'aucun accident n'a entraîné de dommages graves pour l'environnement, ni de victimes dans le public. Il faut donc procéder à une évaluation prévisionnelle, en s'efforçant d'imaginer les événements non prévus qui pourraient se succéder.

L'étude la plus complète dans ce domaine a été publiée en 1975 aux Etats-Unis, conduite par une équipe de scientifiques dirigés par un universitaire, le professeur Rasmussen. Ayant fait depuis sa publication l'objet de nombreuses analyses par d'autres scientifiques, elle est considérée comme une référence en matière de risques d'accidents dans les centrales électronucléaires, – même si les résultats doivent être assortis d'une assez grande marge d'incertitude.

Quelles sont les conclusions de cette étude ? La première est qu'un accident grave est peu probable : il y a moins d'une chance sur 10 000 par an qu'un accident endommage gravement la première barrière. La deuxième conclusion porte sur les conséquences de cet accident : elles sont moins importantes qu'on pourrait le croire. Dans la plupart des cas, l'accident très grave que nous envisageons ici n'aurait pas de conséquences radiologiques sur l'environnement, les produits radioactifs les plus dangereux restant « piégés » dans l'installation. C'est seulement dans l'hypothèse d'une rupture simultanée de l'enceinte externe qu'un nuage de radioactivité pourrait s'échapper de l'installation, dans les heures qui suivraient le déclenchement de l'accident.

Les conséquences pour le public seraient alors fonction de la distance à la centrale, les produits radioactifs étant progressivement dilués, et de l'efficacité des moyens de protection mis en œuvre : confinement à domicile, évacuation. L'étude du professeur Rasmussen envisage que dans le pire des cas on pourrait compter quelques milliers de victimes, mais cette catastrophe hypothétique n'a qu'une probabilité de se produire de l'ordre de 1 sur 10 millions par an, chiffre évidemment infime. Par comparaison, on sait que la probabilité de rupture d'un barrage, qui dans de nombreuses régions entraînerait un nombre de victimes beaucoup plus important, est sans doute plus proche de 1 sur 10 000 par an, soit mille fois plus probable. Le graphique ci-après résume ces résultats.

L'accident de Three Mile Island

L'accident survenu le 28 mars 1979 à la centrale nucléaire de Three Mile Island, près d'Harrisburg, aux Etats-Unis, a été considéré à l'époque comme une remise en cause de la validité de la sûreté nucléaire, puisque « l'accident impossible avait eu lieu ». (Une description détaillée des événements est donnée en Annexe 2.) Il faut en retenir ici en premier lieu qu'il n'a constitué en rien un accident « catastrophique », puisque les conséquences radiologiques ont été non significatives du point

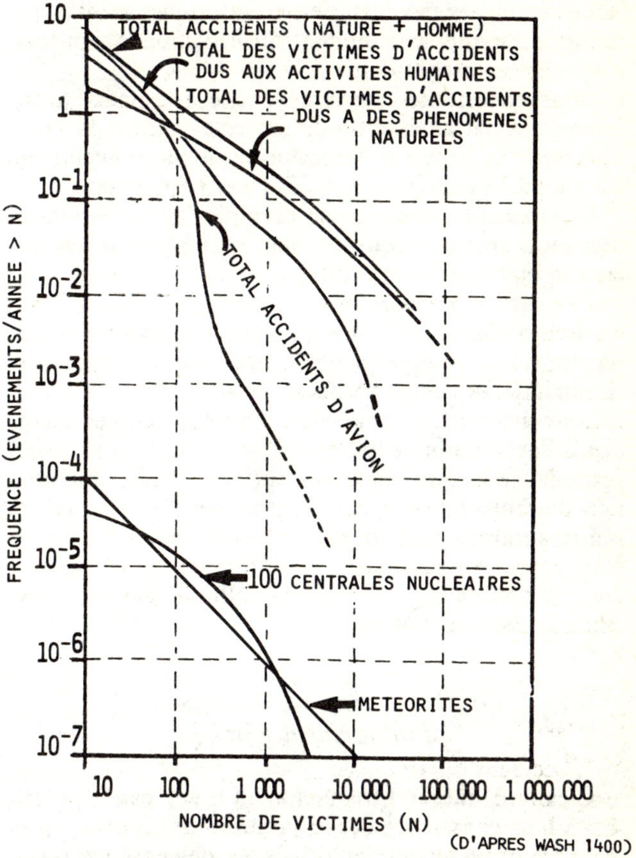

Conclusions générales du rapport Rasmussen

de vue du public, et qu'il n'a, bien sûr, causé aucune victime, ni dans la centrale, ni à l'extérieur.

Cet accident est cependant riche d'enseignements.

– Concernant le scénario d'un accident réel, les défaillances cumulées des matériels et les erreurs de diagnostic du personnel ont amené une situation qui n'avait jamais été envisagée dans le détail.

– La « théorie des barrières », telle que nous l'avons précisée, a parfaitement joué son rôle puisque la situation réelle se situait à l'intérieur du domaine accidentel pour lequel l'enceinte de confinement est conçue.

– Certains auxiliaires, par exemple la ventilation de bâtiments annexes, peuvent jouer un rôle important sur les conséquences d'un accident.

– L'organisation de l'intervention, l'attitude à tenir vis-à-vis du public, sont des éléments à préparer soigneusement si l'on veut éviter une aggravation, réelle ou psychologique, des conséquences.

Suite à cet accident, des améliorations ont été apportées à l'exploitation des centrales nucléaires : Les modifications de la conception ont surtout trait à l'amélioration de l'instrumentation et à la présentation claire des informations correspondantes ; le personnel est désormais entraîné à faire face à des situations anormales et doit disposer de consignes ultimes afin de ramener l'installation dans un état sûr.

Quelles seraient les conséquences d'un accident grave ?

C'est une question fréquemment posée par le public, qui a bien conscience des dispositions de sécurité prises pour éviter un tel accident, mais qui ne pense pas qu'elles puissent être efficace à 100 %. Par conséquent, même si la probabilité d'une catastrophe est faible, plus faible par exemple que la rupture d'un barrage, le public veut en connaître les conséquences si elle devait survenir.

Derrière cette préoccupation légitime, se profile *la*

confusion persistante, plus ou moins consciente, entre les conséquences potentielles d'un accident nucléaire et les effets d'une bombe atomique. Certes, tout le monde sait qu'un réacteur nucléaire ne peut pas exploser comme une bombe atomique, en raison de réactions physiques qui interdisent le développement de la réaction jusqu'à la production d'une énergie notable. Mais on sait aussi qu'un réacteur contient une quantité très importante de produits radioactifs, qui représentent un danger potentiel considérable.

Ce qu'il est important de souligner, c'est que ces produits radioactifs ne pourront avoir de conséquences graves que s'ils sont en mesure d'atteindre un grand nombre de personnes, et pour cela il faudrait qu'il puisse exister un mécanisme de dispersion de ces produits. C'est ce mécanisme qui explique les conséquences radiologiques de l'explosion d'une arme atomique : le « champignon » qui s'élève à dix ou vingt mille mètres d'altitude permet une dispersion de la radioactivité sur des dizaines sinon des centaines de kilomètres. Dans le cas d'une centrale nucléaire, un accident grave implique la perte d'étanchéité de toutes les barrières qui séparent les produits radioactifs de l'extérieur de l'installation, et il s'agit alors d'une « fuite » de radioactivité, dont le panache ne s'élève au plus qu'à une centaine de mètres environ, ce qui limite les dépôts importants à quelques kilomètres au plus de la centrale. De plus, et c'est ce que nous allons voir maintenant plus en détail, la plus grande partie de la radioactivité contenue dans le réacteur ne passe pas dans l'environnement : elle reste piégée dans l'installation.

Admettons donc que par suite de défauts de matériel ou d'erreurs humaines – il faut, nous l'avons vu, qu'il y en ait plusieurs, simultanées et indépendantes – un accident grave se produise : les barrières de sûreté ont perdu leur intégrité, un nuage radioactif s'échappe de la centrale. Il contient d'abord et surtout des gaz, isotopes radioactifs des gaz rares de l'air, qui pour l'homme présentent essentiellement un danger d'irradiation externe ;

il contient en moindre quantité des aérosols, c'est-à-dire des particules radioactives en suspension qui vont se déposer progressivement sur le sol et qui présentent un danger d'irradiation et de contamination, directement ou à travers l'eau et les aliments.

A court terme, c'est-à-dire dans les premières heures qui suivront l'accident, c'est l'irradiation directe par le panache radioactif qui présente le danger dominant. Il faut souligner que si le nuage radioactif peut dans certains cas n'être pas visible – si l'accident ne s'est pas accompagné de l'émission de vapeur d'eau, ou de fumées de combustion –, il est toujours très facilement repérable par les appareils de mesure disposés autour des centrales. Le danger de cette irradiation ira en décroissant avec le temps – réduction de l'activité des produits à vie courte – et avec la distance – dilution. Ces deux effets vont dans le même sens et ne seront donc importants qu'à courte distance, quelques kilomètres sous le vent.

Les plans de secours, que l'on appelle en France « Plans particuliers d'intervention » (P.P.I.)[2] prévoient les mesures de protection des personnes adaptées à la gravité de l'accident : soit maintien dans les habitations, qui assurent une protection contre l'irradiation externe, soit évacuation si elle est nécessaire. Le nombre total de

---

2. Dans le cadre de l'organisation des secours dans le domaine radiologique *(le plan ORSECRAD)*, la version opérationnelle est constituée par le plan particulier d'intervention, ou P.P.I., pour chaque site de réacteur.

Ce plan – public – organise, de façon précise, les missions de chacun des intervenants et comporte une liste des moyens d'information et d'intervention, avec leur emploi prévu. Il permet l'articulation entre ce qui est fait sur le site et ce qui doit être fait à l'extérieur.

L'exploitant qui a détecté une anomalie grave dans son installation doit donc prévenir le préfet qui déclenche le P.P.I. à partir d'un certain niveau. En parallèle avec la transmission des alertes aux services centraux, les autorités locales des sapeurs pompiers, de police et gendarmerie sont informées et, le cas échéant, mises à contribution : mesures d'activités, restriction de circulation ou d'accès pour ne pas gêner l'intervention des services spécialisés, transports, information, aides à l'exploitant.

personnes à évacuer ainsi dans les heures qui suivraient une catastrophe dépendrait du site et des conditions météorologiques : en France il ne devrait pas excéder quelques milliers de personnes au plus et ne porter que sur des villages ou hameaux à l'exclusion de toute cité importante. On peut rappeler à titre de comparaison qu'il y a quelques années une fuite accidentelle de chlore avait conduit à évacuer 250 000 personnes environ dans la région de l'Ontario, Canada.

Le nombre de victimes immédiates au voisinage de la centrale dépendra de l'efficacité du plan d'intervention : si l'accident évolue très vite, en quelques heures, si l'évacuation est impossible ou incomplète, on peut craindre dans un cas extrême que plusieurs centaines de personnes reçoivent des irradiations supérieures aux doses entraînant le décès à brève échéance. Il s'agirait effectivement d'une catastrophe, mais qui implique des hypothèses très pessimistes, aussi bien sur le comportement de la centrale que sur l'efficacité des mesures d'urgence, et qui est finalement beaucoup moins probable que des catastrophes comparables, en nombre de victimes, sur des installations industrielles non nucléaires. Et de toutes manières, cela n'aurait rien à voir, heureusement, avec les conséquences à attendre de l'explosion d'une arme atomique, dont le nombre de victimes serait d'un autre ordre de grandeur.

Mais il y aurait également des effets à long terme dont il faut se préoccuper : le plan d'intervention ayant permis de mettre les populations les plus exposées à l'abri, essentiellement au moment du passage du nuage radioactif, il subsistera au sol une contamination radioactive qui sera d'autant plus élevée qu'on sera plus proche de la centrale. Les mesures effectuées par les services du ministère de la Santé permettront de baliser plusieurs zones distinctes :

– Eventuellement, dans le cas d'un rejet d'aérosols très important, une zone à évacuer temporairement, quelques kilomètres carrés ou quelques dizaines de kilomètres carrés dans les cas hypothétiques extrêmes ; le retour des habitants ne pouvant avoir lieu qu'après décroissance de la radioactivité et décontamination éventuelle. Le corps radioactif qui risque d'être dominant étant l'iode 131, qui décroît de moitié chaque semaine, la durée d'évacuation dans cette hypothèse ne devrait pas dépasser quelques semaines.

– Une deuxième zone, plus étendue, où des interdictions également temporaires d'utilisation d'eau et/ou de consommation de produits agricoles pourront être prononcées.

– Enfin les autres zones où ne seront poursuivies que des opérations de contrôle. Il faut souligner ici que la nuisance radioactive présente un avantage relatif, c'est celui d'être très facile à détecter et à suivre, quels que soient les cheminements empruntés par la radioactivité. Les différentes mesures décidées par les autorités pourront l'être au vu des résultats détaillés des conséquences de la catastrophe.

Au-delà de ces effets immédiatement perceptibles, on doit se poser la question des membres de la population qui auront subi une irradiation, par suite de l'accident, laquelle n'aura pas mis leurs jours en danger, mais pourra avoir des conséquences différées : inductions de cancers, effets génétiques. Il s'agit de doses comprises entre une centaine de rads et quelques centaines de millirads, comparables à celles que reçoivent des travailleurs de l'énergie nucléaire pendant leur carrière.

Il est clair que ces personnes ne nécessitent aucune surveillance médicale particulière, sauf cas particulier – femmes enceintes par exemple – puisque, en ordre de grandeur, une dose de 100 rads n'accroît que de 1 % le risque d'avoir un cancer, risque qui est en moyenne de 25 % pour la population. Globalement, les conséquences sont cependant importantes, car les populations concernées peuvent être considérables. Elles pourraient représenter environ dix fois le nombre de victimes immédiates, mais ne pourront jamais être évaluées que statistiquement par rapport à un « bruit de fond » important d'affections naturelles ou dues à d'autres causes.

Les quelques chiffres qui viennent d'être donnés permettent de ramener la « catastrophe nucléaire » à une plus juste perspective : il ne s'agirait en rien d'un holocauste comparable à celui qu'entraînerait l'explosion d'une arme thermonucléaire et on n'a pas à envisager l'évacuation ou la désertification de territoires grands comme des départements. Les conséquences potentielles restent certes très graves, mais comparables aux désastres industriels observés dans le passé – par suite de ruptures de barrages par exemple – ou que l'on peut redouter dans l'avenir – fuite de chlore analogue à celle qui a été citée plus haut et qui a exigé l'évacuation de 250 000 Canadiens. L'essentiel de l'effort en matière de sûreté doit porter sur la prévention de telles catastrophes, mais les pouvoirs publics doivent également se préparer à protéger efficacement les populations les plus proches si, malgré les précautions prises, la catastrophe devait quand même survenir. N'oublions pas non plus, comme l'expérience de Three Mile Island l'a confirmé, que *le problème essentiel à résoudre en cas d'accident est celui de l'information* : information préalable et détaillée des divers intervenants, mais aussi information du public, surtout au voisinage des centrales ; information « à chaud » à mettre rapidement en place en cas d'accident réel, puis information technique complète des experts nationaux et étrangers.

Le rôle des pouvoirs publics

Aux termes de la réglementation nucléaire, c'est l'exploitant d'une installation qui peut seul recevoir l'autorisation de créer cette installation – et toutes les autorisations subséquentes – et c'est lui qui est finalement responsable de sa sûreté.

Le ministère chargé en France des questions de sûreté des installations nucléaires est le ministère de l'Industrie, au sein duquel existe un service spécialisé, le Service central de sûreté des installations nucléaires

(S.C.S.I.N.), créé par décret du 13 mars 1973. Dans ses décisions, ce service central s'appuie sur l'Institut de protection et de sûreté nucléaire (I.P.S.N.) au sein du Commissariat à l'énergie atomique. L'I.P.S.N., qui emploie 1 000 personnes, comprend notamment un département de sûreté nucléaire et un département de protection. L'I.P.S.N. effectue les analyses de sûreté qui permettent d'évaluer les dispositions présentées par les exploitants d'installations nucléaires.

L'intervention des pouvoirs publics ne se limite pas à l'action du ministère de l'Industrie. Le ministère de la Santé, avec le Service central de protection contre les rayonnements ionisants, joue un rôle essentiel. Les décrets d'autorisation de création des installations nucléaires de base sont pris sur l'avis conforme du ministère de la Santé. Ce ministère est en outre cosignataire des arrêtés d'autorisation de rejets d'effluents radioactifs.

Une décision du ministre chargé de l'Industrie, en date du 27 mars 1973, modifiée par une décision du 17 décembre 1976, a institué auprès du Service central de sûreté des installations nucléaires des groupes permanents formés d'experts et de représentants de l'Administration, chargés d'étudier les problèmes techniques que posent, en matière de sûreté, la création, la mise en service, le fonctionnement et l'arrêt des installations nucléaires et de leurs annexes. Un premier groupe traite des problèmes relatifs aux réacteurs nucléaires, un second des problèmes relatifs aux autres installations nucléaires de base.

Les groupes permanents sont obligatoirement consultés, par le chef du Service central de sûreté des installations nucléaires (S.C.S.I.N.), sur la sûreté de chaque installation nucléaire. A ce titre, ils examinent les rapports de sûreté de ces installations nucléaires de base. A l'issue des travaux relatifs à un dossier déterminé – qui fait l'objet d'une analyse par l'Institut de protection et de sureté nucléaire qui fait fonction de rapporteur –, ils émettent un avis, assorti de propositions de prescriptions techniques. Les groupes permanents jouent donc un rôle important dans l'appréciation de la sûreté des installations nucléaires de base.

Les rapports de sûreté mentionnés constituent une étape fondamentale pour l'analyse et les autorisations nécessaires à l'installation. Le rapport « préliminaire » expose les principes de réalisation de l'installation et donne lieu au décret d'autorisation de construction en cas d'avis favorable de tous les ministères impliqués. En fin de construction, et au plus tard six mois avant le chargement du combustible, le rapport « provisoire » décrit l'installation telle qu'elle a été construite et sollicite l'autorisation de faire les essais de fonctionnement. Les résultats de ces essais et les conditions d'exploitation sont précisés dans le rapport « définitif » avant la mise en service industrielle. Au demeurant, des mises à jour de ce rapport sont possibles lorsque des modifications sensibles sont nécessaires.

Une procédure du même type, mais simplifiée, est mise en œuvre pour l'autorisation de rejets d'effluents radioactifs liquides ou gazeux.

Ceci se superpose bien entendu aux procédures classiques dont font l'objet les installations d'une certaine ampleur : enquête publique et son analyse préalables à la déclaration d'utilité publique, protection contre les pollutions chimiques de l'atmosphère et des eaux, renforcement de la protection physique. Ceci est, par exemple, demandé pour une centrale thermique fournissant de l'électricité par combustion de charbon ou de pétrole.

La réglementation technique générale

On distingue trois niveaux de réglementation et des documents complémentaires plus spécialisés, qui codifient les règles de l'art, que nous ne développerons pas.

– *Les principes fondamentaux de sûreté* : Un projet de texte a été rédigé en 1978 par un groupe de travail mis en place par le Service central de sûreté des installations nucléaires. Il sert actuellement de référence pour la rédaction des textes des autres niveaux. Portant sur la conception, la qualité, l'acceptation des risques, le choix des sites et les obligations des constructeurs et exploitants, il fixe notamment le principe général suivant :

« Il est nécessaire que les effets – notamment biologiques – des rayonnements ionisants émis par un réacteur nucléaire et les produits radioactifs qui s'y trouvent soient en permanence maîtrisés. Des mesures permettant d'assurer le confinement des produits radioactifs et l'atténuation des rayonnements ionisants doivent être prises à cet effet lors de la conception, de la construction, de la mise en service, de l'exploitation et de l'arrêt définitif de l'installation. »

En ce qui concerne le principe d'acceptation des risques, le texte prévoit que :

« En fonctionnement normal, les équivalents de dose susceptibles d'être reçus par les travailleurs de l'installation, les personnes du public et la population ne devront, en aucun cas, dépasser les limites admissibles fixées par les autorités compétentes. Les risques de conditions accidentelles conduisant à des effets supérieurs à ceux admis en fonctionnement normal devront être limités comme suit : une condition accidentelle devra être d'autant plus improbable que les dommages qui en résulteraient pourraient être graves, l'acceptation se faisant par référence aux risques de toutes sortes acceptés dans les activités courantes de la société. »

Les principes fondamentaux de sûreté introduisent le concept de risque et permettent d'envisager le développement de critères de caractère probabiliste. Les difficultés rencontrées dans ce domaine sont bien connues et le constat de la situation française a déjà été dressé. Toutefois dans certains domaines comme la prise en compte des chutes d'avions, des critères probabilistes provisoires sont pris en considération dans les analyses de sûreté.

– *Les critères généraux de sûreté* : Il y a quatre documents principaux : relatifs aux sites ; à la conception des réacteurs nucléaires ; à l'exploitation des réacteurs nucléaires ; à l'assurance de la qualité.

Les critères généraux relatifs à la conception comprennent une partie générale applicable à toutes les filières de réacteurs, et des parties applicables, soit aux réacteurs P.W.R., soit aux réacteurs à neutrons rapides.

– *Les prescriptions techniques* : Deux arrêtés ont été publiés. Ils portent : l'un en date du 15 juin 1970, sur les caissons de réacteurs nucléaires en béton précontraint (utilisés à l'époque pour les réacteurs nucléaires refroidis au gaz), l'autre en date du 26 février 1974, sur les chaudières nucléaires à eau sous pression (circuit primaire des réacteurs P.W.R.).

Ces textes fixent des objectifs de sûreté qui doivent être atteints par les constructeurs et les exploitants, les choix techniques effectués par les constructeurs devant être justifiés. Les textes en question comprennent des recommandations relatives aux calculs, à la construction, aux essais et à la surveillance des circuits primaires des réacteurs.

L'inspection des installations nucléaires

Les inspecteurs qui exercent leur activité pour le compte du S.C.S.I.N., sont chargés de surveiller l'application de la réglementation technique générale, des dispositions contenues dans les décrets d'autorisation de création et des prescriptions imposées ultérieurement à l'exploitant. Compte tenu de la complexité des problèmes et des équipements rencontrés dans la plupart des installations nucléaires, il est habituel que chaque visite de surveillance soit effectuée sur un thème bien délimité, ce qui n'interdit pas à l'inspecteur de faire toute constatation qui lui paraîtrait opportune en dehors du domaine fixé pour la visite en cause. Dès réception du rapport d'inspection, les responsables du S.C.S.I.N. l'analysent en liaison avec le Département de sûreté nucléaire de l'I.P.S.N. afin d'étudier les suites à donner aux constatations et propositions de l'inspecteur.

Comme les chaudières nucléaires à eau constituent des appareils à pression, elles sont, à ce titre, soumises à une réglementation particulière qui s'ajoute à la réglementation plus générale relative à la sûreté nucléaire. Le très haut niveau de sécurité recherché pour ces appareils a en effet conduit à l'élaboration d'une réglementation particulière (arrêté et circulaire du 26 février 1974 portant application de la réglementation des appareils à pression aux chaudières nucléaires à eau).

Le Bureau du contrôle de la construction nucléaire de la Direction interdépartementale de l'Industrie de Bourgogne-Franche-Comté est chargé au titre de cet arrêté de contrôler la construction des chaudières nucléaires à eau. Pour les installations de la région Rhône-Alpes, c'est la Direction régionale qui suit l'application de cet arrêté et effectue les inspections correspondantes. Une telle amorce de décentralisation permet aux agents chargés du contrôle des installations nucléaires d'être plus proches des installations, de mieux connaître l'ensemble des problèmes techniques posés par les installations et donc d'être plus efficaces.

La recherche et la coopération internationale

Les analyses de sûreté effectuées doivent reposer sur des programmes d'études importants. Les essais et calculs sont difficiles à réaliser car ils concernent souvent des matériaux mis en œuvre aux limites de leur résistance. Ces conditions d'essais doivent concerner des quantités suffisantes de matériaux, pour comprendre les phénomènes, avec une instrumentation d'autant plus délicate que l'environnement considéré est sévère, mais à une échelle rapidement limitée par le coût des expériences. Comme la plupart des programmes électronucléaires nationaux convergent vers les mêmes types de problèmes de sûreté, la coopération internationale est donc un moyen précieux pour comparer les résultats obtenus dans des installations distinctes ou pour partager les résultats des installations uniques particulièrement coûteuses. Cette coopération peut prendre plusieurs formes qui sont utilisées suivant les cas : réunions ou conférences internationales spécialisées, publications dans des revues techniques, accords particuliers bi ou multinationaux, se traduisant par des échanges de résultats, des visites ou des détachements de personnels.

Il faut signaler, au niveau européen, que les accords EURATOM permettent de mettre en commun les résultats obtenus dans le Centre d'études nucléaires d'Ispra en Italie et quelques autres laboratoires.

Le mode d'utilisation des essais procède de la démarche suivante :

– Des essais de type élémentaire servent à isoler des phénomènes dont on recherche la modélisation par des codes de calcul. Les essais servent alors à déterminer les valeurs numériques des paramètres ; ils sont généralement réalisés dans le cadre national ;

– Des expériences complexes plus globales permettent de vérifier que l'ensemble des phénomènes est bien représenté par le calcul ; les essais de ce type, plus complexes, se prêtent davantage, en raison de leur coût élevé, à une collaboration internationale ;

– En cas de succès, les calculs sont alors appliqués aux cas étudiés pour une installation déterminée, les résultats étant alors utilisés pour l'analyse de sûreté.

Nous nous contenterons de citer quelques exemples d'expériences de grande ampleur.

Dans le domaine des réacteurs à eau pressurisée, le réacteur d'essais Phébus, à Cadarache dans le sud de la France, étudie le comportement du combustible dans le cas d'un accident de perte de pression. Les résultats peuvent être analysés en les situant dans le comportement d'ensemble du réacteur grâce aux essais américains réalisés dans le réacteur Loft, maquette de cœur de 50 MWth avec son circuit primaire.

Dans le domaine des réacteurs à neutrons rapides, les accidents d'augmentation rapide de puissance sont réalisés sur une aiguille de combustible dans le réacteur Cabri, à Cadarache, dans un cadre largement international : Allemagne fédérale, Japon, Grande-Bretagne, Etats-Unis. Les accidents de refroidissement sont étudiés sur le réacteur Scarabée. Les feux de sodium (le sodium brûle, on le sait, dans l'air) sont réalisés dans de nombreuses installations, mais la plus grande est en construction à Cadarache en collaboration avec l'Italie, et permettra de mettre en œuvre plusieurs dizaines de tonnes de sodium.

N.B. Sur la question de la sûreté des installations nucléaires, on pourra consulter, en français, les documents suivants :

Annales des mines, janvier 1974, « La sûreté nucléaire ». Mars 1976 « La sécurité nucléaire ». Juin 1980 « La sûreté des installations nucléaires ».

Revue générale nucléaire, octobre 1976 « L'approche probabiliste de la sûreté des réacteurs nucléaires ». Juillet 1977 « Le nucléaire en questions ». Janvier 1980 « Nucléaire et environnement ». Février 1980 « Les déchets nucléaires en question ».

Note d'information n° 32 du ministère de l'Industrie, juin 1980 « L'organisation de la sûreté nucléaire en France ».

Bulletin d'informations scientifiques et techniques, novembre 1975 « Sûreté nucléaire I ». Décembre 1975 « Sûreté nucléaire II ». Janvier 1976 « Sûreté nucléaire III ».

ANNEXE

L'accident survenu le 28 mars 1979 à la centrale nucléaire de Three Mile Island près d'Harrisburg aux Etats-Unis

Le déroulement de l'accident

Fondamentalement cet accident s'analyse comme une brèche (liée au blocage en position ouverte d'une vanne de décharge) du circuit primaire du réacteur mal diagnostiquée par les opérateurs qui ont, de ce fait, effectué un certain nombre de manœuvres inadaptées.

A l'origine de l'accident, un incident très banal – compliqué toutefois quant au diagnostic par un défaut de fonctionnement de l'alimentation de secours des générateurs de vapeur – qui, sur le type de réacteur concerné, entraîne l'ouverture d'une vanne de décharge du pressuriseur. Celle-ci ne s'est pas refermée. Il n'y avait, cependant, là encore qu'un incident de gravité très modérée car les automatismes ont parfaitement fonctionné et le système d'injection de sécurité, – précisément prévu pour compenser la perte d'eau susceptible de résulter d'une brèche éventuelle dans le circuit primaire –, s'est normalement mis en service. Fonctionnement satisfaisant également de la vanne d'isolement située derrière la vanne de décharge du pressuriseur et prévue spécifiquement pour limiter à la base les conséquences de ce cas de blocage de la vanne de décharge. Cette vanne a parfaitement fonctionné quand les opérateurs ont décidé de s'en servir.

Le fait essentiel est que les opérateurs, sans doute trompés par un certain nombre d'indications erronées (notamment le niveau d'eau dans le pressuriseur qui n'était plus représentatif), *ont mal compris l'accident*: ils ont arrêté indûment l'injection de

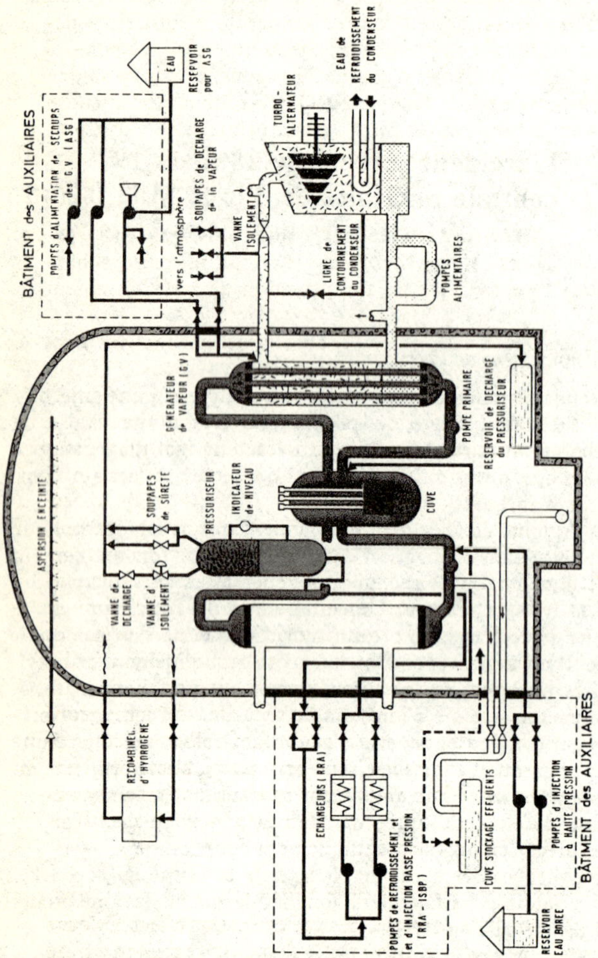

SCHEMA de la CENTRALE de THREE MILE ISLAND

sécurité et ont plusieurs fois fermé et ouvert la vanne d'isolement qui aurait pu, si elle avait été fermée assez vite, éviter totalement l'accident.

Dès lors le circuit primaire perdit progressivement l'eau qu'il contenait, un certain refroidissement – insuffisant – demeurant assuré par la circulation maintenue, par les pompes primaires, d'un mélange d'eau et de vapeur, et par la source froide constituée par la vaporisation à la brèche. Cette situation ne pouvait toutefois durer car le circuit primaire se vidait progressivement et les limites de fonctionnement des pompes primaires furent atteintes. Par mesure de précaution, les opérateurs décidèrent alors – et le bien-fondé de cette décision a été très discuté – d'arrêter ces pompes, ce qui provoqua une séparation des phases eau et vapeur dans le circuit primaire, si bien que le cœur se trouva dans une situation de refroidissement très insuffisant.

Ce n'est que seize heures après le début de l'accident qu'ayant compris la situation, réinjecté de l'eau dans le circuit primaire, remis en pression ce circuit et rétabli le fonctionnement des pompes primaires, les opérateurs furent à nouveau en mesure d'assurer au cœur du réacteur un refroidissement satisfaisant.

Entre-temps, d'autres faits significatifs pour la sûreté s'étaient produits à l'intérieur de l'installation. Le premier consista en la formation de gaz à l'intérieur de la cuve du réacteur par réaction à haute température entre les gaines du combustible et l'eau. Il fallut dès lors plusieurs jours pour éliminer du circuit primaire ces gaz qui toutefois – et malgré certaines informations erronées contribuant à l'affolement des populations –, n'étaient pas susceptibles de provoquer, faute d'oxygène, une explosion dans le circuit primaire. Dernier fait significatif : au début de l'accident par suite d'un défaut de conception propre à cette centrale, l'isolement automatique de l'enceinte n'est pas intervenu suffisamment tôt et une faible quantité de radioactivité s'est propagée dans des bâtiments auxiliaires, puis dans l'environnement.

Les répercussions à l'extérieur de la centrale

A l'extérieur de la centrale, des prélèvements effectués dans les heures et les jours qui suivirent le début de l'accident par de nombreux laboratoires firent apparaître que les rejets dans l'environnement demeuraient très limités. Un individu qui serait resté à la limite du site pendant toute la durée de l'accident n'aurait pas reçu une dose de rayonnements supérieure à 100 millirems (dose équivalente à l'irradiation naturelle pendant un an). Les deux millions d'habitants les plus proches de la centrale ont en moyenne, du fait de l'accident, reçu une dose de l'ordre du millirem.

En résumé sur le plan technique, l'accident fut extrêmement grave du point de vue des dommages subis par le cœur du réacteur ; il est très riche en enseignements sur le plan de la sûreté de par l'examen de son déroulement. En revanche, il n'a pas conduit à des dommages aux personnes ou à l'environnement : c'est en ce sens que l'on peut considérer que n'ont pas été fondamentalement remis en cause les principes fondamentaux de sûreté nucléaire et notamment l'interposition en série de plusieurs barrières indépendantes entre les produits radioactifs et l'environnement ainsi que le principe de défense en profondeur qui conduisent à la disponibilité de plusieurs moyens d'évacuation de la puissance résiduelle due à la radioactivité.

Les répercussions de l'accident sur le plan psychologique furent par contre extrêmement graves : près de la moitié des habitants vivant à proximité de la centrale quittèrent leur domicile spontanément. Ceci montre à l'évidence l'importance des problèmes d'information du public en matière nucléaire et celle de plans d'intervention efficaces.

Les enseignements techniques tirés de l'accident

Parmi les principaux enseignements tirés, citons tout d'abord l'importance de la prise en compte de l'expérience d'exploitation. En effet plusieurs mois avant l'accident, s'était produit à la centrale de Rancho Seco, aux Etats-Unis, un incident tout à fait comparable à ceci près que le blocage de la vanne de décharge et les difficultés de diagnostic de l'opérateur n'avaient eu aucune conséquence, compte tenu de la faible puissance à laquelle fonctionnait alors la centrale et du délai plus limité mis par les opérateurs pour comprendre l'incident. Les efforts pour assurer la prise en compte de l'expérience d'exploitation et les recherches pour définir avec plus de précision la notion d'événements annonciateurs ou précurseurs d'un événement plus grave ont donc dû être renforcés à la suite de l'accident.

Vient ensuite la réflexion autour de l'interface entre conception et exploitant : l'accident n'est devenu grave qu'en raison du décalage entre la représentation que l'opérateur s'en est fait et la réalité de son déroulement, dans une installation qui se comportait parfaitement, – tous automatismes et systèmes de sécurité fonctionnant normalement.

Corrélativement, fut mise à nouveau en évidence l'importance de la formation du personnel, ce concept recouvrant d'ailleurs à la fois la période de formation initiale et d'habilitation et la formation permanente, incluant en particulier le passage régulier sur simulateur pour assurer un entraînement aux situations exceptionnelles.

L'impossibilité de prévoir le détail de tous les scénarios se trouva également confirmée, et donc la nécessité d'analyser la sûreté par l'examen de l'ensemble des conséquences possibles de ces scénarios grâce à des accidents « majorants » et grâce à une analyse approfondie des différents modes de refroidissement du système.

De très nombreux autres enseignements furent tirés de l'accident – par exemple, concernant les moyens à mettre en œuvre pour limiter d'éventuels rejets à partir de bâtiments auxiliaires – et qui conduisirent soit à des modifications, soit à des études ponctuelles, soit enfin à l'engagement de programmes de recherche spécifique.

CHAPITRE VI

Les risques comparés des différentes énergies

L'industrie électronucléaire, comme toutes les autres industries énergétiques et la plupart des activités économiques, entraîne évidemment des risques. Mais il en est de même de la vie domestique, des vacances, des transports, en somme de toutes les activités humaines[1]. Les seules industries qui n'en provoquent pas sont celles... qui n'ont fait l'objet d'aucune enquête ou d'aucun bilan, ou qui n'existent que sur le papier.

L'importance de ces risques est cependant variable. Et, quand une politique énergétique est définie, on peut se demander si les choix qui sont faits tiennent compte (à côté des facteurs techniques, financiers, politiques, etc.) des conséquences sanitaires que pourrait entraîner chaque solution possible. Faut-il, par exemple, construire des centrales nucléaires ou, au contraire, des centrales à charbon ? En effet, une centrale nucléaire comportera certains risques, décrits longuement dans ce livre, mais en même temps on en évitera d'autres qu'entraînerait une centrale utilisant un autre combustible.

Depuis quelques années, de nombreuses études ont été consacrées à ces questions, pour au moins trois raisons :

– La première est le développement de l'industrie

1. Voir le tableau « les décès en France » de la page suivante.

LES DÉCÈS EN FRANCE		
	Nombre de décès par an Valeurs moyennes	Risque annuel Nombre par million de personnes
Toutes causes	≃ 550 000	10 500
Morts violentes[1]	≃ 50 000	950
Accidents de circulation	≃ 15 000	280
Accidents domestiques	≃ 5 000	94
Accidents de vacanciers	≃ 3 500	66
Accidents du travail[2]	≃ 2 100	155 [2]
Noyades	≃ 3 000	57
Électrocutions	179*	3,38
Accidents d'avion	136*	2,6
Foudre	20*	0,38
Irradiation	2*	0,04
Maladies cardio-vasculaires	≃ 220 000	4 150
Cancers	≃ 120 000	2 260
Alcool	≃ 35 000	660
Tabac	≃ 70 000	1 320
Médicaments (empoisonnements accidentels)	443*	8,40
Stupéfiants	≃ 100	1,90
Suicides	8 741*	–
Mortalité infantile (enfants de moins d'un an)	8 522*	11 750 [3]
Silicose	906*	–
Tétanos	≃ 150	2,80
Décès liés à la grossesse[4]	117*	–

* Statistique 1977, dernière statistique annuelle publiée intégralement.

1. L'Organisation mondiale de la Santé (O.M.S.) appelle morts violentes tous les cas de morts non naturelles, qu'il s'agisse d'accidents, d'empoisonnements, de traumatismes, de suicides, etc.

2. Régime général Assurance maladie soit environ 13,5 millions de salariés.

3. Calculé par rapport au nombre d'enfants de moins d'un an.

4. Décès dus à la grossesse, à l'accouchement et aux suites de couches.

électronucléaire dont on considère souvent qu'elle entraîne des risques bien plus importants et même sans commune mesure avec ceux des autres industries énergétiques. Or, elle existe, en France, depuis déjà plus de vingt ans, les centrales nucléaires produisent environ 40 % de l'électricité consommée et non seulement *il n'y a jamais eu de décès dus à une irradiation accidentelle* dans une installation industrielle de production d'électricité, mais les conséquences sanitaires des irradiations paraissent avoir été extrêmement faibles, voire nulles. Ceci est vrai non seulement en France, mais aussi dans les autres pays du monde.

– Seconde raison : le progrès scientifique fait que nous avons connaissance actuellement de risques qu'on ne soupçonnait pas il y a quelques décennies. Ce sont, par exemple, le rôle de nombreuses substances chimiques et d'agents physiques dans le développement des cancers, l'apparition de mutations génétiques ou de malformations par atteinte du fœtus au cours de son développement, l'importance des phénomènes de transfert et de reconcentration de toxiques dans les chaînes alimentaires. Il faudrait tenir compte de tous ces dangers lorsqu'on fait le bilan des risques entraînés par une énergie, une industrie ou simplement les activités les plus usuelles. Or, les industries se sont développées à des périodes différentes et, si on prend effectivement en compte l'état actuel de nos connaissances scientifiques pour faire le bilan des risques du nucléaire, en est-il de même pour le charbon qui s'est développé au XIXe siècle ou le pétrole et le gaz naturel dont l'expansion a commencé avant la Deuxième Guerre mondiale et, de façon plus générale, pour les industries chimiques[2], de transformation de métaux, les transports, etc. ? Il est donc nécessaire de réactualiser ces bilans et de les compléter, afin que les mêmes exigences soient appliquées à toutes les industries, ce qui n'est pas le cas actuellement. D'autre part, en cette période de pénurie d'énergie, on étudie et on recherche des énergies nouvelles. Or, puisqu'on a main-

2. Les malformations congénitales graves provoquées par la thalidomide montrent que cette question se pose aussi à l'industrie pharmaceutique.

tenant de plus en plus conscience des risques encourus, il serait logique d'essayer de recenser les problèmes sanitaires que ces énergies nouvelles pourront poser et d'envisager immédiatement les mesures de prévention nécessaires, plutôt que d'en attendre les effets néfastes, tant sur l'homme que sur l'environnement.

– La troisième raison est d'ordre psychosociologique. Le souci que nous avons de notre environnement est relativement récent. Il concerne l'environnement dans un sens restrictif, c'est-à-dire les pollutions de l'air, de l'eau, etc. mais aussi, de façon plus large, les conditions de travail, le cadre et les conditions de vie. Tout le monde s'accorde à reconnaître l'existence d'aspects négatifs dans l'évolution de la société au cours des dernières décennies – urbanisation, transport, développement à outrance de la consommation, etc. – et le développement de la consommation d'énergie est considéré comme inséparable de cette évolution. On aimerait donc aller plus loin dans ce bilan et étudier, non seulement les conséquences néfastes du développement de la consommation d'énergie, mais aussi ses conséquences positives car, si l'amélioration des conditions sanitaires dépend en partie du développement économique, celui-ci est à son tour en partie lié à la consommation d'énergie.

Donc, puisque partisans et adversaires du nucléaire souhaitent ce bilan pourquoi ne pas le dresser ?

Inventaire des risques

Il y a bien entendu très longtemps qu'on étudie les risques sanitaires entraînés par les diverses énergies. L'intoxication par l'oxyde de carbone est un des risques majeurs que présente l'utilisation des combustibles fossiles. Dès 1842, Leblanc montrait qu'il joue le rôle principal dans « les effets délétères produits par la combustion du charbon » et, quinze ans plus tard, Claude Bernard expliquait magistralement son action sur l'hémoglobine du sang et signalait déjà l'intérêt de l'oxygène pour l'éliminer. Donc, on n'a pas attendu 1982 pour se préoccuper de ces problèmes mais c'est la façon de les étudier et surtout de faire bilans et comparaisons, qui a évolué.

Les études sur les risques des diverses énergies ont concerné d'abord les *risques spécifiques* – électrocutions, intoxications oxycarbonées, silicoses des mineurs – ou des risques dont la cause était évidente (accidents du travail). Elles avaient d'abord pour but de faire un bilan médical : description clinique et biologique, évolution, traitement, complications et séquelles. En même temps on a pris conscience que la fréquence et la gravité de ces risques étaient liées aux conditions de travail, aux techniques employées et à un certain nombre de paramètres physiques ou chimiques. Les études ont donc essayé de rechercher les liens qui pouvaient exister entre ces risques et tous ces facteurs et ainsi des mesures de prévention efficaces ont pu être prises.

Le nombre d'accidents du travail dans les mines françaises de charbon a diminué de façon évidente[3] : vers 1850, le nombre de décès accidentels était supérieur à 3,5 ‰ de l'effectif (3,5 ‰ $\simeq$ 10 % en 30 ans de vie professionnelle). Il était voisin de 3 ‰ en 1870, de 1,5 ‰ en 1900 et de 1 ‰ en 1920. Il a fallu attendre 1930 pour qu'il soit inférieur à 1 ‰ et en 1960 il était de l'ordre de 0,5 ‰.

De même, depuis 1950 le nombre annuel de décès par électrocution en France est resté stable (181 en 1950 et 173 en 1975) alors que la consommation d'électricité pendant ce même temps a été multipliée par cinq, le nombre d'installations ou d'abonnés par deux et que la part de l'électricité dans la consommation totale d'énergie a doublé.

Ce n'est cependant qu'avec le nucléaire qu'on a entrepris des études comparant un risque particulier – l'irra-

3. « Sur quinze cents mineurs, quelque précaution qu'on prenne, et l'on en prend d'immenses, nous avons bien par an vingt morts et six cents blessés », notait, par exemple, Jules Vallès, dans *Le Figaro* du 16 novembre 1866 (article écrit après la visite d'un puits de mine à Saint-Étienne).

diation dans le cas présent – et la production d'une certaine quantité d'énergie. Un tel bilan n'est pas simple.

Les risques d'irradiation ne se limitent pas, on l'a vu, à la centrale et aux agents qui y travaillent. De telles évaluations impliquent, en effet, qu'on prenne en compte toutes les étapes du cycle de l'industrie électronucléaire, les risques d'irradiation existant depuis l'extraction du minerai d'uranium jusqu'au stockage des déchets. D'autre part, cette irradiation concerne non seulement le personnel employé dans les diverses installations de cette industrie, depuis les mineurs d'uranium jusqu'au personnel des centrales et des usines de retraitement, mais également la population vivant à proximité de ces installations et même la totalité de la population exposée à l'éventuelle diffusion de radionucléides. Enfin, rappelons que l'irradiation peut s'effectuer de diverses façons : elle peut être directe par irradiation externe ou contamination ; mais elle peut aussi se faire indirectement « par contamination », après que les radioéléments ont cheminé dans le milieu et les chaînes alimentaires, donc parfois après des délais assez longs.

Un tel bilan réclame bien entendu des études complexes mais il devient alors possible, pour les diverses technologies employées, d'évaluer les conséquences sanitaires et par là même, de savoir quelles sont celles qui entraînent le plus de risques et de choisir à bon escient les moins coûteuses pour l'homme. Il ne s'agit pas de comparaisons entre énergies mais entre les différentes filières de production d'une énergie donnée.

Le champ d'investigation de ces études s'est encore élargi. En effet, si on veut faire un bilan indiscutable des conséquences sanitaires que peut entraîner l'exploitation d'une énergie, il faut tenir compte de tous les risques, qu'ils soient spécifiques ou non – par exemple, dans les mines de charbon, à côté de la silicose qui est spécifique, il y a aussi les classiques accidents de travail –, mais également de toutes les activités industrielles qui ont contribué à la mise en place, à la bonne marche et au démantèlement des installations propres à cette filière énergétique.

Il s'agit donc, non seulement des risques dus à la production, à la distribution et à l'utilisation d'électricité, de charbon ou de pétrole par exemple, mais aussi des activités de recherches en laboratoire (activité des centres de recherche nucléaire) ou sur le terrain (forages pétroliers), de la production de tous les matériels et matériaux nécessaires, et de la construction des installations ; toutes les entreprises qui fabriquent les matériels nécessaires, produisent les matières premières indispensables pour les fabriquer (construction mécanique, électromécanique, etc.) et réalisent les installations (entreprises du génie civil, de travaux publics, etc.) sont donc concernées. Il s'agit enfin des transports, à tous les stades (édification, fonctionnement ou démantèlement des installations, etc.), du traitement et du stockage des déchets en tout genre : déchets nucléaires, terrils des mines, dépôts de suies et poussières, etc.

Deux exemples montreront pourquoi il est indispensable de prendre en compte tous ces facteurs.

Si on envisage le cas de l'aménagement hydroélectrique d'un cours d'eau, le fonctionnement habituel des barrages et des usines hydroélectriques n'entraîne pratiquement aucun risque : le personnel est très peu nombreux, l'installation fortement automatisée, l'entretien pose peu de problèmes. Par contre, sa construction a entraîné des accidents du travail (la construction des dix usines hydroélectriques du Rhin de Kembs à Gambshein, a coûté 85 morts par accident du travail), des risques de silicose (percement des galeries d'amenée d'eau) pour les ouvriers des entreprises de travaux publics ; la fabrication des différents matériels utilisés (turbines, alternateurs, etc.), la production de dizaines, voire de centaines de milliers de tonnes de béton (carrières, usines, transport, etc.), d'acier (mines de fer, usines sidérurgiques, industries mécaniques, etc.), de métaux divers (aluminium, cuivre, etc.) en entraînent d'autres.

Autre exemple instructif : la centrale solaire Thémis, en construction actuellement dans les Pyrénées-Orientales, aura une puissance de 2 MWe. Ce n'est qu'un prototype et il est évident que les techniques de production d'énergie solaire évolueront vite et s'amélioreront. Cependant, si on voulait, avec des centrales de ce type, avoir la même puissance installée que celle de la centrale nucléaire de Gravelines, il en faudrait 2 700 : (2 700 x 2 MWe = 6 x 900 MWe). Il faudrait donc pour cela dix-huit fois plus de béton et trente fois plus d'acier ; le nombre de miroirs mobiles, suivant le soleil dans sa course serait de 3 000 000 et, au lieu de 200 ou 300 hectares, il en faudrait 13 000. Pour fabriquer et mettre en place tous ces matériels, des problèmes sanitaires se poseront évidemment et ils seront bien plus importants à ce moment qu'en période d'exploitation, où ils seront par contre très modestes.

Si l'on veut donc faire des bilans qui aient un sens, il faut tenir compte de tous ces facteurs et la réalisation d'un tel travail est évidemment complexe et difficile mais les résultats obtenus sont très riches en informations.

Description qualitative

Pour montrer l'ampleur du champ d'investigation que cela représente, nous envisagerons le cas de la production d'électricité par trois filières énergétiques différentes : nucléaire, charbon, pétrole.

Les risques professionnels. – Pour le nucléaire, le problème le plus important, au plan des irradiations, est celui des mineurs d'uranium[4] exposés à la fois à une irradiation externe et à l'inhalation de radon. L'irradiation des autres travailleurs de l'industrie électronucléaire est, on l'a vu, très modeste et les doses reçues sont très

4. Le nombre de mineurs d'uranium est, en France, inférieur à 2 000 et le tonnage d'uranium produit était de 2 300 tonnes en 1978. La teneur du minerai est de quelques millièmes mais le tonnage total extrait reste modeste ; il représente cependant une énergie potentielle considérable. Les quantités de combustibles nécessaires pour produire la même quantité d'électricité, soit 6,6 milliards de kWh, sont de 2,52 millions de tonnes de charbon, 1,52 million de tonnes de pétrole et 27,2 tonnes d'uranium enrichi à 3,2 %. La population des mineurs exposés est donc bien plus faible que dans les mines de charbon, à énergie égale produite, donc tous les risques non spécifiques sont, également, bien plus modestes.

inférieures aux limites réglementaires (à peine le dixième).

Pour le charbon, les risques professionnels concernent avant tout les mineurs. Il s'agit à la fois de risques non spécifiques : accidents du travail et toutes les conséquences de la pénibilité de ces travaux et de risques spécifiques : la silicose, ou plutôt les pneumoconioses des mineurs qui sont, de loin, en France, la principale maladie professionnelle[5]. On recense plusieurs centaines de cas chaque année, à comparer aux quelques cas de maladies professionnelles possibles dans l'industrie électronucléaire.

Quant aux hydrocarbures, les risques sont pratiquement nuls en France, puisque nous n'avons malheureusement pas de pétrole et que les hydrocarbures gazeux (gisement de Lacq) que nous exploitons (35 % de nos besoins) entraînent un risque infime. Les risques, au stade du raffinage, sont aussi minimes. Bien entendu, les risques professionnels que nous n'avons pas existent par contre dans les pays d'où nous importons le pétrole ; ils sont d'ailleurs modérés.

---

5. Les silicoses, ou mieux les pneumoconioses des mineurs, constituent évidemment un des problèmes sanitaires les plus importants que pose l'extraction du charbon. C'est en France la maladie professionnelle la plus grave, si l'on tient compte à la fois du nombre de cas et de la gravité de l'affection. Actuellement le nombre de décès annuels imputables aux pneumoconioses des houilleurs est de 700, celui des pneumoconiotiques reconnus de plusieurs dizaines de milliers (49 000 au 31 décembre 1978). Toujours en 1978, 9,8 % des mineurs en activité étaient des pneumoconiotiques reconnus, les nouveaux cas représentaient en 1977 0,7 % du personnel en activité.

Bien entendu, ceci est la conséquence des conditions de travail passées dont l'origine est parfois antérieure à la deuxième guerre mondiale et la situation s'est évidemment améliorée : en 1946, l'âge moyen de décès des silicotiques à Saint-Etienne était de 50 ans, il est maintenant proche de 70 ans ; l'incidence, c'est-à-dire la fréquence des nouveaux cas dans le personnel a, depuis 20 ans, été divisée par trois. Cependant malgré tous les efforts faits jusqu'à présent, les pneumoconioses et, parmi elles, les silicoses vraies (5 % environ), demeurent un problème dont la gravité est sans commune mesure avec ceux posés par l'extraction de l'uranium.

Les risques d'accidents. – En ce qui concerne le charbon il s'agit essentiellement des accidents de mine. Les accidents du travail, individuels, « habituels » font plus de victimes que les catastrophes minières[6] ; sauf les effondrements de terrils, tous ces accidents concernent le personnel.

Pour le pétrole il s'agit non pas d'accidents de raffinerie très peu nombreux, mais des risques d'accidents de pétroliers et, dans une moindre mesure, de ceux des plates-formes de forage *off-shore*[7].

Enfin, pour le nucléaire ce sont les accidents possibles aux diverses étapes du cycle : accidents de mines dont la fréquence est beaucoup plus faible que dans les mines de charbon car les tonnages extraits et le nombre de mineurs sont beaucoup moins importants ; accidents de transport : il n'y a jamais eu d'accident recensé en France ; accidents de centrales : celui de Harrisburg en est pratiquement le seul exemple[8]. Les accidents du travail

6. Dans la Communauté européenne du charbon et de l'acier, depuis la fin de la deuxième guerre mondiale, quatre catastrophes minières ayant entraîné plus de 100 morts se sont produites :
– 1962 Louisenthal (Sarre) .... 299 morts
– 1956 Marcinelle (Belgique) .... 263 morts
– 1951 Essington (Grande-Bretagne) .... 119 morts
– 1950 Gelsenkirchen (Ruhr) .... 107 morts

Pendant cette même période, l'accident le plus meurtrier dans le monde a été celui de Coalbrook (Afrique du Sud) avec 435 morts.

D'autre part, une enquête du B.I.T. (Bureau international du travail) concernant neuf grands pays miniers et la période 1920/1959, fait état de 513 catastrophes minières (par définition entraînant plus de 10 morts ayant provoqué 18 581 décès.

7. Le tableau ci-dessus indique la liste des accidents de pétroliers au large des côtes françaises de 1967 à 1980. A cela s'ajoutent des accidents dans les raffineries de pétrole (le plus grave qui ait eu lieu en France est celui de Feyzin en 1966 avec 42 morts) peu nombreux et surtout ceux de l'exploitation *off-shore* du pétrole (exploitation en mer) : accident du puits Ekofish-Bravo en 1977, incendie du puits IX TOO ONE de la mer du Mexique en 1979 où plusieurs centaines de milliers de tonnes de pétrole ont brûlé ou se sont répandues, naufrages d'une première plate-forme en mer du Nord avec plus de 100 morts en 1980 et d'une autre en 1981 au large du Canada avec plus de 80 disparus.

8. Voir plus loin, p. 281, la note 16.

« classiques », c'est-à-dire n'entraînant pas d'irradiation, existent mais ils ne sont pas plus fréquents que dans l'industrie en général (la moyenne sur cinq ans des centrales d'E.D.F. est de 115 décès pour un million de travailleurs par an, contre 160 pour l'ensemble des industries).

ACCIDENTS DE PÉTROLIERS
AU LARGE DES CÔTES FRANÇAISES
DE 1967 À 1980

Année	Nom	Lieu	Tonnage deversé (Tonnes)
1967	*Torrey Canyon*	Côtes de Cornouailles	117 000
1969	*Mariah*	Manche	300
1969	*Silja*	Porquerolles	7 500
1969	*Gironde*	Côtes bretonnes	2 000
1971	*Texaco Couriblon*	Pas-de-Calais	300
1971	*Sir W. Churchill*	Passe de Fos	1 100
1971	*Sanko Lake*	Port du Havre	20
1972	*Saija*	Détroit de Bonifacio	300
1972	*Princesse Irène*	Port de Donges	–
1974	*Peter Maersk Chaumont*	Chenal d'accès port du Havre	1 670
1976	*Olympic Bravery*	Bretagne	–
1976	*Boehlen*	Bretagne	10 000
1978	*Amoco-Cadiz*	Côtes bretonnes	230 000
1979	*Gino*	Passe d'Ouessant	41 000
1980	*Tanio*	Nord de l'Ile de Batz	20 000

Source : Secrétariat général de la Défense nationale, « Bulletin particulier de la recherche ».

Les risques courus par la population. – En dehors des risques d'accidents, la population est exposée à des risques à moyen et à long terme. Les risques à moyen terme ne sont pas ceux des effluents radioactifs à courte période : les quantités émises sont minimes et ils disparaissent vite. Les risques majeurs sont dus à la pollution atmosphérique classique qu'entraînent les combustibles fossiles. Leurs effets sont parfois spectaculaires au cours d'épisodes aigus[9], parfois ils sont à peine décelables, mais n'en existent pas moins.

Les effets à long terme concernent les effluents gazeux et liquides à longue période et les stockages de déchets. C'est là le principal problème concernant l'industrie électronucléaire. Plusieurs solutions sont envisagées mais la sûreté des solutions actuelles permet d'attendre avant de prendre une décision définitive. Certains effluents devront être piégés et stockés et surtout il faudra choisir la meilleure façon de se protéger des déchets dont certains ont une durée de vie qui se compte en dizaines de milliers d'années.

On peut en rapprocher certaines nuisances, dans lesquelles le nucléaire n'est pas impliqué, mais qui entraînent aussi à long terme des problèmes difficiles et qui, jusqu'à présent, ont été beaucoup moins étudiées que celles du nucléaire.

– L'utilisation de molécules non biodégradables qui persistent et agissent dans l'environnement. C'est le cas du D.D.T. qui, quels qu'en soient les effets négatifs possibles, a quand même permis de sauver des millions de vies humaines[10].

---

9. Les accidents de pollution survenus dans l'agglomération londonienne ont fait l'objet de multiples publications.

1948 - 26 nov., 1er déc	750 morts
1952 - 5 au 8 décembre	4 000 morts
1956 - 3 au 6 janvier	1 000 morts
1957 - 2 au 5 décembre	750 morts
1959 - 26 au 31 janvier	250 morts
1962 - 3 au 7 décembre	700 morts

Depuis l'application du *Clean Air Act*, la situation s'est améliorée de façon spectaculaire, ce qui prouve, s'il en était besoin, qu'une politique de prévention peut être efficace.

10. Le D.D.T., ou dichloro-diphényl-trichloréthane, a été le premier insecticide chimique a être utilisé à grande échelle. Il a permis d'éliminer les moustiques de zones très importantes et par là même de faire disparaître le paludisme, dont le moustique est le vecteur. En

– Le devenir des métaux lourds comme le mercure dans l'environnement.

– L'altération de la couche d'ozone qui protège l'atmosphère terrestre contre les ultraviolets, facteurs de cancérisation importants. Les oxydes d'azote ou les oxydes de soufre, produits de combustion des combustibles fossiles, et les fréons risquent de la modifier profondément[11].

– Enfin, l'augmentation lente mais régulière de la teneur de l'atmosphère en anhydride carbonique ou CO_2 due elle aussi pour une part aux combustibles fossiles risque, mais dans ce domaine rien n'est sûr, de modifier le climat et la température du globe et, par voie de conséquence, d'avoir des répercussions très importantes sur l'agriculture.

Cet inventaire doit être complété par ce qu'on pourrait appeler les problèmes communs à toutes les centrales thermiques quel que soit le combustible utilisé – l'échauffement des eaux étant sûrement le principal.

A cela s'ajoutent enfin : les problèmes posés par l'occupation des sols, les rejets liquides chimiques, le bruit qui touche surtout le personnel ; les multiples risques entraînés par la fabrication et la mise en place des équipe-

---

même temps en rendant saines des zones jusque-là infestées de moustiques et où sévissait le paludisme, il a permis leur mise en culture donc leur développement économique. De la même façon il a permis de lutter contre le typhus, le Kala Azar, etc. Il a permis d'éviter des dizaines de millions de morts. On sait cependant qu'il a des conséquences néfastes en particulier sur certaines espèces d'oiseaux. Il est donc logique de le remplacer par d'autres insecticides qui n'ont pas cet inconvénient mais si ceux-ci se révélaient insuffisamment efficaces il serait nécessaire de l'employer à nouveau car les avantages qu'il apporte sont bien plus grands que les inconvénients qu'il entraîne. En Inde et au Pakistan où il avait été interdit, son utilisation est de nouveau autorisée.

11. Les fréons sont des dérivés fluorés et chlorés du méthane et de l'éthane, ininflammables et peu toxiques, utilisés dans les machines frigorifiques et surtout dans les bombes à aérosols pour projeter de multiples produits utilisés dans la vie courante (insecticides, désodorisants, produits capillaires, etc.).

COMPARAISON ENTRE TROIS FILIÈRES ÉNERGÉTIQUES :
L'exemple d'une centrale thermique
charge : 75 % (6 600 heures par an)
production annuelle : 6,6 milliards de kWh*

Centrales	Charbon	Fuel lourd	Nucléaire (P.W.R.)
Consommation moyenne/jour	6 300 t	4 400 t	0,075 t d'uranium enrichi
Consommation annuelle	2 520 000 t	1 520 000 t	27,2 t d'uranium enrichi à 3,2 %
Oxygène consommé (en millions de t/an)	6,5	4,8	0
Rejets de CO_2 (en millions de t/an).......	7,8	4,7	0
Transport de combustible (par an).......	23 000 wagons de 100 t	15 pétroliers de 100 000 t de fuel lourd	Quelques camions
Rejets de SO_2 (t/an).	39 800	91 000	0
Rejets de NO_2 (t/an) exprimés en NO_2)	9 450	6 400	0
Rejets de poussières (t/an)			
– avec dépoussiéreurs	6 000	1 650	0
– sans dépoussiéreur	383 000	4 700	0
Déchets (par an)......	cendres de foyer : 69 000 t cendres volantes : 377 000 t	cendres de foyer négligeables (< 8 m^3)	Activité : haute : 13,5 m^3 moyenne et faible : 493 m^3
Activité rejetée (curies/an) au niveau de la centrale	0,02 à 6	0,001	10 000 à 12 000**

ments et, en particulier les risques pour le personnel des entreprises de travaux publics[12].

Le tableau p. 284 récapitule de façon schématique les problèmes les plus importants.

Comparaisons quantitatives

Bien entendu, seules les comparaisons quantitatives sont intéressantes, mais elles ne peuvent être établies que sous certaines conditions. Il faut d'abord qu'elles aient un sens. A distance égale parcourue, les accidents mortels dus au chemin de fer sont sept fois moins nombreux que ceux dus aux transports aériens qui, eux-mêmes, sont six fois moins fréquents que les décès imputables aux transports routiers. Ceci n'est pas lié aux énergies employées, mais aux conditions et aux matériels utilisés : qu'une locomotive consomme du charbon, de l'électricité, du carburant diesel, n'a pas d'importance. Donc, les comparaisons doivent être faites dans des cas où les effets sont réellement fonction de l'énergie employée.

Il faut aussi disposer de données chiffrées mais encore faut-il qu'elles soient comparables, c'est-à-dire exprimées dans les mêmes unités : on n'ajoute pas des millions de tonnes de soufre à des milliers de curies de tritium, pas plus que l'on ajoute des cancers à des jambes cassées et à des surdités. Il faut donc définir les conditions et les critères de ces études et les experts qui ont été amenés à faire des choix ont presque toujours fait les mêmes.

Les comparaisons sont en général faites sur la base d'*une même quantité d'énergie électrique produite annuellement*[13]. La plupart des énergies permettent, en effet, de

12. Le tableau IV p. 287 montre la part considérable que représentent la construction et les ruptures de barrages dans les risques de décès causés par les centrales hydro-électriques.

13. Les risques liés à la distribution de l'électricité ne sont pas pris

PRINCIPALES FILIÈRES DE PRODUCTION D'ÉLECTRICITÉ			
	Charbon	Fuel	Nucléaire
PROFES-SIONNEL	*Accidents du travail pneumoconioses, silicoses* Stockage du charbon		Irradiation et contamination professionnelle (mineurs, centrales, usines de retraitement)
POPULATION .... – court et moyen terme	*Pollution atmosphérique* Pollution des eaux de drainage.	*Pollution atmosphérique* Effluents liquides	Effluents de courte période
– long terme................	CO_2 influence sur climat		Effluents gazeux à longue période *Stockage des déchets*
Accidents......	Terrils de charbon *Accidents de mines*	*Transport par pétroliers* Accidents de raffineries	*Sûreté nucléaire* Centrales
Problèmes communs......	Echauffement des eaux – occupation du sol – rejets liquides ou chimiques – bruit – transport du courant produit		
Source : F. Fagnani et coll. *Comparison of the health effects of energy chains,* Pergamon press, 1979.			

* Le watt/heure est une unité d'énergie ou de travail représentant le travail d'une puissance de un watt pendant une heure : Le kilowatt/heure vaut 1 000 watts/heure et 6,6 milliards de kWh représentent environ 2,5 % de la production française.

** Après stockage de courte durée des effluents gazeux avant rejet.

produire de l'électricité (charbon, fuel, lignite, gaz naturel, soleil, hydraulique, vent, etc.) et d'autres ne peuvent actuellement que faire cela (énergies hydraulique, marémotrice, nucléaire).

Les études envisagées reviennent donc à comparer les différentes filières de production d'électricité. Or, leurs conditions de fonctionnement peuvent être très variables.

Un exemple le fera comprendre : l'exploitation du charbon se faisait en 1979 aux Etats-Unis pour 60 % dans des mines à ciel ouvert, très mécanisées, avec peu de main-d'œuvre et avec des rendements très importants, de plusieurs dizaines de tonnes par jour et par mineur ; les risques d'accidents du travail sont minimes, ceux de silicose et de pneumoconiose inexistants. En revanche, l'exploitation en France, dans les Houillères du Nord et du Pas-de-Calais, se fait à grande profondeur (en 1976, profondeur moyenne : 721 mètres) dans des conditions pénibles et difficiles ; les veines de charbon sont peu épaisses, les rendements individuels faibles (presque vingt fois plus faibles), les risques de silicose et de pneumoconiose importants. Le grisou est un danger permanent.

Les risques pour la santé et pour l'environnement sont donc très différents dans ces deux cas et il faut, bien entendu, pour toutes les comparaisons, définir exactement les conditions techniques d'exploitation, de transport et d'utilisation.

Il faut tenir compte aussi des réglementations ; elles varient suivant les pays et elles évoluent. Elles ont des conséquences importantes sur les risques, ne serait-ce que par les limites d'exposition qu'elles imposent. Peut-

---

en compte mais ils n'en existent pas moins. Il est évident que de nombreuses études ont été faites mais, de même que pour l'utilisation du gaz de ville ou des fuels, il est impossible de comparer globalement les utilisations des diverses énergies ; les différences sont trop importantes entre les multiples façons de les employer et les études faites concernent toujours des cas particuliers (emplois domestiques : chauffage, cuisine, production d'eau chaude – chauffage et climatisation des locaux – utilisations industrielles, etc.).

être est-ce une des raisons pour lesquelles le nucléaire entraîne si peu de risques. Il est vraisemblable que si on découvrait maintenant certains gisements français de charbon, actuellement en production, on refuserait de les mettre en exploitation dans les conditions dans lesquelles ils l'ont été[14].

Quant aux effets sanitaires, on ne compare pas, ou on n'ajoute pas des silicoses – qui tuent à échéance de trente ans après de nombreuses années d'invalidité croissante – à des électrocutions immédiatement mortelles. On compare plutôt les conséquences d'ordre démographique ou socio-économique des maladies car elles s'expriment avec les mêmes unités dans tous les cas. Les bilans porteront donc sur le nombre de décès, répartis par âge ; le nombre de jours d'arrêt de travail ; les taux d'invalidité ; le raccourcissement moyen vraisemblable de la durée de vie, exprimé en nombre de jours pour un groupe professionnel ou une population. Ces données seront rapportées aux effectifs ou aux populations exposées et aux quantités d'énergie produites.

On est également amené à prendre en compte des risques futurs ; c'est en particulier le cas du nucléaire dont on a voulu évaluer les risques potentiels, lointains dès la naissance de cette industrie, donc bien avant qu'ils ne puissent apparaître. Précaution logique puisqu'il s'agit, es-

---

14. Ceci amène à soulever un problème qui ne peut être détaillé ici. L'évolution des techniques de production, de transport, d'utilisation, en somme des technologies industrielles est très rapide et elle a des conséquences sanitaires, parfois néfastes (abattage à sec dans les charbonnages avant la guerre qui a accru le risque de silicose), plus souvent bénéfiques (automatisation, diminution du travail musculaire, moyens de contrôle et de surveillance des ambiances). Il est certain que les bilans qui sont établis actuellement seront dans dix ans dépassés. Inversement, les effets sanitaires sont la conséquence, souvent, de conditions de travail actuelles (accidents) mais aussi, souvent, de conditions de travail anciennes (une silicose ou un cancer sont le résultat d'une exposition qui peut remonter à trente ou quarante ans). Donc, les bilans faits en tenant compte des conditions techniques et des données sanitaires actuelles doivent être interprétés avec une certaine prudence car les secondes ne sont pas forcément liées aux premières.

sentiellement, de cancers et de mutations génétiques, qui ne peuvent survenir qu'après des années, voire des dizaines d'années et des générations. Pour ces évaluations, il faut faire (comme on l'a vu au chapitre précédent, un certain nombre d'hypothèses. Mais, de plus, en prévoyant ces risques on a été amené à définir des règles de sécurité et de radioprotection, afin de les éviter et peut-être, si ces réglementations sont correctement établies, ne les observera-t-on jamais. Ce qui amène à faire deux remarques :

– Cette politique de prévision et de prévention est coûteuse financièrement et psychologiquement, car elle inquiète en attirant l'attention sur les risques, mais elle est sûrement bénéfique au plan humain et même au plan économique, car elle évitera des effets dont la réparation serait extrêmement onéreuse.

– On devrait procéder de la même façon dans les autres industries. Il existe, par exemple, dans les produits de combustion des combustibles fossiles, de nombreuses substances dangereuses auxquelles on n'applique pas les mêmes règles de prévision et de prévention.

Touchant les accidents, les choses se présentent différemment. En effet, le charbon a un long passé et un inventaire des accidents est relativement facile à faire. Les accidents de pétroliers, depuis dix ans, ont été nombreux ; un certain nombre de barrages hydroélectriques se sont rompus[15].

L'industrie électronucléaire ne date que de vingt ans et, peut-être en raison des conditions de sécurité draco-

---

15. Les ruptures de barrages sont très rares. En France, les deux principaux accidents sont ceux de Bouzey, dans les Vosges en 1895 et de Malpasset (421 morts) en 1959, ceci pour 353 « grands barrages » de 15 mètres de hauteur minimum. De 1900 à 1947, on en a compté 7 en Europe pour 2 335 barrages, 47 aux U.S.A. pour 3 659 barrages. Au Japon sur 2 003 barrages, 4 ruptures ont été recensées. (Aucune n'était due à un tremblement de terre, pas plus que le barrage de l'Oued Fodda n'a été endommagé par les deux séismes d'Orléansville.)

Globalement, une rupture de barrage ferait en moyenne 50 victimes mais des accidents comme celui de South Forth River aux Etats-Unis en 1889 et celui du Macchu en Inde en 1979 ont fait chacun plusieurs milliers de morts.

niennes qu'elle s'impose, les catastrophes annoncées régulièrement ne se sont jamais produites. L'accident d'Harrisburg n'a eu aucune conséquence sanitaire, puisque l'irradiation qu'il a entraînée est minime par rapport à l'irradiation naturelle[16]. On est donc amené à prévoir les conséquences possibles des accidents en tenant compte de la probabilité de chaque cas possible et des effets sanitaires que chacun pourrait entraîner. C'est l'objet de nombreux rapports dont le plus connu est le rapport Rasmussen.

Arbitrairement, comme les seuls points communs sont les conséquences, toujours évaluées en nombre de morts, de blessés, etc., on admettra que 1 000 accidents du travail entraînant chacun un mort équivalent à 100 accidents collectifs responsables chacun de 10 décès ou à une catastrophe provoquant 1 000 morts. Psychologiquement ce n'est sûrement pas la même chose et les *mass média* s'intéresseront à la dernière mais oublieront les premiers : tout accident d'avion est annoncé en première page de journaux, car le nombre de victimes est élevé mais les accidents de voiture sont rarement mentionnés, alors qu'ils entraînent beaucoup plus de décès.

Les comparaisons n'ont donc de sens que si on définit clairement les conditions dans lesquelles elles sont fai-

---

16. L'accident d'Harrisburg n'a eu, en effet, pratiquement aucune conséquence sanitaire. La population résidant dans un rayon de 80 km, autour de la centrale, a reçu la première semaine une dose moyenne de 1,8 millirems, c'est-à-dire l'équivalent de l'irradiation naturelle, pendant la même période. Si quelqu'un était resté en permanence à l'endroit où l'irradiation a été la plus forte, il aurait reçu une dose de 83 millirems, soit une dose bien plus faible que celle qu'entraînent nombre d'examens médicaux, mais il n'y avait en fait personne à ce point précis. On a calculé que la dose totale reçue par la population totale (2 millions d'habitants) pourrait être la cause de moins d'un cancer. Les allégations de Sternglan en particulier sont dénuées de tout fondement. Donc, les conséquences sanitaires ont été minimes, et la raison en est justement que les centrales sont conçues pour qu'en cas d'accident, l'irradiation entraînée soit aussi faible que possible. Ceci n'empêche pas que la centrale d'Harrisburg ne recommencera à fonctionner, si elle refonctionne, que dans très longtemps. Il s'agit d'un accident très grave au plan économique et technique mais sans gravité aucune au plan sanitaire.

tes ; il s'agit toujours de cas d'espèce qui seront d'autant plus valables que les conditions seront mieux définies. Il n'y a pas un cas charbon, un cas nucléaire, etc. mais le cas de la production de charbon ou d'électricité nucléaire dans des conditions bien définies.

Résultats

Les tableaux reproduits en annexe à ce chapitre résument les résultats d'un certain nombre d'études[17]. Il n'est pas possible dans un texte aussi bref de décrire, de façon détaillée, la manière dont elles ont été menées. Cependant, elles ont toutes été publiées[18] ; elles peuvent donc être consultées. Elles émanent en général d'organismes de recherches et ont fait l'objet, dans certains cas, de contrats ou de commandes d'organismes publics, nationaux ou internationaux comme l'O.M.S. ou les Communautés européennes. La majorité de ces études a été menée dans les pays anglo-saxons mais certaines ont été réalisées en France. En effet, les conditions sont variables d'un pays à l'autre et on ne peut généraliser, sans précautions, les résultats obtenus dans un pays : par exemple, comme on l'a déjà remarqué, les conditions d'extraction du charbon sont bien plus faciles aux Etats-Unis qu'en France, mais les problèmes de transport y sont beaucoup plus importants à cause des distances.

Les résultats peuvent être résumés de la façon suivante : *Dans tous les cas, la hiérarchie des risques est la même.*

– Au plan professionnel, le charbon est l'énergie qui entraîne le plus de risques, suivi par le pétrole, le nucléaire et, enfin, le gaz naturel.

– Concernant la population dans son ensemble, si le gaz naturel et le nucléaire sont toujours en très bonne position, le charbon et le pétrole entraînent par contre

---

17. Pages 292-296.
18. Voir la bibliographie présentée en annexe à ce chapitre p. 297.

des risques beaucoup plus grands. Les fourchettes de valeurs sont très larges pour le charbon et le pétrole en raison des risques dus à la pollution atmosphérique chimique et particulaire qui sont variables suivant la façon de les évaluer sans doute, mais surtout suivant l'importance des populations exposées.

Globalement, le nucléaire entraîne donc beaucoup moins de risques que le charbon, moins que le pétrole et à peu près autant que le gaz naturel.

Comme les effets sanitaires varient de façon notable suivant les conditions de production, il est logique que les experts proposent deux valeurs, qui correspondent aux deux cas extrêmes, l'un réunissant les plus mauvaises conditions, l'autre les plus favorables. Les valeurs indiquées diffèrent suivant les auteurs ; ceci est compréhensible car les données retenues et les paramètres choisis peuvent varier de façon importante. Ce qui compte ce ne sont pas les valeurs précises indiquées mais les ordres de grandeur et ils sont les mêmes dans toutes les études.

Le cas de la production hydraulique doit être envisagé à part ; en effet, les risques ne sont pas nuls mais ils sont liés essentiellement aux ruptures de barrages et à leur construction (voir note 12).

Le problème des énergies nouvelles n'a pas été envisagé dans ce texte ; les données existantes sont encore très insuffisantes et les calculs sont faits en retenant un certain nombre d'hypothèses. Les résultats sont donc très variables suivant les auteurs. Cependant, il est certain que les usines marémotrices, l'utilisation du vent ou du soleil à très grande échelle, certaines façons d'employer la biomasse ou la géothermie, la gazéification du charbon posent elles aussi des problèmes au plan de l'environnement et au plan humain. C'est encore plus évident pour les schistes bitumineux et les sables asphaltiques.

Quelles conclusions peut-on tirer de tout ceci ? :

La principale est que toutes ces études arrivent aux mêmes résultats : *le nucléaire, non seulement n'entraîne absolument pas les dangers apocalyptiques, que certains lui ont attribués généreusement ; bien au contraire il est parmi les énergies actuelles l'une des moins dangereuses.* Si donc, pour éviter les risques que peut entraîner une centrale nucléaire, on édifie à sa place une centrale à charbon, ou au fuel, on créera des risques bien plus importants que ceux qu'on aura évités. Présenter le recours au charbon, dans les conditions actuelles de son utilisation, comme une solution positive au plan sanitaire est évidemment une contrevérité.

En période de crise énergétique, toutes les énergies sont nécessaires. Le nucléaire comme l'hydraulique ont une place privilégiée en matière de production d'électricité, car c'est la seule façon de l'utiliser. Inversement, le charbon, le pétrole et le gaz naturel ont des usages spécifiques (essence par exemple) et sont aussi des matières premières pour l'industrie chimique. En dehors donc des économies d'énergie qui, du point de vue sanitaire, sont sûrement une solution très positive, – à condition toutefois qu'elles ne soient pas simplement le reflet de la crise économique –, le nucléaire, dans les conditions d'exploitation actuelles, est une des meilleures énergies tant au plan économique qu'au plan sanitaire. Il est vraisemblable que ceci est le résultat des règles rigoureuses qu'on impose à son exploitation et des moyens financiers très importants qu'on consacre à la sûreté, à la sécurité et à la radioprotection. On peut toujours imaginer qu'on aille encore plus loin mais, dans la mesure où d'autres sources d'énergie, d'autres industries entraînent une sécurité moindre, ne faudrait-il pas prendre en compte la rentabilité des investissements dans le domaine de la sécurité et porter les efforts, par exemple, sur le charbon ? Il est évident, par exemple, que diminuer de 5 % le nombre de victimes des accidents de la circulation automobile épargnerait plus de morts et d'invalides que de gagner 20 % et *a fortiori* 5 % sur les accidents de chemin de fer ou d'avion. Il en est de même quand on compare les mesures possibles pour diminuer les risques sanitaires qu'entraînent les diverses énergies.

ANNEXES

I
Principaux résultats des comparaisons quantitatives

I — Excès de mortalité pour 800 MWe/an

FILIÈRE	PROFESSIONNEL		PUBLIC		TOTAL
	Accident	Maladie	Accident	Maladie	
Nucléaire...	0,22	0,14	0,05	0,073	0,48
Charbon.....	0,35 - 0,65	0 à 7	1,2	13 à 110	15 à 120

Source : d'après R.L. Gotchy
« Supplemental testimony regarding health effects attribuable to coal and nuclear fuel cycle alternatives. » *Interim Report of the National Research Council Committee on Nuclear and Alternative Energy Systems.* Assembly of Engineering N.R.C./N.A.S. Washington D.C., janvier 1977.

II — Centrale d'une puissance électrique de 1 000 MWe/an

FILIÈRE	DÉCÈS PROFESSIONNELS	MORBIDITÉ D'ORIGINE PROFESSIONNELLE	DÉCÈS NON PROFESSIONNELS
Charbon..........	0,54 - 8	26,0 - 156,0	1,62 - 306,0
Pétrole	0,14 - 1,3	12,0 - 94,0	1,0 - 100,0
Gaz naturel	0,06 - 0,28	4,0 - 24,0	-
Nucléaire.........	0,035 - 0,945	4,0 - 13,0	0,01 - 0,16

Source : Ce tableau est emprunté à un rapport de l'American Medical Association, adopté le 21 juin 1978. Il est établi à partir des études d'Hamilton, Gotchy, Comar et Sagan.

*III — Décès pour une production de 1 000 MWe en 1975**

	DÉCÈS	CAS D'INVALIDITÉ
Charbon	1 à 20	30 à 50
Fuel	0,3 à 15	15 à 30
Gaz	0,02	2
Nucléaire	0,1 à 0,3	0,8 à 3

* Les chiffres ont été ramenés à ceux qui correspondent à 1 000 MWe pour qu'une comparaison soit possible avec les autres tableaux.
Source : L.D. Hamilton et A.S. Mann, « Diverses sources d'énergie, leur coût pour la santé et l'économie », *Bulletin A.I.E.A.*, vol. 20, n° 4.

IV — Centrale hydro-électrique
Décès estimés pour 1 000 MWe/an

Construction et matériels	1 à 2
Fonctionnement et entretien	0,5
Transport	0,5 à 1,5
Rupture de barrage	1 à 1,5
TOTAL	3 à 5,5

Source : d'après E. Pochin, Colloque sur « les risques sanitaires des différentes énergies », Paris les 24, 25 et 26 janvier 1980, page 514, Éditeur GEDIM Saint-Étienne.

V — Centrale électrique
Décès estimés pour 1 000 MWe/an

FILIÈRE	
Charbon	15 à 20
Fuel	10 à 15
Hydro-électricité	3 à 5,5
Nucléaire	1,5 à 2
Gaz naturel	0,5

Source : d'aprés E. Pochin, Colloque sur « les risques sanitaires des différentes énergies », Paris, les 24, 25 et 26 janvier 1980, pages 514, Éditeur GEDIM Saint-Étienne.

VI — Décès prématurés annuels associés avec le fonctionnement d'une centrale de 1 000 MWe
(Les valeurs citées sont les plus basses et les plus élevées, indiquées dans les diverses études utilisées)

	CHARBON	PÉTROLE	GAZ NATUREL	NUCLÉAIRE
PROFESSIONNEL				
Extraction				
accident	0,45 - 0,99	0,06 - 0,21	0,021 - 0,21	0,05 - 0,2
maladie	0 - 3,5	–	–	0,002 - 0,1
Transport				
accident	0,055 - 0,4	0,03 - 0,1	0,02 - 0,024	0,002
Traitement				
accident	0,02 - 0,04	0,04 - 1	0,006 - 0,01	0,003 - 0,2
maladie	–	–	–	0,013 - 0,33
Transformation				
accident	0,01 - 0,03	0,01 - 0,037	0,01 - 0,037	0,01
maladie	–	–	–	0,024
Sous-totaux				
accident	0,54 - 1,5	0,14 - 1,3	0,057 - 0,28	0,065 - 0,41
maladie	0 - 3,5	–	–	0,039 - 0,45
Totaux	0,54 - 5,0	0,14 - 1,3	0,057 - 0,28	0,10 - 0,86

	CHARBON	PÉTROLE	GAZ NATUREL	NUCLÉAIRE
PUBLIC				
Transport	0,55 - 1,3	–	–	–
Traitement	1 - 10	–	–	–
Transformation	0,067 - 100	1 - 100	–	0,01 - 0,16
Total	1,6 - 111	1 - 100	–	0,01 - 0,16
TOTAL GENERAL	2 - 116	1,1 - 101	0,057 - 0,28	0,11 - 1,0

Source : Comar C.L. et Sagan L.A. « Effets sur la santé de la production et de la transformation de l'énergie » (« Health effects of energy production and conversion ») *Annual review of energy,* Vol. 1, pp. 581 à 589, 1976.

VII — Maladies professionnelles et accidents du travail annuels liés au fonctionnement d'une centrale thermique de 1 000 MWe

(Les valeurs indiquées sont les plus basses et les plus élevées, citées dans les études utilisées)

	CHARBON	PÉTROLE	GAZ NATUREL	NUCLÉAIRE
Extraction				
accident	22 - 49	7,5 - 21	2,5 - 21	1,8 - 10,0
maladie	0,6 - 48			
Transport				
accident	0,33 - 23	1,1 - 9	1,2 - 1,3	0,045 - 0,14
Traitement				
accident	2,6 - 3	3 - 62	0,05 - 0,56	0,6 - 1,5
Transformation				
accident	0,9 - 1,5	0,6 - 1,5	0,6 - 1,5	1,3
TOTAUX :				
accidents	26 - 77	12 - 94	4 - 24	4 - 13
maladies	0,6 - 48			

Source : Comar C.L. et Sagan L.A., « Effets sur la santé de la production et de la transformation de l'énergie » (« Health effects of ernegy production and conversion ») *Annual review of energy,* vol. 1, pp. 581 à 589, 1976.

II
Bibliographie

BARRAGER S.M., JUDD B.R., NORTH D.W. : *The economic and social costs of coal and nuclear electric generation,* Stanford Research Institute, 1976.

BERTIN M. : « Studies of risks from different energy sources : methodological comments », *Bull. A.I.E.A.,* Vienne, *22,* 72-79, 1980.

COMAR C.L., SAGAN L.A. : « Health effects of energy production and conversion », *Annual Review of Energy, 1,* 581-589, 1976.

COMAR C.L., NELSON N. : « Health effects of fossil fuel combustion products : report of a workshop », *Envir. Health Perspectives, 12,* 149, 1975.

COMMONER B. : *The poverty of power,* Alfred A. Knoff, Inc. New York, 1976.

FAGNANI F. et coll. : *Comparison of the health effects of energy chains methodological problems and French data,* Radiation Protection Optimization – C.E.C. – C.E.A. Séminaire du 3-5 octobre 1979 – C.C.E. Luxembourg, 272-288, Édition Pergamon Press.

FAGNANI F., HUBERT P., MACCIA C. : « Risque professionnel et innovation technique : analyse comparative des technologies électrogènes nucléaires (P.W.R.) et fossiles », article proposé à la *Revue française d'épidémiologie et de Santé publique* d'octobre 1980.

FARMER F.R. : « Methodology of energy risk comparisons » *Bull. A.I.E.A.*, Vienne, *22*, 120-128, 1980.

HAMILTON L.D. : « Alternative sources and health », in R.J. Budnitz ed. *Forum on Energy, U.S. Electricity through the year 2000 : Coal or Nuclear ?,* C.R.C. Press Inc. Cleveland, 1-49, 1977.

HAMILTON L.D. : « Areas of uncertainty in estimates of health risks », in Symposium on Energy and Human Health ; *Human Costs of Electric Power Generation* ; sponsored by Graduate School of Public Health and Ohio River Basin Energy Study, Pittsburgh, Pennsylvania, March 19-21, 1979, Office of Research and Development, U.S. Environmental Protection Agency, Washington, D.C. 20460, 488-568.

LAVE L.B., SESKIN E.P. : *Air pollution and human health,* Johns Hopkins, University Press., Baltimore, 1977.

LAVE L.B., FREEBURG L.C. : « Health effects of electricity generation from coal, oil and nuclear fuel », *Nuclear Safety, 14,* 409-428, 1973.

MORGAN M.G., MORRIS S.C., MEIER A.K. and SCHENK D.L.A. : « A probabilistic methodology for estimating air pollution health effects from coal-fired power plants », *Energy Syst. Policy, 2* (33), 287-309, 1978.

PASKIEVICI W. : « Analyse critique des études comparatives sur les risques sanitaires associés à la production d'électricité », communication faite au Colloque international sur les effets comparés de l'énergie nucléaire et des autres sources d'énergie sur la santé. Nashville, Tennessee, U.S.A., les 22-26 juin 1981. IAEA-SM-254/80, 15 pages.

ROGERS D.W.O. and TEMPLIN R.J. : « Errors in a risk assessment of renewable resources » *Energy, 5,* 101-103, 1980.

TERRIL J.G. et al. : « Environmental aspects of nuclear and conventional power plants » *Industrial Med. and Surgery, 36,* 412, 1967.

TUBIANA M. : « Health risks due to the use of nuclear energy for electric power generation », *Bull. A.I.E.A., 22,* 102-119, 1980.

WINKELSTEIN W., KANTOR S., DAVIS E.W., MANERI C.S., MOSHER W.E. : « The relationship of air pollution and economic status to total mortality and selected respiratory system mortality in men I : suspended particulates » ; *Arch. Environ. Health, 14,* 162-172, 1967).

Mortality and morbidity during the London fog of december 1952. Ministry of Health, Report n° 95, London, Her Majesty's Stationary Office, 1954.

Comparative risk-cost benefit study of alternative sources electrical generation. Report WASH 1224, U.S. Atomic Energy Commission, 1974

Reactor safety study, an assessment of accident risks in U.S. commercial nuclear power plants. Nuclear Regulatory Commission, Washington, 1975.

Nuclear power issue and choices, Ford Foundation/Mitre Corporation, Report of U.S. Nuclear Energy Policy Study/Group. Ballinger Publishing Company, Cambridge, Mass., 1977.

A report from chess 1970-1971, U.S. Environmental Protection Agency 1974 (Report n° 650/1-74-004, ORD NERC/RTP, Research Triangle Park, N.C. : U.S. E.P.A.).

Reactor safety study, an assessment of accident risks in U.S. commercial nuclear power plants. (Report WASH 1400, Nuclear Regulatory Commission, Washington D.C., 1975).

Health implications of nuclear power production Report on a Working/Group, Bruxelles, 1-5 décembre 1975, 78 p, O.M.S. 1977.

« Energies et problèmes sanitaires » *Revue générale nucléaire*, n° 1, 16-42, 1979.

Colloque sur les risques sanitaires des différentes énergies, Paris, les 24, 25 et 26 janvier 1980, Édition GEDIM 1980, 658 pages.

– L. Amoudru : « Le charbon », p. 243 à 259.
– P. Bapseres et coll. : « Pétrole et hydrocarbures », p. 260 à 323.
– J. Bergerard : « Effets sur la mer », p. 404 à 414.
– J. Chrétien : « Appréciation par le médecin des risques dus aux différentes énergies », p. 7 à 22.
– J. Chrétien et J. Bignon : « Pollution de l'air, chimique et particulaire », p. 375 à 395.
– M.F. Fagnani : « Méthodologie. Résultats d'études comparatives », p. 573 à 599.
– A. Gauvenet : « Les déchets nucléaires », p. 415 à 436.
– L.D. Hamilton : « Évolution des méthodes d'études », p. 516 à 572.
– J. Jacquet : « Anhydride carbonique », p. 437 à 477.
– H. Jammet : « L'atome », p. 347 à 364.
– H. Pequignot et M. Bertin : « Le gaz », p. 328 à 346.
– D. Schwartz : « La notion de risque en santé publique : définition, utilisation, mode de calcul », p. 58 à 75.
– M. Tubiana : « Conclusions de la journée », p. 225 à 240.
– R. Wilson : « Problems in estimation and presentation of risks », p. 600 à 632.

Ouvrages généraux :

Tubiana M. : *Le Refus du réel,* Robert Laffont, 1977.
Gerondeau C. : *La Mort inutile,* Plon, 1979.
Sauvy A. : *Coût et Valeur de la vie humaine,* Hermann, 1977.
Le Net Y. : *Le Prix de la vie humaine,* Éd. La Documentation française, 1979.

CHAPITRE VII

La perception des risques de l'énergie nucléaire

En août 1955, à la Conférence internationale sur l'utilisation de l'énergie atomique à des fins pacifiques, W. Mayneord déclarait que « le développement pacifique de l'énergie atomique est la plus grande aventure de l'humanité et comme toute aventure, il comporte nécessairement des risques ». Comme en écho, Sakharov[1] écrivait vingt-cinq ans plus tard :

« De nombreuses discussions ont lieu sur les thèmes liés aux progrès scientifiques tels l'énergie nucléaire, la démographie galopante, les manipulations génétiques... la pollution... l'impact des médias. Malheureusement malgré l'urgence et la gravité de ces problèmes, ces discussions manquent souvent d'informations objectives ; elles sont pleines de préjugés, politisées, et quelquefois simplement malhonnêtes. Les experts devraient donc dans tous ces cas fournir directement au public toutes les informations disponibles de façon objective et non sélectionnées. Le cas de l'énergie nucléaire, un sujet d'importance primordial, est un exemple instructif. *Ses risques ont été exagérés à l'Ouest* et une telle distorsion est pleine de danger. »

Quoi qu'il en soit, tous les sondages et enquêtes montrent qu'une fraction importante du public craint l'éner-

1. A. Sakharov – « The responsability of scientists », *Nature*, vol. 291, 21 mai 1981, pp. 184-185.

gie nucléaire et que les autres aspects de cette énergie sont, en partie, masqués par cette inquiétude.

Lors d'un sondage de l'I.F.O.P. en 1978, à la question « Peut-on dire ou pas de l'énergie nucléaire qu'elle est dangereuse ? » 76 % du public interrogé répondent oui. De plus, à la question : « Quand on vous parle d'énergie nucléaire qu'est-ce qui vous vient à l'esprit immédiatement ? » les personnes interrogées répondent très négativement : les notions de peur, de crainte, de danger, de radioactivité, de bombe, de pas encore au point, viennent à l'esprit de près de la moitié du public sur lequel porte l'enquête (46,5 %). En 1979, un an plus tard[2], les mêmes notions viennent à l'esprit de plus de 50 % de Français.

En 1978, en réponse à la même question, les applications de cette énergie à la vie quotidienne ne sont immédiatement perçues que par 8 % de la population. De même, dans l'esprit des personnes interrogées la relève du pétrole et l'indépendance énergétique ne paraissent pas être liées à cette forme d'énergie ; seulement 6 % d'entre elles associent énergie nucléaire et ces deux notions en 1978 ; ce chiffre est encore plus bas en 1979 (3,3 %).

Lorsqu'on demande au public[3] de préciser les critiques les plus pertinentes à l'égard des centrales, l'accumulation des déchets est la plus souvent citée ; elle est suivie de près par les accidents mettant en danger la population, puis par la pollution de l'environnement (réchauffement des eaux et destruction de la faune et de la flore). Par contre, la fabrication de plutonium ne paraît pas faire l'objet de réserve aux yeux de ce public et ceci malgré les campagnes menées autour de ce thème.

Pour compléter l'enquête, on a demandé aux 50 % de gens qui pensaient que « l'implantation d'une centrale dans une région avait plutôt des inconvénients pour cette région », de classer ceux-ci. Les risques d'accidents, fuites, actes criminels arrivent en tête, vient ensuite le problème des déchets.

---

2. Enquête de l'Institut français d'opinion publique portant sur un échantillon national de 1 000 personnes âgées de plus de 18 ans (quotas choisis portant sur le sexe, l'âge, la catégorie socio-professionnelle, le niveau d'étude et la zone géographique de résidence). Les questions sont fermées. (Voir à la fin de ce chapitre Annexe I pp....).

3. Enquête I.F.O.P. présentée précédemment (voir annexe I).

Lors d'une autre enquête, en 1979[4], à la question : « y a-t-il actuellement des risques qui menacent l'état de santé des individus ? », le nucléaire vient en deuxième position derrière la pollution en général pour 15 % de la population interrogée, (soit en nette aggravation par rapport à 1978 où il venait en quatrième position pour 6,5 % des exprimés).

Ainsi les résultats des divers sondages effectués entre 1977 et 1979 montrent la persistance de la peur suscitée par l'énergie nucléaire. Il est intéressant de noter qu'on n'observe pas le même phénomène dans le cas d'autres formes d'énergie. Lorsqu'on demande[5] au public : « Imaginez que vous habitez dans un endroit où il est question d'implanter l'une des trois installations suivantes à un kilomètre de votre domicile, laquelle des trois accepteriez-vous ? : 1/ barrage hydraulique situé plus haut que chez vous – 2/ raffinerie de pétrole – 3/ centrale nucléaire », les réponses sont les suivantes : 29 % de la population n'en accepteraient aucune, la centrale nucléaire est la moins bien acceptée, suivie de près par la raffinerie de pétrole. Par contre, 38 % des gens admettraient la présence d'un barrage, alors que les statistiques montrent qu'il y a dans le monde un barrage par an qui cède, faisant des centaines voire des milliers de victimes.

Ce contraste entre le risque réel qui est – comme on l'a vu – relativement faible et le risque perçu invite à chercher les causes de ces réactions. Nous examinerons donc successivement l'historique de la perception des risques de l'énergie nucléaire ; puis l'analyse des mécanismes de perception de ces risques : facteurs socio-politiques et rôle de l'information.

---

4. Enquête intitulée : « Les situations et perceptions relatives aux conditions de vie et à la qualité de la vie des Français » et réalisée par le C.R.E.D.O.C. du 15 octobre au 8 décembre 1979 (voir annexe I).

5. Enquête I.F.O.P., octobre 1978, présentée précédemment (voir annexe I).

Historique de la perception des risques (1945-1981)

Nous distinguerons deux grandes périodes : de 1945 à 1968 et de 1968 à 1981.

1945-1968 : dissociation de l'atome militaire et de l'atome civil

En France, jusqu'en 1945, on ne décéle aucune anxiété particulière vis-à-vis des rayons X. Après les bombes d'Hiroshima et de Nagasaki et la naissance des applications pacifiques de l'énergie nucléaire, l'opinion publique s'intéresse à cette forme d'énergie, mais *dissocie* l'énergie atomique militaire et les applications pacifiques. Et plusieurs grands scientifiques du Commissariat à l'energie atomique, tel F. Joliot-Curie, sont à la fois adversaires de son utilisation militaire et partisans de ses usages pacifiques. Bien qu'avant 1968 les sondages d'opinion sur le nucléaire civil aient été rares, la presse nous a paru être le reflet fidèle de l'attitude de l'opinion publique vis-à-vis de l'énergie nucléaire et de ses risques.

On distingue pendant cette époque deux périodes. La première allant des lendemains d'Hiroshima jusqu'en 1955, pendant laquelle l'énergie nucléaire n'est pas abordée en termes de risque, alors que pendant la seconde qui succède aux explosions expérimentales de Bikini, l'opinion publique commence à s'inquiéter.

De 1948 à 1956, l'énergie nucléaire fait partie de l'inhabituel, de l'extraordinaire ; c'est l'« aurore de l'ère atomique ». Les craintes qu'elle peut susciter ne s'expriment pas clairement. La presse traite trois thèmes préférentiels : l'uranium, symbole de richesse inépuisable et de puissance, les usages civils de l'atome, en particulier les centres de recherche et les piles atomiques, électronucléaires, qui témoignent de l'activité bienfaisante des ingénieurs et des savants et enfin, les applications militaires qui sont exaltées, mais généralement traitées de façon distincte.

Dans un quotidien comme *France-Soir*, les risques de l'énergie nucléaire, même dans ses applications militaires – présentées uniquement comme le symbole de la puissance nationale – sont, pendant cette période, peu perceptibles. La prospection déclencle « la fièvre de l'uranium chez les chercheurs ». « La découverte d'une mine est pour une commune le signe de sa renaissance et de sa célébrité. » Tel article s'intitule « Un petit village du Limousin acquiert la célébrité atomique », et tel autre « J'ai vu les mineurs de Madagascar danser sur l'uranium qui constitue la fournaise atomique de la pile de Saclay ». Dès 1955, le plutonium est décrit comme un « métal stupéfiant »... « une énergie fantastisque ». Les articles concernant l'énergie nucléaire dans ses applications civiles sont purement descriptifs et contiennent des informations relatives au projet ou à la construction de Centres de recherches ou de piles.

De 1957 à 1968, l'opinion publique perçoit de façon croissante les risques mais attache à chacun de ceux-ci une importance qui varie selon l'époque. En effet, cette perception des risques est influencée par le contexte économique dans lequel se développe l'énergie nucléaire.

L'économie française participe à la forte croissance du monde industriel, pour entrer à la suite des Etats-Unis dans la « société d'abondance ». Le relâchement des tensions sociales, l'amélioration des conditons matérielles de chacun, font que l'énergie cesse d'être un problème économique (disparition de la pénurie) alors qu'elle n'est pas encore devenue un enjeu social. La croissance rapide est acceptée par tous en raison de la persistance de besoins non satisfaits ; l'atmosphère est à l'euphorie et dans ce contexte, l'atome est bien perçu. Cependant, dès 1957, le rapport d'un comité d'experts de l'O.M.S.[6] révè-

6. Rapport technique n° 151, 1957 de l'Organisation mondiale de la santé.

le l'existence d'une anxiété latente que met en évidence notamment une analyse de presse effectuée en 1956. De plus, lors d'un sondage effectué entre décembre 1957 et mars 1958[7], on s'aperçoit qu'à la question : Est-il exact que l'emploi de l'énergie atomique à des usages pacifiques est :

– dangereux pour ceux qui travaillent dans les usines atomiques : 62 % du public répondent oui – 29 % ne se prononcent pas - 9 % pensent que c'est inexact,

– dangereux pour ceux qui habitent la région : 52 % pensent que c'est exact. Enfin *36 %* du public interrogé pensent que c'est dangereux pour tout le monde. »

Ainsi, dès cette époque les risques apparaissent dans les sondages. Leur nature est précisée dans une question ultérieure. A la question « S'il y a des dangers, de quelle sorte sont-ils ? », la radioactivité est citée par 28 % des personnes interrogées, les accidents sont cités par 16 % ; de plus, 21 % pensent que « c'est dangereux pour la santé » (sans précision). Par contre, les effets génétiques et les déchets radioactifs ne préoccupent respectivement que 2 % du public.

Le document de l'O.M.S. montrait que cette anxiété se manifestait de manière plus marquée autour des *applications militaires* de l'atome : les essais nucléaires expérimentaux, les dangers provoqués par leurs retombées et particulièrement par la contamination des eaux de pluie. Ceux-ci préoccupent par priorité la grande presse, notamment les journalistes de *France-Soir* : en 1957, 45 % des articles relatifs à l'atome traitent de ces sujets. Par contre, ce même journal présente avec « sérénité » les premiers résultats prometteurs de l'énergie atomique domestiquée. C'est sur cette toile de fond, plutôt optimiste (malgré les 36 % de gens anxieux vis-à-vis du

7. Titre du sondage : « Information et attitude du public français en face des perspectives d'utilisations pacifiques et militaires de l'énergie atomique effectuée par l'I.F.O.P., commandée par le Conseil supérieur de la recherche scientifique et du progrès technique. Echantillon 2 993 personnes de 18 ans et plus (voir Annexe I).

nucléaire civil) que vont se détacher trois événements militaires qui focalisent l'attention de la presse : l'explosion expérimentale de la bombe soviétique de 58 mégatonnes en octobre 1961 ; l'explosion de la première bombe chinoise, en octobre 1964 ; enfin en janvier 1966, la perte par un B 52 américain de trois bombes atomiques au-dessus de la mer à Palomares au sud de l'Espagne.

Ces événements se superposent à l'expérience de Bikini de 1957 et aux lésions causées par les retombées radioactives sur des pêcheurs japonais, à l'escalade des armements nucléaires des Etats-Unis et de l'U.R.S.S. et enfin, et surtout, à la crise de Cuba en 1962. Ils font prendre conscience au public de la menace d'un conflit nucléaire et du risque que présentent les retombées atmosphériques des explosions expérimentales.

Ces faits exacerbent les craintes vis-à-vis de la radioactivité. Les applications civiles du nucléaire sont à la fin de la période présentées de façons différentes ; on privilégie les accidents ou les incidents. Néanmoins, la tendance demeure à la dédramatisation : des accidents tels ceux de Windscale, d'Idaho Falls ou de Vinca[8] pourtant beaucoup plus graves que ceux qui surviendront plus tard – notamment à Hanford et à Harrisburg[9] – ne provoquent aucune émotion. L'atome « domestique » est certes perçu comme dangereux, mais sa maîtrise par les spécialistes n'est pas mise en doute par le public.

Ainsi, pendant cette période, le développement des

---

8. 1957 à Windscale (G.-B.) : une pile est incendiée puis noyée, l'échappement de produits de fission dans l'environnement provoque une contamination du lait dans une zone de 500 km^2.

1954 à Idaho Falls (U.S.A.) qui est un centre de recherche nucléaire : à la suite de la destruction volontaire d'un réacteur expérimental, cinq observateurs sont faiblement irradiés.

1958 à Vinca (Yougoslavie) : du fait d'un réglage défectueux de la puissance et comme les systèmes d'alarme sont déconnectés, huit personnes sont irradiées, une meurt.

9. Voir l'exemple de distorsion de l'information dans le cas des accidents d'Hanford et d'Harrisburg à la fin de ce chapitre. Annexe II, p. 342.

applications militaires a pour conséquence un nouveau regard sur l'atome civil. Le fait que le nucléaire civil ait été contesté après 1970 plus que ne l'a jamais été le nucléaire militaire en trente-cinq ans, pose d'ailleurs la question de leur lien. Comme nous l'avons vu, le nucléaire militaire a bénéficié d'une image positive jusqu'au milieu des années 60 où apparaît une hostilité croissante à son égard.

Puis rapidement l'hostilité se déplace sur l'atome civil ; l'utilisation industrielle de l'atome va alors faire l'objet d'attaques de plus en plus fréquentes et violentes, beaucoup plus que l'utilisation militaire dont on connaît pourtant le potentiel d'anéantissement. Outre l'explication d'un déplacement inconscient des craintes du militaire sur le civil [10], on peut penser que l'ouverture du débat sur le nucléaire civil (allant de pair avec la libéralisation de la société et le premier choc pétrolier de 1973) va permettre aux Français d'exprimer leurs craintes refoulées sur les risques d'un conflit nucléaire.

De 1968 à 1980 : deux tournants

A la fin des années 60, la longue période d'abondance explique que les contraintes sociales soient de moins en moins acceptées. 1968 et les années suivantes voient la remise en cause du système social engendré par cette période d'expansion. Simultanément, l'idéologie « soixante-huitarde » évolue à partir de 1971 vers la croisade écologique[11].

Parallèlement les décideurs, la presse et les Français dans leur ensemble accordent une importance croissante aux problèmes de « la pollution » et aux réactions de l'opinion. La société d'abondance s'accompagne d'un refus de la maladie et de la mort. Pour illustrer cette évolution par rapport à l'époque antérieure, il suffit de rappeler que les inconvénients sanitaires du charbon

10. C. Guedeney et G. Mendel, *Angoisse atomique et centrales nucléaires*, Payot, Paris, 1973.

11. Cf. les travaux de Timbal-Duclaux sur ce sujet.

avec le grisou, la silicose et la pollution atmosphérique n'avaient pas bénéficié de la même attention. Dans ce contexte socio-économique, on assiste pendant la décennie 1968-1978 à une montée progressive de l'opposition à la construction des centrales nucléaires. 1971 voit les premières manifestations antinucléaires à Fessenheim (12 avril) et au Bugey (1er juillet), mais sans réel écho sur le plan national.

Arrive la crise pétrolière de 1973. La guerre du Kippour et l'embargo pétrolier affectent autant les perspectives économico-politiques des pays occidentaux que leur opinion publique. On assiste à une sensibilisation aux contraintes que pourraient engendrer des restrictions dans les fournitures d'hydrocarbures. Dans certains pays les autorités limitent la circulation automobile le dimanche. M. Messmer, premier ministre, propose un vaste programme d'équipement de centrales nucléaires, qui est accepté. Le débat parlementaire sur ce sujet est remarquablement terne, ce qui s'explique autant par sa technicité que par la période pendant laquelle il se déroule (début des vacances d'été). Dès novembre 1973, une majorité de Français affirme son accord pour accroître l'indépendance énergétique du pays[12].

Toutefois, en février 1975, « 400 scientifiques » signent un manifeste pour dénoncer certains dangers inhérents au développement des centrales nucléaires. Cette controverse scientifique va être un des principaux éléments du débat national qui va suivre dans la grande presse[13]. De technique, le débat se politise et, dès lors, la décision pour ou contre l'atome est ressentie par certains comme un « choix de société ». C'est la période de Creys-Malville et de l'enthousiasme pour le solaire.

---

12. Sondage I.F.O.P. (précédemment cité) en novembre 1973 : 58 % des Français sont d'accord pour accroître l'indépendance énergétique de la France.

13. J.F. Picard et J.M. Fourgous, « L'émergence du débat nucléaire dans la grande presse de 1968 à 1976 ». Colloque sur les implications psychosociologiques du développement de l'industrie nucléaire. Paris, 13-15 janvier 1977, Éditeur S.F.R.P., 1977, p. 336-351.

Rappelons brièvement les événements de Creys-Malville en 1977. Les mouvements écologistes et certaines organisations d'extrême gauche ont appelé à une manifestation, à une marche antinucléaire le samedi 30 juillet et le dimanche 31 juillet sur le chantier du surgénérateur Super Phénix à Creys-Malville. Le 28 juillet, le préfet de l'Isère interdit cette manifestation à l'intérieur du périmètre du surgénérateur, c'est-à-dire sur le site. Le 30 juillet, on note la présence malgré la pluie de 15 000 écologistes (le lendemain ils seront, selon les sources, 20 000 ou 40 000). La presse parlée souligne le fait qu'ils sont Français, Allemands et Suisses. Pendant cette première journée ils s'installent pour camper dans les champs. Le soir il y a quelques légers incidents, le lendemain doit avoir lieu la marche « convergente » vers le site, bouclé par de nombreux policiers. Au début de l'après-midi du 31 juillet, de très violents affrontements éclatent entre manifestants armés de cocktails molotov (éléments incontrôlés) et C.R.S. qui répliquent à coups de grenades lacrymogènes et même de grenades offensives. Un manifestant et un professeur d'une trentaine d'années trouvent la mort, victimes d'une crise cardiaque. Deux gendarmes ainsi que deux manifestants sont mutilés. On compte au total une centaine de blessés parmi les manifestants et cinq parmi les forces de l'ordre.

Ces événements ont fait la une des journaux et ont donné lieu à une grande masse d'informations parlées. Dans l'ensemble, les commentaires soulignent la violence des écologistes, et celle-ci suscite une certaine réprobation. C'est, semble-t-il, le point culminant de la contestation antinucléaire et écologiste.

C'est l'époque également où le solaire exerce le plus son attraction, puisque 81 % des Français[14] se déclarent partisans d'un développement maximum du solaire. Cette source d'énergie a un grand pouvoir symbolique, on lui prête toutes les vertus : elle est « propre », « non polluante », « abondante », « gratuite », et surtout « équitablement répartie ». Elle semble apporter une réponse magique, totale, à toutes les peurs, notamment aux

14. S.E.C.E.D. – 1978 (voir Annexe I).

anxiétés qu'éveillent la crise de l'énergie et la crainte de la pollution[15].

Entre 1978 et 1980, la hausse des hydrocarbures, l'inflation et le chômage influencent fortement l'opinion publique. « Le nucléaire », par un renversement de tendance, se retrouve crédité d'une image positive par une majorité de Français. Ceux-ci « redoutent davantage le rationnement de l'énergie (59 %) que la construction des centrales nucléaires (29 %)[16] ». Par ailleurs, on ne peut qu'être frappé par le faible retentissement qu'a en France l'incident de Three Mile Island (en mars 1979 aux États-Unis) pourtant présenté par les médias comme le « premier accident majeur du nucléaire civil[17] ». En mai 1979, à la suite de cet événement, un sondage réalisé pour un journal, peu suspect de complaisance à l'égard du nucléaire puisqu'il s'agit du mensuel écologiste *Le Sauvage*, donne au nucléaire un score positif de 62 %[18].

Toutes ces positions doivent être rapportées à un développement de nouveaux courants d'opinion, observés pendant cette époque. C'est entre 1972 et 1977 que le courant critique à l'égard de notre société selon lequel le progrès technique « crée un cadre de vie artificiel » et « met en danger l'existence de la prochaine génération », passe de 67 % à 76 %.. Dans ce contexte une corrélation se manifeste entre la perception du nucléaire, celle de la science et celle de la croissance. Ces trois « courants d'opinion » progressent parallèlement. Toutefois, celui concernant l'énergie nucléaire connaît une plus grande variation que les autres : les chiffres varient du simple au double (80 % de favorables en 1974, 40 % en 1977, 55 % en 1980)[19].

15. Enquête publique S.A. (voir Annexe I).

16. Sofres pour journaux de province, juin 1979 (voir Annexe I).

17. J.F. Picard, J.M. Fourgous, « Analyse de l'information à propos de Three Mile Island », *Revue générale nucléaire* (à paraître).

18. I.F.O.P. pour *Le Sauvage*, 9-15 avril 1979 (voir Annexe I).

19. J.F. Picard et J.M. Fourgous, « Les Français et l'énergie », Centre de documentation des sciences humaines, C.N.R.S., Paris, 1980.

C'est lorsque intervient la dimension économique, que la perception positive du nucléaire remonte réellement ; c'est-à-dire en 1978-1979 après le second choc pétrolier, comme nous venons de le montrer. Toutefois, si l'intérêt des Français pour la science, la croissance et le nucléaire remonte aux années 1977-1978, il ne réussira pas à retrouver sa vigueur du début des années 70[19].

Par ailleurs, il est significatif que, quand le public tend à donner plus d'importance aux loisirs qu'au salaire, l'opinion qu'il a du nucléaire devient moins favorable. Ainsi, l'intérêt accordé aux loisirs rejoint, entre 1971 et 1977, celui pour le salaire (+ 15 %) puis entre 1977 et 1980, on donne une importance plus grande au salaire qu'aux loisirs, ce qui montre bien le poids du contexte économique à la fin des années 1970. Mais, malgré ces évolutions, le développement de l'énergie solaire reste prioritaire aux yeux des Français ; cependant, une étude, en 1980[20], montre que la croyance dans l'avenir du pétrole a cédé la place en la croyance dans l'avenir du nucléaire ; celle-ci étant à son tour talonnée par les énergies nouvelles.

La perception des Français se transforme donc dans les années 1978-1979 avec le deuxième choc pétrolier et la montée de l'inflation et du chômage. Néanmoins, le « modèle de consommation » reste critiqué : de 1977 à 1979, 80 % des Français répondent oui à la question : « Si on continue à produire et à gaspiller comme on le fait actuellement, nos ressources en matières premières seront-elles bientôt épuisées ? » ; toutefois, la remise en cause du modèle socio-économique de la société est moins radicale, ce qui se traduit par une meilleure perception du nucléaire.

Cette amélioration relative de l'image du nucléaire doit pourtant être interprétée avec prudence car l'opinion publique n'est pas insensible aux événements de

---

20. Sondage Sofres, fév. 1982, cité par la *Revue générale nucléaire*, n° 2.

l'actualité politique, sociale et économique et peut donc encore varier. Quoi qu'il en soit, un sondage effectué en février 1982 montre que 65 % des Français sont partisans de l'énergie nucléaire et que 33 % lui sont opposés (les chiffres de 1981 étaient 56 % et 41 %). 13 % seulement lui sont franchement hostiles. Cette nette amélioration apparaît dans presque toutes les ventilations par catégories socioprofessionnelles, par tendances politiques ou par niveau d'instruction. Seule exception : la ventilation par tranches d'âges.

Toutes les catégories précédemment citées sont en majorité favorables au nucléaire civil mais lorsqu'on analyse les tranches d'âges, de 18 à 24 ans, 51 % restent hostiles contre 48 % favorables. Il semble aussi que les conséquences de l'implantation d'une centrale pour une région soit différemment perçues. En 1980, 43 % des Français considèrent qu'une installation serait gênante contre 16 % qui y voient prédominer des avantages. En 1982, 30 % seulement continuent à y voir une majorité d'inconvénients contre 26 %. Toutefois la catégorie d'anti-nucléaires décidés à s'opposer à la construction de centrale (y compris par la force) ne diminue pas et continue à représenter 7 %, ce qui est néanmoins une faible minorité.

La perception du risque nucléaire

La contestation nucléaire, comme le montre déjà son historique[21], résulte d'une association entre, d'une part l'anxiété ressentie par l'individu face au risque, d'autre part une contestation générale de la structure sociale de la civilisation industrielle.

Il est classique de distinguer, dans la façon dont un risque est ressenti, trois éléments distincts : sa *dimension*

---

21. G. Morlat : « Structures de l'opinion publique », Direction des études et recherches E.D.F., mai 1980.

telle qu'elle peut être évaluée par des méthodes statistiques ou opérationnelles ; son *acceptabilité* : un risque de même dimension peut, selon les circonstances, être accepté ou refusé ; sa *perception*, celle-ci étant, à son tour, fonction des multiples paramètres parmi lesquels on peut distinguer des facteurs psychologiques et sociologiques.

Les facteurs psychologiques

On observe de grandes inégalités dans la façon dont les individus anticipent les risques. Ces inégalités ne dépendent pas uniquement de carences informatives ou d'une incapacité à utiliser un savoir ou une expérience pour prévoir. L'appréciation d'un risque dépend aussi de son acceptation ; et celle-ci engage l'ensemble de la personnalité.

La notion de personnalité est ambiguë. Retenons simplement dans ce contexte qu'avec ses contradictions et son dynamisme, elle est, dans une certaine mesure, fonction du milieu dans lequel on vit et qu'elle est déterminée par de multiples facteurs. Naître et mourir sont les deux événements les plus importants pour un individu, et tous deux sont sous le signe du risque. Le couple vivre-mourir est le référent obligatoire de toute anticipation de risque, même si la vie n'est pas en jeu ouvertement ou directement. Or, il n'est pas semblable chez tous les individus. Un même événement peut avoir des dimensions très différentes. Ainsi, un échec, une frustration, une déception, peuvent être tragiques pour certaines personnalités ; alors que d'autres n'y verront qu'un ennui, une difficulté provisoire. A cette inégalité devant l'événement répond, pour des raisons semblables, l'inégalité devant l'anticipation du risque.

Même lorsque l'on est capable d'évaluer objectivement un risque, l'intégration de cette information objective et sa prise en compte, par exemple lors d'une décision, sont le résultat d'un long processus. A chaque étape de celui-ci intervient la personnalité tout entière : l'information objective sera négociée en fonction des expériences, du style de conduite, des conflits et des apprentissages de celui qui l'évalue. De plus, l'évaluation peut être faussée, c'est-à-dire que le risque sera surévalué ou sous-évalué, par une double série de phénomènes.

D'abord le *refus plus ou moins conscient de la connaissance.* L'ignorance peut résulter de l'imperméabilité du récepteur comme de la mauvaise qualité du message ou de son caractère inadéquat ; c'est, par exemple, fréquemment le cas dans le domaine de la prévention en matière de santé. Mais l'information peut aussi entrer en conflit avec un savoir contradictoire et inconciliable qui n'est pas mis en doute. Elle est alors refusée. Certains refus qui reposent sur une idéologie, même vague, par exemple « le respect de la nature », sont péremptoires ; il en est ainsi des refus de la vaccination et de la transfusion, du refus de la technologie. De même des stéréotypes peuvent faire écran, par exemple : « un homme, ça boit de l'alcool », « la conduite rapide est une conduite virile », etc. Enfin, les médias, la publicité et la propagande peuvent imposer une sélection d'informations, une orientation dans leur intégration qui entraîneront des adhésions ou des blocages. Aucune information n'est complètement neutre et chacune d'elle est rapportée à notre expérience affective. La réponse dépend de la résonance ainsi produite.

Elle dépend également, bien entendu, de *la nature du risque.* Les risques choisis sont mieux acceptés. Ils engagent la personnalité du sujet dans la construction active de son destin. Les risques « subis » ou risques « à subir », imposés, sont perçus de façon différente. A l'inverse des premiers, ils paraissent moins maîtrisables, moins intégrables. Or, la peur est le signe d'une impuissance à maîtriser un danger proche ou lointain. Elle résulte de l'échec d'une stratégie d'évaluation et de traitement du risque. L'anticipation du risque suppose au contraire l'acceptation de son éventualité, avec le désir de faire face et la capacité de surmonter la charge affective d'une menace plus ou moins précise. Quand l'émotion est contrôlée, une conduite adaptée est possible ; dans le cas inverse, on observe des conduites désadaptées marquées par l'émotion, le fatalisme ou la négation, c'est-à-dire le refus de considérer le risque.

Après ces généralités sur la perception des risques, l'étude des réactions dans le débat sur l'énergie nucléaire va nous permettre d'illustrer le jeu des interactions entre la personnalité et les questions que pose ce débat.

L'atome métaphorique

Il n'y a pas, dit-on, de « science neutre » : le comportement, les habitudes et les idéologies interfèrent toujours plus ou moins. L'énergie nucléaire n'y échappe pas et le débat engage, directement ou indirectement, la personnalité sous toutes ses facettes, sociale et culturelle, cognitive et affective. Elle sera, selon les individus, considérée comme la dernière chance de l'homme ou comme son plus grand risque. Tout l'imaginaire qui s'est créé autour d'elle a pris une place si importante qu'il abolit souvent les essais de discussion, d'analyse raisonnable. De fait, l'atome civil n'est pas dégagé de la malédiction d'Hiroshima.

Les arguments de la contestation antinucléaire (qu'ils concernent les accidents, les calculs de probabilité, les rejets radioactifs, les déchets, les risques pour l'environnement et la santé) sont souvent exposés sur un mode dramatique et passionnel. La portée du discours dépasse souvent son but informatif : elle traduit et réveille chez l'auditeur la part d'imaginaire attachée à ce problème et tout un monde de fantasmes. Cette dimension spécifique apparaît dans l'analyse de contenu d'affiches contre l'électronucléaire[22]. Elles veulent attirer l'attention du passant et l'impliquer en montrant le nucléaire comme

22. Analyse de contenu d'affiches, M.A. Christol, pp. 208-228, Colloque sur les implications psychosociologiques du développement de l'industrie nucléaire, Paris, 13-15 janvier 1977, éditeur S.F.R.P., 1977.

un faisceau de dangers permanents, universels, invisibles et s'insinuant subrepticement sans que l'on puisse rien contre eux. Elles provoquent l'angoisse de l'anéantissement et font croire que le péril est volontairement caché par les autorités afin de maintenir la population dans l'ignorance.

Cette présentation est destinée à faire ressentir que la puissance nucléaire est aux mains de quelques initiés, détenteurs de leur secret et du sort du monde. Cette notion de secret et de mystère est renforcée par le caractère invisible et impalpable de l'atome. L'homme semble traqué, manipulé, impuissant devant ce mal qui s'insinue par l'air, l'eau, la nourriture jusqu'au plus profond de lui-même, c'est-à-dire dans ses gènes.

Le même sentiment apparaît dans les opinions émises par le public où l'imaginaire l'emporte souvent. La centrale atomique appartient ainsi au fabuleux, au mystérieux, à l'incontrôlable et au non-dévoilé. L'ambivalence des sentiments est manifeste car le nucléaire est à la fois au service du bien-être et générateur de mort. Ses utilisateurs sont soit des « maîtres », soit des « apprentis sorciers ».

L'anxiété devant cette puissance, la crainte d'une catastrophe et le thème fréquemment évoqué de la folie – folie des grandeurs, folie du savant, du responsable ou du saboteur – traduisent une angoisse latente. On peut y voir une analogie avec la peur de l'imaginaire existant en chacun de nous et dont nous redoutons l'émergence incontrôlée. Les mêmes craintes s'expriment dans la peur d'une puissance démesurée, d'une force mal maîtrisée par laquelle l'homme se laisserait déborder. De plus, surgissent confusément les craintes que provoque toute innovation, l'idée prométhéenne que la connaissance est un sacrilège, une transgression et mérite un châtiment. La culpabilité et l'angoisse sont attachées au savoir nucléaire assimilé ainsi à l'expression d'un *désir interdit.*

De fait, l'atome est l'objet d'une ignorance générale. Ce n'est pas faute d'informations vulgarisées dans de nombreux ouvrages ou articles. Cependant, le malaise s'accroît si le public se sent exclu parce que les notions scientifiques qui y sont exposées sont trop sophistiquées. Pour ces raisons, et d'autres qui tiennent à l'histoire, l'atome est « secret ». Or, ce qui apparaît comme secret est rarement perçu comme innocent. Et, en dépit de toutes les informations, le nucléaire paraît encore habillé de mystère, dans un espace intellectuel peu accessible ou barricadé...

L'une des sources du malentendu concernant le nucléaire, qui existe diversement mais partout (public, techniciens et scientifiques), provient des mots eux-mêmes et de la multiplicité de leurs significations. Il n'y a pas un mais plusieurs atomes, souvent confondus dans l'entrecroisement des discours. Il y a l'atome-outil, il y a l'affreux atome militaire, mais il y a surtout, dès qu'on se situe hors du domaine technico-scientifique, l'atome métaphorique, lieu géométrique des craintes et des espoirs. Cet atome métaphorique est lié à l'histoire des succès et des échecs de l'atome des scientifiques mais, plus encore, il emprunte la puissance de son image à l'imaginaire collectif et individuel.

On est tenté d'opposer l'imaginaire à la pensée rationnelle : l'imaginaire témoignerait d'une sorte de régression, de l'irruption de la pensée magique qui bouleverse l'ordre logique. C'est là une vue un peu sommaire. Il y a au moins deux modes selon lesquels peut s'opérer la saisie intellectuelle du monde : le mode réflexif et le mode imaginaire qui, loin de s'opposer, se complètent et se relaient.

Le recours à l'imaginaire est aussi légitime et fécond que l'application la plus rigoureuse des règles de la logique. Certes l'imaginaire nous trompe souvent, mais ses erreurs ont un sens. L'attitude scientifique la plus objective doit tenir compte de lui, des fantasmes, des intuitions et de leurs erreurs comme des phénomènes humains porteurs d'une signification. Faute de quoi, on s'expose à ne plus se comprendre ; il n'y a plus de dialogue, puisque les mots des uns et des autres ne répondent plus au même code. C'est ce que l'on observe souvent dans les relations entre scientifiques et ingénieurs avec les journalistes et le public.

Il faut cependant noter que cette analyse serait incomplète si l'on ne tenait pas compte d'un phénomène plus général dans lequel s'inscrivent un certain nombre de malentendus contemporains. En effet, notre temps semble marqué par un discours contre la science et la technique auquel nous avons déjà fait allusion ; celui-ci est doublement important, car il explique et provoque certaines réactions.

Le discours contre la science et la technique

Un rapport de 1977 consacré par la Commission des Communautés européennes à « La science et l'opinion publique européenne » constate en particulier que deux Européens sur trois ont une vision convergente – ce qui est tout à fait exceptionnel – avec prédominance d'une double image associant confiance et inquiétude : la science est l'un des principaux facteurs d'amélioration de la vie ; mais les découvertes scientifiques peuvent avoir des effets très dangereux, même en dehors des applications militaires.

L'efficacité de la science contemporaine dans le domaine du quotidien, de l'immédiat, aussi bien que dans le progrès de la connaissance du monde n'est pas niable. Mais on retourne contre elle ses succès mêmes. Cette situation n'est pas sans poser des problèmes au plan de la collectivité : les scientifiques, les décideurs ressentent vivement la suspicion en laquelle ils sont parfois tenus.

L'opposition à la science (nucléaire, génétique, informatique, vivisection) peut rassembler et canaliser des frustrations de toutes origines et offrir des compensations à la répression de l'agressivité. La « science » associée étroitement à la technique devient cible, comme « la richesse », comme « le pouvoir », auxquels elle est fréquemment associée.

L'homme de science et de technique se défend toujours contre ses détracteurs en invoquant sa bonne foi. Mais le procès renaît sans cesse, car ce qui est en cause n'est pas ce qu'on appelle la vérité scientifique, ou la qualité morale du scientifique, mais la signification de la science quant à la destinée du groupe : produit sauveur ou produit destructeur. On le voit bien dans les couples linguistiques de notre temps : production/pollution, consommation/risque, croissance/gaspillage, etc.

On critique de plus en plus la science au nom des usages qu'on en fait. Ainsi, on fait construire des voitures rapides mais on aggrave l'hécatombe sur les routes ; les usines sont efficaces mais l'environnement est pollué. Et le profane a tendance à établir un rapport entre puissance accrue et risque accru.

Du côté des scientifiques, leur formation spécialisée, la pratique d'une science ou d'une technique ne facilitent pas la prise en compte d'une pareille conjoncture psychosociologique. La science exige beaucoup d'ascèse, de retenue, d'autodiscipline. Ces caractéristiques isolent parfois le scientifique dans le groupe social. Cet isolement lui conférait jadis un statut privilégié. Les choses ont changé, en partie du moins : l'isolement est souvent perçu comme une distance élitiste, et l'isolé est plus ou moins suspect.

Ainsi, le scientifique et le technicien sont souvent ressentis comme les magiciens de l'univers des appareils et des machines. Comme tels, ils sont redoutés. De façon plus ou moins élaborée, ils sont accusés d'élitisme, d'opérer volontairement dans le secret pour accroître leur pouvoir. Le temps n'est plus où l'on acceptait comme allant de soi la maxime platonicienne selon laquelle « l'homme qui sait est forcément bon ». La science, au travers du pouvoir qu'elle confère, est accusée de menacer, les libertés, comme le montrent, par exemple, les questions et les contestations provoquées par le développement de l'informatique...

D'autre part, l'analyse psychosociologique montre qu'une situation humaine – collective ou individuelle – est un système complexe de compromis entre des données objectives, qui peuvent faire l'objet d'un consensus large, et des facteurs individuels ou sociaux, très difficiles à saisir car ils sont de l'ordre du désir et de la crainte.

Et dans ce cas, il semble qu'interfèrent – et même entrent en conflit – d'une part l'image du scientifique avec son savoir et ses applications pacifiques ou guerrières, bienfaisantes et nocives, son pouvoir réel et supposé, d'autre part, la perception et la représentation que l'on peut s'en faire. Dans ce conflit, se mêlent la réalité et l'imagination, les frustrations collectives et individuelles, conscientes et inconscientes.

On voit les multiples aspects de ce qu'on a appelé « la crise de la science ». Elle implique chaque individu, car en fait la crise n'est pas extérieure à lui ; elle est en lui : ce qui menace ne vient pas du dehors. La crise est d'abord crise de confiance de l'individu en lui-même. Trembler devant la pollution, c'est craindre pour une bonne part sa propre corruption... C'est peut-être dans un désir « faustien » d'échapper au vieillissement et à la mort que se trouve la clef d'un certain nombre d'attitudes contemporaines. De ce point de vue, la relation à la science (et en particulier à la médecine) apparaît essentielle, soit qu'on la redoute, soit qu'on mette en elle tous ses espoirs.

Les facteurs sociologiques

A côté des facteurs relevant de la psychologie individuelle, il faut examiner le rôle des facteurs proprement sociaux et leur interaction avec les premiers. Le contexte social intervient à deux niveaux vis-à-vis d'un risque : dans son acceptation et dans sa perception.

Un risque peut être reconnu comme important et néanmoins être accepté ; bien plus, il est ignoré, quelle que soit sa gravité, s'il est familier ou habituel. On a remarqué depuis longtemps que les gens qui cohabitent avec un danger s'habituent à lui et le tolèrent. En 1840, les chemins de fer n'étaient pas moins sûrs qu'en 1860, mais en 1860 ils avaient fonctionné pendant vingt ans et étaient mieux acceptés par le public. On note, de même, que les populations vivant sur les pentes de l'Etna en oublient le danger. En Californie, les terrains situés sur les failles de tremblements de terre ne sont pas moins recherchés que les autres et leur prix est le même. L'habitude explique aussi que toute innovation fasse peur, qu'il s'agisse des chemins de fer (au XIXe siècle), des greffes de plantes (dans l'Antiquité) ou de l'introduction de la pomme de terre en France (au XVIIIe siècle).

La perception du risque par un individu ou un groupe peut être quantifiée ; diverses analyses ont montré qu'elle était influencée par des facteurs sociaux, culturels et économiques. Ainsi le risque de ce qui est agréable – ou ressenti comme bénéfique – est sous-estimé.

L'intérêt économique de l'individu ou du groupe peut occulter les risques. C'est ainsi que les commerçants travaillant près d'une centrale nucléaire et qui profitent à plein de ses retombées économiques, ou que les propriétaires terriens qui voient la valeur de leurs terres se multiplier grâce à la centrale, nient le danger lors des enquêtes effectuées. A l'inverse, le paysan exproprié ressentira une crainte supérieure à la moyenne de la population, car le risque de ce qui est déplaisant est surestimé.

Nous avons vu que les années 70 ont été marquées par une remise en cause des modèles socio-économiques, c'est-à-dire de la croyance dans le progrès économique comme élément moteur du progrès social et humain. Ce courant anti-croissance s'est accompagné d'un courant hostile à l'industrie, à la technologie et aussi, comme on l'a vu, à la science. Ces mouvements d'opinion ont tout naturellement influencé la perception de l'énergie nucléaire qui dans l'esprit du public est étroitement associée à l'évolution technologique de la société. Ainsi les enquêtes de Niehaus[23] montrent qu'au Japon et aux Philippines, qui sont des pays qui recherchent les biens

23. F. Niehaus, *Public perception of nuclear power.* « Colloque sur les risques sanitaires des différentes énergies », Paris, janvier 1980, éditeur GEDIM, 1980, pp. 149-175.

matériels, les risques sanitaires sont minimisés ; alors que dans un pays industrialisé comme l'Autriche on les maximalise et corrélativement on pense que le développement de l'énergie nucléaire accroîtra les inégalités sociales.

Il est d'ailleurs remarquable que dans la contestation de l'industrialisme, la critique porte davantage sur la production que sur le produit. Comme le dit Roglin, le public désire le confort et le bien-être que seule peut apporter une civilisation industrielle et technologique ; mais en même temps il aspire à un monde familier compréhensible, décentralisé, sans gigantisme et sans contraintes sociales. Il en résulte que l'on dit « OUI » au produit mais « NON » à la production. Ceci est particulièrement évident dans le cas de l'énergie nucléaire : l'électricité est un produit très demandé, qui a une image positive dans l'esprit du public, alors que la centrale est un lieu de production très contesté.

La simple énumération de ces facteurs permet de comprendre que les positions, favorables ou défavorables, à l'égard du nucléaire ne se répartissent pas indifféremment dans toutes les catégories socioprofessionnelles ou les régions géographiques. En 1975[24], on a montré que les individus qui minimisaient les risques de l'énergie nucléaire avaient 50 à 65 ans, étaient cadres supérieurs ou employés, qu'ils vivaient dans l'Est ou dans la région parisienne et qu'ils votaient pour le gouvernement d'alors. Ceux qui maximalisaient les risques avaient moins de 25 ans, étaient ouvriers ou étudiants, et vivaient dans le Nord et dans la région parisienne.

La perception n'est en effet pas la même dans toutes les régions et peut varier rapidement dans l'espace. Dans une enquête sur la perception du risque nucléaire autour des sites, Chiva[25] écrit que la représentation des ris-

24. J.F. Picard, J.M. Fourgous. *Les Français et l'Énergie.* C.N.R.S., Paris, 1980.

25. I. Chiva, *Enquêtes réalisées autour des centrales nucléaires.* Colloque sur les risques sanitaires des différentes énergies, Paris, janvier 1980, éditeur GEDIM, 1980, pp. 176-193.

ques est « le produit complexe mais déchiffrable d'une interaction entre le contexte local et régional propre à chaque site, et à son histoire... celle de la construction de la centrale, de son fonctionnement et des événements de toutes sortes qui s'y sont déroulés ». Il montre aussi que les facteurs géographiques ne sont pas neutres : certaines populations se sentent protégées par une montagne qui s'élève entre elles et la centrale ; d'autres ne perçoivent pas le moindre danger si les vents dominants soufflent dans une direction entraînant au loin les effluents de la centrale. Ainsi, la position géographique, le relief, le climat, les vents, le découpage administratif interviennent dans la perception du danger nucléaire.

De plus, l'acceptation du nucléaire est conditionnée dans une large mesure par la perception des avantages qu'il présente pour l'individu. Celui-ci accepte un produit, ou une personne, – candidat aux élections ou centrale nucléaire à deux conditions : il doit avoir une certaine crédibilité, une certaine vraisemblance et la capacité de résoudre un problème pour eux. Deux faits mettent en évidence le rôle de ces facteurs :

– Adversaires et partisans de l'énergie nucléaire diffèrent *plus* sur l'appréciation de ses *avantages* que sur celle de ses *risques* ;

– Les sentiments vis-à-vis de l'énergie nucléaire ont évolué dans le temps au fur et à mesure que son besoin était mieux perçu. C'est ce qui semble s'être produit depuis 1978, date à laquelle l'opinion a pensé que l'énergie nucléaire pouvait résoudre certains problèmes énergétiques (pénurie, indépendance, etc.). Mais comme nous l'avons vu l'opinion publique est changeante, et il est plus facile d'inquiéter que de rassurer.

Le rôle des groupes de pression

Que cette peur soit « rationnelle » ou « irrationnelle », elle existe ; mais elle est certainement favorisée par des modes intellectuelles et exploitée par des groupes de pression.

Nous avons déjà vu l'influence des nouveaux courants

de pensées, apparus ou amplifiés au lendemain des événements de mai 68, tel le courant antitechnique et anticentralisation. Pour certains groupes, les écologistes par exemple, le refus de l'énergie nucléaire exprime une réaction contre « la société d'abondance et de gaspillage » que le nucléaire semble favoriser. C'est aussi une réaction contre l'autorité en général, courant sociologique important à notre époque, où des sentiments d'hostilité à la contrainte sociale animent souvent les groupes contestataires.

Autre courant sociologique important, le *courant passéiste.* Les gens ont la nostalgie du bel autrefois (cf. H.L. Roglin[26]), ils essaient de revenir au passé « où tout est sûr » puisque tout est déjà arrivé et que rien d'imprévu ne peut survenir. Vis-à-vis de ce passé sécurisant, l'avenir apparaît incertain et les risques qu'il engendre sont maximalisés.

Par ailleurs, « le retour à la nature » pousse les écologistes à refuser « le nucléaire » au nom de la défense des sites et de la faune. Enfin, le courant régionaliste voit dans l'énergie nucléaire une occasion de lutte contre l'État centralisateur.

Reste que pour beaucoup la contestation est franchement politique. C'est une façon de s'affirmer vis-à-vis du « Pouvoir » ; on refuse le nucléaire au nom de l'autogestion et en mettant en avant « les dangers de l'électrofascisme ». Certaines personnes supportent mal le sentiment d'« être sous la dépendance » d'un petit nombre de techniciens hautement spécialisés imposés par la spécificité de l'énergie nucléaire et dont ils ne comprennent pas le langage. D'ailleurs, pour Marcuse, toute technologie est centralisatrice et autoritaire : « La technologie semble instituer une cohésion et des contrôles sociaux nouveaux plus efficaces..., par l'organisation même de sa

---

26. H. Roglin, *Energy problems in conflict of opinion*. Colloque sur les risques sanitaires des différentes énergies, Paris, janvier 1980, éditeur GEDIM, 1980, pp. 94-105.

base technologique, la société contemporaine tend à être totalitaire. »

Ces tendances semblent délibérément attisées par certains groupes de pression qui jouent sur elles, tout en pouvant avoir été motivés par elles. Ces groupes et leur rôle ont été mis en évidence par Greenhalgh et analysés, notamment en 1977, dans les études qui ont eu lieu lors du « hearing » (Commission d'information et de débat sur le nucléaire) de Windscale. L'un des arguments montrant la permanence de ces groupes est que les dangers qu'ils évoquent varient suivant les époques. Initialement, la crainte la plus souvent mise en évidence était « la pollution thermique de l'eau » puis le problème de « l'exposition aux faibles doses de radiations », ensuite le risque majeur de l'énergie nucléaire est devenu celui du « devenir des déchets radioactifs », puis de la « sécurité des réacteurs » et enfin, plus récemment, l'accent était mis sur « la prolifération des armes nucléaires ». Maintenant on commence à aborder les retombées du programme qui pourraient être une « menace pour les générations futures ». Il est peu vraisemblable que tous ces risques constituent en eux-mêmes la cause de l'hostilité ; il est plus plausible qu'il s'agisse d'arguments utilisés par des groupes dont l'hostilité a d'autres motifs. Le psychologue américain P. Slovic explique pourquoi des groupes de pression insistent sur les problèmes sanitaires ou la sécurité : « C'est parce qu'ils voient dans les risques de l'énergie nucléaire son talon d'Achille[27]. »

Ces groupes de pression obéissent à diverses motivations, les unes politiques, les autres économiques. Pour illustrer ces dernières nous prendrons deux exemples. Aux États-Unis, à la fin de 1963, devant l'expansion concurrente de l'énergie nucléaire et le grand intérêt qu'elle suscitait, les compagnies pétrolières et de char-

27. P. Slovic, *Perceived risk and opposition to nuclear energy.* Colloque sur les risques sanitaires des différentes énergies, Paris, janvier 1980, éditeur GEDIM, 1980, pp. 112-136.

bonnages ont eu des réactions différentes. Les compagnies pétrolières s'engagèrent dans la prospection de l'uranium, conscientes des limites des ressources pétrolifères. Par contre, le consortium des producteurs de charbon, disposant de vastes réserves, devint le premier groupe de pression hostile à l'énergie nucléaire et, pour certains, n'aurait pas hésité à agiter le spectre des dangers atomiques[28].

Dans un contexte très différent, nous prendrons un deuxième exemple qui se situe en France dans les années 1880, c'est la « bataille du tout-à-l'égout » qui suivit le projet de construction du tout-à-l'égout à Paris[29]. Pendant quatorze ans, partisans et adversaires du tout-à-l'égout s'affrontèrent sur tous les terrains de lutte possibles : presse, opinion publique, Conseil municipal, Chambre des Députés... Un historien, G. Jaquemet, devant l'acharnement des partis en présence, a cherché si les querelles entre experts, entre scientifiques et journalistes, n'avaient pas été attisées par des groupes motivés par des intérêts matériels. Trois groupes d'intérêts paraissent pouvoir être incriminés : les propriétaires d'immeubles à cause de l'accroissement de la consommation des eaux que cela devait entraîner, consommation qui était à leur charge ; les petits propriétaires terriens des environs qui craignaient de voir baisser le prix des terrains à cause de l'épandage (l'hostilité diminua lorsque l'on vit que les prix augmentaient en même temps que la fertilité) ; et, enfin, le *lobby* des vidangeurs. Ceux-ci étaient en petit nombre et avaient un monopole de fait dont ils tiraient des revenus substantiels. Dans ce cas, il semble bien que les peurs devant la nouveauté aient été manipulées par des intérêts financiers.

28. B. Goldschmidt, *Le Complexe atomique*, Fayard, 1979.

29. G. Jaquemet, « Urbanisme parisien : la bataille du tout-à-l'égout à la fin du XIXe siècle », *Revue d'histoire moderne et contemporaine*, n° 26, pp. 515-548, 1979.

Le rôle des médias dans le renforcement des craintes

P. Slovic a montré le rôle important des médias en matière de perception des risques[30] : un risque est ressenti comme d'autant plus important que les médias en parlent davantage. Ainsi, il relate une étude au cours de laquelle on demande au public d'indiquer, parmi deux causes de décès, celle qui est la plus fréquente. Les personnes interrogées mettent sur le même plan les accidents et les maladies alors que ces dernières causent quinze fois plus de morts. De même l'homicide dont les journaux remplissent leurs colonnes est considéré, à tort, comme plus meurtrier que le diabète ou les cancers de l'estomac. En rapportant les réponses aux nouvelles données dans la presse dans une même région pendant la période de temps qui a précédé l'enquête, P. Slovic a pu montrer que *ce dont le public avait peur était ce dont on lui avait le plus souvent parlé.* Or, l'image donnée par les médias est biaisée puisqu'ils privilégient les accidents, les catastrophes et, de façon générale, recherchent le sensationnel (les mauvaises nouvelles font la bonne information, ou comme disent les journalistes américains : *good news is bad news)*.

Lauriston Taylor[31] a récemment analysé le rôle de la presse américaine dans « la psychose antiradiations » et a montré comment, en accordant une importance disproportionnée à des incidents peu graves ou en donnant un grand écho à des affirmations alarmantes provenant de source douteuse, puis en négligeant ensuite de publier les démentis rassurants, elle avait alimenté la contestation et attisé les craintes. Il est d'ailleurs remarquable que dans les pays de l'Est, où la presse ne discute jamais

30. P. Slovic, *Perceived risk and opposition to nuclear energy.* Colloque sur les risques sanitaires des différentes énergies. Paris, janvier 1980, éditeur GEDIM, 1980, pp. 112-136.

31. Lauriston Taylor, « Some non scientific influence on radiation protection standards and practice », *Health, Physics, 39,* n° 6, 851-874, 1980.

les risques de l'énergie nucléaire, l'opinion publique les néglige.

Il ne faut cependant pas être trop négatif, car le bilan général montre que la vulgarisation de la technique nucléaire par les médias a fait en France de notables progrès au cours des cinq dernières années.

Le rôle des campagnes d'information nucléaire

On a dit que « si le nucléaire passionne, l'information notamment technique n'intéresse personne ». La description de la technique est toujours froide (à l'inverse des dangers) et, hélas ! on communique mieux avec l'opinion par la passion que par la raison. On a néanmoins essayé, dans différents pays (États-Unis, Autriche, Suisse, Suède), de mener des campagnes d'information objective et de bonne qualité scientifique ; celles-ci se sont soldées en général par des échecs. Leurs responsables ont essayé de communiquer avec l'opinion par le rationnel, en montrant par exemple que la relation économique « coût-bénéfice » était très favorable au nucléaire, ou que sur le plan de la santé, les craintes n'étaient pas fondées. En fait, ces raisonnements influencent peu le public dont, souvent, l'attitude pour ou contre l'énergie nucléaire est l'expression d'une attitude globale devant la société.

Comme l'écrit Roglin : « Une personne ne bâtit pas son opinion à l'aide d'informations mais prend une information pour construire son opinion seulement si elle conforte son opinion préconçue. » Proust avait déjà exprimé ce rejet du « réel » : « Les faits ne pénètrent pas dans le monde où vivent nos croyances, ils n'ont pas fait naître celles-ci, ils ne les détruisent pas. »

Autre élément explicatif de cet échec : le *désintérêt du public pour la technique* et cela depuis plusieurs décennies. En 1949, un sondage I.F.O.P.[32] révélait que les deux tiers des Français ignoraient que « Zoé » était la

32. Cf. *Les Français et l'Energie,* C.N.R.S., 1980.

première pile atomique française. Deux pour cent pensaient même qu'il s'agissait de la première bombe française. D'août 1974 à octobre 1978, une série de dix enquêtes a montré la persistance des réponses erronées, sur une période de cinq années, alors que pendant cette période le volume d'informations sur ce sujet a été considérable. Et en 1978 si trois Français sur quatre se disent insuffisamment informés sur les problèmes énergétiques, cette insatisfaction est ambiguë : 58 % veulent en savoir plus sur les « inconvénients » de l'énergie nucléaire contre seulement 16 % sur les avantages !

Dans l'ensemble, les campagnes ont focalisé l'attention sur le risque, elles ont suscité l'angoisse plus qu'elles ne l'ont diminuée. Mais si le public reste insatisfait après ces campagnes c'est aussi parce que les informations sont perçues comme trop abstraites pour être intégrées dans la représentation qu'il se fait du monde. En effet, protons, électrons et neutrons ne sont pas des informations facilement assimilables et le goût de la vulgarisation se perd chez les scientifiques. C'est pourquoi de nombreux vulgarisateurs recourent au sensationnel et privilégient les événements spectaculaires. De plus, au cours des débats télévisés, l'homme de science n'est pas à l'aise devant des questions posées sous forme de dilemmes sans nuances par les journalistes sur l'énergie nucléaire : « promesses ou périls, salut ou malédiction, rêve ou cauchemar, miracle ou folie, paradis ou enfer[33] ». Pour lui la vérité n'est ni blanche ni noire et son objectivité l'amène à de longues explications techniques où l'auditeur se perd. Au contraire, les affirmations abruptes de son contradicteur passent mieux la rampe, surtout quand elles sont conçues en fonction des sentiments latents du public.

Ainsi dans un débat où s'affrontent deux opinions opposées, l'argumentation prudente et abstraite du scientifique résiste mal devant des affirmations péremp-

33. L. Timbal-Duclaux. « Science-fiction et nucléaire.Voyage à travers l'imaginaire social (1914-1980) », *R.G.N.* no 1, pp. 28-37, 1981.

toires de contradicteurs n'ayant ni les mêmes scrupules ni le même goût de la précision. Le scientifique, souvent contraint de recourir à un langage technique, donne alors l'impression de ne pas vouloir partager son savoir, il est perçu comme « arrogant » ou « infantilisant » par ses auditeurs, ce qui aboutit à renforcer malheureusement chez eux le rejet de la science et de la technique...

Cette difficulté de communication entre le scientifique et le public reste, malgré quelques progrès, un des problèmes aigus de notre époque. La façon dont on a rendu compte de l'accident de Three Mile Island en donne une illustration inquiétante. L'accident « le plus grave » du nucléaire civil, conséquence d'une conjonction de pannes malencontreuses, de fausses manœuvres et d'erreurs humaines, n'a fait *ni mort, ni blessé*. Pourtant les médias ont donné à cet événement la dimension d'une catastrophe et ont centré sur lui, pendant plusieurs jours, l'attention générale. Le goût du sensationnel s'est déchaîné. Certes, les contradictions entre experts, leurs hésitations sur les solutions à adopter, l'incohérence des nouvelles, le manque d'information concrète, l'hermétisme des informations techniques, ont encouragé les journalistes à transformer l'événement réel en un événement-fiction. Evénement imaginaire, mais qui avait l'avantage d'être plus cohérent, et donc plus compréhensible pour les lecteurs. Le *Washington Post* (23 mai 1979), dans une autocritique virulente de la presse américaine, a souligné comment le goût du sensationnalisme avait abouti à une distorsion des faits. Ce dérapage souligne la difficulté de la transmission des nouvelles entre les techniciens, les journalistes et le public, et tous les facteurs qui peuvent se conjuguer pour aboutir à ce que l'on peut appeler une désinformation[34].

---

34. Ce phénomène a été analysé en France, par le psycholinguiste Eliseo Veron dans un livre récent : *Construire l'événement*, Éd. de Minuit, 1981.

Un des grands torts des décideurs, des scientifiques et des techniciens a été, au cours de ces dernières décennies, de croire qu'il suffisait d'être convaincu, d'avoir de bons arguments économiques et techniques, et de bons services de relations publiques, pour faire adopter leur point de vue par le public. C'était négliger la complexité des facteurs psychologiques, sociaux et politiques qui s'opposent à la diffusion ou à l'acceptation d'une technologie nouvelle, surtout quand celle-ci est – comme c'est le cas de l'énergie nucléaire – liée dans l'inconscient, à la fois au champignon atomique d'Hiroshima, à la croissance industrielle et au progrès scientifique[35].

Dans le contexte de contestation et de remise en cause qui domine les sociétés occidentales depuis 1968, dans ces sociétés où le risque est de moins en moins accepté parce que l'individu repousse de plus en plus l'idée de la mort[36], tout débat sur l'énergie nucléaire prend inévitablement un ton passionnel et émotionnel s'il est considéré isolément. On ne peut le discuter objectivement qu'en le replaçant dans le cadre plus général du problème de l'énergie, c'est-à-dire des risques comparés des différentes énergies entre elles, et surtout du risque global de pénurie qui nous menace avec ce qu'il implique de troubles politiques et sociaux.

---

35. « Colloque sur les implications psychosociologiques du développement de l'industrie nucléaire », Paris, 13-15 janvier 1977, éditeur S.F.R.P., 1977.

36. Voir M. Tubiana, *Le Refus du réel,* Robert Laffont édit., 1977.

ANNEXES

I

Quelques enquêtes d'opinions

« Information et attitude du public français en face des perspectives d'utilisations pacifiques et militaire de l'énergie atomique. »

Enquête de l'I.F.O.P., commandée par le Conseil supérieur de la recherche scientifique et du progrès technique.

Échantillon : 2 993 personnes de 18 ans et plus. Effectué entre décembre 1957 et mars 1958.

«Est-il exact que l'emploi de l'énergie atomique à des usages pacifiques est dangereux pour... »

(en pourcent)

	le personnel des usines atomiques			les habitants de la région		
	exact	inexact	sans op.	exact	inexact	sans op.
Ensemble du public .	62 %	9 %	29 %	52 %	16 %	32 %
	tout le monde			n'offre aucun danger		
	exact	inexact	sans op.	exact	inexact	sans op.
Ensemble du public .	36 %	27 %	37 %	7 %	53 %	40 %

	le personnel des usines atomiques			les habitants de la région			tout le monde			n'offre aucun danger		
	exact	inexact	sans op.	exact	inexact	sans op.	exact	inexact	sans op.	exact	inexact	sans op.
Ensemble du public	62 %	9 %	29 %	52 %	16 %	32 %	36 %	27 %	37 %	7 %	53 %	40 %
Sexe :												
– Hommes	61 %	12 %	27 %	49 %	22 %	29 %	32 %	34 %	24 %	10 %	51 %	39 %
– Femmes	63 %	6 %	31 %	55 %	10 %	35 %	40 %	20 %	40 %	5 %	55 %	40 %
Âge :												
– 18 - 34 ans	62 %	11 %	27 %	49 %	20 %	31 %	31 %	34 %	35 %	7 %	54 %	39 %
– 35 - 49 ans	64 %	10 %	26 %	53 %	16 %	31 %	37 %	27 %	36 %	8 %	54 %	38 %
– 50 - 64 ans	61 %	7 %	32 %	54 %	13 %	33 %	37 %	21 %	42 %	7 %	52 %	41 %
– 65 ans et plus	61 %	6 %	33 %	55 %	11 %	34 %	44 %	18 %	38 %	6 %	51 %	43 %
Profession du chef de famille :												
– Agriculteur	57 %	5 %	38 %	48 %	10 %	42 %	34 %	19 %	47 %	5 %	48 %	47 %
– Industriel, prof. lib.	60 %	24 %	16 %	45 %	38 %	17 %	27 %	52 %	21 %	19 %	52 %	29 %
– Commerçant, artisan	63 %	11 %	26 %	53 %	19 %	28 %	36 %	29 %	35 %	7 %	55 %	38 %
– Employé, cadre moyen	67 %	12 %	21 %	54 %	22 %	24 %	33 %	36 %	31 %	9 %	57 %	34 %
– Ouvrier	63 %	8 %	29 %	54 %	14 %	32 %	39 %	24 %	37 %	7 %	55 %	38 %
– Rentier, retraité	63 %	6 %	31 %	56 %	12 %	32 %	40 %	22 %	38 %	6 %	54 %	40 %
Niveau d'études :												
– Primaire	59 %	7 %	34 %	53 %	11 %	36 %	39 %	19 %	42 %	6 %	51 %	43 %
– Primaire supérieur	63 %	13 %	24 %	49 %	23 %	28 %	30 %	35 %	35 %	9 %	54 %	37 %
– Technique	71 %	12 %	17 %	50 %	29 %	21 %	30 %	47 %	23 %	8 %	62 %	30 %
– Secondaire	72 %	12 %	16 %	54 %	24 %	22 %	34 %	39 %	27 %	9 %	57 %	34 %
– Supérieur	65 %	19 %	16 %	50 %	30 %	20 %	25 %	53 %	22 %	13 %	62 %	25 %
– Pas d'études	55 %	2 %	43 %	50 %	5 %	45 %	40 %	11 %	49 %	5 %	47 %	48 %

« S'il y a des dangers, de quelle sorte sont-ils ? » (en pourcent)

	la radio-activité	la pollution de l'air	pour la santé	danger de mort	influence génétique	dangers accidentels	déchets radio-actifs	autres rép.	sans rép.
Ensemble du public	28 %	3 %	21 %	3 %	2 %	16 %	2 %	3 %	35 %
Sexe :									
– Hommes	33 %	4 %	18 %	2 %	2 %	15 %	3 %	3 %	33 %
– Femmes	22 %	3 %	23 %	4 %	1 %	18 %	-	3 %	37 %
Âge :									
– 18 - 34 ans	30 %	3 %	21 %	2 %	1 %	16 %	2 %	2 %	33 %
– 35 - 49 ans	33 %	3 %	20 %	2 %	2 %	16 %	2 %	4 %	33 %
– 50 - 64 ans	22 %	3 %	19 %	4 %	2 %	17 %	1 %	3 %	37 %
– 65 ans et plus	21 %	4 %	22 %	5 %	-	15 %	1 %	3 %	41 %
Profession du chef de famille :									
– Agriculteur	19 %	3 %	19 %	4 %	1 %	17 %	-	3 %	42 %
– Indust., prof. lib., cad. sup.	34 %	3 %	19 %	1 %	2 %	17 %	5 %	2 %	27 %
– Commerçant, artisan	36 %	3 %	20 %	3 %	1 %	13 %	4 %	3 %	30 %
– Empl. cadre moyen	39 %	3 %	23 %	1 %	4 %	14 %	2 %	3 %	25 %
– Ouvrier	26 %	3 %	20 %	3 %	1 %	19 %	1 %	3 %	36 %
– Rentier, retr., sans prof.	24 %	5 %	22 %	4 %	-	15 %	1 %	3 %	37 %
Niveau d'études :									
– Primaire	22 %	3 %	20 %	4%	1 %	17 %	1 %	3 %	40 %
– Primaire supérieur	37 %	5 %	21 %	-	2 %	14 %	3 %	3 %	29 %
– Technique	44 %	2 %	22 %	3 %	2 %	13 %	2 %	2 %	24 %
– Secondaire	42 %	4 %	23 %	2 %	3 %	16 %	3 %	3 %	21 %
– Supérieur	36 %	4 %	25 %	2 %	2 %	13 %	6 %	4 %	21 %
– Pas d'études	12 %	-	16 %	2 %	1 %	19 %	1 %	6 %	54 %

Les totaux supérieurs à 100 sont dus aux doubles réponses.

II

Enquête de l'Institut français d'opinion publique portant sur un échantillon national de 1 000 personnes âgées de plus de 18 ans (quotas choisis, portant sur le sexe, l'âge, la catégorie socioprofessionnelle, le niveau d'études et la zone géographique de résidence).

Les questions sont fermées, l'enquête est commandée par l'E.D.F. et effectuée deux fois par an en février et en octobre.

SONDAGE EFFECTUÉ EN FÉVRIER 1978

À la question, quand on vous parle d'énergie nucléaire, qu'est-ce qui vous vient à l'esprit immédiatement ?

Les personnes interrogées ont répondu de la façon suivante :

• La peur, le danger, l'inquiétude	20 %
• Pollution, radioactivité, danger	15,5 %
• Centrales nucléaires	10,5 %
• Bombe	8,5 %
• Recherche et avenir	8 %
• Production d'énergie, d'électricité	7 %
• Manque d'information ou de concertation	3,5 %
• Pas encore au point	2,5 %
• Fusées	1,5 %
• Utilisations domestiques	1 %
• Manifestations antinucléaires	1 %
• Autres réponses : indépendance énergétique de la France, relève du pétrole par le nucléaire, les nouvelles sources d'énergie	6 %
• Ne se prononcent pas	15 %
TOTAL	100 %

colonne.

Laquelle de ces critiques vis-à-vis des centrales vous paraît la plus justifiée, et ensuite, et ensuite ?

• Accumulation des déchets radioactifs	27 %	20 %	11 %
• Accidents qui se produiraient dans les centrales mettant en danger la population	16 %	14 %	20 %
• La radioactivité autour des centrales nucléaires	12 %	5 %	6 %

• Échauffement des eaux • Destruction faune et flore, pollution écologique • Détérioration des sites	14 %	17 %	14 %
• Atteintes à la santé des hommes	12 %	14 %	13 %
• Bruits provoqués par les centrales	4 %	4 %	4 %
• Fabrication plutonium	1 %	3 %	4 %
• Ne se prononcent pas	14 %	23 %	28 %
TOTAL	100 %	100 %	100 %

SONDAGE EFFECTUÉ EN OCTOBRE 1978

Question : *Imaginez que vous habitez dans un endroit où il est question d'implanter l'une des installations suivantes à un kilomètre de votre domicile, laquelle des trois accepteriez-vous ?*

• Barrage hydraulique situé plus haut que chez vous	38 %
• Raffinerie de pétrole	14 %
• Centrale nucléaire	13 %
• Aucune	29 %
• Ne se prononcent pas	6 %

III

Thème de l'enquête : La crise de l'énergie
Extraits des résultats d'une enquête S.E.C.E.D.
Réalisateur : S.E.C.E.D. pour E.D.F.
Diffusion interne : Automne 1978

La crise de l'énergie est extrêmement préoccupante

• Pas du tout d'accord	2 %
• Pas tellement d'accord	6 %
• Peut-être d'accord (ou non réponse)	15 %
• Bien d'accord	34 %
• Entièrement d'accord	43 %

Il est normal d'augmenter le prix de l'essence

• Pas du tout d'accord	51 %
• Pas tellement d'accord	29 %
• Peut-être d'accord (ou non réponse)	11 %
• Bien d'accord	6 %
• Entièrement d'accord	3 %

Il faut continuer à construire des centrales nucléaires

• Pas du tout d'accord	25 %
• Pas tellement d'accord	20 %
• Peut-être d'accord (ou non réponse)	29 %

- Bien d'accord .... 14 %
- Entièrement d'accord .... 12 %

Il faut développer au maximum l'utilisation du solaire

- Pas du tout d'accord .... 3 %
- Pas tellement d'accord .... 3 %
- Peut-être d'accord (ou non réponse) .... 13 %
- Bien d'accord .... 26 % } 81 %
- Entièrement d'accord .... 55 % }

IV

Sondage réalisée par l'I.F.O.P. pour *Le Sauvage.*

Diffusion *Le Sauvage*, mai 1979, n° 65.

« Échantillon national représentatif de la population (Bernard Delthil L.S.) 754 personnes de plus de 15 ans. »

« Délibérément nous avons conçu le questionnaire de façon à obliger les sondés à prendre parti, nettement, pour ou contre... » (Bernard Delthil L.S.)

Questionnaire : 3 questions fermées (3, 4 et 5 possibilités).

Question : Après ce qui vient de se passer dans une centrale nucléaire aux États-Unis, pensez-vous que le programme français doit être :

- Accéléré .... 11 % } 62 %
- Maintenu .... 51 % }
- Stoppé .... 27 %
- Ne se prononcent pas .... 11 %

(Voir tableau page ci-contre.)

en pourcentage

	Accéléré	Mainte-nu	Stoppé	Ne se prononcent pas	TOTAL
Ensemble (rappel)	11	51	27	11	100
SEXE					
– homme	16	53	23	8	100
– femme...........	6	49	31	14	100
ÂGE					
– 15 à 34 ans ...	7	50	32	11	100
– 35 à 49 ans ...	13	56	22	9	100
– 50 à 64 ans ...	12	46	27	15	100
– 65 ans et plus	17	49	23	11	100
PROFESSION DU CHEF DE FAMILLE					
– Prof. libérale, cadre sup., petit patron de l'industrie et du commerce	21	52	18	9	100
– employé, cadre moyen	8	53	32	7	100
– ouvrier	8	46	32	14	100
– inactif...........	13	51	26	10	100
– agriculteur		70	9	21	100
HABITAT					
– commune rurale..................	12	57	17	14	100
– moins de 20 000 hab.......	3	58	31	8	100
– 20 000 à 100 000 hab.....	7	41	41	11	100
– plus de 100 000 hab.....	10	48	31	11	100
– agglomération parisienne	18	50	20	12	100
PRÉFÉRENCES POLITIQUES					
– Majorité	19	65	11	5	100
– Opposition	7	45	38	10	100

V

Enquête effectuée par la S.O.F.R.E.S. pour un groupe de journaux de province les 24, 25 et 26 mai 1979.

Diffusion *Paris-Normandie* 15.06.1979
Le Berry Républicain 19.06.1979
Nord-Matin 20.06.1979

Échantillon de 1 000 personnes de plus de 18 ans.

Quotas stratification par région et par catégorie d'agglomération.

Question : *À votre avis, est-ce que le rationnement de l'essence en France, avant la fin de l'année, est quelque chose de* :

• Très probable	16 %	59 %
• Assez probable	43 %	
• Peu probable	24 %	32 %
• Pas probable du tout	8 %	
• Sans opinion	9 %	

Question : *Pensez-vous que l'énergie nucléaire va remplacer petit à petit le pétrole comme source d'énergie ?*

• OUI certainement	31 %	70 %
• OUI probablement	39 %	
• NON probablement pas	11 %	18 %
• NON certainement pas	7 %	
• Sans opinion	12 %	

Question : *Au total, qu'est-ce qui représente, selon vous, le risque le plus grand ?*

• L'implantation des centrales	29 %
• Le manque de pétrole	59 %
• Sans opinion	12 %

VI

Enquête publique S.A.

Commandée par le C.O.M.E.S. portant sur 1 600 personnes interrogées entre le 8 et le 16 juin 1979.

Personnes choisies par la méthode des quotas.

À la question : *« Quels sont à votre avis les principaux avantages de l'énergie solaire ? »*, les réponses sont les suivantes :

	Totaux supérieurs à 100 en raison des réponses multiples	Totaux ramenés à 100 %
• Inépuisable	16,5 %	11 %
• Tous les avantages	3 %	2 %
• Économique	41,5 %	28 %
• Pas dangereuse	13 %	9 %
• Non polluante	29,5 %	20 %
• Naturelle	11 %	7,5 %
• L'indépendance	6,5 %	4,5 %
• Gratuite	12,5 %	8,5 %
• Autre	0,5 %	< 0,5 %
• Ne sait pas	13 %	9 %
TOTAL	147 %	100 %

VII

Enquête 1979-1980 sur les situations et perceptions relatives aux conditions de la vie et à la qualité de la vie des Français

Réalisateur : C.R.E.D.O.C. pour E.D.F. – (sondage effectué du 15 octobre au 8 décembre 1979). Diffusion interne : février 1980.

Échantillon de 2 000 personnes de plus de 18 ans
1 250 communes de – 10 000 habitants
750 communes de + 10 000 habitants
120 questions – fermées.

Immédiatement avant les questions suivantes, les personnes enquêtées devaient répondre à des questions concernant l'environnement, dont la dernière était :

À votre avis, y a-t-il actuellement des risques qui menacent l'état de santé des individus ?

• OUI	75 %	
• NON	22,8 %	
• Ne sait pas	0,9 %	

Lesquels ?

Premier risque cité :

• Pollution en général	24,7 %	(% des exprimés)
• Le nucléaire	15 %	
• Pollution de l'air	14,3 %	
• Pollution des aliments	7,6 %	
• Le rythme de la vie	7 %	
• Produits chimiques, engrais	6,7 %	
• Pollution de l'eau	6,6 %	
• Tabac, alcool, drogue, etc.	3,4 %	

ANNEXE II

Le rôle des médias

I

Exemple de distorsion de l'information par la presse lors de l'accident d'Hanford

Le lundi 30 août 1976, une explosion chimique se produit à Hanford (Etat de Washington), l'un des grands centres de recherche atomique aux Etats-Unis. Cet accident est de nature chimique, mais a eu lieu dans un environnement où sont manipulées des matières radioactives. Un ouvrier a été contaminé. Il travaillait auprès d'une « boîte à gants », sorte de compartiment étanche en verre, à l'intérieur duquel on a accès avec des gants fixés à la « boîte ». La « boîte à gants » se trouve en dépression par rapport à la salle où elle est installée, qui est, elle-même, en dépression par rapport à l'extérieur. A la suite de l'explosion causée par le maniement d'un solvant, la radioactivité est restée confinée au lieu de l'accident. On a fait immédiatement absorber à l'ouvrier contaminé un « agent complexant » qui a pour but de fixer le contaminant pour permettre son élimination. La contamination est faible et sans conséquences pour sa santé. Neuf autres agents qui travaillaient dans la même salle et qui s'étaient portés au secours de leur camarade rejoignent leur domicile après avoir pris une douche.

En France, avant même la dépêche de l'A.F.P., France Culture annonce la nouvelle à 19 heures et résume l'événement en ces termes : « *Explosion dans une centrale nucléaire,* un *mort* et plusieurs personnes atteintes par des émissions radioactives. »

Le terme « explosion » sans précision sera repris dans les

bulletins d'information de 20 heures de R.M.C. (Radio Monte-Carlo), R.T.L. et Antenne 2. Par contre, France Inter, Europe 1 et T.F.1. préciseront au cours de leurs commentaires l'origine chimique de l'explosion.

De même, en ce qui concerne le lieu, le « centre nucléaire » d'Hanford se transforme. Tous les bulletins d'information de 20 heures des Radios R.M.C., France Inter, R.T.L. et Europe 1 parlent d'une « centrale nucléaire ».

Mais c'est lorsqu'il s'agit de situer l'ampleur de l'accident que la distorsion est la plus grande.

L'ouvrier irradié devient à R.M.C. un mort ; R.T.L. plus prudent annonce qu'« un homme aurait été tué », Europe 1 et France Inter font état d'un blessé tout comme T.F.1. et Antenne 2. On mentionne que plusieurs autres personnes ont été irradiées, parfois on parle d'une dizaine de gens.

Mais le problème que posent les journalistes en des termes volontairement alarmants voire alarmistes est celui des fuites dans l'atmosphère.

R.M.C. : « Pour l'heure, les responsables de l'installation atomique ne sont pas en mesure de dire si oui ou non des fuites de substance radioactive se sont produites dans l'atmosphère » (même interrogation sur R.T.L.).

France Inter (commentaires repris sur Antenne 2) : « Il y a eu effectivement des fuites radioactives »... « une véritable psychose est en train de se développer aux Etats-Unis, psychose entretenue par des ingénieurs renommés... »

Europe 1 s'interroge aussi : « Personne n'est en mesure de préciser si des fuites radioactives se sont répandues dans l'atmosphère » et le journaliste conclut « voilà en tout cas qui va ranimer la polémique sur le danger des centrales nucléaires ».

Pour T.F.1., il vient de se produire... « un des accidents qu'on redoute en permanence... après quoi on ne doit pas s'étonner que le nucléaire ait une si mauvaise réputation » ; et le journaliste enchaîne curieusement : « Pourtant, dans les soixante usines nucléaires commerciales américaines on n'a enregistré aucun accident mortel jusqu'ici » ; – phrase reprise le 31 août à 9 heures sur France Inter.

Le 31 août, la presse écrite signale l'événement mais on ne lui donne pas, dans la presse nationale, la même place que dans la presse parlée. *Le Figaro* annonce l'accident par un télex en page 5. La presse de province semble plus intéressée ; mais elle utilise un ton moins alarmant et donne des détails plus précis que la presse parlée. Ainsi, dans *Le Progrès de Lyon* :

« Explosion chimique dans une usine nucléaire » ; de même *Ouest-France* sous un titre alarmant décrit l'accident en des termes lénifiants.

Mais c'est de nouveau à la radio et à la télévision que les informations sont les plus abondantes, souvent contradictoires. Le lieu de l'accident est maintenant précisé : sur France Inter il s'agit d'un « établissement commercial qui traite de radio-isotopes » ; sur R.M.C. on parle de « centre de retraitement des résidus nucléaires » ; sur Europe 1 « d'usine atomique » ; et enfin sur France Culture d'une « usine de récupération des déchets nucléaires ».

Le nombre des personnes blessées annoncé varie suivant les stations et au cours des bulletins : « 11 techniciens contaminés » (R.M.C., R.T.L.) ; « 8 personnes contaminées » (Europe 1 – 8 heures 30) ; « 11 ouvriers ont été contaminés » (Europe 1 – 9 heures et 13 heures).

En ce qui concerne les émissions radioactives, les avis varient aussi : « ... On ignore absolument s'il y a ou non des fuites hors de la centrale (Europe 1 – 9 heures) ; « ... Pas de fuites radioactives... » (Europe 1 – 19 heures) ; « ... Mais des radiations se sont échappées lorsque les techniciens contaminés sont sortis à l'extérieur... » (T.F.1. – 13 heures).

Cependant, dès 13 heures, les techniciens sont convoqués et interviewés (professeur Lebreton sur Europe 1). Les faits sont rétablis. Mais la polémique a déjà été lancée sur le thème de l'accident chimique : une comparaison est faite avec Sévéso en Italie.

Europe 1 – 7 heures : « J'ai quand même pensé à Sévéso », et sur R.M.C. (7 heures) : « Que ceux qui connaissent la signification exacte des termes accident chimique lèvent le doigt », dit en commençant le journaliste qui poursuit : « La particule mal isolée, mal neutralisée qui s'échappe et c'est encore l'accident chimique et Sévéso, Sévéso en Italie, *c'est l'accident chimique* et c'est grave... ».

En fin de journée, seul le communiqué de Roger Gicquel aux actualités de 20 heures sur T.F.1. reste alarmant : « Après explosion dans une *usine nucléaire* de l'Etat de Washington, malgré les déclarations apaisantes des responsables, c'est l'angoisse pour les 75 000 riverains de la centrale. On les comprend ! »

Le 1er septembre quelques journaux titrent encore sur l'événement, mais en règle générale les quotidiens l'ont abandonné. A la radio et à la télévision, les titres sont plus modérés mais ils relancent la polémique annoncée la veille par les radios dans la matinée ; référence au surgénérateur de Malville, du professeur Lebreton à 8 heures sur Europe 1, référence à La Hague sur Europe à 13 heures. A 12 h. 45 sur R.M.C. on explique la différence entre La Hague et Hanford mais l'entretien et les questions se focalisent sur La Hague.

La presse nationale et la presse régionale sont d'accord pour évoquer le débat entre partisans et opposants du nucléaire qui va rebondir en France, car, ajoutent *L'Aurore, France-Soir, Le Figaro, Le Progrès, L'Alsace, La Dépêche du Midi, Centre Presse* et *Le Havre Presse* : « Un accident tel pourrait se produire à Fontenay-aux-Roses par exemple... et personne ne peut le nier. » *Libération* va plus loin : « Cela peut arriver n'importe où » ; et *La Gueule Ouverte* de conclure : « Retraiter des tonnes de déchets radioactifs est une opération suicidaire décidée par des désaxés. »

L'événement aura duré quarante-huit heures dans la presse, mais même si des mises au point ont été faites pour préciser la nature de l'accident, l'angoisse qui est née des premiers flashes et des commentaires demeurera dans l'esprit du public.

II

Distorsions de l'information dans le cas de l'accident de Three Mile Island à Harrisburg

Nous avons choisi cet autre exemple, car, pour la première fois dans l'histoire du nucléaire, au lieu de raconter un événement passé, les médias ont eu à rendre compte du déroulement au jour le jour d'un accident. Devant les contradictions et les hésitations des experts, la difficulté de transmettre des informations techniques et abstraites, les journalistes ont transformé un événement réel en événement-fiction.

Nous analyserons la déformation de certains faits en nous basant sur un mémoire de J.-F. Picard et J.-M. Fourgous[1].

L'origine de la panne

Le 28 mars 1979, le bulletin quotidien de la « Nuclear Regulatory Commission » (N.R.C.) annonce un accident à Three Mile Island : la rupture d'une valve du système de refroidissement du réacteur[2].

L'Agence France Presse, le 28 mars à 16 h 45 :

« Selon le *Metropolitan Edison*, il s'agit d'une rupture d'une vanne du système de contrôle de la pression de la vapeur. »

Antenne 2, le 28 mars à 20 heures, R.T.L. le 29 mars, *Le Matin* et *L'Humanité* le 29 mars reprennent la dépêche de l'A.F.P. du 28 et parlent de *rupture. Le Figaro* parle, lui, de *« défaut »* et *L'Aurore* de « défaillance ». Antenne 2 fait allusion à « une fuite radioactive ».

L'A.F.P., le 29 mars, principale, voire seule source d'information des médias français dans le cas de cet accident, écrit :

---

1. Cf. J.-F. Picard et J.-M. Fourgous. *Analyse des déformations de l'information donnée par les médias en France à propos de l'accident de Three Mile Island.* Rapport d'étude novembre 1979 publié sous la direction du Comité de radioprotection E.D.F. par « Gestion et Perspective hospitalière ».

2. Voir l'annexe du chapitre V, p. 263 qui donne une description technique de l'accident.

« Alors que, dans la matinée, à l'usine on attribuait l'incident à *l'explosion* d'une valve d'une des pompes du système de refroidissement du réacteur... Joe Fouchar laisse entendre que les causes de l'accident se sont sans doute produites à un autre niveau... une erreur humaine aurait aggravé l'incident... »

Le terme *« explosion »* est employé au conditionnel, par l'A.F.P. mais il va entraîner une série de distorsions, car la résonance du terme, quand il s'agit de nucléaire, est énorme. Seuls, parmi les quotidiens, *Le Monde, Le Matin* et *L'Humanité* du 30 mars continuent à employer le terme « céder » ou « rupture ». Ce n'est donc pas la multiplicité des sources qui entraîne dans ce cas une déformation, c'est le choix d'un terme « malheureux » d'un informateur privilégié en situation de monopole, ici l'A.F.P. qui suscite un mythe.

Voyons quelques citations à titre d'exemple qui illustrent la façon dont les médias reprennent la nouvelle.

Europe 1, 29 mars, 13 h 00 :

« L'*explosion* d'une valve dans le système de refoidissement a provoqué un jet de vapeur radioactive. »

Antenne 2, 29 mars, 12 h 45 :

« *Explosion*... Quelque chose a grippé, la turbine s'est arrêtée, alors que la vapeur qui sort de la centrale s'est accumulée, et a fait *exploser quelque chose, ce quelque chose est une pompe.* »

TF 1, 29 mars, 13 h 00 :

« Rupture du système de refroidissement... *explosion* d'une valve (J.P. Pernot). »

Le Monde, 30 mars :

« La valve d'une pompe d'alimentation en eau du système de refroidissement venait de *céder*... »

France Soir, 30 mars, CTD :

« *Des vapeurs radioactives dans un rayon de 25 km après l'explosion* » (sous-titre) : « ... *une explosion* du système de refroidissement... ».

L'Aurore, 30 mars :

« L'*explosion* dans le réacteur nucléaire de Pennsylvanie (sous-titre). »

Le Figaro, 30 mars :

« La valve *explosait*... suite à quoi deux erreurs humaines... »

Libération 30 mars :

« *Accident technique et erreur humaine ont fait frôler la catastrophe* (titre) : Pompe de refroidissement qui *éclate*... une équipe qui panique... Une valve se rompait dans le corps de cette pompe, et celle-ci *explosait*, projetant une importante quantité de vapeur. »

Rebondissement technique : l'affaire de la bulle

Le 30 mars, une bulle d'hydrogène dans le dôme du caisson va faire l'objet de spéculations des journalistes qui cherchent à évaluer ses conséquences. Ils parlent tous de risque d'explosion du réacteur à la suite de dépêches de l'Agence Reuter et de l'A.F.P.

Il sera prouvé, par la suite, qu'il n'y a jamais eu de risque d'explosion ni de fusion du cœur, pourtant toute la presse y fait allusion.

Agence Reuter, 30 mars soir, 31 mars matin :

« ... fuite radioactive dans l'atmosphère... » « ... éventualité d'une fusion du cœur... »

Le Figaro, 31 mars :

« Rebondissement dans l'accident de Three Mile Island... nouvelle fuite radioactive en début de matinée... possibilité de fusion du cœur nucléaire (selon NRC) ».

Le Monde, 1-2 avril :

« ... risque de fusion du cœur... bulle... »

TF 1, 1er avril, 13 h 00 :

« Les Américains vont prendre leur temps pour pomper *le nuage*... risque *d'explosion du réacteur* à cause du mélange oxygène-hydrogène (de la bulle)... risques de fusion... »

Agence France Presse, 1er avril, 16 h 37 :

« La bulle est l'objet de l'attention des personnes vivant aux alentours. Son extension, sa diminution, sa taille ou sa composition chimique font l'objet de spéculations. »

Agence France Presse, 1er avril, 16 h 41 :

« ... Présence d'oxygène dans l'enceinte qui, au contact de l'hydrogène, pourrait provoquer l'explosion. »

TF 1, 1er avril, 20 h 00 :

« Une partie du *cœur atomique a fondu*, libérant deux produits extrêmement dangereux : strontium et césium... On a appris qu'une bulle de gaz *explosive* s'était constituée à l'intérieur de la centrale, risquant de la fissurer... bulle d'hydrogène, à laquelle se mélange de l'oxygène, ce qui augmente les risques d'explosion (J.-C. Bourret), ... la bulle : il s'agit d'un mélange embêtant » (M. Chevalet).

Agence France Presse, 1er avril, 20 h 56 :

« Au Sénat américain, M. Hart a déclaré dimanche que le *risque d'explosion* persistait. »

L'Aurore, 2 avril :

« *Formation d'une bulle de vapeur toxique* dans le haut du cœur du réacteur... éviter que sous la pression (de la bulle) ne se fissurent le béton et la gaine d'acier de blindage de la centrale... émission de *gaz radioactifs incolores.* »

Libération, 2 avril :

« ... bulle : contient de l'oxygène... le réacteur pourrait exploser... »

Le Matin, 2 avril :

« *Un champignon* de gaz fortement radioactif se forme sous le dôme en béton du réacteur. Une bulle de gaz s'est formée... bulle qui, *si on ne parvenait pas à la réduire,* pourrait ou bien *exploser,* quand le rapport critique oxygène-hydrogène serait atteint, ou bien accélérer le processus d'échauffement si elle venait à se déplacer dans le *cœur* du réacteur... les risques d'explosion ne sont pas écartés... »

L'Humanité, 2 avril :

« ... risque d'explosion. Il ne s'agirait pas, il faut tout de suite le préciser, d'une explosion nucléaire, en principe possible à déclencher dans un réacteur de centrale. Mais... »

La contamination du lait (et de l'eau)

Le bulletin de la NCR, à la suite des bruits de contamination du lait et de l'eau qui avaient couru, se veut rassurant le 31 mars : « Les analyses montraient qu'il n'y a pas d'iode radioactif détectable » (échantillon de lait prélevé le 30 mars en Pennsylvanie). Les vaches avaient été nourries avec de la nourriture engrangée mais étaient allées se promener dans les prés. « Le Département a aussi rassemblé des échantillons aux usines de filtrations de Columbia... les échantillons sont pris en aval de TMI. Aucune activité détectable n'a été trouvée...

Dès le 30, la presse fait allusion à cette contamination et continue après le communiqué de la NRC à développer ce thème.

Agence France Presse, 30 mars, 9 h 28 :

« Selon la NRC, *traces* de substances radioactives découvertes dans des échantillons de *lait* recueillis dans la région environnant la centrale, mais elles ne présentent *aucun danger.* »

TF 1, 30 mars, 20 h 00 :

« On va interdire la consommation du lait pendant plusieurs semaines. »

France-Soir, 31 mars :

« Les fermiers prévoient que les vaches qui broutent de l'herbe autour de Harrisburg vont, d'ici à quelques jours, produire du lait radioactif. »

Le Monde, 1-2 avril :

« Une chaîne de supermarchés fait savoir qu'elle suspend ses achats de lait. »

France Soir, 4 avril :

« Tout le lait, dans un rayon de 100 km autour de Middletown, demeure suspect et est interdit à la consommation ; il sera *transformé en lait en poudre (sic).* »

FR 3, 7 avril, 22 h 00 :

« A New-York, gaz radioactif décelé dans du lait. »

Journal du Dimanche, 8 avril :

« "Iodine" 131 décelé dans du lait vendu à New-York. »

La Gueule Ouverte, 11 avril :

« A Washington, on découvre de l'iode 131 dans des bouteilles de lait. »

L'eau : déversement dans la rivière Susquenhanna

Libération, 3 mars :

« Lâcher dans la rivière de 100 000 l d'eau légèrement contaminée. »

Nouvel Observateur, 9-15 avril :

« Jeudi soir : 100 000 l d'eau contaminée dans la Susquenhanna. »

Valeurs Actuelles, 9-15 avril :

« De l'eau contaminée s'est accumulée dans le fond du réacteur et 1,5 million de litres de cette eau radioactive ont été déversés dans la rivière Susquenhanna, qui les a entraînés vers son embouchure dans l'Atlantique (?). »

L'évacuation envisagée ou ordonnée de la population

De cette évacuation les rapports postérieurs à l'affaire ont affirmé qu'en aucun cas, elle n'avait été nécessaire et que d'une suggestion maladroite de la NRC, les autorités et surtout la presse avaient créé un véritable syndrome de panique, pendant trois ou quatre jours. En France l'angoisse est relancée par le communiqué de l'AFP du 1er avril.

NRC, 30 mars :

« A environ 11 h 30 le représentant de la NRC a suggéré au Gouverneur Thornburgh de Pennsylvanie que les femmes enceintes et les enfants en bas âge (non scolarisés) vivant dans un rayon de 7,5 km de la centrale soient évacués. »

Agence France Presse, 30 mars, 16 h 11 :

« Le Gouverneur a annoncé qu'il *envisageait* de faire *évacuer* les 951 000 personnes *vivant* dans les quatre arrondissements environnants, à la suite de la nouvelle émission « *non contrôlée* » de gaz radioactif. »

Agence France Presse, 30 mars, 18 h 48 :

« Les autorités de l'Etat ont *mis en alerte* la Garde Nationale et les responsables locaux du Service de Défense Civile après les émissions radioactives entre 11 h 00 et 14 h 00. Toutefois, à 15 h 45, le taux redevenait « proche de la normale ».

TF 1, 30 mars, 20 h 00 :

« Les autorités décidaient bel et bien l'évacuation des femmes enceintes et des enfants (R. Gicquel). »

Antenne 2, 30 mars, 20 h 00 :

« ... évacuation des habitants... »

FR 3, 30 mars, 22 h 00 :

« ... femmes enceintes et jeunes enfants évacués... on évacue la population... »

Le Figaro 31 mars :

« Affaire nucléaire... le Gouverneur *conseille* une évacuation partielle (enfants, femmes enceintes). »

Agence France Presse, 1er avril, 22 h 29 :

« Carter a lancé dimanche un appel au calme *en annonçant qu'il sera peut-être nécessaire dans les prochains jours de les évacuer.* »

L'Aurore, 2 avril :

« ... on évacue femmes enceintes et enfants en bas âge dans un rayon de 7 km. »

Le Matin, 2 avril :

« La population, après *les ordres donnés, puis rapportés* d'évacuation des femmes enceintes et des enfants, vit dans la plus intense confusion (Photo d'une mère avec son enfant)... évacuation *forcée* des femmes enceintes et des enfants en bas âge... »

« Des ordres d'évacuation seraient *sans doute donnés* si le taux de radioactivité actuellement enregistré à Harrisburg venait à monter ou même se maintenait pendant longtemps. »

Le Monde, 3 avril :

« Une évacuation plus ou moins massive de population est envisagée par de très nombreux experts. »

La presse hebdomadaire du 5 au 11 avril développe longuement ce thème de l'évacuation. *V.S.D.* prend cependant une certaine distance avec l'événement de même que *Valeurs actuelles.*

V.S.D., 5-11 avril :

« Femmes enceintes et enfants *invités à se rendre d'urgence au Centre Croix-Rouge de Hershey.* Certains (habitants) en arrivent même à se demander si les autorités n'en rajoutent pas un peu tant la menace est irréelle. »

Valeurs Actuelles, 9-15 avril :

« Ordre d'évacuation et contrordre donnés et rapportés *sans cohérence et en dehors de toute analyse précise de la situation.* »

Si au sujet de ces quatre faits relativement précis : l'accident, la bulle, la contamination du lait et de l'eau et l'évacuation de la population certains médias ont, comme nous l'avons vu, amplifié, déformé les faits, certains journalistes ont dramatisé faisant allusion à la possibilité d'un sabotage.

Le Figaro, 2 avril :

« Menace de sabotage à Three Mile Island... le FBI... prévenu le 31 mars qu'il y aurait une tentative au cours de la nuit... »

Valeurs Actuelles, 9-15 avril :

« ... la prophétie du (journal) *Harrisburg* scénario catastrophique étrangement prémonitoire... le FBI s'intéresserait à cette coïncidence... »

Il faut cependant reconnaître que les médias français n'ont fait que reprendre les bruits lancés par la presse américaine qui est allée plus loin encore. Le *Washington Post* faisant son autocritique écrivait à ce propos quelques semaines plus tard :

« La presse quelle que soit sa nationalité, vit de viande rouge à savoir des désastres, des tragédies, des conflits, guerres, assassinats, ou massacre de Johnestown, coups de grisou dans les mines. L'accident nucléaire de Three Mile Island était de la viande rouge d'une espèce jamais encore expérimentée par la presse... »

CHAPITRE VIII

La question cruciale des sites

La réalisation d'une centrale nucléaire suppose deux choses : d'une part la maîtrise de la technologie nécessaire, de l'autre la disponibilité d'un site où la construire. Dans ce dernier cas, c'est la question de l'acceptabilité sociale des centrales qui prend le dessus sur l'aspect technique étudié dans les précédents chapitres.

La manière dont, à un moment donné de l'histoire, un pays quelconque parvient – ou ne parvient pas – à développer un programme nucléaire en dit long, non pas tant sur les centrales elles-mêmes, que sur ses propres problèmes : politiques, économiques et sociaux. Un rapide tour d'horizon mondial le confirme. Dans les pays de l'Est, le développement des centrales nucléaires est freiné par le manque de main-d'œuvre organisée et qualifiée. Dans le tiers monde, tout à la fois par le manque de technologie, de main-d'œuvre et de capitaux. Pour leur part, les pays occidentaux ne manquent d'aucun de ces atouts mais paradoxalement chez eux, c'est le dernier facteur qui fait ici défaut : des sites acceptés par les populations locales.

Mais alors que la question de la technologie nucléaire est du domaine des sciences de la matière (physique, chimie...), celle des sites relève des sciences humaines : histoire, géographie, ethnologie, psychologie, sociologie, économie, droit, politique. Aussi, pour notre pays, cette question des sites s'avère tout à la fois cruciale et fort complexe à démêler. Un peu de recul y aidera.

Français, vous avez changé

Depuis la dernière guerre mondiale, les progrès de la science et de la technique ont bouleversé la face du monde en général et de notre pays en particulier. Cette période de croissance économique unique dans l'histoire de l'humanité, l'économiste Jean Fourastié l'a décrite dans son livre *Les Trente Glorieuses*[1]. A son terme, le niveau de vie des Français avait plus que doublé en termes réels. Logement, voiture, appareils électroménagers, instruction, santé, vacances, télévision, ne sont plus désormais réservés à un groupe de privilégiés, mais largement répandus dans toutes les couches de la population. Seules les personnes de plus de 50 ans, celles qui ont connu la vie « avant la guerre », peuvent réellement mesurer l'immense chemin parcouru en moins d'une génération grâce à l'industrialisation.

Géographiquement aussi la France a changé. Il y a un siècle, la première révolution industrielle s'était faite autour des mines de charbon et de fer, c'est-à-dire dans le Nord, l'Est et la vallée du Rhône : schématiquement à l'est d'une ligne Rouen-Marseille. La seconde révolution industrielle qui s'y est superposée, s'est fondée pour sa part sur le pétrole, l'électricité, l'aluminium. Plus facilement transportables, ces produits ont certes trouvé une répartition plus homogène sur l'ensemble du territoire ; ils n'ont pas pour autant aboli l'ancien clivage bien connu des cours de géographie : à l'Est, la France industrielle et urbanisée ; à l'Ouest, la France à dominante traditionnelle, agricole et rurale. Bien plus, dans bien des cas, le phénomène d'urbanisation, qui a accompagné l'industrialisation, a renforcé les contrastes.

Mais, il y a cent ans seulement, les trois quarts des Français vivaient à la campagne ou dans des petites villes. Aujourd'hui, c'est pratiquement l'inverse : les trois

---

1. *Les Trente Glorieuses*, Ed. Fayard, 1978 ; nouvelle édition « Pluriel ».

quarts d'entre nous vivent dans des paysages urbains, marqués par des équipements collectifs, c'est-à-dire qu'ils vivent insérés dans des réseaux spécialisés multiples et variés. Réseaux de transport : routes, autoroutes, voies ferrées et gares, lignes aériennes et aéroports ; réseaux énergétiques : pétrole, gaz, électricité ; réseaux de télécommunications : téléphone, télévision... Réseaux de voirie et d'assainissement : rues, eau, égouts, ordures... Sans parler de réseaux plus immatériels mais tout aussi réels : institutions administratives, sanitaires, éducatives...

Depuis 1950, l'agriculture a connu le bouleversement de la motorisation, mais les paysages ruraux ont dans l'ensemble peu changé. Bien plus, leur densité humaine a décru. Ainsi, actuellement, plus de 75 % des Français vivent sur moins de 10 % du territoire : grandes villes, agglomérations industrielles, et à proximité des grandes voies de communication. Ainsi l'écrivain Jacques Lacarrière, traversant la France à pied à travers champs, du nord au sud, raconte dans son livre *Chemin faisant*[2] qu'il a passé de nombreuses journées sans rencontrer une seule personne. De même, vue d'avion, la France confirme cette impression : jamais le contraste n'a été si fort entre ses deux types de paysages : urbain et rural, industriel et agricole, dense et diffus. De fait, la France est le pays où le phénomène des résidences secondaires est le plus élevé. Dès les années 50, des géographes, urbanistes ou économistes ont souligné les dangers de ce trop grand clivage. On se rappelle le titre du livre de J.-F. Gravier : *Paris et le désert français*. Mais malgré les efforts méritoires de l'Aménagement du territoire, ce déséquilibre subsiste : des villages meurent tandis que les banlieues se gonflent.

Deux mondes distincts, mais qui se côtoient et s'interpénètrent, en jouant sur leur complémentarité. De tous les pays d'Europe, c'est là où le contraste est le plus

2. Fayard, 1973 ; nouvelle édition Le livre de Poche

grand : notre monde rural est le moins dense d'Europe, notre monde urbain, le plus dense. Pour le Français moyen, désormais urbain, l'un est le monde du travail, l'autre le monde des loisirs.

Les « Trente Glorieuses » ont entraîné une évolution rapide des mentalités. La division toujours plus poussée du travail, l'homogénéisation des modes de vie et des catégories sociales, la séparation plus tranchée entre lieu d'habitation et lieu de travail, entre temps de travail et temps de loisir, ont engendré une rapide évolution des mentalités, des aspirations et des modes de vie. Le développement fantastique de la radio et de la télévision a encore accru le phénomène : bombardés en permanence de messages de tous les horizons, urbains comme ruraux, nous assistons tous les jours au spectacle des événements du monde. On a même pu dire que le Français moyen « connaissait » désormais mieux les pays lointains que son voisin de palier ou de quartier. Mais, à mesure que la richesse s'accroissait, les aspirations de la population passaient du simple quantitatif au « qualitatif » : à la fin de la décennie 60, ce n'était pas désormais tellement un « plus » qu'on réclamait, qu'un « mieux » : une meilleure « qualité de la vie », selon l'expression révélatrice de cette époque.

Un colloque récent[3] a bien montré qu'il s'était créé dans les dernières années quatre nouvelles idéologies : le néo-libéralisme, l'écologie, le gauchisme libertaire et la nouvelle droite. Deux « de droite », deux « de gauche » : en apparence tout les sépare. En fait, un point central les réunit : la critique radicale de l'Etat moderne et la défense des droits des individus. A quelque parti ou idéologie que nous adhérions, le fait est là : nous portons tous en nous quelque chose de cette ambivalence : tout à la fois nous adorons et haïssons l'Etat.

Ainsi dans ces années-là, le statut de l'Etat-Nation est

3. « Au Bazar des Idéologies », article de Frédéric Gaussen paru dans *Le Monde-Dimanche* du 28 février 1982.

en crise. Compte tenu de l'évolution des mentalités, l'Etat semble désormais « trop petit pour les grandes affaires et trop grand pour les petites », selon le mot du sociologue américain Daniel Bell[4]. Il se voit en effet doublement contesté par l'émergence ou le renforcement d'institutions qu'il englobe, ou qui le dépassent. Au-dessous, par les institutions à caractère local ou régional. Au-dessus, par les institutions à caractère international ou trans-national : qu'il s'agisse par exemple de la Communauté européenne, des grandes compagnies multinationales, ou des associations internationales.

Dans le cas qui nous occupe, ces deux tendances ont joué leur rôle. Ces années 70 correspondent en Occident au lancement de programmes nucléaires de grande ampleur, à la suite de sa maturité technologique et de sa compétitivité économique. Mais parallèlement se développait un renouveau des sensibilités locales et régionales, tout particulièrement dans les régions qui traditionnellement, pour des raisons historiques, nourrissaient des sensibilités de type régionaliste voire autonomiste.

Face au malaise ressenti à la suite de l'envahissement des objets uniformes et standardisés de la civilisation industrielle, on observe un retour aux racines locales et régionales. On cherche ainsi à sauver de l'abandon les traditions folkloriques, architecturales, linguistiques... Mais la constestation de l'Etat fait aussi partie du mouvement qui trouve notamment à se cristalliser lors de projets de travaux collectifs dépassant quelque ampleur. Ces nouvelles sensibilités ne sont pas l'apanage de notre pays, loin de là : elles touchent tous les pays occidentaux. Mais elles ne l'épargnent pas non plus, surtout dans des régions aussi traditionnellement régionalistes – quoique de manière diverse – que l'Alsace, la Bretagne ou l'Occitanie. Là, la dénonciation de ces projets correspond profondément au besoin d'affirmer son existence

4. Voir à ce sujet l'excellent livre de Jacques Lesourne, *Les Mille Sentiers de l'avenir*, Ed. Seghers, 1981.

face à « Paris ». Sous sa forme la plus extrême ce refus peut se traduire par l'action violente et les attentats : on l'a vu à de nombreuses reprises.

Toute médaille a son revers. Nouvelles richesses, nouveaux modes de vie, nouvelles aspirations ; mais aussi nouveaux enjeux, nouvelles difficultés, nouvelles nuisances, nouvelles revendications... Or, nous vivons encore dans le cadre juridique du code Napoléon, patrimonial et familial, alors que se dégagent de plus en plus des réseaux de droits et de devoirs à d'autres niveaux. Niveau infra-familial avec le droit de la femme, le droit de l'enfant, le droit des handicapés, etc. Niveau supra-familial avec le droit des collectivités plus vastes qui prennent corps : communes, régions, associations... Parallèlement le droit de propriété du code civil se voit élargi à des droits plus vastes et plus immatériels : droit à l'instruction, droit au travail, droit au loisir, droit au repos, droit à la nature, droit des animaux, etc.

Très concrètement, dans les années 70, ces nouvelles aspirations et revendications furent définies et portées par des mouvements de type associatif dans quatre directions principales : les droits des consommateurs, les droits de la femme, les droits de la nature, les droits des régions. Ces distinctions ne doivent pas cependant faire illusion : bien souvent on retrouve sous des « montages » différents les mêmes noyaux de militants.

Parallèlement, l'essoufflement de la croissance, la persistance des inégalités, le désenchantement vis-à-vis des modèles des pays socialistes, conduisirent vers la fin des années 60 à un mouvement idéologique puissant : celui de la critique radicale de la société occidentale, baptisée « société de consommation ». C'est ce mouvement qui provoqua en France les « événements de mai 1968 ». Pendant un mois entier une moitié de la France s'arrêta de travailler et se mit à discuter en rond. Tout fut contesté, aucune institution ne fut épargnée : ni la police, ni la justice, ni l'enseignement, ni l'Eglise, ni les partis, ni les syndicats, ni la droite, ni la gauche, ni le centre, ni la famille, ni l'architecture, ni les loisirs, ni le travail... On parla de tout sauf... de l'énergie. Cette « lacune » ne fut comblée que cinq ans plus tard, en 1973, lors de l'embargo pétrolier de la guerre du Kippour. Ainsi pouvait-on arrêter un moment toute une société en coupant son approvisionnement énergétique... La leçon ne fut pas perdue. Dans le cerveau des zélateurs de la contestation sociale et du changement politique, une idée germa : la société de consommation n'est possible que parce qu'elle consomme beaucoup d'énergie ; en incitant, ou en forçant les gens à consommer moins d'énergie, on saperait donc les fondements de cette société ; du même coup on rendrait possible les réformes en profondeur que nous désirons : politiques, économiques et sociales.

Vers 1968 aux Etats-Unis, spécialement en Californie, Etat le plus riche et le plus avancé, se créèrent des mouvements écologistes tels que les Amis de la Terre (*Friends of the earth*) ou *Greenpeace*. Dans un premier temps, ils ne s'occupaient que de défense des sites et des espèces en péril. Mais, bien vite, ils firent de l'énergie en général et de ses grands travaux en particulier leur cheval de bataille : lutte contre les raffineries, les ports méthaniers, les gazoducs, les mines de charbon et d'uranium et surtout... les centrales nucléaires qui commençaient à se multiplier.

Autour de cet objectif commun, les centrales, il était désormais possible de réunir trois types de mouvements : l'ancien mouvement pacifiste antinucléaire des années 50, les défenseurs de la nature et de l'environnement, les activistes sociaux désireux de « changer la société », le tout sans compter, à chaque fois, l'ensemble des riverains mécontents d'un projet. Nés aux Etats-Unis, ces nouveaux mouvements se sont rapidement généralisés au monde occidental : pays germaniques et anglo-saxons d'abord ; pays latins ensuite – quoique avec moins de succès. Ce sont eux qui ont largement contribué à créer en France les mouvements antinucléaires locaux et à soutenir leur action en leur apportant slogans, caricatures, arguments, articles et tactiques.

La remise en cause des grands travaux

Cette évolution rapide n'était pas sans poser de nouveaux problèmes de conciliation des anciens droits et des nouveaux. Notamment dans le cas des grands travaux.

Certes les équipements collectifs modernes que nous réclamons nous rendent la vie largement plus facile, plus confortable, plus ouverte sur le monde ; certes, ils profitent indiscutablement à la majorité. Mais ils constituent aussi des contraintes pour ceux qui, vivant à proximité, subissent leurs inconvénients. Leur multiplication et la densité qui en résulte induisent un sentiment pénible d'encombrement. D'où le besoin périodique de quitter le paysage urbain pour renouer avec ses attaches rurales. Et les migrations des fins de semaine et des vacances, elles-mêmes source de nouveaux encombrements.

Ces grands équipements, ces réseaux, ces services collectifs font désormais partie de notre vie. Nous les réclamons à grands cris, s'ils s'avèrent déficients, mais nous les rejetons s'ils viennent à nous gêner. Nous réclamons l'eau, le gaz, les égouts, l'électricité mais nous protestons contre les tranchées dans les rues. Nous réclamons des produits frais, mais nous pestons derrière les camions de livraison. Nous réclamons des autoroutes, mais nous protestons si elles passent au bout de notre jardin. Nous exigeons l'électricité, mais nous refusons les pylônes et les centrales. Nous voulons être débarrassés des ordures, mais nous ne désirons pas pour autant voir les champs d'épandage ou les usines d'incinération à notre porte. Nous aimons bien partir quinze jours aux Baléares, mais détestons le bruit des avions proches... D'une manière plus générale, nous demandons sans cesse plus à la collectivité et à l'Etat et nous nous plaignons de son interventionnisme et de sa « bureaucratie ». Dès lors, pour ceux dont c'est le métier, la nécessité de construire les nouveaux équipements collectifs, n'a d'égal que la difficulté de le faire. Comment faisait-on avant ? Eh bien, avant, on subissait sans trop se plaindre. Maintenant, semble-t-il, c'est terminé. La révolution des mœurs est passée par là.

En 1948, par exemple, Electricité de France, pour construire un grand barrage à Tignes, fut obligée de noyer une vallée et de déménager ses habitants. Bien entendu cela n'alla pas sans protestation. Un comité de défense se forma qui n'hésita pas à déclarer que l'ère des grands barrages était terminée et que l'avenir était désormais aux centrales nucléaires ! Et il cita l'avis d'un atomiste américain. E.D.F. fut alors obligé de citer à son tour le professeur Joliot Curie qui déclara que les centrales nucléaires n'étaient pas prêtes. Malgré cela, le préfet fut obligé d'envoyer les C.R.S. pour évacuer les derniers récalcitrants. Mais le barrage se fit. Il faut dire qu'on était au sortir de la guerre et que l'électricité était alors régulièrement coupée une fois par jour. La nécessité d'en produire plus était évidente : la vallée de Tignes fut « sacrifiée au progrès » (sacrifice pénible sur le moment mais qui s'avéra positif par la suite : aujourd'hui elle est devenue un centre de tourisme florissant, avec son lac et sa station de ski).

Mais ce qui était possible dans les années 50, ne l'était presque plus dans les années 70. Pour les nouvelles générations qui n'avaient pas connu les privations de la guerre, tous les équipements collectifs allaient de soi, sauf leurs éventuels inconvénients. Bien plus, on assista dans ces années, là à un renversement complet de l'idéologie de certains cercles. Alors que pendant des millénaires, l'homme avait cherché à se protéger des rigueurs de la nature, certains déclarèrent que cette dernière étant devenue l'ultime rareté, il convenait de la protéger contre les assauts du monde industriel. C'est ainsi qu'à partir des années 70, se développèrent des associations qui se réclamant de l'idéologie écologiste, se montrèrent fort actives dans la lutte contre les grands travaux, de quelque nature que ce soit. S'y joignirent à l'occasion les tenants du gauchisme libertaire plus ou moins liés aux mouvements régionalistes. Ce fut l'époque des « équipements baladeurs ». En 1968 : « la raffinerie baladeuse du Beaujolais » ou celle de la région brestoise, pour ne citer que deux exemples. Selon le mot d'un humoriste, les meilleurs sites étaient devenus au nombre de trois. Ils avaient pour noms : « Là-Bas », « Ailleurs » et « Autre part » ! Les centrales électriques n'échappèrent pas à cette loi, surtout si elles étaient « nucléaires », terme qui renforçait leur côté mystérieux et dangereux dans l'esprit de beaucoup.

On trouve ici un nouveau paradoxe. Pour leur approvisionnement en combustibles, les centrales nucléaires souffrent de moins de contraintes que les autres. Mais en pratique – de ce fait même qu'on peut les localiser « ailleurs » – elles en comportent davantage quand il s'agit de fixer concrètement leur implantation.

Une mine ne peut pas être ouverte ailleurs que sur le gisement à exploiter ; une usine électrique de barrage ne peut être construite ailleurs que dans un site très particulier ; une centrale à charbon ou à pétrole ne peut être construite qu'à proximité d'une voie de communication (canal, port, voie ferrée) assurant son approvisionnement en combustible. En revanche, une centrale électrique utilisant de l'uranium ne subit plus aucune contrainte de ce fait. Comme ce dernier produit, à poids égal, produit au moins mille fois plus d'énergie qu'un combustible, tout son chargement annuel peut être assuré par quelques camions. Ainsi, *a priori*, devenait-il possible, pour les producteurs d'électricité, de construire les centrales nucléaires à proximité même des centres de consommation, évitant à la fois les pertes en ligne et leur allongement inutile. Cet avantage était particulièrement précieux pour la France, qui depuis l'origine de l'industrie électrique, il y a cent ans, connaissait un développement déséquilibré, à son image. *Grosso modo* : trop de centrales à l'Est (Rhin, Rhône, Alpes) et au Nord (Houillères) et pas assez à l'Ouest et au Sud. Inconvénient renforcé par la présence à l'ouest de l'océan Atlantique, interdisant – contrairement au cas de l'Est – toute interconnexion avec les pays voisins.

Ce déséquilibre n'était pas trop gênant dans les années 50, en raison de la relative sous-consommation électrique de la France du Sud-Ouest. Mais quand les besoins du confort et de l'électrification rurale se développèrent dans les années 60, il fallut bien songer à créer dans ces régions des moyens supplémentaires de production : les nouvelles centrales nucléaires semblaient alors tout indiquées. Mais à condition toutefois de trouver des « sources froides » capables d'assurer leur fonctionnement : fleuves, rivières ou mer. – Car toutes les machines thermiques ont besoin d'être refroidies, à commencer par le moteur de votre automobile. Les centrales thermo-électriques de même. A ceci près qu'il leur faut une source froide à la mesure de leur taille, c'est-à-dire très importante. Electricité de France se mit donc à prospecter des sites correspondant à de telles capacités de refroidissement : en bordure de mer ou le long des fleuves et des rivières. Or l'ironie du sort veut que ce soient justement de tels « sites naturels » que leurs riverains entendent désormais préserver de l'industrialisation. Et, compte tenu du large consensus régnant dans l'opinion quant à la nécessité de « protéger la nature », ils n'ont aucun mal à trouver de nombreux appuis.

Pour construire une centrale nucléaire, il faut de 100 à 200 hectares, en moyenne 150 hectares. C'est très peu à l'échelle d'un pays ; mais c'est beaucoup à celle d'une commune rurale. Or, maintenant, pour obtenir une meilleure rentabilité, les agriculteurs cherchent à agrandir leurs exploitations. De leur point de vue, une centrale en plus, ce sont des terrains agricoles en moins. De plus, ils savent que la venue de nouveaux habitants nécessitera la création de nombreux équipements collectifs nouveaux : routes, logements, etc. Devant la pression de ces nouveaux besoins, le prix du terrain ne peut que monter, ce qu'ils redoutent, s'ils ne désirent pas vendre. Seconde catégorie : les résidents principaux ou secondaires, actifs ou retraités, qui n'ont rien à gagner d'un développement économique local et veulent conserver à la commune son caractère antérieur. Seule une troisième catégorie se présente comme *a priori* favorable à la centrale : ce sont les commerçants – et éventuellement les artisans – qui espèrent, au contraire, un accroissement sensible de leur chiffre d'affaire. Ce courant pourrait être renforcé par tous ceux désirant « rester au pays » et y trouver un emploi.

Mais ces conflits d'intérêts très matériels se doublent d'une seconde nappe d'intérêts à caractère politique. Des municipalités « de droite » verront d'un mauvais œil débarquer une population d'ouvriers censée voter « à gauche ». De plus, si la municipalité en place est favorable à la centrale, la liste battue lors des dernières élections aura tout naturellement tendance à prendre la tête de l'opposition à la centrale. Et le contraire dans le cas inverse. Ce type d'opposition se retrouve aussi au niveau départemental et régional : conseillers généraux, députés, sénateurs... A un troisième niveau on trouve l'expression de conflits symboliques et idéologiques. E.D.F. a beau être, aux termes de la loi, un « service public à caractère industriel et commercial », il n'en passe pas moins, aux yeux du public, comme l'incarnation même de l'Etat et de la puissance publique. Il suscite alors l'animosité de tous ceux qui, par idéologie, le détestent.

Bref, bien du remue-ménage en perspective ! Tantôt tragique, tantôt comique. Et qui n'est pas parfois sans rappeler le *Clochemerle* de Gabriel Chevallier, – un chef-d'œuvre d'analyse sociologique trop méconnu : comment une petite affaire d'un projet de construction d'un urinoir sur la place d'un petit village du Beaujolais peut dégénérer en conflit local, puis régional, puis enfin national, avec intervention parallèle de la police et de l'armée et conflit au sein du gouvernement.

Dès la première annonce du projet, le petit pays va vivre sous le régime de la *rumeur* ou plutôt des rumeurs, souvent contradictoires, tantôt grises, tantôt roses, tantôt noires[5]. Personne ne la contrôle vraiment, mais tout le monde la subit, la rumeur ; elle révèle des choses cachées, ou prétendues telles. Tantôt on la reprend à son compte, tantôt on la dément. Pour la première fois depuis longtemps, dans un village souvent resté à l'écart de l'agitation du monde, « il se passe quelque chose ». Chez les « pro » comme chez les « anti », les gens se parlent, se réunissent, complotent même. Puis vient le temps de l'opération plus organisée avec le concours recherché ou non d'informateurs et de spécialistes étrangers à la région. On prend des contacts, colle des affiches, distribue des tracts. Chaque camp cherche à gagner de nouveaux adhérents[6]. On raconte beaucoup de choses sur cette centrale à venir... Parfois, et même souvent, les choses les plus folles. Mais qui deviennent vite crédibles, si elles servent les passions et les intérêts.

La connaissance scientifique du nucléaire par le grand public n'est pas faible : elle est quasi nulle. Ce n'est pas étonnant si l'on sait qu'il n'a fait dans le passé l'objet d'aucun enseignement. Dans un livre récent[7] deux sociologues ont dressé un constat assez effarant de l'ignorance scientifique populaire tout court. A titre d'exemple : un Français sur trois croit que le soleil tourne autour de la terre, ou qu'il existe de la vie sur Mars. Plus de la moitié sont persuadés que l'astrologie est une science... On doit aussi savoir qu'en 1982 moins de 10 % de la population française possède le baccalauréat. Avec l'arrivée des nouvelles générations cela va changer, mais c'est peu pour une époque qui se veut et se croit scientifique. De fait, en quelques années, en matière d'énergie l'on est passé d'un régime de trop peu à un régime de trop plein : non pas que l'opinion sache vraiment plus, mais elle succombe sous la charge de messages divers,

---

5. *Elle court, elle court la rumeur* par Jules Gritti, Ed. Stanké.

6. *Mon village à l'heure nucléaire* par Louis Oury (1982).

7. *Echec à la science* par Jean Noël Kapferer et Bernard Dubois, Nouvelles éditions rationalistes, janvier 82. Numéro spécial de *Raison présente* n° 60.

sinon contradictoires, qui aboutissent trop souvent à obscurcir les réalités sous le choc des idéologies.

En résumé, alors que dans les années 50 la construction d'une centrale nucléaire était assimilée au « progrès », dans les années 70 elle peut devenir le symbole même d'une nuisance, de toutes les nuisances. En fait, nous le verrons, chaque site est un cas particulier ; et leur acceptation a connu des sorts extrêmement variés : du plus positif au plus négatif.

Comment E.D.F. implante une centrale nucléaire

Qu'en est-il exactement des centrales nucléaires ? Comment choisit-on leurs sites ? Quelle est la réglementation ? Quels sont les contrôles ? Telles sont les questions légitimes que le public se pose et auxquelles il voudrait voir apporter des réponses. Essayons.

Pour simplifier, disons tout d'abord que la démarche d'E.D.F., pour trouver un site, ne diffère pas sensiblement de celle d'un agent immobilier cherchant un terrain pour un particulier désireux de bâtir une maison. Comme la plus belle fille du monde, le site idéal – qui n'aurait aucun défaut et toutes les qualités – n'existe pas. On peut cependant chercher celui qui s'en rapproche le plus.

Le *site idéal* devrait avoir les qualités suivantes :
– disposer de 150 hectares de terrain non bâti et facilement disponible ;
– à proximité d'une « source froide » importante : mer, rivière, fleuve si possible puissant ;
– assez éloigné d'agglomérations importantes ;
– éloigné d'un site naturel classé, d'un château, d'un monument inscrit à l'inventaire ;
– à la limite de la zone à desservir ;
– à proximité d'une ligne électrique à haute tension déjà disponible ;
– bien desservi par la route et, si possible, par la voie ferrée ;

– comportant un sous-sol solide, capable de supporter des charges élevées ;
– dans une région peu soumise aux tremblements de terre ;
– et éloigné d'aéroports, de dépôts d'essence, de pétrole, de gaz... etc.

E.D.F. commence par essayer de repérer ces oiseaux rares sur la carte d'état-major, par photos aériennes, et puis par reconnaissance à pied. Une première fiche est dressée comportant une trentaine de critères. Un travail d'approfondissement s'ensuit qui fait éliminer déjà certains emplacements. A mesure que les études progressent, il ne reste souvent plus que trois ou quatre sites jugés « possibles ». On entre alors dans une série de procédures juridico-politiques de plus en plus longues et complexes – dont le calendrier général figure sur le tableau ci-après – et que l'on peut comparer, si l'on veut, à une série d'examens de passage d'E.D.F. devant des jurys différents. Pour les réussir, le Service national a besoin de fournir, chaque fois, en temps utile un dossier particulier – une étude.

Etudes d'environnement et procédures administratives

Pour simplifier, on peut diviser ces études en trois catégories :
– les études de *sûreté* où le jury appartient au ministère de l'Industrie ;
– les études de *radioprotection* où le jury appartient au ministère de la Santé.
– les études d'*environnement*, où le jury appartient au ministère de l'Environnement. Ce qui complique les choses c'est que chacun de ces domaines déborde en fait nettement sur les deux autres.

Aussi, bien que les questions de sûreté nucléaire et de radioprotection aient été traitées dans les chapitres précédents, va-t-on quand même les retrouver au détour des pages qui suivent, axées, elles, sur l'environnement, et les questions juridiques.

RÉALISATION D'UNE CENTRALE NUCLÉAIRE

Etudes d'environnement et procédures administratives

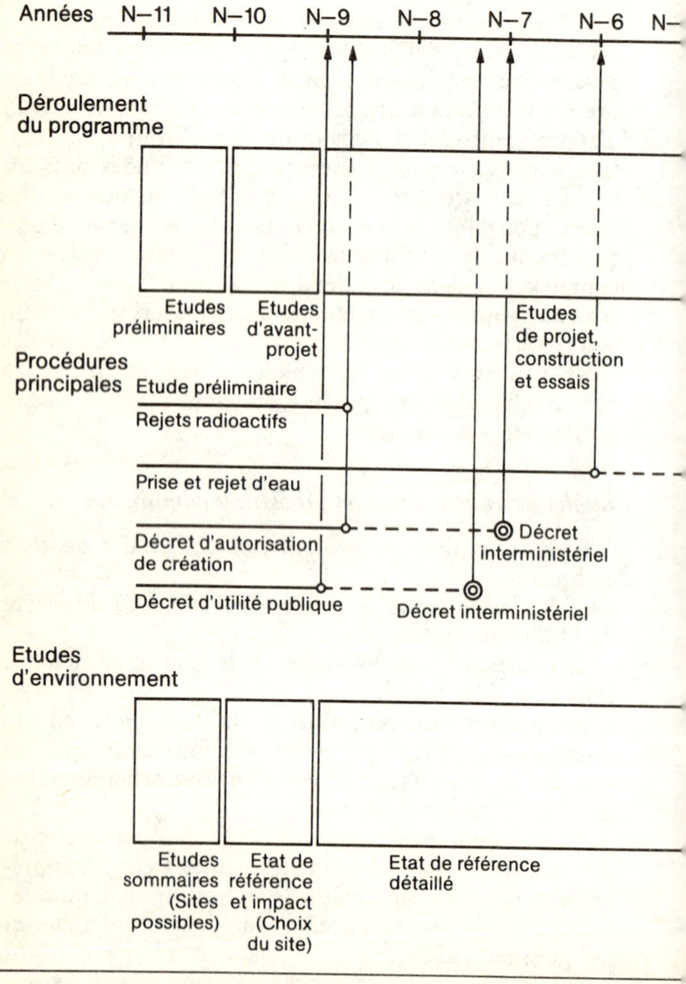

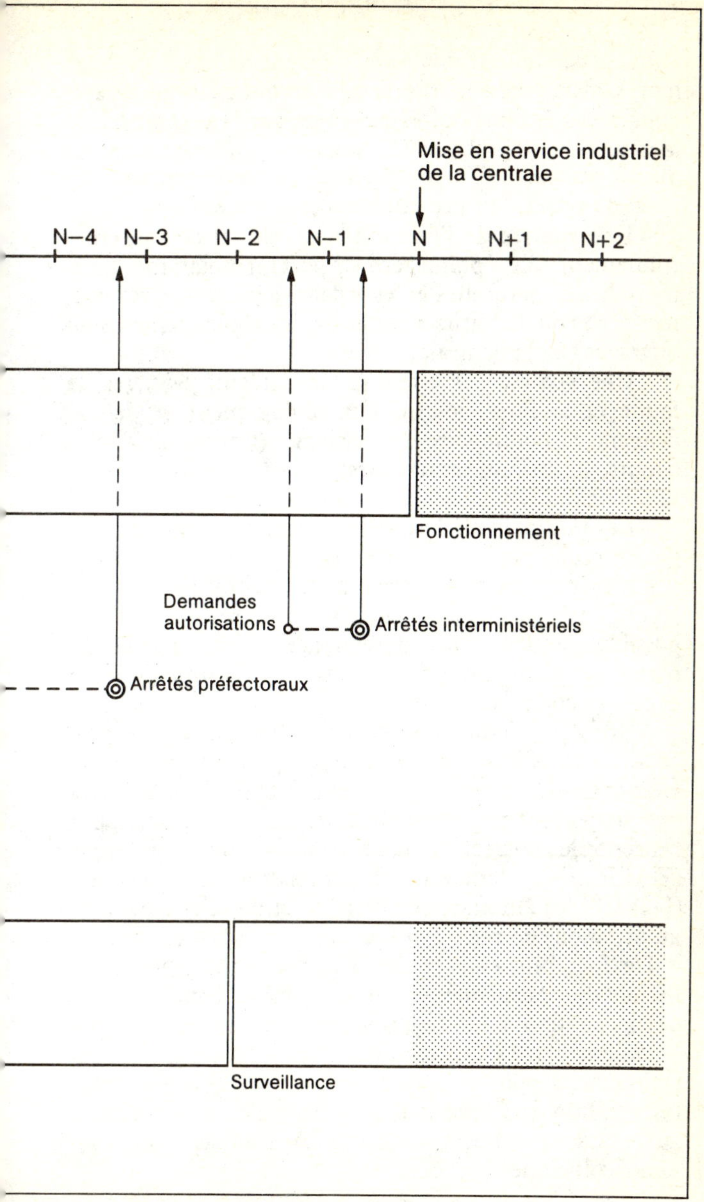
Mise en service industriel de la centrale
N−4
N−3
N−2
N−1
N
N+1
N+2
Fonctionnement
Demandes autorisations
Arrêtés interministériels
Arrêtés préfectoraux
Surveillance

Les *études d'environnement* existent depuis fort longtemps, mais c'est depuis peu qu'elles ont été rendues systématiques et obligatoires par la loi sur la protection de la nature du 10 juillet 1976. Aux termes même du décret du 12 octobre 1977, toute étude d'environnement dite aussi d'impact doit présenter successivement :

– Une analyse de l'état initial du site et de son environnement (dit « point zéro »), portant notamment sur les richesses naturelles et les espaces agricoles, forestiers, maritimes ou de loisirs affectés par les aménagements ou ouvrages (ici la centrale).

– Une analyse des effets sur les sites et paysages, la faune et la flore, les milieux biologiques ; et, le cas échéant, la commodité du voisinage (bruits, vibrations, odeurs, émissions lumineuses), ou sur l'hygiène et la salubrité publique.

– Les raisons pour lesquelles, parmi les partis envisagés, le projet présenté a été retenu.

– Les mesures envisagées par le maître de l'ouvrage (E.D.F. en l'occurrence) pour supprimer, réduire, et si possible compenser les conséquences dommageables du projet sur l'environnement, ainsi que l'estimation des dépenses correspondantes.

A vrai dire, l'étude d'impact n'est pas en soi une procédure : en effet, le décret précise qu'elle constitue un élément des dossiers déposés par E.D.F. dans le cadre des procédures réglementaires existantes, à savoir, pour les centrales nucléaires : la déclaration d'utilité publique (D.U.P.), la demande d'autorisation de création (D.A.C.), les autorisations de prise et de rejet d'eau, les autorisations de rejet d'effluents radioactifs, etc.

De fait, plusieurs études d'impact sont présentées : l'étude d'impact générale qui est incluse dans le dossier de déclaration d'utilité publique ; les études d'impact complémentaires, spécifiques d'une procédure. Ainsi celle établie pour le permis de construire doit préciser les conditions d'insertion architecturale ; celle relative aux effluents radioactifs intègre les résultats des études radioécologiques.

Pour réaliser ces études la Direction de l'Equipement d'E.D.F., maître d'ouvrage et architecte industriel des centrales, s'adresse tout naturellement à ses collègues de la Direction des Etudes et Recherches d'E.D.F. Elle demande au Laboratoire national d'hydraulique de Chatou de déterminer les « tâches thermiques » à l'aide de modèles physiques et mathématiques ; au département « Environnement aquatique et atmosphérique » d'étudier la formation des panaches de vapeur d'eau produits par les tours de réfrigération ; au Département acoustique de déterminer les niveaux sonores avant et après la contruction de la centrale, etc. Mais la plupart des autres études sont confiées à des organismes extérieurs. Ainsi, les études hydrobiologiques pour les sites en bord de mer, à l'Institut scientifique et technique des pêches maritimes (I.S.T.P.M.), (pour ce qui concerne la pêche, la culture des coquillages et l'exploitation des algues) et au Centre National pour l'exploitation des océans (C.N.E.X.O.), (pour les espèces vivantes à caractère non commercial).

Différents laboratoires ont été également associés à ces études :

- L'Institut Pasteur de Lille,
- L'Institut de biologie maritime et régional de Wimereux.
- Le Laboratoire de zoologie de l'Université de Caen,
- Le Laboratoire maritime de Dinard,
- La Station biologique de Roscoff,
- L'Université de Bretagne Occidentale,
- Le Laboratoire de Concarneau (Collège de France),
- Le Laboratoire de biologie marine de Nantes,
- L'Institut de géologie du Bassin d'Aquitaine,
- L'Institut de biologie marine d'Arcachon,
- Le Laboratoire municipal de Bordeaux,
- Le Laboratoire Arago de Banyuls-sur-Mer,
- La Station marine d'Endoume à Marseille, etc.

Pour les sites en bord de rivière, E.D.F. s'est adressée à de nombreux organismes :

– le Centre technique du Génie rural et des Eaux et Forêts (C.T.G.R.E.F.),

– le Centre d'étude d'impact écologique de Metz,

– le Centre de recherches géodynamiques de Thonon,

– l'Institut européen d'écologie de Metz,

– l'Institut national de la Recherche agronomique,

– l'Institut Pasteur de Lyon,

– l'Institut de recherche hydrologique de Nancy,

– le Laboratoire de biochimie de l'Université de Nantes,

– le Laboratoire de chimie analystique et hydrologie de l'Université de Nantes,

– le Laboratoire de zoologie de l'Université de Nantes,

– le Laboratoire de biologie générale – écologie de l'Université de Provence 1 – Marseille,

– le Laboratoire d'écophysiologie animale et Laboratoire d'hydrobiologie de l'Université Paul-Sabatier – Toulouse.

– le Laboratoire d'hydrobiologie de l'Université de Clermont-Ferrand,

– le Laboratoire de physiologie générale et comparée de l'Université Claude-Bernard – Lyon.

– le Service régional de l'Aménagement des Eaux d'Orléans, etc.

En matière de radioécologie (ou étude du comportement des éléments radioactifs dans l'environnement), les études de site sont confiées aux laboratoires du Commissariat de l'énergie atomique de La Hague et de Cadarache suivant les directives du service central de protection contre les rayonnements ionisants (S.C.P.R.I.) du ministère de la Santé qui effectue les contrôles et la surveillance des sites. Enfin, le groupe d'études atomiques de la Marine nationale participe aux études sur le comportement des éléments radioactifs en Manche.

Toutes ces études accumulées représentent un volume imposant de documents, peu exploitables en l'état. Les services d'E.D.F. doivent en réaliser une synthèse. Dans la masse des données, il s'agit de trier et de dégager les plus importantes ; puis de les rapprocher, de les comparer et de les réunir de manière pertinente. Tous les chiffres n'ont pas la même valeur. Mais qu'est-ce qui est important et qu'est-ce qui ne l'est pas ? Tout choix implique des jugements de valeur plus ou moins implicites. Aussi cette synthèse ne peut-elle être réalisée que par des équipes pluridisciplinaires possédant à la fois des connaissances étendues et une expérience confirmée.

Bien que variables d'un site à l'autre, ces études sont plus coûteuses qu'on pourrait le penser. Pour une centrale en bord de rivière, elles avoisinent actuellement les 15 millions de francs (nouveaux) ; pour une centrale en bord de mer, comme Penly, elles dépassent les 25 millions. Fort heureusement, ces études, une fois réalisées, ne sont pas perdues ; elles viennent enrichir la documentation disponible pour les scientifiques. Ainsi, les promoteurs du programme nucléaire auront puissamment contribué à enrichir le patrimoine scientifique national en matière d'écologie des côtes et des rivières.

Plus directement, ces études ont conduit E.D.F. à modifier ses projets initiaux. Deux exemples : pour réduire la taille de la nouvelle centrale de Chinon dans le paysage, les tours de réfrigération naturelles de 165 m de haut ont été abandonnées au profit de réfrigérants, assistés mécaniquement, de seulement 30 m de hauteur. De même, au Blayais, pour ne pas broyer, dans les condenseurs, les civelles (petites anguilles) nombreuses à cet endroit, le système des prises d'eau de la centrale a été modifié.

Par ses dimensions imposantes, une centrale est en effet un ouvrage de caractère monumental. Certains s'en félicitent et jugent qu'elles constituent des « cathédrales des temps modernes » qui marqueront notre époque, au même titre que la Tour Eiffel ou les ponts suspendus ont marqué le siècle dernier. D'autres, au contraire, jugent qu'elles constituent une « insulte au paysage » et qu'il conviendrait de les dissimuler au mieux. La voie moyenne semble la plus raisonnable : sans chercher à les dissimuler, aménager les abords, essayer d'épurer leurs lignes, les rendre plus harmonieuses et composer avec elles un nouveau paysage. Pour cela, depuis 1974, E.D.F. a fait appel à une équipe d'architectes dirigés par

Claude Parent. La nouveauté a consisté à les faire collaborer au travail dès le stade des avant-projets, avant que les ingénieurs ne « figent » totalement le projet, qu'il devient alors impossible de remanier. A cette époque, pour les premières unités de 900 mégawatts, la forme des bâtiments était déjà fixée et les architectes n'ont pu apporter que des améliorations, notamment pour leur insertion dans le site. Mais l'étude des 1 300 mégawatts ne faisait que commencer et leur intervention a été vraiment substantielle. Claude Parent a raconté[8] comment il a réussi à épurer les lignes des bâtiments et à concevoir, pour chaque site, des variantes adaptées au paysage existant. Le cas des centrales nucléaires est désormais un sujet que l'on fait traiter dans certaines écoles de Beaux-Arts.

La construction d'une centrale nucléaire, c'est un grand chantier –, donc des emplois offerts à des milliers de travailleurs ; et des marchés à des centaines d'entreprises. A l'époque bénie de la croissance, on n'y faisait que peu attention. Mais dans la dépression économique actuelle, c'est l'inverse : quand on prononce le mot emploi, désormais tout le monde dresse l'oreille. Toutefois, pour les municipalités directement concernées, l'afflux subit de milliers de personnes peut constituer un problème considérable. Dans le passé, ces problèmes étaient résolus cas par cas et parfois tant bien que mal, par des accords amiables entre les intéressés : municipalités, entreprises, syndicats, services publics, ministères... Mais avec le lancement du programme à eau sous pression, il devint absolument nécessaire de mieux contrôler la situation. De l'expérience malheureuse de la construction du complexe industriel de Fos-sur-Mer près de Marseille, la Délégation de l'Aménagement du Territoire tira d'utiles leçons. Elles furent à l'origine de la procédure « grands chantiers » de juillet 1975. Désormais tout chantier important, situé dans une zone faiblement ur-

8. *L'Architecture des centrales nucléaires* par Claude Parent, Ed. du Moniteur des Travaux publics et du Bâtiment, 1978.

banisée et peu équipée, peut recevoir le *« label grand chantier »*. Cela entraîne deux améliorations notables. D'une part, la nomination par le préfet de région d'un fonctionnaire dit *« coordinateur »* ; d'autre part le déblocage de crédits *anticipés* qui vont permettre de construire des équipements collectifs nécessaires *avant* l'arrivée des travailleurs : logements, classes, routes, voirie, etc...

En 1977, sur le site de Chinon, E.D.F. lançait l'opération *« Racines »*. Pour la première fois, elle permettait de réduire sensiblement le nombre de personnel déplacé. Et cela au profit du personnel recruté localement, éventuellement formé dans une école de métiers spécialement ouverte à Tours. Les résultats furent spectaculaires : le recrutement local atteignit 85 % en génie civil et 50 % en électromécanique. La méthode fut officialisée par un relevé de décision du Comité interministériel de l'Aménagement du Territoire de mars 1980 et rendue obligatoire pour les nouveaux chantiers.

Par ailleurs, une amélioration importante fut apportée à partir de 1979 à la question si épineuse de la *patente* devenue depuis « taxe professionnelle ». La législation fiscale antérieure faisait obligation à E.D.F. de verser l'énorme somme uniquement à la commune sur laquelle le site était situé. Les communes voisines, qui pourtant recevaient des travailleurs, ne touchaient pas un centime ! C'était injuste mais c'était la loi ! Heureusement, depuis 1979, un nouveau système permet de répartir « le pactole » fiscal apporté par E.D.F., le plus harmonieusement possible : non seulement à la commune d'accueil mais encore aux communes voisines, au département et à certaines collectivités locales.

Une nouvelle évolution est en cours : l'arrêt des chantiers à l'issue de la construction de la centrale pose un problème difficile de rupture d'activité. Des relais sont nécessaires pour que l'avantage induit par le concept de régionalisation de l'emploi ne se traduise pas par un inconvénient : celui de la création à terme de poches de chômage. Des mesures incitatives visant à favoriser l'implantation d'activités créatrices d'emploi dans l'environnement des centrales sont en cours d'élaboration. Les activités notamment celles qui seraient liées au fonctionnement de la centrale bénéficieraient de subventions ou de prêts de l'État et du maître d'ouvrage.

En bref, grâce à ces mesures successives, on peut dire que ce que les technocrates appellent « l'impact socio-économique du chantier » s'est considérablement amélioré dans l'intérêt de tous. Et depuis que la France est entrée dans une période de chômage, non seulement ce type de chantier n'est plus redouté par beaucoup de municipalités, mais encore recherché par certaines d'entre elles qui espèrent ainsi relancer une activité déprimée.

Un dernier point mérite d'être souligné. Pour leur refroidissement, les centrales thermiques (donc les centrales nucléaires) prélèvent de l'eau froide et rejettent de grandes quantités d'eau tiède. Bien entendu, toute une partie de l'étude d'impact écologique analyse cette question, de manière à éviter une perturbation brutale de la faune et de la flore locales des côtes ou des rivières. Toutefois E.D.F. est allée plus loin : elle a étudié la manière dont cet inconvénient pourrait être tourné en avantage.

Le principe est simple et connu : à condition de n'être pas trop brutale, la chaleur augmente la croissance des plantes et des animaux. Ces eaux tièdes ne sont pas assez chaudes pour assurer du chauffage d'habitation ; mais pourquoi ne pas utiliser ce « gisement de chaleur » pour la culture ? Ainsi, dès 1975, E.D.F. finança une station d'étude expérimentale à la clôture de la centrale de Saint-Laurent-des-Eaux. On chauffa des serres et même des cultures en plein champ grâce à des tuyaux d'eau chaude. On put ainsi récolter avant la saison des masses de tomates et de concombres. En matière d'élevage de poissons, le Commissariat de l'énergie atomique avait ouvert la voie à Caradache avec des anguilles. E.D.F. la reprit à Saint-Laurent avec des concours locaux. D'autres expériences étaient menées en parallèle, à Martigues, sur la Méditerranée, à Fessenheim pour la production d'arbres, à Dampierre pour la culture maraîchère. Finalement, au début de 1982, la décision vient d'être prise de lancer une ferme marine devant la centrale de Gravelines, sur la mer du Nord.

Les procédures publiques : décision, expropriation, information

Les centrales nucléaires sont des ouvrages d'intérêt général qui doivent être implantées dans des sites particuliers. Dans la mesure où le projet de leur implantation est ressenti comme une agression locale – voire un danger – elles soulèvent la question politique fondamentale : comment concilier l'intérêt général et les intérêts particuliers ?

Il n'y a pas de solution générale à cette question. *Chaque pays la résout à sa manière* par le moyen de ses institutions politiques et juridiques : plus concrètement par l'articulation de ses droits constitutionnels (pays centralisés ou fédéraux), administratifs et civils (droit latin et droit anglo-saxon). Il faut encore distinguer le cas où les compagnies d'électricité dépendent directement de l'État, des collectivités locales (régions, communes...) de celui où leur statut est entièrement privé. La combinaison de ces différents facteurs fait que chaque pays constitue un cas particulier qu'il conviendrait d'étudier en soi. Aussi toute comparaison internationale est-elle en ce domaine fort délicate.

Dans le cas de la France, la décision globale de lancer ou de poursuivre un programme de construction de centrales nucléaires est un choix de politique énergétique qui revient au gouvernement sous le contrôle du parlement qui vote – ou ne vote pas – certains crédits budgétaires correspondants, ne serait-ce que le budget du ministère de l'Industrie. Reste la question cruciale : où implanter ces centrales ? C'est à Électricité de France, maître d'ouvrage, maître d'œuvre et exploitant de ces centrales, qu'il revient de rechercher ces sites et de les proposer aux pouvoirs publics.

Avant 1973, le nombre de ces centrales n'était pas élevé et la question était réglée cas par cas. En 1974, le lancement d'un programme important décida le gouvernement de l'époque à adopter une procédure plus formalisée dite de « concertation administrative », à deux niveaux.

– *Au niveau central,* une procédure de concertation interministérielle entre les services spécialisés des différents ministères : principalement entre le ministère de l'Industrie, qui assure la tutelle d'E.D.F., les ministères de la Santé et de l'Environnement, et les autres ministères intéressés, chacun compétent dans son domaine propre (comme on l'a indiqué dans le schéma précédent).

– *Au niveau local,* une procédure de concertation privilégiant les collectivités territoriales, notamment régionales et départementales. Les communes faisant valoir par elles-mêmes leur avis.

Le projet de centrale est d'abord soumis pour avis au Conseil régional et à son Comité économique et social : c'est à ce niveau que peut s'effectuer éventuellement le choix entre plusieurs sites possibles. Ce choix étant ensuite soumis à l'appréciation du Conseil général du département concerné, les populations locales étant censées donner leur *avis* par le biais de l'Enquête d'utilité publique. Le Décret d'Utilité publique pris par le premier ministre après avis du Conseil d'État, instance juridictionnelle suprême en matière administrative, constitue l'aboutissement de cette procédure.

Mais pourquoi, a-t-on souvent dit, ces organes ne sont-ils consultés que *pour avis* ? Et pourquoi ne consulte-t-on pas *directement* la commune d'implantation puisque c'est elle, en définitive, qui est de loin la plus directement concernée ? Pour répondre, il faut comprendre le droit administratif français. D'abord, si le législateur avait donné à chaque commune un droit de veto absolu en matière de travaux d'intérêt général, il se serait exposé – chacun préconisant la commune voisine – à ne voir les réaliser nulle part. Ensuite, le Code civil français précise : « Nul ne peut être privé de sa propriété, sauf cas d'utilité publique. » Donc, pour exproprier les terrains nécessaires, la loi oblige à une procédure spéciale d'utilité publique. Schématiquement, on peut dire que cette procédure a un triple rôle : établir solennellement le « caractère d'utilité publique du projet » ; mais aussi, ce qui est plus délicat, évaluer globalement les dommages subis par les intérêts particuliers aux dépens de l'intérêt public ; et éventuellement proposer des modifications du projet pour réduire ces dommages.

Ainsi cette procédure de notre droit est donc, à son origine, conçue beaucoup plus comme une procédure d'expropriation que comme une procédure d'information. Plus précisément, l'information sur le projet n'est conçue que comme *moyen* d'évaluer les dommages subis par les intérêts privés. On le lui a reproché, et à juste titre. Aussi, à partir de l'année 1975, les pouvoirs publics ont, à l'occasion d'enquêtes particulières, décidé de développer beaucoup plus l'aspect information publique. Ceci, en demandant au préfet, responsable de l'enquête, et au pétitionnaire E.D.F. de multiplier les actions d'information à l'occasion des nouvelles enquêtes : réunions publiques, voyages d'études, publication de brochures mieux adaptées au public que les gros dossiers réglementaires, etc.

Depuis 1981, le nouveau gouvernement a décidé, pour sa part, d'étudier une réforme plus complète de cette procédure. L'orientation est de privilégier l'information des populations concernées préalablement à toute décision et de subordonner celle-ci à la consultation préalable et formelle de toutes les assemblées élues concernées, dont les conseils municipaux. L'instruction administrative et une demande de Déclaration d'Utilité Publique déposée par le pétitionnaire ne doivent pas être confondues avec le droit à l'information et à la concertation. L'objectif est donc de faire disparaître le sentiment répandu selon lequel « Enquête publique ? enquête bidon » pour reprendre le slogan qui a fleuri tout au long de l'affaire de Plogoff. Ira-t-on jusqu'à adopter plus ou moins la procédure anglo-saxonne des *« publics hea-*

rings », conçue à la manière d'un tribunal devant lequel chaque partie expose contradictoirement son point de vue ? L'avenir le dira.

De fait, en pratique, ces enquêtes d'utilité publique ont été très souvent utilisées par les opposants aux centrales, non pas tant, comme le prévoit la loi, en apposant par écrit leurs observations sur les registres, qu'en empêchant, parfois par des actions violentes et illégales, leur déroulement normal ; ce fut, comme on l'a déjà dit, le cas de Plogoff.

Revue des sites

Douze ans après le lancement du programme français à eau sous pression, le clivage des deux France est évident. Certes, on a observé partout la formation de comités d'opposition aux centrales nucléaires, comme aux autoroutes ou aux aéroports, mais l'accueil des populations varie sensiblement des deux côtés de l'axe Caen-Marseille.

Insérée dans un paysage et une région industrialisés de longue date, la centrale de *Gravelines* dans le Nord a été bien acceptée, sinon réclamée. De même en a-t-il été des deux centrales normandes de *Paluel* et de *Penly,* dans leur falaise de craie. Tout au plus les lignes électriques à haute tension ont-elles été contestées par les agriculteurs qui réclament des indemnités supplémentaires. A la pointe du Cotentin, la centrale de *Flamanville,* qui fournissait de l'emploi aux ouvriers d'une mine de fer abandonnée, a été largement soutenue par une population de tradition ouvrière contre les protestations de certains ruraux et résidents secondaires, et surtout celle des opposants à l'usine de retraitement de La Hague, toute proche.

En Val de Loire, les anciens sites de *Chinon* et de *Saint-Laurent-des-Eaux,* non seulement ne sont pas opposés à la construction de nouvelles unités, mais encore les ont pratiquement réclamées pour soutenir l'activité économique locale. A *Dampierre,* le principal souci de la population fut l'arrivée trop massive d'ouvriers immigrés pour le chantier. Défaut qui fut largement atténué à *Belleville* par la mise en œuvre de dispositions favorisant le recours à la main-d'œuvre régionale.

Région de passage depuis la plus haute antiquité, et « nucléarisée » depuis les années 50, la Vallée du Rhône accepta assez bien un chapelet de centrales nouvelles : de *Bugey* au nord à *Marcoule* au sud, en passant par *Saint-Alban-Saint-Maurice-d'Exil, Cruas* et *Tricastin.*

A *Nogent-sur-Seine* (dans l'Aube, à 100 km en amont de Paris) l'opposition rencontrée fut beaucoup plus l'œuvre de résidents secondaires parisiens que de la population du cru. La prise de conscience des « retombées socio-économiques » importantes leva les dernières hésitations de cette région en perte de vitesse économique.

A *Civaux*, en Poitou sur la Vienne, le projet actuel est dans l'ensemble bien accueilli, toujours dans la perspective des emplois offerts.

A *Cattenom*, près de la frontière luxembourgeoise, l'accueil de la centrale bénéficia tant d'un paysage et d'une tradition industrielle que de la crise de la sidérurgie. On enregistre certes quelques manifestations d'opposition, mais en grande partie venues des pays frontaliers.

En Alsace, la centrale de *Fessenheim* eut la chance d'être la première de la série : son projet remonte en effet aux années 60 à une époque où la contestation n'était pas aussi développée. C'est pourtant contre elle que fut fondée en 1970 la première association antinucléaire française, le « Mouvement pour la sauvegarde de la plaine du Rhin », assez liée aux mouvements écologistes suisses et allemands. Des marches furent organisées à plusieurs reprises. Un attentat fut même commis, au cours de la construction. Mais les travaux étaient déjà trop engagés pour qu'on puisse envisager d'abandonner le projet. Depuis 1979, la centrale tourne et s'est fait progressivement accepter par la population locale. Il semble toutefois difficile d'en construire une seconde à l'avenir.

A *Chooz*, dans les Ardennes, près de la frontière belge, la première centrale avait été acceptée sans problème. La seconde, proposée en 1980, a fait l'objet de manifestations parfois violentes, comme au début de 1982. Mais, là encore, ce n'est pas tellement l'acceptation de la population locale qui fait défaut, que celle de manifestants venus très largement de l'extérieur.

SITES NUCLEAIRES EN FRANCE, SITUATION AU 01 - 01 - 1982

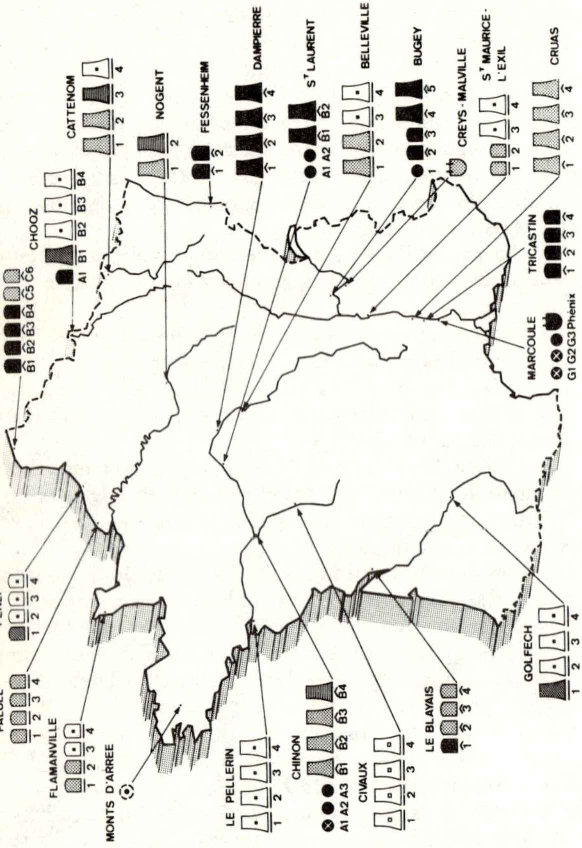

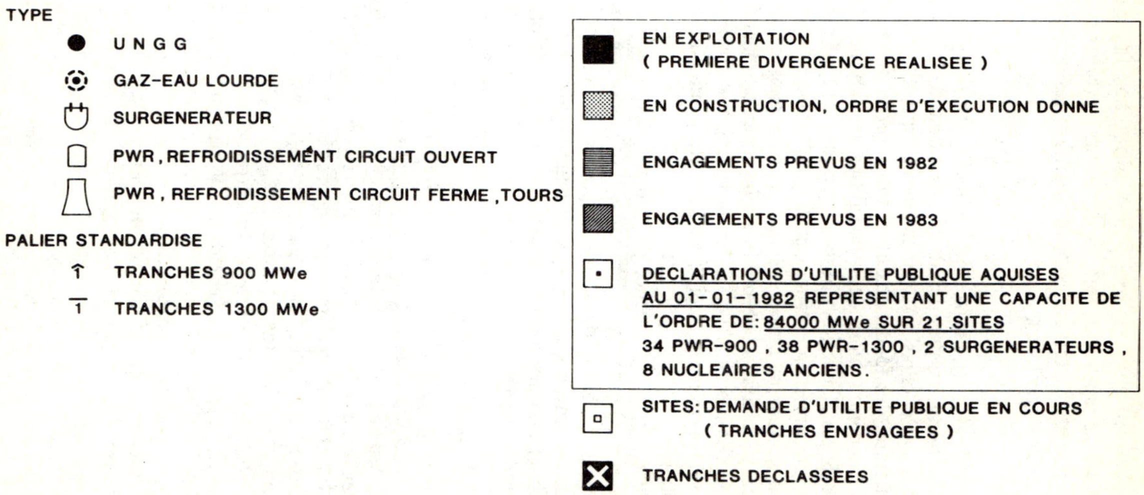
TYPE
U N G G
GAZ-EAU LOURDE
SURGENERATEUR
PWR, REFROIDISSEMENT CIRCUIT OUVERT
PWR, REFROIDISSEMENT CIRCUIT FERME, TOURS
PALIER STANDARDISE
TRANCHES 900 MWe
TRANCHES 1300 MWe
EN EXPLOITATION
(PREMIERE DIVERGENCE REALISEE)
EN CONSTRUCTION, ORDRE D'EXECUTION DONNE
ENGAGEMENTS PREVUS EN 1982
ENGAGEMENTS PREVUS EN 1983
DECLARATIONS D'UTILITE PUBLIQUE AQUISES
AU 01-01-1982 REPRESENTANT UNE CAPACITE DE
L'ORDRE DE: 84000 MWe SUR 21 SITES
34 PWR-900, 38 PWR-1300, 2 SURGENERATEURS,
8 NUCLEAIRES ANCIENS.
SITES: DEMANDE D'UTILITE PUBLIQUE EN COURS
(TRANCHES ENVISAGEES)
TRANCHES DECLASSEES

Les sites du Sud et de l'Ouest n'ont pas fait l'objet d'une telle acceptation, loin de là : pour certains d'entre eux des projets furent carrément abandonnés et renvoyés aux calendes grecques.

Le site de *Blayais*, en face de Bordeaux, sur l'estuaire de la Gironde, connut au premier abord des difficultés certaines. Il avait été en effet choisi au dernier moment quand on s'aperçut des difficultés des fondations du premier projet situé au Verdon. Il rencontra alors des oppositions venues de certains milieux de La Rochelle et de Bordeaux qui vinrent conforter certains mécontentements locaux. Il y eut aussi de nombreux problèmes avec les lignes à haute tension dans ce pays de vignoble. L'hostilité à la centrale tomba cependant lors du premier coup de pioche. Avec le début des travaux arrivèrent les premières « retombées socio-économiques » qui emportèrent l'acceptation.

A *Golfech,* près de Valence d'Agen, sur la Garonne, à mi-chemin entre Bordeaux et Toulouse, l'implantation fut pendant longtemps difficile car assez largement politisée, l'électorat de la région de Golfech étant traditionnellement radical-socialiste et faisant l'objet de convoitises des grands partis de droite et de gauche. Ce fut l'arrivée des socialistes au pouvoir en mai 1981 qui emporta la décision. Le site fut d'abord « gelé » pendant l'été 1981, puis dégelé sur recommandation de l'Assemblée responsable de Midi-Pyrénées moyennant des conditions et des avantages qui ont fait grand bruit.

Mais c'est dans l'Ouest, et plus particulièrement en *Bretagne et en Vendée*, que l'opposition la plus vive se rencontra. A tel point qu'à cette heure, rien n'est encore résolu.

En Basse-Loire, plusieurs sites ont été successivement envisagés depuis une dizaine d'années. Les premiers, à une centaine de kilomètres à l'intérieur des terres, furent rapidement abandonnés au profit du *Pellerin,* sur la rive sud de l'estuaire, en aval de Nantes. Ce dernier site rencontra l'hostilité, tant des paysans – travailleurs locaux qui protestaient contre la perte de terres agricoles – que d'une fraction importante des milieux nantais, assez bien organisée, qui reprochait à la centrale d'être placée sous les vents par rapport à leur ville. Le scepticisme des autorités de sûreté à cet égard alimenta la controverse. A l'invitation des pouvoirs publics une nouvelle prospection fut entreprise par E.D.F. à la fin 1981. Une étude comparative entre deux nouveaux sites, l'un au nord de l'estuaire à Lavaud Rohars, l'autre au sud au lieu-dit Le Carnet sur le territoire des communes de Frossay et de Saint-Viaud est en cours.

Les terrains correspondants à ces deux sites appartiennent au port autonome. Malgré cela des attentats ont été tout récemment commis contre les sondeuses qui opéraient des prélèvements de terrain.

Le cas de la *Bretagne* est encore plus marqué. Au total, plus d'une dizaine de sites ont été envisagés depuis 1970. Pour différentes raisons, certains furent immédiatement abandonnés. Il en resta cinq sur lesquels des études approfondies furent lancées. Le temps pressait car, en raison de la géographie, cette péninsule est dramatiquement sous-équipée en moyens de production et importe presque toute son électricité. Cette dernière provient en effet, soit de l'usine marémotrice de la Rance, à la limite de la Normandie, soit encore de la Basse-Loire. Elle ne possède qu'une petite centrale nucléaire expérimentale, Brennilis (70 MW), dans les monts d'Arrée et une petite usine à Brest-Porzic. Deux grandes pannes d'électricité confirmèrent, s'il en était besoin, la précarité de la situation. Cette dernière n'échappait pas au Conseil régional qui était favorable à l'implantation rapide d'une centrale nucléaire.

Un rapport sur les cinq sites est dont déposé : Beg-anFry, Plogoff, Ploumoguer, Tréguennec dans le Finistère, Erdeven dans le Morbihan. Après examen, seuls restèrent en lice Ploumoguer et Plogoff, puis le choix se porte finalement sur *Plogoff* en raison des courants marins qui assurent une réfrigération exceptionnelle. Vote positif du Conseil régional. Confirmation de la décision du Conseil général du Finistère. L'enquête d'utilité publique est lancée. Mais vite rendue impossible par les habitants.

Pour que force reste à la loi, le préfet la place sous la protection des gendarmes. Rien n'y fait : ces derniers sont chaque jour attaqués, notamment avec des pierres et des frondes. Il faut recourir à huit compagnies de gendarmes mobiles pour maintenir « l'ordre » dans le village de 2 000 habitants. Malgré tout l'enquête se termine et le site est officiellement agréé. Quelques mois plus tard après mise en œuvre d'importants et nouveaux moyens d'information et d'instruments de dialogue, E.D.F. a déjà acquis près de la moitié des terrains à l'amiable. Finalement, en raison de ses engagements électoraux, c'est le nouveau Président de la République qui renonce au site.

Sur la côte *Languedoc-Roussillon*, de nombreux sites ont été étudiés depuis dix ans. Celui de Port-la-Nouvelle est l'un des plus anciens : il fut rejeté en 1965 sous les pressions politiques locales. Depuis d'autres ont été étudiés mais aucun n'a, depuis, été proposé officiellement. Pour finir ce tour de France, ajoutons qu'aucune centrale nucléaire n'a jamais été prévue en Corse mais que la centrale thermique de *Vazzio* a fait l'objet de nombreuses protestations accompagnées d'attentats.

La centrale de *Creys-Malville* constitue un cas à part en raison de la filière adoptée : celle des réacteurs à neutrons rapides et à uranium appauvri. Localement, cette centrale avait été d'abord bien acceptée, comme le Bugey voisin. Mais dès 1976, la coordination antinucléaire résolut d'en faire un symbole et de concentrer sur elle toutes ses forces. Deux années de suite, une grande manifestation internationale fut organisée rassemblant des militants de tous les pays d'Europe. La première jeta le trouble dans les populations après l'évacuation brutale du camping sauvage des manifestants. Puis certains militants prêchèrent les habitants pour les convaincre de s'opposer au projet. L'année suivante une manifestation monstre était prévue. Pour renforcer leurs rangs les organisateurs avaient toléré la présence de groupuscules nettement gauchistes, dont une bonne part venant de pays voisins. Quand ils comprirent le danger, il était trop tard. La manifestation eut lieu sous la pluie. La zone proche de la centrale avait été interdite. Pour pénétrer, les manifestants s'attaquèrent aux forces de gendarmerie. Dans la mêlée, il y eut un mort et plusieurs blessés. Du jour au lendemain le nom de Malville fut ainsi connu du monde entier. Comme d'habitude, le démarrage du chantier eut une influence nettement positive sur l'atmosphère locale. Au début de 1982, alors que rien ne pouvait le laisser présager, des roquettes furent lancées sur les installations en construction par un commando bien entraîné, mais elles ne causèrent aucun dommage.

En 1978, les antinucléaires français, atterrés des résultats de la marche contre Malville, concentrèrent leurs efforts sur l'usine de retraitement de *La Hague*, à la pointe du Cotentin. De nombreuses manifestations furent organisées à Cherbourg, notamment pour protester contre l'importation de combustibles nucléaires à retraiter dans le cadre de contrats passés par le C.O.G.E.M.A., exploitant nucléaire du centre. En dépit de ces manifestations, l'agrandissement de l'usine de La Hague fut adopté.

Parmi les autres installations du C.E.A, celles de *Marcoule*

(Gard) et de *Cadarache,* dans la garrigue provençale, sont particulièrement bien acceptées et intégrées à la vie locale. Il en va de même de celles qui existent dans la région parisienne.

En revanche le projet de centre de stockage de déchets radioactifs de *Saint-Priest-La-Prugne* dans le Massif central a fait l'objet d'une vive opposition locale relayée et appuyée par les milieux politiques régionaux. Il a été finalement suspendu en février 1982. Il s'agissait pourtant d'utiliser les carrières d'une ancienne mine d'uranium pour y entreposer ces déchets nucléaires de basse activité.

En France, tout compte fait, et avec un recul d'une décennie, *l'acceptation des centrales nucléaires apparaît comme presque bonne si on la compare à celle des autres pays occidentaux*. Quant à la technologie, beaucoup d'entre eux n'avaient rien à envier à notre pays. Partie très tôt dans la compétition, la *Grande-Bretagne* a été pendant quelques années le premier producteur mondial d'électricité nucléaire avant d'être dépassée définitivement par les Etats-Unis. Mais la découverte de gisements de pétrole et de gaz jointe à un certain conservatisme technique a tout remis en cause, beaucoup plus, sans doute, que les effets d'une contestation écologiste assez active.

L'Allemagne s'était dotée d'une industrie nucléaire solide et de premier plan dans les années 70 mais la question des sites lui fut fatale. Un par un tous les sites nouveaux furent bloqués sinon abandonnés. Dans la patrie du romantisme, les mouvements contestataires sont particulièrement puissants et bien organisés. Ils peuvent mobiliser de vastes foules et certains groupes gauchistes ne reculent pas devant la violence et le terrorisme, comme l'a montré l'affaire tristement célèbre de la bande à Baader. De plus la structure fédérale de la République allemande et l'existence de plusieurs compagnies privées d'électricité ne facilitent pas la mise en œuvre de la volonté d'Etat.

Dans les années 60, *l'Italie* s'était dotée elle aussi d'une industrie nucléaire de très bon niveau. Mais ici, c'est la faiblesse du gouvernement et le régionalisme qui ont tout compromis. Les plans énergétiques succèdent aux plans sans que la situation de l'industrie électrique progresse d'un pouce. De fait, faute d'équipements neufs, nucléaires ou pas, elle régresse et les pannes du réseau se multiplient.

La Suisse et *la Belgique*, elles aussi, dans les années 60, avaient bâti une industrie nucléaire dont l'influence s'étendait au-delà de leurs frontières. Mais n'ayant pu ouvrir de nouveaux sites, elles se sont vu contraintes à bâtir de nouvelles unités sur des sites anciens.

Bien que les *Etats-Unis* restent le premier pays nucléaire du monde, par le nombre et la production des centrales, leur industrie nucléaire ne s'est pas encore remise des conséquences de l'accident de la centrale de Three Mile Island. Cela, malgré la volonté de relance affichée par le président Reagan. L'allongement des délais, la complication des procédures de sécurité et administrative, la hausse des frais financiers, tout se conjugue pour décourager la plupart des entrepreneurs.

Le Japon est le pays industriel qui souffre le plus cruellement de son manque de ressources énergétiques sur son sol : il en importe quelque 90 %. Tout naturellement, il s'est tourné vers l'électricité nucléaire pour alléger ce fardeau. Mais dans cette île surpeuplée la place est rare et comme il n'existe pas de fleuves, toutes les centrales doivent être au bord de la mer. Ici encore, c'est la question des sites qui est cruciale, avec pour point particulier la question des pêcheurs et leur revendication d'être indemnisés pour leurs « droits de pêche ». D'où un programme réel actuellement bien inférieur aux prévisions.

En *Autriche*, fin 1978, un référendum, gagné de justesse par les antinucléaires, arrêta le démarrage de la seule centrale électronucléaire existante. Actuellement certains voudraient introduire un nouveau référendum pour la voir produire, mais rien n'est décidé.

La *Suède* a été, au début des années 70, l'un des pays où l'électricité nucléaire représentait 25 % de l'énergie, un taux parmi les plus élevés du monde par habitant. Mais un mouvement antinucléaire actif s'y développa, nourri d'écologisme et de pacifisme qui causa en bonne part la chute du gouvernement (socialiste) au profit de l'opposition (centriste) qui s'était prononcée contre la poursuite du programme nucléaire. Mais quand il s'est agi de passer aux actes, le nouveau gouvernement recula et décida d'organiser un référendum national. Il eut bien lieu en avril 1980, et conclut à la poursuite d'un programme nucléaire « limité ».

Si l'on excepte certains Etats américains, la Suède et l'Autriche ont été jusqu'à présent les deux seuls pays du monde à essayer de résoudre la question nucléaire par référendum, c'est-à-dire par un acte de démocratie directe se plaçant « au-dessus » de la voie parlementaire habituelle. Cette procédure est largement préconisée par les antinucléaires qui font du nucléaire un « choix de société » dépassant le cadre des choix politiques habituels ; elle constitue aussi une tentation pour des hommes politiques qui espèrent ainsi se débarrasser à bon compte d'une épineuse question qui se superpose fort peu à l'habituelle division entre droite et gauche, conservateurs et progressistes. De fait, ces référendums « apolitiques » ont échoué à conserver ce caractère : ils se sont toujours politisés au cours de la campagne. Cela ne doit pas étonner : le choix d'un programme énergétique est un acte politique à tous les sens du terme : aucun gouvernement ne saurait s'en exonérer. *Est-il du reste encore pensable de répondre par oui ou par non à une question simple sur un tel sujet ?*

Au terme de cette comparaison internationale, on comprend mieux pourquoi, en 1982, la France est devenue le deuxième producteur mondial d'électricité nucléaire. Cette année, sur nos têtes, quatre ampoules sur dix fonctionnent à l'uranium.

« Ce n'est pas la société qui est malade du nucléaire, c'est le nucléaire qui est malade de la société » a écrit M.

Lionel Taccoen[9]. Cette formule concise résume parfaitement le problème. A condition toutefois de l'expliciter. Nous avons essayé de montrer tout au long de ce chapitre que les raisons de l'opposition à l'énergie nucléaire civile débordaient de toutes parts le seul nucléaire civil. D'abord parce que cette opposition recouvre en fait une opposition plus cachée, plus fondamentale qu'entretient au fond des âmes le péché originel de l'énergie nucléaire manifestée pour la première fois en 1945 dans les conditions que l'on connaît : l'atome est devenu le symbole et le « bouc émissaire » de la plupart de nos problèmes et nos angoisses contemporaines, du doute des sociétés occidentales à l'égard de leur devenir.

Si cette analyse est juste, l'opposition aux centrales nucléaires ne se calmera que grâce à l'une des trois solutions suivantes : l'arrêt de leur construction ; l'accoutumance, à la longue, à leur existence ; la découverte d'autres boucs émissaires... Certains pays ont choisi la première voie, d'autres espèrent en la seconde ou la troisième.

De fait, le contexte actuel de crise économique internationale, la montée des tensions extérieures, la dépression et le chômage, ont apporté une certaine détente : ils rendent, dans le monde occidental des années 80, tout à la fois moins urgents les besoins d'énergie et un peu plus facile l'acceptation des centrales.

9. *La guerre de l'énergie est commencée*, Ed. Flammarion, 1978.

CHAPITRE IX

L'organisation de l'industrie nucléaire française

L'industrie des centrales nucléaires

Rapporté à la taille et à la puissance économique de notre pays, le programme électronucléaire français demeure sans doute actuellement le plus important du monde. C'est sur lui que va reposer, pour des dizaines d'années, la sécurité de l'alimentation de la France en énergie électrique. Pour mener à bien cette tâche prioritaire, une politique industrielle cohérente a été définie, tant dans le domaine des centrales nucléaires que dans celui de leur cycle de combustible.

Dans le domaine des centrales, l'organisation industrielle nucléaire s'articule autour des grands principes suivants :

– L'expérience des réalisations nucléaires antérieures a montré les faiblesses de l'industrie nationale. Pour mettre en œuvre le nouveau programme électronucléaire, il est apparu indispensable de favoriser le développement d'un groupe industriel français d'envergure internationale, capable d'assurer notre indépendance dans ce secteur, de satisfaire dans les meilleures conditions de prix et de délais les besoins nationaux en électricité et de conquérir une part des marchés d'exportation. C'est en définitive le groupe Creusot-Loire qui a été choisi comme responsable du développement industriel des deux filières sur lesquelles repose le programme français.

– Il était également nécessaire d'associer à ce groupe industriel la puissance publique représentée par le Commissariat à l'énergie atomique (C.E.A.), afin de faire bénéficier le constructeur national des moyens et des compétences acquis de longue date par cet organisme d'État, et en même temps de conserver le contrôle du développement et de la valorisation des techniques mises en œuvre sur fonds publics ; c'est à cet objectif qu'a répondu la prise de participation du C.E.A. en 1975 dans le capital de Framatome, puis dans celui de la société Novatome créée en 1976.

– Un autre objectif fondamental était de dégager progressivement le constructeur national de sa position initiale de licencié[1] de la société américaine Westinghouse, pour le placer, le moment venu, en statut de partenaire indépendant. Tel est le sens des différents programmes de recherche entrepris sur la filière à eau sous pression depuis 1975, et des négociations franco-américaines qui ont abouti aux accords de 1981.

– Il est enfin apparu indispensable de rechercher des alliances avec des partenaires internationaux choisis avec soin, afin d'éviter l'isolement et de partager le poids des investissements et des programmes de développement ; c'est dans cette perspective qu'il faut situer l'ensemble des accords conclus, de 1974 à 1977, dans le domaine des réacteurs à neutrons rapides.

Au terme de plusieurs années d'évolution, l'industrie française des centrales nucléaires se présente maintenant comme un ensemble cohérent et bien structuré, associant les organismes d'État et les industriels constructeurs, et constituant une base de départ solide pour assurer le succès du programme national et d'une politique dynamique d'exportation. C'est cette organisation qu'on examinera maintenant filière par filière.

1. Au sens, bien entendu, d'exploitant une licence...

Les grandes centrales à eau sous pression (PWR)

La cinquantaine de tranches à eau sous pression qui constituent le programme électronucléaire « quantitatif » français ont été, sont, ou vont être bientôt, réalisées selon un schéma industriel maintenant bien au point, que l'on décrira ici de manière plus complète – avant d'aborder succinctement les problèmes d'exportation.

Le maître d'ouvrage et exploitant des centrales électronucléaires PWR françaises est *Électricité de France,* entreprise nationale, qui est également son propre architecte industriel. Les centrales sont étudiées et réalisées par la Direction de l'équipement d'E.D.F. – qui compte plus de 3 000 agents.

Pour bénéficier des avantages de l'effet de série, sans pour autant entraver la nécessaire évolution technologique, E.D.F. a repris, en l'amplifiant, sa politique antérieure des « paliers » qu'il avait suivie dans la réalisation des centrales thermiques classiques, et a développé une action très rigoureuse de standardisation qui conduit – aux effets de sites près – à une quasi-identité des tranches nucléaires d'un même palier. Cette construction en série présente de multiples avantages sur le plan de la sûreté, de la fiabilité, des coûts et des délais d'exécution.

Cette politique s'est accompagnée d'un effort de restructuration et de regroupement de l'industrie française, afin d'éviter la dispersion des capacités nationales et de ne conserver qu'un nombre limité d'entreprises, dotées des moyens nécessaires pour répondre aux exigences et aux spécifications propres au nucléaire.

D'une manière générale, *Framatome* est responsable de la conception générale des chaudières PWR et de leur fabrication pour son client, E.D.F. Framatome fabrique elle-même, en particulier dans ses usines lourdes du Creusot et de Chalon-sur-Saône, les cuves de réacteur, les générateurs de vapeur et les pressuriseurs. Les autres composants essentiels des chaudières sont construits, conformément aux spécifications de Framatome, par des sociétés affiliées, appartenant au même groupe industriel : les pièces élémentaires servant à la fabrication des cuves et les internes de réacteurs par Creusot-Loire ; les pompes primaires et les mécanismes de commande des barres de contrôle par Jeumont-Schneider ; l'instrumentation nucléaire par Merlin-Gérin ; les tuyauteries et annexes de circuit primaire par Spie-Batignolles.

Framatome s'adresse par ailleurs à de nombreux sous-traitants pour les accessoires des équipements nucléaires et notamment la robinetterie spécialisée.

Depuis sa création en 1958, Framatome a reçu la commande de soixante tranches nucléaires. Elle s'est donc hissée au tout premier rang des constructeurs mondiaux de chaudières PWR, et son effectif atteint en 1981 le chiffre de 4 600 personnes.

En 1975, le C.E.A. avait pris une participation de 30 % dans le capital de Framatome, société anonyme dans laquelle Creusot-Loire, premier producteur français d'aciers spéciaux et d'équipements mécaniques lourds, détenait la majorité. Des accords conclus en décembre 1981 entre Creusot-Loire et le C.E.A. ont permis à ce dernier de renforcer encore sa position – répondant au souci des Pouvoirs Publics d'accroître le contrôle de l'Etat sur l'industrie nucléaire française : Framatome et Cie, devenue Société en nom Collectif, est désormais gérée par un collège de trois gérants comprenant Creusot-Loire, le C.E.A. et un troisième gérant désigné d'un commun accord entre eux ; les droits de vote dans la société sont répartis de telle manière que le C.E.A. dispose d'un peu plus du tiers des droits, et Creusot-Loire d'un peu moins des deux tiers ; toutes les décisions importantes relatives à Framatome et à ses filiales contrôlées sont prises par le collège des gérants statuant à l'unanimité – le ministre de l'Industrie arbitrant en cas de désaccord important entre les partenaires.

Framatome est devenu titulaire en 1958 de la licence Westinghouse pour réacteurs PWR. Les accords industriels conclus en 1972 entre les deux sociétés offraient initialement pour

E.D.F. un avantage essentiel : ils permettaient en effet à Framatome de bénéficier de l'expérience accumulée par Westinghouse, concepteur et constructeur d'un nombre important de chaudières nucléaires. Mais d'une part l'ampleur du programme électronucléaire français et le vaste effort de recherche et développement entrepris avec l'appui du C.E.A. et d'E.D.F., d'autre part l'interruption des commandes nucléaires aux États-Unis, ont progressivement modifié les poids respectifs des deux partenaires. Des négociations ont donc été ouvertes entre Framatome et Westinghouse ; elles ont abouti au début de 1981 à la signature entre ces deux firmes d'accords approuvés par les gouvernements français et américain. Ces accords mettent fin par anticipation au régime de licence en vigueur – qui devait s'appliquer jusqu'à la fin de 1982 ; ils consacrent l'existence d'une technique française dans le domaine des chaudières PWR, accordent à Framatome le statut de partenaire et lui reconnaissent une liberté totale, politique, industrielle et commerciale, sur sa technologie ; ils prévoient que les deux sociétés poursuivront, sur un pied d'égalité, leur coopération technique et leurs échanges en matière de recherche et de développement.

La chaudière n'est pas toute la centrale : réduite à sa partie strictement nucléaire, elle ne représente guère qu'un tiers du coût direct d'une centrale ; « l'îlot nucléaire » au sens large, qui comprend en plus de la chaudière les circuits qui lui sont liés, représente lui-même au maximum la moitié du coût direct de l'ensemble. C'est dire l'importance industrielle des lots non-nucléaires. Leur examen dépasserait le cadre de cet ouvrage, mais on dira ici cependant quelques mots de l'un des plus importants : le groupe turbo-alternateur qui représente de l'ordre de 15 % du coût direct d'une centrale.

Après l'accord intervenu à la fin de 1976 entre la Compagnie Electro Mécanique (C.E.M.) et *Alsthom-Atlantique*, c'est cette dernière qui regroupe l'ensemble des fabrications de turbo-alternateurs des deux sociétés et assure en totalité l'équipement des centrales PWR du programme français. Née en 1976 de la fusion des Chantiers de l'Atlantique et d'Alsthom, Alsthom-Atlantique – dans laquelle la Compagnie Générale d'Électricité détient depuis 1980 une participation majoritaire – compte 45 000 salariés et prend place au nombre des plus grands constructeurs mondiaux de groupes turbo-alternateurs. Elle travaille actuellement pour partie sous licence du groupe suisse Brown-Boveri (B.B.C.), mais développe un important programme de recherches en vue de mettre au point un modèle de turbo-alternateur de 1300 MWe purement français.

Le génie civil, enfin, représente environ 20 % du coût direct d'une centrale. C'est un secteur très concurrentiel, et la plupart des grandes sociétés françaises spécialisées (S.P.I.E.-Batignolles, la Société Générale d'Entreprises, les Grands Travaux de Marseille, Campenon-Bernard, Fougerolle, Bouygues) ont participé ou participent à la réalisation du programme PWR français.

L'organisation industrielle décrite dans les paragraphes précédents est celle du programme national, réalisé pour le compte d'Electricité de France, maître d'ouvrage et architecte industriel. Ce schéma n'est plus valable s'il s'agit de réaliser une centrale PWR à l'étranger, puisque E.D.F. n'intervient plus alors directement dans l'opération. L'industrie nucléaire française a donc été amenée à mettre sur pied deux sociétés spécialisées, destinées à intervenir dans la réalisation des centrales à l'exportation dont les commandes ont été prises par Framatome, agissant en général comme chef de file d'un consortium industriel.

Framateg, créée en 1974, est une filiale de Framatome (55 %), regroupant par ailleurs Alsthom-Atlantique (35 %) et des sociétés de génie civil ; sa mission est d'assurer la maîtrise d'œuvre des centrales à l'exportation, et en particulier la coordination des trois lots principaux (îlot nucléaire, îlot classique, génie civil).

La société Sofinel[2] a été créée en 1978 avec la participation d'E.D.F. (45 %), de la Sapar, filiale d'E.D.F. (10 %) et de Fra-

2. Société française d'ingénierie électronucléaire et d'assistance pour l'exportation.

mateg (45 %). Son activité s'exerce dans le domaine de l'ingénierie et de la formation du personnel d'exploitation – sa raison d'être étant d'apporter aux constructeurs l'aide d'E.D.F. sur les points où le Service national, architecte industriel et exploitant de ses centrales, dispose d'une expérience et de connaissances importantes.

Par ailleurs, une mission d'assistance aux maîtres d'ouvrages étrangers a été confiée en 1975 à Sofratome[3], filiale 50 %/50 % du C.E.A. et d'E.D.F. Cette société exécute ou a déjà mené à bien plusieurs contrats importants, notamment avec l'Algérie, l'Égypte, le Mexique, la Finlande.

Les réacteurs à neutrons rapides

L'organisation industrielle dans le domaine des réacteurs à neutrons rapides résulte de la superposition d'une structure industrielle française – mise en place progressivement au fur et à mesure du développement du programme national – et d'accords de coopération conclus à partir de 1974 par la France avec plusieurs pays européens.

Dès le début du programme français de réacteurs à neutrons rapides, l'industrie nationale a été associée aux recherches et y a joué un rôle actif. Cependant les premières réalisations de la filière se fondaient sur une technique en développement, dont les caractéristiques n'étaient pas industriellement éprouvées : on ne pouvait donc demander à un constructeur d'en assumer les responsabilités techniques, pas plus d'ailleurs qu'à E.D.F. d'en assurer une exploitation normale. De *Rapsodie* à *Phénix*, l'engagement industriel français est donc allé croissant. Pour *Rapsodie*, la formule retenue fut celle de l'architecture industrielle, avec conception par le C.E.A. et réalisation par un industriel. *Phénix*, lui, fut réalisé par une organisation mixte C.E.A.-E.D.F.-Industrie, dite « équipe intégrée » – son exploitation étant assurée

3. Société française d'Études et de Réalisations Nucléaires.

conjointement par le C.E.A. et E.D.F. En même temps le C.E.A. associait étroitement l'industrie, dans le cadre d'accords à long terme, à son programme de développement des composants essentiels de la chaudière à neutrons rapides.

Cependant, pour la suite de la filière à partir de *Super-Phénix*, une telle confusion de responsabilités n'était plus souhaitable. La réalisation à grande échelle de centrales à neutrons rapides nécessite l'existence d'un groupe industriel puissant, capable d'assumer les importantes responsabilités qu'implique leur commercialisation, et muni en conséquence des pouvoirs de décision correspondants.

L'organisation mise en place à partir de 1976 a été voulue – dans un souci d'efficacité et de cohérence – aussi simple que possible. Elle s'articule autour de partenaires qui, tout en ayant leurs objectifs propres, ont uni leurs efforts dans la même direction :

– Electricité de France, architecte industriel et exploitant de l'ensemble de la centrale ;

– le C.E.A., promoteur et licencieur du système et responsable de la recherche et du développement ;

– la société Novatome, responsable de la fourniture de la chaudière nucléaire et assurant son ingénierie ;

– les industriels constructeurs de matériels.

Créée en 1976, la société Novatome est chargée d'assurer, en tant que licenciée du système développé par le C.E.A., les responsabilités techniques et financières de la chaudière nucléaire à neutrons rapides française. Initialement, le capital de Novatome était réparti entre Creusot-Loire (36 %), le C.E.A. (34 %), Neyrpic (groupe Creusot-Loire) (15 %), et Alsthom-Atlantique (15 %) ; la majorité du capital de la société était donc détenue par le groupe Creusot-Loire, qui a déjà en main la charge des chaudières à eau sous pression du programme national. Aux termes des accords conclus entre eux en décembre 1981, le C.E.A. et Creusot-Loire ont cédé à cette date leurs participations à Framatome, qui détient donc désormais 70 % du capital de Novatome.

Après la réalisation de *Rapsodie*, puis celle de *Phénix*, il est apparu que des accords avec d'autres pays engagés dans cette filière présenteraient de nombreux avantages techniques et financiers et ouvriraient des perspectives industrielles et commerciales favorables au développement de notre « système ». Cet effort de valorisation s'est exercé, dès le début des années 70, dans deux voies – d'ailleurs étroitement liées.

– D'une part au niveau des trois plus importants producteurs d'électricité d'Europe continentale : Electricité de France (E.D.F.), Ente Nazionale per l'Energia Elettrica (E.N.E.L.), Rheinisch-Westfälisches Elektrizitätswerk (R.W.E.). Ceux-ci dès 1971 ont manifesté par une déclaration commune leur intention d'unir leurs efforts afin de réaliser et exploiter une première étape de leur programme : une centrale nucléaire de 1 200 MWe équipée d'un réacteur surgénérateur ; cette volonté de collaboration s'est concrétisée en 1974 par la création de la société Nersa[5], qui a repris à son compte le projet *Super-Phénix*, démarré quelques années auparavant dans un cadre français, et a décidé en 1976 la construction de la centrale de Creys-Malville.

– D'autre part au niveau des établissements de recherche et développement et des constructeurs de chaudières, dans le cadre d'accords conclus de 1974 à 1977 entre divers organismes de France, d'Allemagne Fédérale, de Belgique, des Pays-Bas et d'Italie. Ces accords prévoient, dans le domaine des réacteurs à neutrons rapides, la mise en commun des connaissances et l'harmonisation des recherches effectuées par chaque pays. Une société de droit français, Serena[6], est chargée de négocier,

5. « Centrale Nucléaire Européenne. à Neutrons Rapides, SA », société de droit français dont les partenaires sont : E.D.F. (51 %), E.N.E.L. (33 %) et S.B.K. (16 %).

6. « Société Européenne pour la Promotion des Systèmes de Réacteurs à neutrons rapides » – dont l'actionnaire majoritaire est une société française, Syfra, formée par le C.E.A. et Novatome – et dont l'actionnaire minoritaire est une société allemande.

concéder et gérer les licences d'exploitation de cet ensemble de connaissances ; Serena a aujourd'hui deux licenciés, Novatome en France et I.N.B.[7] en Allemagne – la société italienne Nira[8] étant également licenciée du système C.E.A.

L'ensemble de ces accords rassemble donc cinq pays continentaux de la Communauté européenne, pour coopérer au niveau de la recherche et de l'ingénierie, et pour exploiter et transmettre leurs connaissances mises en commun ; cette organisation devrait permettre d'éviter l'écueil de la multiplicité des techniques et de promouvoir, le moment venu, un système unique de réacteur surgénérateur.

La centrale de Creys-Malville (*Super-Phénix*) – actuellement en cours de réalisation et dont la mise en service est prévue en 1984 – illustre bien la manière dont ces différentes données industrielles et internationales peuvent être mises en application. Le maître d'ouvrage, ensemblier de la centrale, est la société Nersa. Elle a confié la fourniture de la chaudière aux sociétés Novatome et Nira, conjointes et solidaires – celles-ci s'appuyant, pour la fabrication des principaux composants nucléaires, sur des sociétés spécialisées françaises, italiennes et allemandes. Quant à la réalisation des installations classiques et au génie civil, ils sont allés à des fournisseurs des différents pays concernés, travaillant souvent en équipes ou en collaboration.

A vrai dire, *Super-Phénix* constitue un cas très particulier, et sans doute unique, du fait de la nature de prototype de cette installation, et aussi par suite du caractère délibérément international conféré dès le départ à cette réalisation. Les centrales surgénératrices futures, et en particulier les tranches de 1 500 MWe dont E.D.F. envisage la commande dans les années futures, seront vraisemblablement construites dans un cadre moins nettement international, et se rapprochant davantage du schéma industriel purement français.

---

7. « International Natrium Brutreaktorbau Gesellschaft ».
8. « Nucleare Italiana Reattori Avanzati ».

Les petites chaudières et petits réacteurs nucléaires

Ce secteur d'activités occupe une place particulière dans l'organisation industrielle française ; en effet, les techniques mises en œuvre sont directement dérivées des installations conçues et réalisées par le C.E.A. pour ses propres besoins, et un rôle essentiel est dévolu à *Technicatome,* Société Technique pour l'Energie Atomique. Filiale du C.E.A. (90 %) et d'E.D.F. (10 %), cette firme a été créée en 1972 en vue de favoriser l'industrialisation de ces techniques et leur développement commercial ; son effectif est de 600 personnes.

L'organisation industrielle diffère cependant selon le type d'installation nucléaire.

Il faut rappeler d'abord que Technicatome a pris la suite du programme naval militaire développé par le C.E.A. depuis 1959, et y conserve une activité soutenue : elle réalise les chaufferies nucléaires des sous-marins français et assure leur mise en route ; elle apporte également son assistance technique à la Marine Nationale pour l'entretien des chaufferies des submersibles en service et fournit leur combustible. C'est dire que Technicatome possède, avec le C.E.A., une expérience considérable dans le domaine des petites chaudières nucléaires à eau sous pression. Cette expérience s'est traduite dans le système C.A.S., « chaudières avancées de série », conçues aussi bien pour la propulsion navale civile que pour la fourniture d'électricité ou de chaleur. Le C.E.A. a accordé en 1974 des licences non exclusives du système C.A.S. aux Ateliers et Chantiers de Bretagne (A.C.B.), filiale de la société Alsthom-Atlantique, et à la firme japonaise I.H.I.[9], et Technicatome apporte son assistance technique à ces deux sociétés. Depuis 1974, la nécessité d'une évolution a été ressentie, mais aucune structure définitive pour la promotion industrielle des C.A.S. n'a encore été mise sur pied. Il faut d'abord définir le meilleur produit pour l'exportation, et les récentes études de marché permettent de penser que celui-ci pourrait être une C.A.S. de 300 MWe de puissance unitaire – dont les spécifications sont

9. Ishikawajima Harima Heavy Industries.

en cours d'étude dans le cadre d'une convention entre E.D.F. et Technicatome. Lorsqu'une offre commerciale sera à faire, l'on peut déjà prévoir que Framatome, pour le circuit primaire, et Alsthom-Atlantique, pour la partie conventionnelle, y seront associées.

Pour les réacteurs expérimentaux ou de recherche, Technicatome joue le rôle de maître d'œuvre, architecte industriel, des installations réalisées au C.E.A. ; ainsi le réacteur Orphée, entré en service en 1981 au Centre d'Etudes Nucléaires de Saclay, a été construit par des sociétés françaises, sous la maîtrise d'œuvre de Technicatome – le C.E.A. étant le maître d'ouvrage. Pour l'exportation, Technicatome poursuit un effort important de prospection à partir de la gamme des réacteurs de recherche du C.E.A., et étudie l'adaptation de ces installations (en particulier Siloe et Osiris) aux conditions locales de divers pays intéressés ; associée, au sein d'un consortium, à des industriels français, elle a assuré l'ingénierie et la coordination de la construction en Irak d'un réacteur dérivé d'Osiris.

A partir de la technologie de ces mêmes réacteurs de recherche, le C.E.A. et Technicatome ont par ailleurs étudié un réacteur appelé Thermos, destiné à fournir de l'eau chaude, soit à un réseau de chauffage urbain, soit pour des usages industriels à basse température. Technicatome a apporté son concours aux études effectuées en vue d'implanter un réacteur de chauffage de ce type à Grenoble ou à Saclay, et prospecte par ailleurs le marché à l'exportation.

L'industrie du cycle du combustible nucléaire

Rappelons qu'on entend par cycle du combustible toute la chaîne qui va de l'approvisionnement en uranium naturel jusqu'au retraitement des combustibles irradiés, en passant par l'enrichissement de l'uranium, la fabrication des éléments combustibles et leur irradiation dans le réacteur. Le terme « cycle » se justifie par le fait que l'on réutilise généralement les éléments fissiles résiduels (uranium 235, plutonium) contenus dans le combustible irradié.

Le cycle du combustible représente un chiffre d'affaires équivalent à celui des centrales elles-mêmes. C'est dire son importance industrielle. Mais sous l'angle politique, aussi importantes sont les considérations relatives à la sécurité d'approvisionnement : il ne servirait à rien, en effet, de se libérer de la dépendance étrangère en matière de pétrole si c'était pour retomber sous une contrainte analogue dans le cas de l'uranium.

La politique industrielle française dans l'ensemble de ce domaine vise donc à assurer la sécurité d'approvisionnement du pays en matière nucléaire, et à couvrir complètement les besoins propres du programme électronucléaire national, tout en réservant une marge raisonnable pour l'exportation. Comment y parvenir ? D'une part, en étant présent à tous les niveaux du cycle, en y refusant tout monopole étranger de fait ; d'autre part, en associant dans l'industrie du cycle les intérêts privés au noyau du groupe C.E.A., représentant l'Etat et placé sous son contrôle. Depuis 1976, l'action du groupe C.E.A. s'exerce par l'intermédiaire de la Compagnie Générale des Matières Nucléaires (Cogema), filiale à 100 % du C.E.A., à laquelle celui-ci a transféré ses activités industrielles et commerciales et ses participations en France et à l'étranger, pour l'ensemble du domaine du cycle des combustibles nucléaires.

Comment ceci se traduit-il en fait pour chacune des étapes du cycle, de la prospection de l'uranium jusqu'au conditionnement et au stockage des déchets ?

– Les activités de *prospection*, d'*extraction* et de *concentration de l'uranium naturel* sont effectuées en France par une dizaine de sociétés, relevant de six groupes industriels français :

– Le groupe du Commissariat à l'énergie atomique, actionnaire à 100 % de la Cogema (Compagnie Générale des Matières Nucléaires), laquelle détient 90 % des actions de la Simo (Société Industrielle des Minerais de l'Ouest).

– Minatome, association à parts égales de Pechiney-Ugine-Kuhlmann (P.U.K.) et de la Compagnie Française des Pétroles (C.F.P.), qui contrôle également la Scumra (Société Centrale de l'Uranium et des Minerais et Matériaux Radioactifs).

Le Commissariat à l'énergie atomique (C.E.A.)

Créé par ordonnance en 1945, le C.E.A. est un établissement de caractère scientifique, technique et industriel, placé sour l'autorité du premier ministre (décret du 18 août 1981). Il est chargé de promouvoir l'utilisation de l'énergie nucléaire dans les sciences, l'industrie et pour la défense nationale.

Le C.E.A. est administré par le Comité de l'énergie atomique présidé par le premier ministre ou un ministre délégué. L'administrateur général assure la direction générale du groupe et préside un Conseil d'Administration du C.E.A comprenant des représentants du personnel. Le haut-commissaire est chargé de la politique scientifique.

Depuis 1976, le C.E.A. constitue un groupe composé de l'établissement public et de filiales et participations, de droit privé.

Les activités du C.E.A. concernent : les applications industrielles nucléaires ; les applications militaires ; la protection et la sûreté nucléaire ; la recherche fondamentale ; l'innovation et la valorisation industrielles, l'animation du développement technologique dans les régions, la diffusion de l'information scientifique et technologique, la formation à la recherche et par la recherche.

Dans la structure actuelle, les activités sont réparties entre les grandes unités de missions suivantes : Institut de Recherche Fondamentale (I.R.F.), Institut de Protection et de Sûreté Nucléaire (I.P.S.N.) ; Direction des applications militaires (D.A.M.), Institut de Recherche Technologique et de Développement Industriel (I.R.D.I.).

L'établissement public comprend également des structures diversifiées : l'A.N.D.R.A. (Agence Nationale pour la Gestion des Déchets Radioactifs), l'I.N.S.T.N. (Institut National des Sciences et Techniques Nucléaires), l'O.R.I.S. (Office des Rayonnements Ionisants).

Les diverses activités s'exercent dans des centres d'études nucléaires et établissements répartis dans la France entière : Fontenay-aux-Roses, Saclay, Cadarache, Grenoble, Valrho (Vallée du Rhône), Ripault, Valduc, Cesta, Bruyères-le-Châtel, Limeil).

L'établissement public emploie 18 900 agents. Le budget 1982 est de 13,4 milliards de francs.

Filiales et participations

• *Industrie nucléaire :*

- Technicatome : petits réacteurs (90 %).
- Framatome : réalisation des centrales à eau sous pression (30 %).
- Sofratome : assistance technique aux maîtres d'ouvrages étrangers (50 %).

- Syfra : dossiers de licence des réacteurs à neutrons rapides (60 %).

• *Cycle du combustible :*

- Cogema : Compagnie Générale des Matières Nucléaires (100 %).
- Amok : prospection de l'uranium au Canada (30 %).
- Sfec : Société de Fabrication d'Éléments Catalytiques.

• *Diversification :*

- C.I.S.I. : Compagnie Internationale des Services en Informatique (95 %).
- Epicea : Entreprise de Promotion et de l'Innovation au C.E.A. (30 %).
- Sofretes : Société Française d'Études Thermiques et d'Énergie Solaire (77 %).
- E.F.C.I.S. : Étude et Fabrication des Circuits Intégrés Spéciaux (35 %).
- Ecopol : lutte contre les nuisances (50 %).
- Intercontrôle : contrôle non destructif (60 %).
- Crismatec : matériaux pour l'électronique (50 %).
- S.T.M.I. : Société de travaux en milieu ionisant (40 %).

– Schneider S.A. actionnaire à 100 % de la compagnie minière Dong-Trieu.

– Imétal, qui contrôle entièrement la C.F.M. (Compagnie Française de Mokta), ex-C.F.M.U., laquelle détient une participation majoritaire dans la Simura (Société Industrielle et Minière de l'Uranium). Imetal participe également pour 33 % à la S.M.U.C. (Société des Mines d'Uranium du Centre), avec Cogema (33 %) et S.M.A.C.-Aciéroïd (33 %).

– La Société Nationale Elf-Aquitaine (S.N.E.A.), qui contrôle S.N.E.A.-P.

– Enfin Rhône-Poulenc, actionnaire à 100 % de la C.I.M. (Compagnie Industrielle et Minière).

Ces différents groupes mènent une politique active de prospection et d'exploitation, non seulement en France, mais aussi dans de nombreux pays du monde (Afrique francophone, États-Unis, Canada, Australie, Afrique du Sud, Amérique latine, etc.), où ils travaillent généralement associés entre eux ou avec des sociétés ou organismes étrangers. Ils bénéficient, depuis 1977, d'une aide du Gouvernement français sous la forme d'un « Plan

LA COGEMA

Créée en 1976, la Compagnie Générale des Matières Nucléaires, filiale à 100 % du C.E.A., intervient dans toutes les activités liées au cycle du combustible, soit directement, soit par l'intermédiaire de ses filiales et participations. Elle emploie 8 700 personnes.

Prospection, extraction, concentration

• *En France :*

– Divisions Minières Cogema de Vendée, de la Crouzille, du Forez et de l'Hérault

– Participation de 100 % dans la S.I.M.O. (Société Industrielle des Minerais de l'Ouest) à Bessines, Ecarpière et Lodève

– Participation de 33 % dans la S.M.U.C. (Société des Mines d'Uranium du Centre)

• *À l'étranger :*

– Gabon : Participation de 19 % dans la C.O.M.U.F.

– Niger : Participation de 27 % dans la S.O.M.A.I.R. et de 34 % dans la Cominak

– Canada : 38 % dans la Société Amok

Conversion : Participation de 39 % dans la Comurhex

Enrichissement : Participation consolidée de 51,53 % dans Eurodif

Fabrication des assemblages combustibles :

• PWR : 50 % dans Fragema et C.F.C. (Cogema framatome Combustible)

• RNR : 100 % de la S.I.C.N. (Société Industrielle de Combustible Nucléaire)

Retraitement : Complexes industriels Cogema UP1 à Marcoule et UP2 à La Hague dont l'ingenierie est assurée par la S.G.N. détenue à 66 % par Cogema

Stockage : Atelier Cogema de vitrification des produits de fission à Marcoule (AVM)

En outre, la Cogema exploite à Miramas une unité de séparation des isotopes du lithium.

d'aide à la prospection de l'uranium » ; ce plan est destiné à encourager les opérations de prospection portant sur des projets jugés intéressants, mais impliquant un niveau de risque élevé. Par ailleurs, un Centre de Recherches sur la Géologie de l'Uranium (C.R.E.G.U.) a été créé en 1978, en association paritaire entre le groupe C.E.A. et les autres sociétés françaises engagées dans la prospection de l'uranium.

Cette activité des groupes français s'est traduite par des résultats concrets qui placent la France en bonne position sur le marché mondial de l'uranium naturel.

Les réserves françaises d'uranium, contenues en 1981 dans le territoire métropolitain, s'élèvent à environ 120 000 tonnes, dont plus de 100 000 tonnes dans les seuls gisements de la Cogema ; à ces réserves s'ajoutent des ressources extérieures du même ordre de grandeur, correspondant à la part des sociétés françaises dans les gisements étrangers.

Les mines françaises d'uranium ont produit en 1981 de l'ordre de 2 600 tonnes d'uranium, dont environ 2 000 tonnes provenant des exploitations de la Cogema ; les parts des sociétés françaises dans les mines étrangères (et tout spécialement du Niger et du Gabon) ont fourni la même année un complément d'approvisionnement d'importance comparable.

En ce qui concerne la concentration de l'uranium, quatre usines ou ateliers traitent actuellement la totalité des minerais extraits en France : deux usines appartenant à la S.I.M.O, celles de Bessines (Haute-Vienne) et de l'Ecarpière (Loire-Atlantique), et deux installations de taille moindre, celle de Langogne (Lozère) de la C.F.M., et de Saint-Pierre (Cantal) de la Scumra. Par ailleurs, la Cogema a mis en service en 1981 une nouvelle capacité près de Lodève (Hérault), tandis que Dong-Trieu vient d'achever une usine à Mailhac sur Benaize (Hte-Vienne). Trois sociétés françaises : S.T.E.C. (Société Technique d'Entreprises Chimiques), filiale du groupe P.U.K. ; Speichim, filiale du groupe Schneider et d'Imétal, et Kreps, se sont partagées la conception et l'ingénierie de ces usines et ont obtenu de nombreux contrats pour la réalisation d'usines de concentration étrangères (Niger, Gabon, etc.).

– Dans le cycle du combustible, la *conversion* désigne l'ensemble des opérations physico-chimiques qui assurent la transformation de l'uranium contenu dans les concentrés en tétrafluorure d'uranium (UF^4), puis de là : soit en

Électricité de France (E.D.F.)

Établissement public à caractère industriel et commercial, E.D.F., créée par la loi de nationalisation de 1946, est chargé de la production, du transport et de la distribution de l'électricité en France.

Le conseil d'administration définit la politique générale d'E.D.F. en tenant compte des orientations données par les Pouvoirs Publics. La tutelle administrative est exercée par le ministre de l'Industrie et de la Recherche.

E.D.F. est dotée de l'autonomie financière. Employant 114 000 agents, E.D.F. a réalisé en 1981 un chiffre d'affaires de 75 milliards de francs H.T. et a créé 5 000 emplois.

Huit directions sont rattachées à la Direction générale :
– 4 Directions centrales (Services Financiers et Juridiques, Personnel, Affaires générales, Affaires extérieures et Coopération).
– 4 Directions opérationnelles (Études et Recherche, Equipement, Production et Transport, Distribution).

uranium métal (pour les combustibles de la filière uranium naturel, graphite-gaz) ; soit en hexafluorure d'uranium UF^6 (forme intermédiaire nécessaire pour enrichir l'uranium avant sa transformation en oxyde UO^2, pour les combustibles de la filière à eau ordinaire).

Depuis 1971, ce secteur de l'industrie nucléaire est entièrement détenu en France par Comurhex (Société pour la Conversion de l'Uranium en Métal et en Hexafluorure) – l'un des cinq industriels qui assurent ces opérations dans le monde occidental. Cette société est contrôlée par le groupe Pechiney-Ugine-Kuhlmann (51 %), Cogema détenant une participation de 39 % et le groupe Imétal les 10 % restants. Comurhex dispose essentiellement de deux usines, l'une à Malvesi pour la transformation en UF^4 et en uranium métal, l'autre à Pierrelatte pour la transformation de l'UF^4 en UF^6. Sa production d'UF^6 en 1980 a dépassé 11 000 tonnes, soit plus du quart de la production mondiale.

– *L'enrichissement de l'uranium* constitue une étape obligatoire du cycle des combustibles de la filière des réacteurs à eau ordinaire : ce type de réacteurs, qui restera le plus répandu dans le monde au moins jusqu'à la fin du siècle, et qui constitue actuellement l'essentiel du programme électronucléaire français, nécessite en effet un enrichissement préalable de l'uranium au niveau d'environ 3 % en isotope U 235.

La situation mondiale dans ce secteur a été caractérisée d'abord par un monopole de fait des Etats-Unis (et accessoirement de l'U.R.S.S.) qui, ayant développé des moyens importants d'enrichissement par diffusion gazeuse pour leurs besoins militaires, les ont ensuite valorisés à grande échelle sur le marché civil. La France disposait d'une technique nationale de diffusion gazeuse, développée par le C.E.A. depuis les années 50 et mise en œuvre, avec une totale fiabilité, dans l'usine militaire de Pierrelatte. Elle s'est associée en 1973 à divers partenaires étrangers pour construire, dans le cadre d'Eurodif, société anonyme française, une usine civile d'enrichissement. Le capital d'Eurodif est actuellement réparti entre six actionnaires : Cogema (France), Sofidif (société franco-iranienne), A.G.I.P. Nucleare (Italie), C.N.E.N. (Italie), Soben (Belgique) et Enusa (Espagne). Deux points doivent être ici soulignés :

– Conformément aux dispositions d'un protocole signé en 1980 et entré effectivement en vigueur en juillet 1981, les partenaires italiens d'Eurodif ont cédé à la Cogema 35 % de leur participation dans cette société ; à la suite de cette opération, la participation directe de Cogema dans Eurodif a été portée à 36,55 % ; compte tenu par ailleurs de la participation de Cogema dans Sofidif, le pourcentage total d'intérêts détenus par Cogema dans Eurodif atteint maintenant 51,55 %.

– Les partenaires iraniens d'Eurodif ayant fait connaître qu'ils n'étaient plus en mesure de remplir toutes leurs obligations à l'égard de la société, une procédure d'arbitrage et des négociations sont en cours entre les différentes parties concernées.

L'usine d'Eurodif, réalisée dans le cadre du complexe industriel du Tricastin, dans la Vallée du Rhône, a achevé son démarrage et doit atteindre en 1982 sa pleine capacité de 11 millions d'U.T.S./an (25 % de la capacité mondiale d'enrichissement à cette date). Eurodif S.A., licenciée du C.E.A. pour le procédé, est le maître d'ouvrage de l'usine. Eurodif-Production (sa filiale à 100 %) en assure la mise en service et l'exploitation.

La maîtrise d'œuvre et les études d'ingénierie de l'usine du Tricastin ont été assurées, sur la base des procédés mis au point au C.E.A., par la société U.S.S.I.[11], filiale de Cogema (21,4 %) et de la Société Générale pour les Techniques Nouvelles (S.G.N.) (21,4 %) – cinq autres sociétés françaises d'ingénierie se partageant le reste du capital. De nombreuses sociétés industrielles françaises et européennes ont participé aux études, aux fabrications et au montage de ce complexe industriel, qui aura été réalisé dans le cadre du devis et du calendrier prévus.

Licencieur du procédé mis en œuvre au Tricastin, le C.E.A. reçoit en retour d'Eurodif, outre des redevances, l'ensemble des connaissances acquises lors de la construction et de l'exploitation de l'usine. Ces éléments, associés aux études qu'il poursuit par ailleurs, permettent au C.E.A. de confirmer et de perfectionner le procédé de diffusion gazeuse en vue d'une mise en œuvre ultérieure. Il faut rappeler ici la création, en 1975, de la société Coredif, associant Eurodif (51 %) avec Cogema (29 %) et des intérêts iraniens (20 %) pour la réalisation d'une seconde usine multinationale dont la taille, le site et le calendrier seront déterminés en fonction des besoins du marché.

Le C.E.A. mène par ailleurs d'importants programmes de recherche et développement sur d'autres procédés d'enrichissement par séparation isotopique – et en particulier sur le procédé par échanges chimiques qui pourrait faire l'objet prochainement d'une réalisation à l'échelle d'un pilote industriel.

– Avant 1976, la Direction de productions du C.E.A. était responsable de la *fabrication* et de la *commercialisa-*

---

11. Société de Construction d'Usines de Séparation Isotopique.

tion des combustibles des chaudières nucléaires et des réacteurs expérimentaux de conception française. Lors de la création de la Cogema, en 1976, cette nouvelle société assuma naturellement cette fonction dans ses activités du cycle de combustible en intégrant le Service de Fabrication Industrielle des Eléments Combustibles et Matériaux de structure, créé en 1964 et plus connu sous le nom de S.E.F.I.C. Ce service s'appuie sur un certain nombre d'industriels, auxquels il sous-traite tout ou partie des fabrications à partir des spécifications de fabrication et de contrôle qu'il établit en liaison avec les équipes de conception du C.E.A. ; il s'appuie également sur les moyens spécialisés du C.E.A. : ateliers de Cadarache et laboratoires des différents centres.

L'adoption à partir de 1969 des centrales PWR de technologie américaine a conduit à une nouvelle orientation en France, tant sur le plan des techniques que sur celui des structures industrielles : la réalisation des éléments combustibles sous licence Westinghouse a été prise en main par Framatome, constructeur de la chaudière, qui en assure la conception, la gestion et la commercialisation et fait assurer leur fabrication.

Combustibles pour centrales PWR. – Jusqu'à 1981, l'organisation industrielle de ce secteur était la suivante :

Les études de conception et de gestion du combustible, la mise au point du dossier technique, le suivi de fabrication, l'assurance de qualité, le service des assemblages après leur livraison et la commercialisation des produits et services concernés étaient assurés exclusivement par Framatome qui confiait la fabrication des assemblages à la Société Franco-Belge de Fabrication des Combustibles (F.B.F.C.), détentrice de la licence de fabrication du combustible Westinghouse par l'intermédiaire de sa société mère Eurofuel[12].

F.B.F.C. possède deux usines – la première à Dessel

12. Dont le capital était réparti entre Pechiney-Ugine-Kuhlmann (51 %), Westinghouse (35 %) et Framatome (14 %).

(Belgique) (capacité : 400 t/U/an), la seconde, entrée en service en 1979, à Romans, en France (capacité : également 400 t/U/an) – qui peuvent l'une et l'autre exécuter toutes les phases de fabrication, depuis la livraison de l'hexafluorure d'uranium jusqu'au départ des assemblages combustibles.

La fabrication des gaines en alliage de zirconium, assurée auparavant aux Etats-Unis, est effectuée depuis 1980 dans la nouvelle usine de Paimbœuf de la société Zircotube[13].

Cette organisation industrielle est actuellement en cours d'évolution dans une double direction :

A la suite des accords conclus au début de 1981 entre Framatome et Westinghouse, qui consacrent le désengagement total de Westinghouse de ses participations dans le secteur français de l'énergie et des combustibles nucléaires, cette firme américaine a cédé ses participations dans Eurofuel et dans F.B.F.C. aux autres actionnaires de ces deux sociétés.

Cogema et Framatome se sont d'autre part entendues pour créer, en avril 1981, deux filiales communes 50 %/50 % : la société Framatome-Cogema (Fragema), chargée désormais de la conception et de la vente des combustibles PWR., et qui reprend les activités précédemment exercées par Framatome dans ce secteur, et la société Cogema-Framatome-Combustibles (C.F.C.), chargée de construire et exploiter une nouvelle usine de fabrication des combustibles PWR. Cette usine, qui sera mise en service en 1983, est en cours de réalisation dans le cadre du complexe industriel du Tricastin ; elle fabriquera en particulier le combustible de conception française mis au point conjointement par le C.E.A. et Framatome en liaison avec E.D.F.

Ce nouveau schéma industriel pourrait n'être pas encore définitif, et des négociations restent engagées entre Cogema-Framatome d'une part, et Pechiney-Ugine-

13. Filiale de Pechiney-Ugine-Kulhmann (51 %) et de Framatome (49 %)

Kuhlmann d'autre part, en vue d'ouvrir l'initiative commune de Cogema et Framatome à d'autres partenaires, dans le cadre d'une restructuration plus complète du secteur industriel français concerné.

Combustibles pour centrales à neutrons rapides. – La Cogema, chargée par Novatome/Nira de la fourniture du premier cœur et des deux premières recharges de *Super-Phénix*, sous-traite la fabrication des éléments combustibles à divers industriels français et italiens.

La partie la plus importante de cette fabrication, celle des assemblages fissiles du premier cœur, est réalisée par le C.E.A. dans son atelier-pilote de Cadarache (ATPu). Ce complexe a acquis, depuis sa création en 1972, l'expérience des techniques très particulières de mise en œuvre du plutonium à l'occasion de fabrications de combustibles divers – parmi lesquels les charges successives des réacteurs *Phénix* et *Rapsodie*. Pour la fabrication du combustible de *Super-Phenix*, il a été nécessaire d'accroître la capacité de l'ATPu : les quantités mises en œuvre, la taille des appareillages, l'appel à des automatismes poussés, donnent à cette fabrication un caractère de démonstration industrielle, sur laquelle il sera possible de s'appuyer pour concevoir et réaliser l'usine envisagée dans le cadre du développement ultérieur de la filière.

La fabrication des deux premières recharges du cœur fissile de *Super-Phénix* devait être réalisée, à partir des procédés français, dans une usine italienne à construire par une filiale de la société A.G.I.P. Nucleare. Ce projet ne s'étant pas concrétisé, il est probable qu'en fait ces fabrications seront réalisées également à l'ATPu.

La fabrication des assemblages non fissiles du premier cœur de *Super-Phénix* a été répartie par Cogema/Sefic entre l'industrie italienne (A.G.I.P. Nucleare, Fiat) et l'industrie française (S.I.C.N.)[14]. C'est la société Vallourec qui, avec l'expérience des fabrications de *Rapsodie* et

14. Société Industrielle de Combustible Nucléaire, dont la Cogema a pris le contrôle en 1980.

Phénix, s'est vu confier la totalité des tubes hexagonaux et l'essentiel des tubes de gainage du premier cœur.

Autres combustibles. – La fabrication des éléments combustibles de la filière graphite-gaz – ainsi que ceux de la centrale à eau lourde des monts d'Arrée – est confiée par Cogema/Sefic à la S.I.C.N. En ce qui concerne les centrales graphite-gaz, le volume de production, actuellement de l'ordre de 500 t/U/an, diminuera de façon progressive pendant les dix prochaines années.

Les éléments combustibles des réacteurs expérimentaux ou de recherche sont fabriqués soit par la Cerca[15] (éléments U-Al laminés), soit par le C.E.A. et la S.F.E.C.[16] (éléments Caramel).

Une fois *irradiés*, ces combustibles doivent être *retraités*. La réalisation du programme nucléaire français entraîne progressivement une augmentation sensible des quantités de combustibles irradiés déchargés des réacteurs. S'il semble théoriquement possible de stocker ces assemblages sans problème majeur pendant une dizaine d'années, la plupart des pays s'accordent pour penser que ceci ne saurait constituer une réelle solution, et que le retraitement de ces combustibles s'impose dès maintenant, aussi bien pour des raisons de sûreté que de technique et d'économie. Telle est en tout cas la politique décidée depuis de nombreuses années en France et confirmée par le Gouvernement à la fin de 1981 à l'issue du débat parlementaire sur l'énergie.

Le retraitement des combustibles irradiés a fait l'objet depuis des années, au sein du groupe C.E.A., d'importants programmes de recherche et de développement, et plusieurs réalisations ont apporté la démonstration de cette technique à l'échelle industrielle :

---

15. Compagnie pour l'Etude et la Réalisation de Combustibles Atomiques, filiale 50/50 de Pechiney-Ugine-Kuhlmann et de Framatome.

16. Société de Fabrication d'Eléments Catalytiques, dans laquelle le C.E.A. et la Cogema détiennent une participation majoritaire.

L'usine UP1 (Marcoule) retraite depuis 1958 le combustible métallique des réacteurs du type graphite-gaz ; complétée par l'unité MAR 400 en cours de réalisation, elle pourra prochainement faire face à l'ensemble des besoins de retraitement du combustible de cette filière (environ 500 t/U/an).

Conçue au départ pour retraiter aussi ces combustibles métalliques, l'usine UP2 (La Hague), mise en service en 1967, a été complétée en 1976 par un atelier de tête, dit HAO, qui lui permet de traiter également, par campagnes alternées, les combustibles en oxyde d'uranium des centrales PWR.

Pour répondre à la demande croissante de retraitement de combustible oxyde, l'usine UP2 va être progressivement spécialisée dans ce type de combustible ; sa capacité sera fortement accrue jusqu'à atteindre par étapes, avant la fin de la décennie, 1 600t/U/an ; ce qui permettra de satisfaire aux besoins du programme français et d'assurer le retraitement de combustibles de centrales étrangères pour lesquels des engagements contractuels ont été pris ces dernières années.

Les deux complexes industriels de retraitement de Marcoule et de La Hague sont la propriété de la Cogema qui en assure l'exploitation. Leur construction a été dirigée essentiellement, sur la base de la technique mise au point par le C.E.A., par la Société Générale pour les Techniques Nouvelles (S.G.N.) : ancienne filiale de la Compagnie de Saint-Gobain, S.G.N. est depuis 1977 une filiale de la Cogema (66 %), associée depuis 1979 à Technip (34 %) ; outre UP1 et UP2, S.G.N. a à son actif de nombreuses réalisations à l'étranger dans le domaine du retraitement – et notamment l'usine de Tokaï-Mura, au Japon, entrée en service en 1978 ; c'est à elle que Cogema a confié le rôle de maître d'œuvre de l'ensemble des travaux en cours ou en projet à La Hague.

Bien qu'indispensable par définition au fonctionnement de cette filière, le retraitement des combustibles des réacteurs à neutrons rapides n'a pas encore atteint un stade de développement industriel aussi avancé. Cependant une grande expérience a d'ores et déjà été accumulée : les ateliers pilotes de La Hague (AT1) et de Marcoule (SAP), ainsi que des campagnes dans l'atelier HAO, ont permis de fermer le cycle de combustible du réacteur Rapsodie et de la centrale Phenix. Le C.E.A. réalise actuellement, en collaboration avec S.G.N., sur le site de Marcoule et exploitera un ensemble d'installations appelé T.O.R. (Traitement d'Oxydes Rapides) permettant d'étendre à partir de 1983 la capacité de l'actuel atelier pilote et de parfaire la démonstration du procédé, en vue de la réalisation, dans une étape ultérieure, d'une usine de retraitement spécifique de taille industrielle qui serait, elle, exploitée par Cogema.

– Dernière étape du cycle du combustible nucléaire : *le conditionnement et le stockage des déchets radioactifs.* Les travaux de recherche sur le conditionnement des déchets ont commencé il y a plus de vingt ans. Le C.E.A. a développé et mis au point différents procédés qui ont donné lieu à licence et à exploitation industrielle : ainsi le bitumage des déchets de faible et moyenne activité, ou leur enrobage en résines thermo-durcissables.

Mais c'est surtout le procédé de vitrification – c'est-à-dire la solidification sous forme de verres des déchets de haute activité – qui a donné lieu sur le plan industriel aux plus grands développements. Les excellents résultats obtenus à partir de 1969 à l'atelier pilote Piver de Marcoule ont permis d'entreprendre dans ce même centre la construction d'un atelier de vitrification de taille industrielle, l'A.V.M. – qui fonctionne depuis 1978 de manière tout à fait satisfaisante. Ces deux installations ont été réalisées avec la participation de la Société Générale pour les Techniques Nouvelles (S.G.N.), licenciée du procédé mis au point par le C.E.A. L'A.V.M. est exploité par la Cogema, qui a décidé de doter son complexe de La Hague d'un atelier industriel de vitrification, l'A.V.H., du même type que l'A.V.M. ; S.G.N. doit être l'architecte industriel de cette réalisation. La S.G.N. et le C.E.A. ont également conclu depuis 1979 des accords avec la Belgique, la République Fédérale d'Allemagne et la Grande-Bretagne, en vue de la réalisation, dans ces pays, d'installations mettant en œuvre le procédé de vitrification du C.E.A.

En ce qui concerne le stockage des déchets, le Centre de Stockage de la Manche (C.S.M.), contigu du complexe industriel de La Hague, accueille depuis 1969 des déchets de faible et moyenne activité en provenance d'E.D.F., du C.E.A. et des autres installations nucléaires françaises.

La complexité croissante des activités de stockage des déchets, l'accélération du programme électronucléaire et l'accroissement consécutif du volume des déchets à évacuer, ont conduit les pouvoirs publics à renforcer et à rationaliser les structures de gestion de ce secteur. Une Agence Nationale pour la Gestion des Déchets Radioactifs (Andra) a donc été créée en 1979 au sein du C.E.A. Ce nouvel organisme est chargé de concevoir, d'implanter et de réaliser des centres de stockage à long terme et d'en assurer la gestion industrielle, soit directement, soit par l'intermédiaire de tiers agissant pour son compte. L'une de ses premières tâches est la réalisation d'un second centre de stockage (CS2).

Assurée initialement par Infratome, filiale à 100 % de P.E.C.-Engineering[17], la gestion du Centre de Stockage de la Manche avait été reprise en 1974 par cette dernière société. Depuis 1980, les opérations de stockage du C.S.M. sont assurées, sous la responsabilité de l'Andra, par la Société de Travaux en Milieu Ionisant (S.T.M.I.). Précédemment filiale d'Ecopol, la S.T.M.I. a fait en juin 1982 son entrée directe dans le groupe C.E.A. : elle a désormais comme actionnaires le C.E.A. (40 %), la S.G.N. (10 %) et Technicatome (10 %), aux côtés d'E.D.F. (40 %).

– Les produits de chaque étape du cycle du combustible nucléaire étant élaborés dans des usines spécifiques situées en des lieux parfois très éloignés les uns des autres, les transports revêtent une importance toute par-

17. Société dont les principaux actionnaires sont : Azote et Produits Chimiques (A.P.C.) (43 %), Mines Domaniales de Potasse d'Alsace (43 %) et Entreprise Minière et Chimique (E.M.C.) (7 %).

ticulière, et l'on ne peut terminer cette revue de l'industrie nucléaire française sans rappeler brièvement comment sont assurés les *transports de matières radioactives.*

Rappelons d'abord que ce type de transport est soumis à une réglementation très précise qui ne constitue d'ailleurs qu'un cas particulier du règlement général de transport des matières dangereuses. Les textes réglementaires en la matière sont régulièrement mis à jour avec la collaboration des spécialistes concernés, et soumis à la Commission interministérielle du Transport des Matières dangereuses avant d'être promulgués par le ministre chargé des Transports.

La Section des Transports Spéciaux (S.T.S.) de la Cogema est chargée de centraliser les problèmes relatifs aux transports radioactifs du groupe C.E.A. Elle assure elle-même une partie de ces transports, et fait effectuer les autres par différentes entreprises disposant du personnel et du matériel nécessaires. Citons notamment parmi celles-ci la société Transnucléaire, spécialisée dans le transport des matières radioactives, et qui possède des filiales ou des correspondants dans les principaux pays nucléaires.

Le transport vers La Hague des combustibles irradiés de certaines centrales étrangères s'effectue, ou s'effectuera, par voie maritime, ce qui a nécessité la mise en place d'une organisation industrielle particulière. Depuis 1976 la compagnie P.N.T.L. (« Pacific Nuclear Transport Ltd », dans laquelle Cogema détient une participation de 12,5 % aux côtés de British Nuclear Fuel Ltd et de sociétés japonaises) a le monopole du transport des combustibles d'origine japonaise. La Sofrasam (« Société Franco-Suédoise d'Armement Maritime », dont Cogema est actionnaire à 33 %) assurera le transport des combustibles des centrales suédoises.

CHAPITRE X

L'énergie électronucléaire et l'avenir énergétique

L'énergie dans le monde : ruptures et tendances

Le développement technologique des sociétés humaines a toujours été lié à leur capacité à découvrir et à domestiquer les ressources énergétiques naturelles. Schématiquement, l'apprentissage par l'homme de l'utilisation des énergies s'est déroulé en deux étapes.

Première période, celle des sociétés à « bas profil énergétique ». Commencée avec le néolithique, elle a pris fin en Occident avec la révolution industrielle, mais dure encore sur une partie non négligeable de la planète. Fondée exclusivement sur la mobilisation des sources d'énergie renouvelables, elle se caractérise malheureusement par la médiocrité des rendements énergétiques des processus mis en œuvre. L'innovation essentielle sur cette période a été celle de l'agriculture. Le stockage de l'énergie solaire fournit désormais au « moteur humain » une alimentation énergétique moins sujette qu'auparavant aux aléas naturels. Peu d'énergie motrice, mais en contrepartie des consommations considérables d'espace et d'énergie. Après l'an mille, l'utilisation plus systématique de l'énergie hydraulique et éolienne permettra de fournir l'énergie mécanique nécessaire pour propulser les navires et actionner les moulins. Cependant, l'énergie ainsi produite restant très aléatoire et impossible à stocker, ces procédés n'occuperont qu'une place très marginale. C'est l'ère du « tout bois », qu'il s'agisse de se chauffer ou de traiter les métaux. Mais cette période vient buter sur la première crise de l'énergie, celle du bois. Dès le seizième siècle en Angleterre ; vers 1800 en France et en Europe ; aujourd'hui dans de nombreux pays du tiers monde.

Deuxième étape, celle des sociétés à « haut profil énergétique ». Fondée initialement sur le relais par le charbon et le pétrole des énergies jusqu'alors utilisées et sur le développement de processus technologiques plus sophistiqués, elle coïncide avec le véritable décollage de l'activité économique des pays aujourd'hui qualifiés d'industrialisés. Pendant la fin du XIXe et la première moitié du XXe siècle, le charbon, produit abondant dans ces pays, fut la principale source d'énergie vapeur et resta longtemps la seule source énergétique efficace. Mais, déjà au début du siècle, l'appétit énergétique nouveau des pays industrialisés ne pouvait plus se satisfaire du seul charbon, produit énergétique solide alors inadapté à l'évolution technologique des besoins (moteur à explosion...).

Part du charbon dans la consommation mondiale d'énergies commerciales

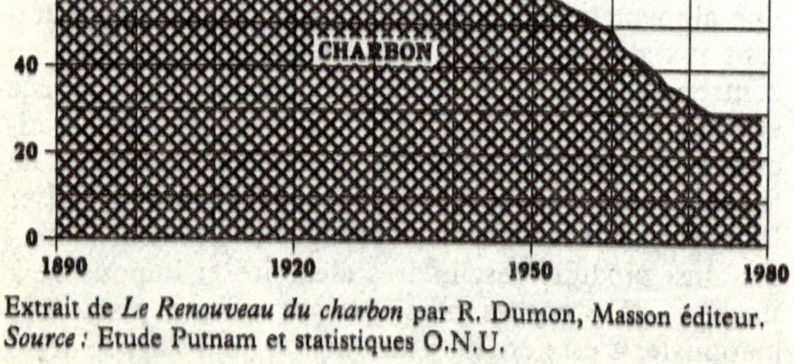

Extrait de *Le Renouveau du charbon* par R. Dumon, Masson éditeur.
Source : Etude Putnam et statistiques O.N.U.

Le relais vers d'autres formes d'énergie s'avérait nécessaire. C'est après la deuxième guerre mondiale que devait finalement s'imposer le pétrole qui, par ses qualités propres et son faible coût, répondait le mieux à la forte demande de l'époque. L'ère du « tout pétrole » débutait. Elle sera définitivement remise en cause à l'automne 1973 avec la prise de conscience que l'existence des sociétés à haut profil énergétique ne peut être assurée avec les seules énergies combustibles fossiles.

Les effets de la crise de 1973

Initialement politique, *la crise de 1973* fut le véritable ble révélateur de l'existence de déséquilibres profonds, de nature géopolitique et économique, qui marquaient depuis plusieurs décennies les activités énergétiques mondiales. Tout d'abord au niveau de la répartition des ressources mondiales pétrolières : l'essentiel des ressources pétrolières était concentré dans les pays longtemps restés colonies des pays occidentaux. La création de l'O.P.E.P. en 1960, regroupant la plupart de ces pays, marquait le début d'un lent processus de reprise de contrôle par ces pays des biens de leurs sous-sols. L'accès au pétrole pour les pays industrialisés gros consommateurs était ainsi réglementé.

Ensuite, au niveau des consommations d'énergie des grandes zones mondiales : l'essentiel de la croissance énergétique mondiale des trente dernières années a été le fait des pays industrialisés. Actuellement, plus de 80 % de l'énergie sont consommés dans ces pays par seulement le quart de la population mondiale.

Enfin, au niveau économique : le constat d'une très forte pénétration du pétrole dans l'activité énergétique et économique des pays industrialisés est, à lui seul, une preuve de l'avantage économique de cette forme d'énergie. En effet, avant 1973, le puissant cartel des grandes compagnies avait réussi à imposer des prix faibles et décroissants à l'image des coûts de production. Il s'en est suivi logiquement que, à partir du début des années 70 et brutalement en 1973, l'accaparement d'une rente de situation par les pays producteurs a rétabli un prix conforme à l'importance stratégique qu'avait prise ce produit[1].

Evolution du prix du pétrole brut importé en France (en francs par tonne à monnaie constante de 1982)

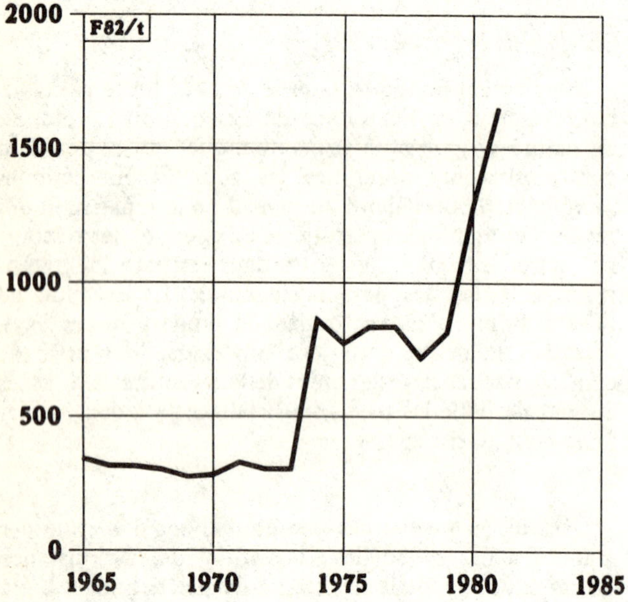

En conséquence, la décision unilatérale des pays producteurs de pétrole de plus que doubler les prix à la fin de 1973 a eu pour effet immédiat d'infliger aux pays importateurs une charge économique nouvelle, déclen-

1. Cette importance stratégique n'avait d'ailleurs pas échappé aux responsables des pays industrialisés qui avaient institué une forte taxation sur les produits pétroliers.

chant ainsi un ralentissement brutal de l'activité économique de ces pays. A titre d'exemple, le tableau ci-dessous, relatif à l'Europe des Six, est caractéristique de la plupart des pays industrialisés. L'essentiel de la croissance de la consommation énergétique, fortement liée à la croissance économique durant les années 60 et 70, a été le fait du pétrole (multiplication par quatre entre 1955 et 1965). L'année 1975 marque bien le recul simultané des consommations énergétiques et de l'activité industrielle.

Exemple d'évolution des consommations d'énergie l'Europe des Six
(RFA, FRANCE, ITALIE, HOLLANDE, BELGIQUE, LUXEMBOURG)

	1955	1960	1965	1970	1973	1975
Consommation d'énergie primaire Mtep (*)	263	311	413	563	654	608
Production d'énergie primaire Mtep	209	215	216	220	235	251
Dépendance %	20	30	50	63	64	60
Pétrole consommation primaire Mtep	49	95	203	334	403	349
Charbon consommation primaire Mtep	190	185	174	148	131	113
Indice de production industrielle (base 100 1963)	62	84	111	152	176	166
Indice de consommation énergétique de l'industrie ((base 100 1963)	84	91	111	139	149	136

Source : Annuaires statistiques de l'Energie des Communautés Européennes.
(*) Millions de tonnes équivalent pétrole.

Prolongée par une nouvelle augmentation des prix en 1979, la crise de 1973 a singulièrement éloigné les horizons de croissance des pays industrialisés et a aggravé la situation déjà difficile des pays en voie de développement.

Au plan mondial, la crise pétrolière a eu pour conséquence d'imposer l'idée d'un redéploiement énergétique vers d'autres formes d'énergies primaires et vers d'autres modes de consommation. Après l'ère du tout bois, celle du tout charbon et puis du tout pétrole, le monde énergétique s'oriente désormais vers un équilibre rationnel dans l'emploi des ressources énergétiques naturelles. Mais bien évidemment cela ne va pas sans contraintes majeures, par ailleurs bien connues dans ce domaine, et qui sont, entre autres, délais de mise en œuvre, coûts d'investissement élevés, nécessité d'une prise de conscience collective au niveau des responsables et de la population de chaque pays, modification partielle des structures économiques et des modes de vie...

En niveau, les prévisions actuelles de consommation d'énergie dans le monde à l'horizon 2000 et au-delà sont bien incertaines et dépendent en fait fortement de la croissance économique qui pourra être atteinte et de l'aptitude que montreront les pays consommateurs (en particulier, les pays industrialisés) à mener à bien, dans le cadre de leurs économies, la mise en place de système de consommation utilisant rationnellement l'énergie. Ainsi, en 2000, les prévisions s'échelonnent suivant les études de 9 à 15 milliards de tep (tonnes équivalent pétrole).

En structure, l'évolution désormais attendue vers d'autres sources énergétiques que le pétrole sera progressive et de toute façon limitée par la nature des produits énergétiques comme le montrent les deux graphiques ci-contre.

La primauté des énergies liquides au plan mondial demeurera d'ici à une cinquantaine d'années, et obligera à développer la liquéfaction du charbon afin de compen-

Évolution des consommations mondiales d'énergie finale

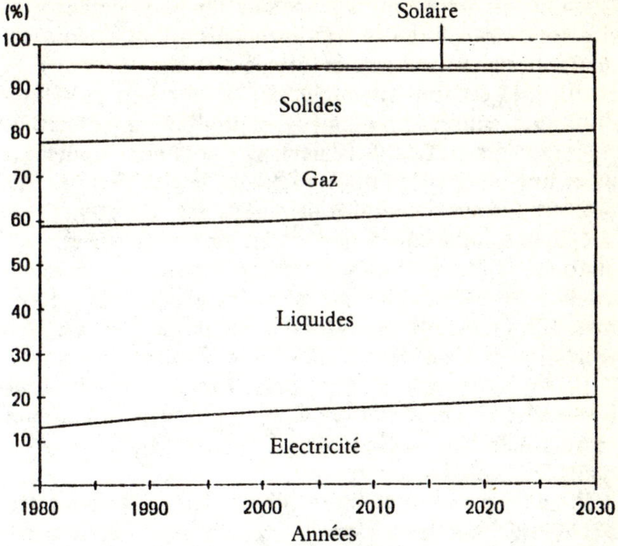

Évolution des énergies primaires consommées

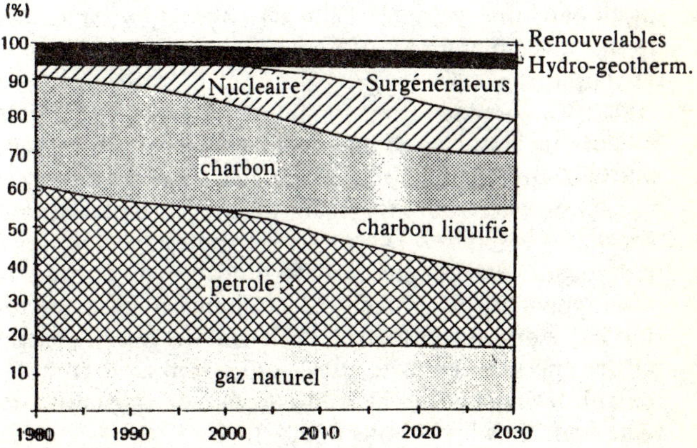

Source : I.I.A.S.A. *Energy in a finite world*

ser la limitation de production de pétrole probable au début du siècle prochain.

Le retrait des produits pétroliers sur leurs usages captifs (les transports en particulier) contraindra à avoir largement recours aux autres formes d'énergie primaire. A ce titre, le recours au nucléaire, au charbon et à l'hydraulique, sources privilégiées de production d'électricité, sera très significatif. L'électricité sera donc appelée à avoir une place plus importante dans le transfert des différentes formes d'énergies primaires vers les usages.

L'hydraulique mis à part, il est peu probable que les énergies renouvelables puissent se développer massivement à l'échelle mondiale dans les prochaines décennies. Elles resteront énergies d'appoint. Ce n'est qu'avec le déclin des ressources combustibles fossiles classiques à la fin du XXIe siècle qu'elles prendront, sans doute sous forme électrique ou liquide, en complément au charbon et au nucléaire, la place qu'on voudrait bien actuellement leur voir attribuer.

Pour les pays industrialisés, il est clair qu'au cours du siècle prochain les phases précédemment décrites devront être impérativement réalisées. Pour cela, doit se développer au sein de ces pays une conscience énergétique explicite, prenant acte des contraintes à venir et impliquant une volonté réelle de construire par étapes un approvisionnement en énergie de la planète, sûr et satisfaisant.

Dans ce contexte, il est fondamental de retenir le rôle majeur que le nucléaire est appelé à jouer ; d'abord grâce aux réacteurs actuels puis grâce aux surgénérateurs, le nucléaire restera au XXIe siècle un moyen de base pour assurer les besoins en énergies des sociétés développées à haut profil énergétique. Il est probable qu'ensuite le développement de nouvelles techniques nucléaires (fusion entre autres) permettra, en harmonie avec l'ensemble des énergies renouvelables – qui seront alors complètement développées et bien intégrées – de satisfaire correctement tous les besoins énergétiques.

L'énergie en France : 1950-1980

Depuis le début des années 50, la situation énergétique française ne se distingue pas de celle de la majorité des pays industrialisés. Bien au contraire, elle est caractéristique des évolutions suivies.

Jusqu'au lendemain de la deuxième guerre mondiale, la consommation d'énergie primaire en France est restée tournée vers le charbon. En 1950, les trois quarts de la consommation totale d'énergie étaient encore d'origine charbonnière, le niveau de production restant celui du début du siècle. C'est pendant les années 60 que l'évolution radicale vers le pétrole devait s'opérer, à la faveur de la mise en exploitation et du développement des champs d'Afrique du Nord et du Moyen-Orient. Le pétrole couvrit ainsi pratiquement tous les nouveaux besoins entre 1960 et 1973, ce qui représente un doublement de la consommation totale sur cette période, figurant l'accélération rapide des consommations : treize années pour doubler la consommation entre 1960 et 1973 et plus de quarante-cinq ans pour ce même doublement entre 1913 et 1960. Parallèlement, gaz et électricité se sont développés également après 1950. La découverte du gisement de Lacq permit, à la fin des années 50, de commencer à établir un nouveau réseau de distribution du gaz désormais tourné vers les gisements naturels. A la même époque, un vaste programme d'investissement (près de 5 % des investissements français) lancé par E.D.F. conduisit à l'équipement progressif du potentiel hydro-électrique français.

Côté consommation, le fait marquant des quinze années précédant 1973 a été l'augmentation de la consommation du secteur résidentiel et tertiaire qui est passée de 19,3 Mtep (millions de tonnes équivalent pétrole) en 1958 à 57,1 Mtep en 1973, soit un taux moyen annuel d'accroissement de 7,5 %. Les consommations dans l'industrie et les transports se sont également développées mais à un niveau moindre : 4,3 % pour l'industrie et 6,1 % pour les transports.

Évolution de la consommation en France par grands secteurs d'activité

	1958		1965		1970		1973	
	Mtep	%	Mtep	%	Mtep	%	Mtep	%
Industrie (y compris sidé)	32,5	50	43,7	46	54,1	42	61,1	40
Résidentiel et Tertiaire	19,3	29	31,7	34	46,2	36	56,6	37
Transports	13	20	17,5	18	24,8	20	31,9	21
Agriculture	0,9	1	1,7	2	2,7	2	2,8	2
Consommation finale	65,7	100	94,6	100	127,8	100	152,4	100

Evolution de la consommation d'énergie primaire en France (Hors bois)

	1913		1929		1938		1950		1960		1973	
	Mtep	%	Mtep	%	Mtep	%	Mtep	%	Mtep	%	Mtep	%
Charbon	43,2	100	56,4	93	44,7	83	43,4	75	46,8	55	30,5	17
Pétrole	–	–	2,7	4	6,5	12	10,4	18	26,9	31	117,3	67
Gaz naturel	–	–	–	–	–	–	0,2	1	3,0	3	14,9	9
Electricité primaire	0,2	ε	1,6	3	2,4	5	3,6	6	9,0	11	13	7
TOTAL	43,4	100	60,7	100	53,6	100	57,6	100	85,7	100	175,7	100

Consommation d'énergie finale en France en 1973

	Résid. Tertiaire et Agriculture		Industrie (y compris sidé.)		Transports		Total	
	Mtep	%	Mtep	%	Mtep	%	Mtep	%
Charbon	5,4	9	10,9	18	0,1	ε	16,4	11
Pétrole	35,0	59	23,8	39	30,4	95	89,2	58
Gaz	6,1	10	7,2	12	ε	ε	13,3	9
Électricité	12,9	22	19,2	31	1,4	5	33,5	22
TOTAL	59,4	100	61,1	100	31,9	100	152,4	100

Source : Commissariat Général du Plan.

À la veille du premier choc pétrolier, l'approvisionnement énergétique de la France reposait très largement sur le pétrole importé (99 % du pétrole consommé) qui intervenait pour 66 % dans le bilan en énergie primaire. En ajoutant le gaz et le charbon importés, la dépendance énergétique de la France atteignait 76 %. Les produits pétroliers occupaient alors une large part dans les consommations d'énergie des différents secteurs d'activité : 59 % des consommations dans l'ensemble résidentiel-tertiaire-agriculture, 42 % dans l'industrie et 95 % dans les transports étaient le fait du pétrole.

Part de la France dans les ressources mondiales d'énergie

Réserves françaises	Quantité	Part dans les réserves mondiales %
Pétrole	23 Mt	0,02
Charbon	1 400 Mt (500 exploitables)	0,10
Gaz naturel	53 Gm^3	0,07
Total combustibles classiques		moins de 0,10
Uranium	120 000 t	2

Sources : Diverses.

Comme l'a montré l'évolution des bilans énergétiques en France depuis 1950, la dépendance énergétique de la France vis-à-vis de l'étranger et plus particulièrement des pays producteurs de pétrole, est réelle : 76 % de l'énergie était importée en 1973 et 66 % sous forme de pétrole. A l'égal des pays comme le Japon ou l'Italie, la France ne dispose que de relativement peu d'énergies combustibles classiques aisément exploitables (moins de 0,10 % des réserves mondiales).

Part de la France dans la consommation mondiale d'énergie primaire en 1979	
	Part française %
Consommation énergie primaire....	2,7 %
Consommation de charbon.............	1,7 %
Consommation de pétrole...............	3,7 %
Consommation de gaz naturel........	1,7 %
Consommation d'électricité	3,1 %
Source : O.N.U.	

Il s'ensuit que, pour une part des consommations mondiales d'énergie de l'ordre de 3 %, la France occupe une part d'environ 10 % dans le commerce international d'énergie entre grandes zones géographiques et n'assure que 0,7 % de la production mondiale d'énergie sur son territoire.

Part française dans la production mondiale d'énergie primaire en 1979	
Production d'énergie primaire..................	0,7 %
Production de charbon..............................	0,8 %
Production de pétrole................................	0,06 %
Production de gaz naturel.........................	0,5 %
Production d'électricité primaire..............	4,6 %
Source : O.N.U.	

Ainsi, après avoir été entraînée dans le « mouvement vers le pétrole » – pour des raisons d'ailleurs légitimes essentiellement dues à l'avantage technique et économique de ce produit – la France en 1973 a dû s'adapter à la situation nouvelle et prendre des mesures permettant de diminuer de manière significative sa dépendance ; donc d'atténuer les risques d'embargo et la facture en devises des importations de pétrole, qui a conduit à une multiplication par quatre, à monnaie constante, des importations énergétiques françaises.

Importations françaises en valeur de produits énergétiques (en milliards de francs à monnaie constante de 1982)

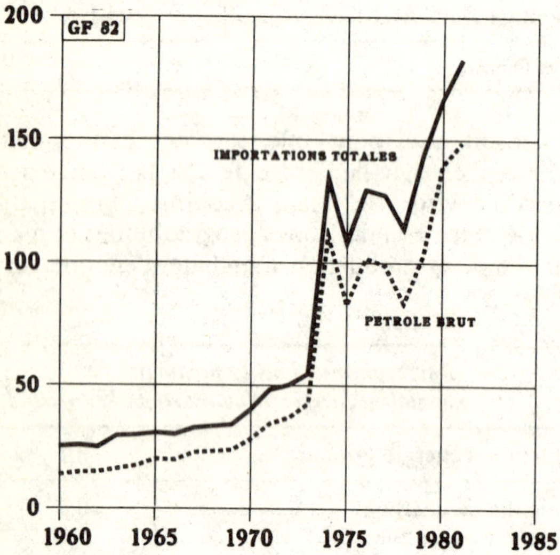

La situation dans laquelle la France a été placée en 1973, a conduit les pouvoirs publics à entamer une action volontariste visant à réduire la dépendance pétrolière du pays. Mise en place au lendemain de la crise de 1973, la nouvelle politique énergétique française a été définie à l'occasion du Conseil Central de Planification du 3 février 1975. Les propositions du Conseil se sont articulées autour de deux objectifs principaux et ont défini les moyens permettant de les atteindre.

Premier objectif : *réduire la vulnérabilité des approvisionnements énergétiques français.* Pour assurer une plus grande sécurité à la fois physique et économique, il s'agissait de chercher à réduire le taux de dépendance global à l'égard de l'extérieur, mais aussi à l'égard de nos fournisseurs d'énergie pris individuellement. On peut rappeler que le Conseil avait précisé, « à titre indicatif », qu'aucun pays ne devrait fournir plus de 15 % de notre approvisionnement énergétique.

Pour réduire la vulnérabilité des approvisionnements, les principales solutions consistent à diversifier les sources d'énergie et les sources d'approvisionnement. Le développement des ressources nationales est à ce titre un moyen de diminuer le recours à l'extérieur, tout comme la réduction de la consommation par une utilisation plus rationnelle de l'énergie.

Second objectif : *réduire le coût des approvisionnements énergétiques.* Il s'agit de contribuer à limiter l'incidence des achats énergétiques sur la balance des paiements.

Dans ce but, il est possible d'agir, soit sur le coût unitaire en favorisant le recours aux énergies de moindre prix, soit surtout sur les quantités, en réduisant la consommation par le biais des économies d'énergie.

Pratiquement, il s'est agi d'une restructuration devant s'opérer en deux étapes : tout d'abord, réorganiser le secteur de la production d'énergie en fonction des nouvelles contraintes sur les approvisionnements (aussi bien au niveau des risques de pénurie physique qu'au niveau des nouvelles hiérarchies de prix des produits[2]. Ensuite et enfin, réorienter les consommations d'énergie ; d'une part en réduisant les consommations à activité économique donnée, et d'autre part en favorisant le recours aux énergies nationales plutôt qu'au pétrole importé.

Les pouvoirs publics ont pu mettre en œuvre rapidement la réalisation du premier de ces objectifs avec la mise en œuvre du programme nucléaire (détaillé plus

---

2. Le cas de la production d'électricité est à ce titre exemplaire comme on le verra plus loin.

loin), et le développement des recherches sur les énergies de l'avenir (création du Commissariat à l'énergie solaire). Plus aléatoire, la réalisation du deuxième objectif repose essentiellement sur le choix des consommateurs, aidés en cela par l'évolution relative des prix des différentes énergies ou les incitations suscitées par différents organismes ayant pour vocation de limiter le recours aux énergies importées et de développer les ressources nationales (Agence pour les Economies d'Energie, C.O.M.E.S.).

Les actions correspondantes ont commencé à porter leurs fruits en 1980.

En matière d'*économies d'énergie*, après une première phase d'économies faciles liées à la réduction des gaspillages antérieurs et à l'inflexion des comportements, les progrès ultérieurs seront essentiellement obtenus par l'amélioration et la diffusion de techniques plus performantes. L'Agence pour les Economies d'Energie (créée en 1974) entreprend des actions dans les secteurs des transports (consommations des automobiles), de l'industrie (aides à l'innovation, au développement des énergies de remplacement) et du résidentiel et tertiaire (chauffa-essentiellement). C'est dans le secteur résidentiel que les effets ont été les plus bénéfiques ces dernières années, comme le montrent les résultats obtenus de 1976 à 1980 par rapport à la tendance de 1973 :

Économies d'énergie réalisées en France (Mtep)

	1976	1977	1978	1979	1980
Agriculture et industrie	1,5	2,5	3,0	3,5	5,2
Résidentiel et tertiaire	8,5	8,5	8,5	10,0	13,5
Transports	1,5	2,0	2,5	3,0	3,8
Secteur énergétique	1,5	1,5	1,5	1,5	1,5
Total	13,0	14,5	15,5	18,0	24,0

Depuis 1973, le recul du pétrole est déjà très net, passant de 66 % à 48 % de la consommation en 1981.

Évolution en structure
des consommations d'énergies primaires en France

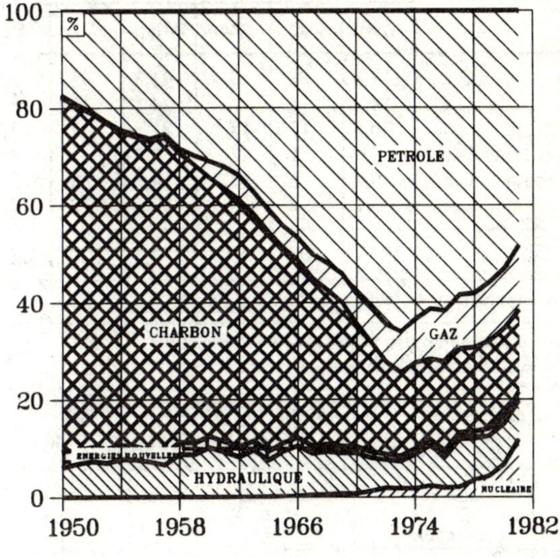

Avec 12 % des consommations d'énergie, l'apport du nucléaire au bilan énergétique commence à se faire sentir significativement, mais ce n'est qu'à partir de 1985 qu'il permettra réellement de rééquilibrer les sources d'approvisionnement énergétique puisqu'il permettra de satisfaire environ 20 % des besoins énergétiques français.

En termes d'énergie finale, les orientations prises après 1973 se sont traduites par une nouvelle transition dans la répartition des énergies consommées. Dans les secteurs de l'industrie et du résidentiel et tertiaire un net recul du pétrole se manifeste au profit de l'électricité et du gaz.

Évolution des consommations d'énergie primaire en France						
	Réalisation 1973			Réalisation 1981		
	Consommation		Prod. nationale	Consommation		Prod. nationale
	Mtep	%	Mtep	Mtep	%	Mtep
Pétrole	117,3	66	2	91,3	48	2,4
Gaz	14,9	8	7	24,5	13	6,6
Charbon	30,5	17	18	31,5	17	15,7
Énergies nouvelles	2	1	2	3,4	2	3,5
Hydraulique (1)	9,9	6	10,5	14,9	8	15,9
Nucléaire	3,1	2	3	22,1	12	22,1
Total	177,7	100	42,5	187,7	100	66,2
Taux de dépendance		76			65	

1. Y compris solde des échanges avec l'étranger.
Source : Ministère de l'Industrie.

Parts des énergies finales consommées en France dans le secteur résidentiel et tertiaire

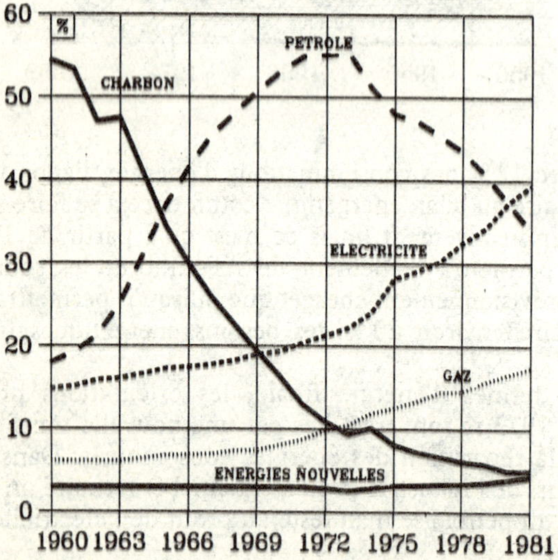

Parts des énergies finales consommées en France dans le secteur industriel (hors sidérurgie)

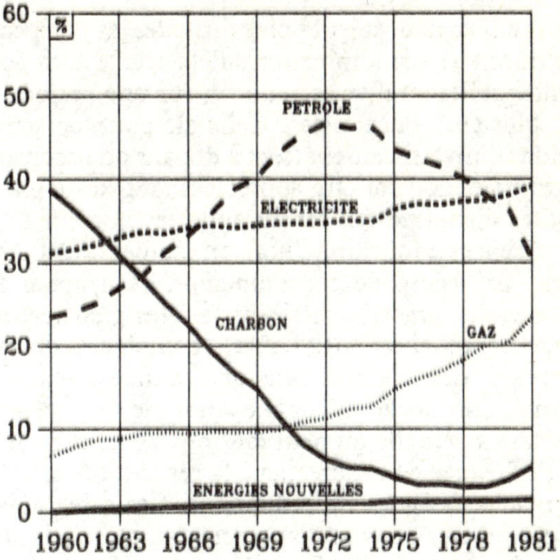

L'adaptation du système français de production d'électricité

Au sein des activités énergétiques d'un pays industrialisé *la gestion du système de production d'électricité* a toujours été guidée par un souci de rationalité quant au choix des moyens à mettre en œuvre pour satisfaire la demande des consommateurs. Concrètement, deux questions se posent au producteur d'électricité : à quelles consommations aura-t-il à faire face à échéance d'un nombre donné d'années (temps nécessaire pour construire des équipements de promotion) ? Comment choisir entre les différentes sources d'énergie primaire et les différents équipements capables de les transformer en électricité ?

Dans le cas français, depuis le début des années 50, les travaux menés à Electricité de France ont conduit à l'élaboration de méthodes permettant de répondre aux deux questions posées.

En premier lieu, sujet le plus difficile, les perspectives d'évolution des consommations d'électricité sont actuellement établies au niveau national, sur une période couvrant plusieurs décennies[3]. Celle-ci, pour éclairer les décisions d'investissement (sept à dix ans pour construire une centrale) doivent être appréciées tant sur le plan des quantités d'énergie qui seront appelées que sur le plan des puissances à fournir à l'horizon étudié. L'élaboration de ces « prévisions de consommation » fait appel à des méthodes de caractère différent (études globales, semi-globales, approches analytiques), combinées de façon appropriée. Elle aboutit, dans une première étape, à la détermination de la valeur moyenne de la consommation totale à laquelle on peut raisonnablement s'attendre pour l'échéance considérée, et à la répartition de celle-ci par grandes catégories d'utilisations. Ces catégories ont été déterminées en vue d'apprécier au mieux la déformation future de la courbe de charge et afin de permettre le passage d'une prévision en énergie à une prévision en puissance.

Historiquement, il est bon de noter que les conditions de prévision de la demande ont considérablement évolué depuis le début des années 1970. Anciennement, le fait que l'utilisation de l'électricité était limitée à ses seuls usages captifs (éclairage, force motrice, électroménager...) et la régularité de la croissance économique facilitaient la prévision. Aujourd'hui, l'exercice est autrement plus délicat. Les difficultés viennent à la fois du caractère incertain de l'évolution des différents facteurs économiques qui sous-tendent l'établissement des prévi-

3. En attribuant toutefois une importance particulière à l'horizon à dix ans afin d'établir avec précision le volume des équipements dont il faudra disposer à cette échéance.

sions et de la prise en compte des comportements des consommateurs devant choisir entre plusieurs énergies concurrentes.

En second lieu, partant d'une demande prévue et compte tenu des aléas pouvant l'affecter (température et aléas conjoncturels), on établit le volume des équipements de production à l'horizon souhaité (généralement dix ans, mais en tenant compte des conditions d'exploitation de ces équipements pendant toute leur durée de vie). Les équipements de production utilisés peuvent être de caractéristiques très variées du point de vue technique et économique. On les regroupe généralement en deux grandes familles : les équipements hydrauliques et les équipements thermiques (centrales nucléaires et centrales classiques au fuel ou au charbon). La construction puis l'exploitation de ces types de centrales impliquent pour le producteur d'électricité trois sortes de coûts : les coûts d'investissement (génie civil, matériel, montage), les coûts liés à l'exploitation des centrales (surveillance, conduite, entretien,...), les coûts liés au combustible. L'équipement « miracle », qui présenterait simultanément les coûts d'investissement, d'exploitation et de combustible les plus faibles, n'existe malheureusement pas[4]. S'il est vrai que les centrales nucléaires ont un coût de combustible beaucoup plus faible que les centrales au charbon ou au fuel (combustible de loin le plus onéreux), elles présentent par contre un coût d'investissement par kW installé sensiblement plus élevé.

Déterminer le programme d'investissement qui permette de satisfaire les besoins de la collectivité nationale en énergie électrique au moindre coût suppose un arbitrage entre les différentes dépenses échelonnées dans le temps. Cet arbitrage doit être réalisé entre des dépenses d'investissements immédiates plus ou moins élevées et des dépenses futures de combustibles plus ou moins fai-

---

4. Voir, en annexe I à ce chapitre p. 472, nos remarques sur l'optimisation du parc de production d'électricité.

bles[5]. On utilise à cette fin la technique de l'actualisation qui consiste à pondérer les différentes dépenses par un cœfficient d'autant plus faible qu'elles interviennent à échéance lointaine[6]. Le taux d'actualisation retenu est le taux recommandé par le Commissariat Général du Plan (actuellement 9 % à francs constants).

Ce principe étant admis, le problème du choix des équipements se pose en termes clairs : Déterminer le programme d'investissement, c'est-à-dire la nature des équipements à réaliser et les dates auxquelles ils doivent entrer en service de manière à satisfaire la demande à un coût total actualisé minimal sur longue période et dans des conditions de sécurité d'alimentation satisfaisante.

Bien que clairement posé ce problème est en réalité complexe et il a été nécessaire, pour le traiter de façon satisfaisante, de mettre au point des « modèle d'optimisation » très élaborés dont la description même sommaire ne saurait trouver sa place ici.

A plus court terme, compte tenu des évolutions économiques ou conjoncturelles, une procédure d'ajustement est employée pour définir la mise en œuvre éventuelle de moyens complémentaires (moyens légers de production tels que turbines à gaz).

Tous ces choix de nature économique aboutissent à un plan d'investissement qui est soumis aux pouvoirs publics. Ceux-ci prennent la décision finale en tenant compte des contraintes industrielles et financières ainsi que des objectifs de leurs politiques économiques et énergétiques.

D'où l'adaptation de la production d'électricité après

---

5. Ce qui suppose des hypothèses faites sur l'évolution des prix des combustibles à long terme. On verra qu'actuellement la faible part occupée par le combustible dans le coût d'un kWh nucléaire permet de se mettre relativement à l'abri d'une hausse brutale des coûts de production comme celle de 1973.

6. De façon plus précise, une dépense de d_t francs intervenant à la date t est prise en compte dans le coût total actualisé pour un montant égal à $d_t\ (1 + a)^t$, a étant le taux d'actualisation.

1973. En 1973, plus de 40 % de la production d'électricité en France était assurée à partir du pétrole, combustible alors économiquement le plus avantageux. Toutefois, des mesures conservatoires avaient été prises de manière à pouvoir envisager rapidement une autre orientation du système de production d'électricité. En conséquence, les actions entreprises après la crise de 1973 pour adapter la production d'électricité française aux nouvelles conditions se sont opérées à deux niveaux.

– L'évolution brutale des prix des fuels a conduit E.D.F., dans un premier temps, à convertir rapidement au charbon les centrales initialement conçues pour utiliser l'un ou l'autre des deux combustibles ; pour ensuite entamer la transformation des centrales qui ne fonctionnent qu'au fuel.

La part du fuel a pu de cette façon être ramenée de 60 % à 28 % entre 1973 et 1980 ; l'essentiel du report se faisant sur le charbon et la production nucléaire.

Production d'électricité par combustibles des centrales thermiques E.D.F. Évolution 1973-1980

	Énergie (TWh)		Parts (%)	
	1973	1980	1973	1980
Charbon + gaz HF	13,8	46,0	15	31
Fuel..............................	59,8	40,3	63	28
Gaz naturel.................	9,6	4,1	10	3
Uranium	11,9	56,0	12	38
TOTAL production E.D.F.	95,1	146,4	100	100

Source : E.D.F.

– Après un long cheminement de recherches, d'expérimentations et d'essais industriels, la solution nucléaire était en 1970 arrivée à maturité[8] aussi bien au plan technique qu'au plan économique ; ce qui a justifié, à partir de 1970, l'engagement d'un programme modéré de tranches de 900 MW PWR (en moyenne une par an) – de Fessenheim 1 à Bugey 4 – qui sont à l'heure actuelle toutes couplées au réseau. C'est ainsi qu'en 1974 les pouvoirs publics ont pu lancer un important programme de centrales nucléaires, qui, tout en assurant à terme un coût minimum pour la collectivité de la production d'électricité, permettrait à la France de se tourner vers une source d'énergie nationale[9].

Mis à part l'aspect indépendance nationale[10], le choix du nucléaire pour la production d'électricité était justifié par l'intérêt économique qu'il présente pour la collectivité nationale[11]. Alors qu'en 1972 il était pratiquement équivalent de produire à grande échelle de l'électricité à partir de fuel ou de nucléaire, (le coût du kWh charbon étant alors plus élevé), les augmentations de prix des combustibles de 1973 à 1979 ont conduit à un net avantage économique du nucléaire dès 1974.

Sans devoir exposer les résultats obtenus par l'étude économique complète du système de production d'électricité français évoqué plus haut, il est possible de présenter un petit exercice très simplifié de comparaison

---

8. En 1970, la France disposait d'un parc nucléaire de 2,8 GW – essentiellement composé de centrales du type graphite-gaz – et de participations pour 0,5 GW dans les centrales nucléaires situées à l'étranger (Vandellos en Espagne et Tihange en Belgique).

9. Voir en annexe II à ce chapitre, p. 474, la liste complète des mises en service.

On considère généralement le nucléaire comme une énergie nationale bien qu'une partie de l'uranium naturel utilisé soit d'origine étrangère (Niger, Gabon...). Cet approvisionnement ne constitue en effet une contrainte de dépendance énergétique ni du point de vue quantitatif (grande facilité de stockage et ressources nationales) ni du point de vue économique (l'essentiel des dépenses pour produire des kWh est en aval de la production minière et est réalisé en France).

10. Cet aspect est évidemment essentiel dans la définition d'une politique énergétique nationale.

11. On verra par ailleurs l'attachement qu'ont pris les concepteurs à garantir pour cette source d'énergie une fiabilité et un niveau de sécurité meilleurs que ceux des autres sources d'énergie.

des coûts de production du kWh qui permet de comprendre en quels termes se pose la compétition entre nucléaire, thermique au charbon, thermique ou fuel et de percevoir le bien-fondé des orientations actuellement adoptées en matière de programmes d'équipement de production ; la consistance des programmes eux-mêmes étant, bien entendu, justifiée par des analyses beaucoup plus fouillées.

On se propose donc d'examiner quel est « le prix de revient » du kWh produit par une centrale d'un type donné fonctionnant « en base » tout au long de sa vie, c'est-à-dire constamment utilisée, en dehors bien entendu des périodes où elle est indisponible pour entretien ou pour avarie. Cette hypothèse ne prétend pas représenter les conditions réelles d'exploitation puisque, en effet, les équipements thermiques classiques en 1990 n'assureront en aucun cas des fonctionnements « en base ». Les « prix de revient » obtenus n'ont donc de valeur qu'en tant qu'indicateurs de compétitivité des différentes technologies.

Les hypothèses retenues pour cet exercice sont les suivantes :

– Les différents types d'équipement ont une durée de vie économique de vingt et un ans.

– Les coûts d'investissement retenus – et donnés ci-dessous – englobent le coût de construction, les frais de maître d'œuvre, les frais de pré-exploitation et des intérêts intercalaires ainsi que le coût actualisé de démantèlement dans le cas du nucléaire.

– Les charges d'exploitation englobent notamment, les salaires du personnel de centrale, les frais d'entretien, les impôts et divers frais administratifs et techniques.

– Le coût du combustible nucléaire intègre les dépenses d'extraction et de concentration du minerai, d'enrichissement et de fabrication des éléments combustibles, de retraitement et de stockage des déchets. (*Voir l'encadré ci-après sur le coût du cycle du combustible)*.

– Quant aux coûts de combustibles fossiles, ils correspondent à des combustibles à teneur en soufre normale.

Coût du cycle de combustible

Contrairement aux combustibles classiques, dont le traitement est effectué uniquement dans la partie amont des chaînes énergétiques (raffinage pour le pétrole), le combustible nucléaire doit suivre, on l'a vu, un cycle complet de traitement qui va de l'extraction du minerai d'uranium jusqu'au recyclage du combustible retraité après utilisation et au stockage des produits de fission. Un calcul complet, appliqué au combustible utilisé dans une centrale de 1 300 MW, donne les résultats suivants :

Etapes du cycle	centimes de 1982 kWh *	%
Extraction et concentration du minerai d'uranium ($U_3 O_8$)	2,31	44
Conversion de l'oxyde d'uranium en hexafluorure gazeux (UF_6) et enrichissement	1,53	29
Fabrication des éléments combustibles	0,49	9
Retraitement des combustibles irradiés (y compris stockage des déchets)	1,33	25
Crédit correspondant aux combustibles récupérés après retraitement (uranium et plutonium)	– 0,37	– 7
TOTAL	5,29	100

(*) Les coûts exprimés dans ce tableau sont (comme pour le tableau de comparaison de coûts des kWh produits par sources d'énergie) des coûts moyens actualisés. Les dérives retenues sur les coûts spécifiques propres à chaque étape du cycle sont à partir de 1990 : + 2 % l'an pour le minerai jusqu'en 2000 et 5 % ensuite, 0 % pour la conversion, l'enrichissement , le retraitement, et la fabrication.

Il convient de noter, en particulier, la part de 44 % prise par le coût d'approvisionnement en minerai d'uranium dans le coût total du cycle. Ramenée au coût total de production d'un kWh (19,3 c 1981) cette part est de 12 %.

On peut calculer une majoration éventuelle pour la désulfuration.

A partir des hypothèses précédentes et compte-tenu de l'échelonnement des dépenses dans le temps, le calcul des coûts moyens actualisés des kWh produits peut se résumer dans le tableau suivant :

Coûts d'investissement, d'exploitation et de combustible

(Francs de 1982)

	Nucléaire*	Charbon*	Fuel*
Investissement F/kW...	5 877	4 325	3 633
Charges d'exploitation F/kW/an	242	215	201
Coûts de combustible cF/kW.........................	5,29	20,7	57,4

(*) Ces coûts s'entendent pour une mise en service en 1992 et pour une centrale composée de quatre unités de 1 300 MW pour le nucléaire (3 unités engagées par an) ou de deux unités de 600 MW pour le thermique classique au charbon ou au fuel (2 à 3 unités par an).

Source : D.I.G.E.C.

Bien que ces valeurs soient calculées à partir d'hypothèses fortement simplificatrices, elles n'en traduisent pas moins une nette hiérarchie des moyens de production « en base », montrant clairement l'avantage économique de la solution électronucléaire pour laquelle le coût de production d'un kWh est près de deux fois moins élevé que celui de la solution charbon et 3,5 fois moins que celui de la solution fuel.

Il est intéressant, de ce point de vue, de rappeler les évolutions consécutives aux crises énergétiques. L'évolution de la compétitivité de la technologie nucléaire par rapport aux moyens de production classiques peut être illustrée aisément par le rapport : coût du kWh nucléaire/coût du kWh fossile.

Pour le fuel, ce rapport, un peu inférieur à 1 vers les années 1972-1973, évolue très rapidement à partir de 1974 – premier choc pétrolier – puis après 1979 lors du second choc pétrolier. La valeur actuelle est de 0,29, ce qui en pratique exclut la construction de tout équipement nouveau, de longue durée d'utilisation, consommant ce combustible.

Pour le charbon, le rapport de l'ordre de 0,6 en 1972 atteint une valeur très proche de celle relative au fuel en 1974 (0,44) puis se stabilise autour de 0,6 à partir de 1975. Bien que mieux placés que les groupes au fuel, les groupes au charbon, tout au moins compte tenu des conditions d'approvisionnement françaises restent nettement plus onéreux que le nucléaire pour la production d'électricité « en base ».

Coût prévisionnel de production en base du kWh		(En centimes de 1982 par kWh)
NUCLEAIRE	Investissement	10,0
	Exploitation	4,0
	Combustible	5,3
	TOTAL	19,3
CHARBON	Investissement	6,9
	Exploitation	3,8
	Combustible	20,7
	TOTAL	31,4
Majoration éventuelle pour la désulfuration		2,1
		33,5
FUEL	Investissement	5,8
	Exploitation	3,6
	Combustible	57,4
	TOTAL	66,8
Majoration éventuelle pour la désulfuration		2,1
		68,9
Source E.D.F.		

Évolution de la production d'électricité jusqu'en 1990

Évolution des puissances installées	1980		1990	
	GW*	%	GW	%
Hydraulique (E.D.F. + CNR + Tiers)	19,4	31	26,1	23
Nucléaire[1]	14,4	23	60,2	52
Charbon (E.D.F. + C.D.F.)	12,5	20	14,7	13
Fuel (E.D.F.) + Gaz (E.D.F.) + tiers autoproducteurs (hors C.D.F.)	16,5	26	14,2	12
TOTAL	62,8	100	115,2	100

* 1 GW = 1 000 MW = 1 000 000 kW.
1. Ensemble des équipements nucléaires situés en France.
Source : E.D.F.

Évolution de la production d'électricité disponible	1980		1990	
	TWh	%	TWh	%
Hydraulique (E.D.F. + CNR + Tiers)	69,8	28	70	17
Nucléaire	57,9	23	300	72
Charbon (E.D.F. + C.D.F.)	61,3	25	36,0	9
Fuel (E.D.F.) + Gaz (E.D.F.) + tiers autoproducteurs (hors C.D.F.)	57,6	23	18,0	4
Pompage (énergie absorbée)	– 1,0	–	– 5	– 1
Echanges avec l'étranger	+ 3,1 (import.)	1	– 4 (export.)	– 1
TOTAL	248,7	100	415	100

Source : E.D.F.

A partir de la présentation précédente, on conçoit donc qu'il soit économiquement justifié d'assurer à terme une part importante de la production d'électricité par le nucléaire, réservant les centrales classiques à charbon et plus encore à fuel, existantes ou à développer, à la couverture de besoins se manifestant durant un faible nombre d'heures dans l'année. C'est bien ce que confirme l'étude économique complète du système de production d'électricité français qui conduit aux évolutions en puissances installées et en énergies produites, résumées dans les tableaux précédents.

On pourra retrouver sur le graphique ci-après la plupart des évolutions précédemment décrites de la structure du parc de production d'électricité français.

Évolution en structure par type d'énergie primaire de la production française d'électricité

realisations jusqu'en 1981 et previsions ensuite

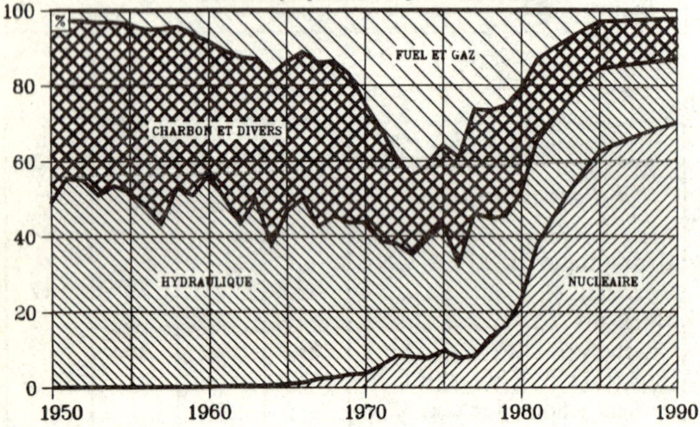

La politique énergétique française

Bien que fondamentaux quant aux orientations prises au sein du système électrique, les principes économiques de choix entre les différents moyens de production d'électricité ne sont à l'évidence qu'une composante dans la définition d'une politique énergétique nationale.

Ceci va nous amener maintenant à resituer le cadre de la politique énergétique nationale, à en exposer les critères de base, à évoquer les grandes orientations actuellement retenues et à expliciter le rôle imparti à l'électricité, vecteur privilégié du nucléaire.

Dès le premier choc pétrolier, un certain nombre de pays industriels, conscients de la profondeur des causes de la crise et des enjeux pour le futur, se sont préoccupés de définir des politiques énergétiques adaptées à leur situation et à leurs responsabilités dans le cadre du nouveau contexte énergétique mondial. Le second choc pétrolier de 1979-1980 a rappelé – opportunément en un sens – que les problèmes de fond apparus en 1973 n'étaient pas résolus et que la définition de politiques énergétiques *volontaristes* était plus que jamais nécessaire.

Cependant bien que nécessairement volontaristes, ces politiques énergétiques doivent être globalement équilibrées. Elles doivent, en particulier, éviter les raisonnements simplificateurs conduisant à des idées erronées cristallisées autour du mythe de la « crise de l'énergie ». C'est ainsi qu'il n'est pas inutile de rappeler que l'énergie présente sur terre est abondante : s'il est vrai que les réserves de pétrole et de gaz doivent être ménagées, les réserves de charbon sont considérables, l'uranium surtout s'il est utilisé dans les surgénérateurs représente des ressources énergétiques immenses, l'énergie solaire et les énergies dérivées (énergies hydraulique, marémotrice, éolienne, biomasse, géothermie...) nous offrent à l'échelle de la planète un potentiel énorme et quasi indéfiniment renouvelable. Le vrai problème est en fait de savoir à quel prix, c'est-à-dire moyennant quelle dépense d'autres ressources rares[12] – travail, matières premières, capital –, ces ressources énergétiques abon-

12. On reviendra plus loin sur la question de savoir dans quelle mesure les prix du marché sont représentatifs de la rareté des différents biens économiques.

dantes peuvent être mobilisées, sachant que les plus faciles d'accès sont hélas ! les plus rares[13]. On en déduira par cohérence le montant des dépenses qu'il est raisonnable de consentir pour économiser les diverses formes d'énergie.

La disponibilité de ressources énergétiques d'accès facile (mines de charbon et de lignite, hydro-électrique) a été dans le passé un des facteurs déterminants de la localisation des industries de base. L'inégale répartition de ces richesses a conduit de ce fait à une certaine spécialisation géographique et, d'une façon générale, a sans aucun doute donné un avantage décisif au plan des possibilités de croissance économique aux pays possédant simultanément ces ressources... et les moyens techniques et économiques de les mettre en valeur.

La place prépondérante acquise par le pétrole a profondément changé ce schéma. La disponibilité ou la découverte de ressources d'énergies primaires importantes dans un pays donné était certes toujours une source de richesses appréciables ; néanmoins, elle ne constituait pas un préalable à un développement industriel et économique intense. C'est ainsi que des pays peu pourvus en énergie primaire à bas coût d'accès tels que le Japon, l'Italie ou la France connurent jusqu'en 1974 des rythmes de croissance très élevés. A cette époque où l'approvisionnement énergétique pesait bien plus modérément qu'aujourd'hui en termes de coût et de risques, la question primordiale à résoudre était généralement posée en ces termes : satisfaire au moindre coût les besoins d'énergie finale requis par la croissance économique. Le renchérissement considérable des produits énergétiques, les risques de rupture d'approvisionnement qui leur sont attachés, l'accroissement considérable des interdépen-

13. Il est de ce point de vue instructif de distinguer :
- les énergies denses (uranium, pétrole, gaz naturel, charbon) que la nature a déjà concentrées et stockées ;
- les énergies diffuses et intermittentes (soleil, vent) renouvelables ;
- les énergies intermédiaires (bois, eau, géothermie).

dances internationales ont rendu caduc ce schéma simplifié pourtant bien commode. On préférerait certainement aujourd'hui recourir à des schémas plus complexes mettant mieux en évidence *l'interaction*, notamment par le biais des contraintes du commerce extérieur, entre croissance économique et politique énergétique.

L'analyse qui précède indique assez clairement quels peuvent être les critères majeurs fondant une politique énergétique cohérente. Renonçant aux approches partielles trop fréquemment employées, on peut retenir, faute d'un critère unique parfaitement synthétique, trois critères principaux qui ne sont d'ailleurs pas totalement indépendants.

– *La minimisation du coût total* pour la collectivité de la production des différents biens et services impliquant des consommations d'énergie doit évidemment rester la préoccupation dominante. Cet énoncé appelle cependant quelques commentaires :

On peut, bien entendu, violer ce principe – notamment pour mieux satisfaire aux autres critères – mais il faut alors savoir ce qu'il en coûte.

Il ne s'agit pas, soulignons-le, de minimiser le coût total de l'énergie, mais bien le coût total des processus de production de biens et services, arbitrant ainsi entre différentes raretés (main-d'œuvre, matières premières, capital... et énergies).

La plupart des problèmes énergétiques – et notamment ceux liés aux économies d'énergie – mettent en jeu des substitutions ou des complémentarités entre énergie et capital. Une méthodologie précise (normes de calcul des charges d'immobilisation ou mieux : calcul économique actualisé) est donc indispensable pour rendre des arbitrages cohérents entre dépenses d'investissement et dépenses d'exploitation.

Les décisions ne doivent évidemment pas être prises au seul vu des prix actuels des énergies mais doivent tenir compte de leurs évolutions futures. Cela oblige à procéder à des prévisions qui dans certains cas – prix futur du pétrole notamment[14] – peuvent paraître hasardeuses. La technique des scénarios peut, certes, être utile pour éclairer les conséquences des incertitudes... mais en tout état de cause vient un moment où il faut prendre parti.

– *L'amélioration de la balance du commerce extérieur* est assurément souhaitable dans la mesure où, comme on l'a vu précédemment, les contraintes qui s'y attachent limitent bien souvent les possibilités de croissance de l'économie nationale. Ce critère conduit à privilégier, dans une certaine mesure, l'indépendance énergétique nationale – ce qui est également bénéfique au regard du troisième critère. Il peut cependant – dans le cas des pays peu pourvus en ressources énergétiques à bas coût d'accès –, être partiellement contradictoire avec le premier critère et donc nécessiter un arbitrage entre bilan économique et bilan en devises de certaines opérations.

– Dans un contexte mondial ou règne l'incertitude, les *risques* – en termes de quantité et en termes de prix – concernant l'approvisionnement énergétique constituent une préoccupation dominante pour nombre de pays. A défaut de pouvoir prétendre à une indépendance énergétique totale – ce qui serait techniquement et économiquement irréaliste – la limitation de ces risques obtenue par un niveau d'autosuffisance énergétique raisonnable et une diversification des approvisionnements extérieurs, constitue un objectif important.

C'est en fait dans les pondérations entre ces trois types de critères que se trouvent les degrés de liberté essentiels à la définition d'une politique énergétique.

---

14. On a parfois évoqué les risques qu'il y avait à « afficher » des hypothèses de dérives fortes des prix, notamment pour les produits pétroliers. Ils restent à démontrer ; ce qui par contre est sûr, c'est que si les pays industrialisés ne prennent pas de décisions cohérentes avec des évolutions fortes du prix du pétrole, c'est bien ce type d'évolution qui aura le plus de chances de se réaliser...

Les grands axes de la politique énergétique française

Au regard de tous les critères qui viennent d'être énoncés, la politique énergétique française apparaît cohérente, aussi bien dans sa mise en œuvre depuis 1974 que dans les inflexions récemment annoncées à l'occasion du débat à l'Assemblée nationale d'octobre 1981 et dans la partie du Plan Intérimaire 1982–1983 consacré à l'énergie :

« Une première réponse à notre situation de dépendance réside dans la diversification de nos approvisionnements. Il s'agit de poursuivre le développement des ressources nationales, de renforcer les efforts portant sur les énergies renouvelables, de recourir au pétrole des grands fonds marins, de développer la récupération assistée et la valorisation des bruts lourds, et enfin de diversifier la nature et l'origine géographique de nos importations, tout en encourageant dans le secteur public l'émergence de grands opérateurs miniers, aptes par leurs dimensions et leurs compétences à consolider les courants d'échanges.

« Le second volet de la réduction de notre vulnérabilité concerne la maîtrise des consommations. Il faut freiner la croissance de la consommation d'énergie en l'utilisant plus efficacement et plus rationnellement ; il faut aussi, pour réduire la part du pétrole, orienter cette consommation vers d'autres ressources, notamment accroître l'utilisation du charbon et développer les bons usages de l'électricité.

« Afin de rattraper le temps perdu en ce domaine, la maîtrise des consommations constituera la première priorité de la politique énergétique de la France, qui s'attachera en même temps à maîtriser l'évolution rapide de l'approvisionnement et des prix des énergies offertes aux consommateurs[15]. »

Les objectifs n'ont, ainsi, pas fondamentalement été modifiés : un taux de dépendance de 50 % est envisagé en 1990. Pour l'atteindre, il est clair que la maîtrise des consommations jouera un grand rôle, le niveau visé

15. Extrait du Rapport du Plan Intérimaire.

étant en 1990 de 232 Mtep, dans le contexte d'une croissance économique de 5 % par an, au lieu des 242 Mtep qui constituaient l'objectif du gouvernement précédent dans le cadre d'une croissance économique plus lente de 3,5 % par an.

Objectifs de consommation 1990 du plan intérimaire

	1973		1981		1990	
	Mtep	%	Mtep	%	Mtep	%
Industrie et sidérurgie	61,6	34,7	60,6	32,0	81,0	34,9
Résidentiel et tertiaire	58,6	32,9	63,7	33,7	77,0	33,2
Agriculture	2,9	1,5	2,8	1,5	3,2	1,4
Transports	31,9	17,9	35,7	18,9	43,7	18,8
Consommation finale	155,0	87,0	162,8	86,1	204,9	88,3
Secteur énergétique et pertes	23,2	13,0	26,2	13,9	27,1	11,7
Consommation totale	178,2	100,0	189,0	100,0	232,0	100,0

Objectifs de production 1990 du Plan intérimaire

	1973 Mtep	1981 Mtep	1990 Mtep
Charbon	30,5	33,5	35-40
Pétrole	117,3	93,0	70-75
Gaz	15,0	24,6	31-40
Hydraulique*	9,8	15,0	14-15
Energies nouvelles	2,5	3,4	10-14
Nucléaire	3,1	19,5	60-66

(*) Avec l'hydraulicité de l'année pour 1973 et 1981 et une hydraulicité moyenne pour 1990.

On remarquera en particulier la forte croissance prévue de 1981 à 1990 des énergies nouvelles dont la production sera multipliée par trois à quatre (la majeure partie de cette production étant assurée à partir de la biomasse) ; le nucléaire demeurant l'élément essentiel de l'évolution envisagée de la production nationale d'énergie.

Le rôle de l'électricité et du nucléaire dans la politique énergétique

L'amélioration de la situation de l'emploi à court, moyen et long terme sera au centre des préoccupations de l'action gouvernementale au cours des prochaines années. La réalisation de cet objectif suppose une croissance économique soutenue et préservée, autant que faire se peut, des aléas internationaux.

La politique énergétique qui doit être définie y contribuera dans la mesure où, comme il a été vu précédemment, elle permettra de fournir à la nation, au meilleur coût, l'énergie dont elle a besoin pour assurer sa croissance ; de desserrer la contrainte que le commerce extérieur fait peser sur celle-ci, en réduisant la facture énergétique extérieure ; enfin, de mettre, le plus possible, l'économie nationale à l'abri des risques en termes de prix et en termes de quantités qui pèsent sur les produits pétroliers et plus généralement les hydrocarbures ; aucun problème de fond n'étant en effet véritablement réglé au niveau mondial pour le pétrole et les perspectives en matière de gaz, au niveau européen au moins, ne laissant pas d'être de plus en plus préoccupantes.

Quel peut être, dans cette perspective, l'apport de l'électricité ? Quelle stratégie en matière de développement de l'électricité et du nucléaire permettrait le mieux de se prémunir contre les incertitudes de diverses natures pesant sur l'avenir énergétique du pays ?

Au plan économique, les actions entreprises dès 1974 ont permis à l'électricité de résister assez bien aux deux chocs pétroliers ; le prix de vente du kWh basse tension est resté à peu près stable en monnaie constante de 1973 à 1981, tandis que le prix du kWh haute tension n'augmentait malgré tout que de 3,5 % par an en moyenne entre ces mêmes dates également en monnaie constante.

Evolution des prix des énergies dans le secteur industriel

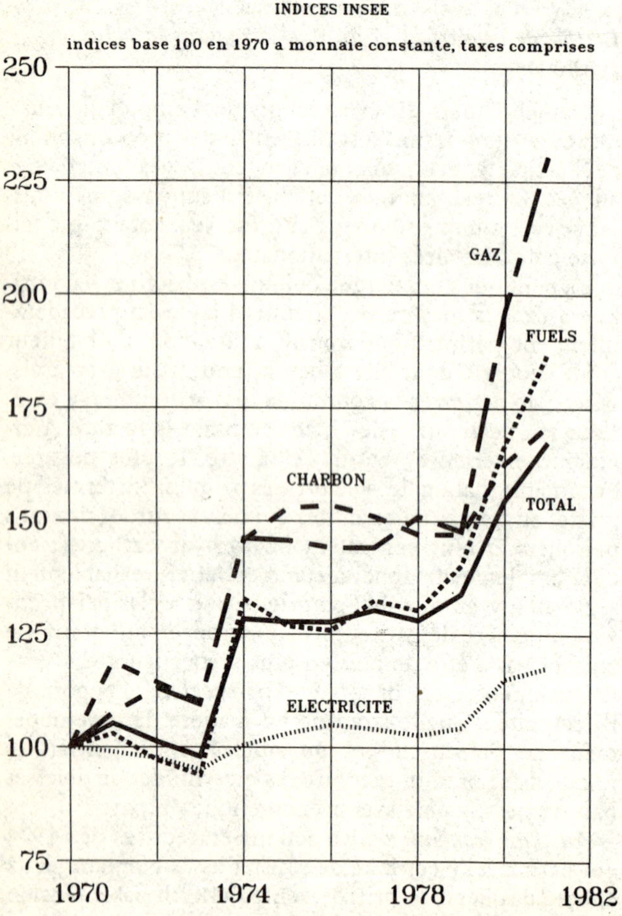

Pour l'avenir, grâce au développement de la production électronucléaire et, corrélativement, la régression la production électrique à partir du fuel, le point le plus important est que, très prochainement, le prix de l'électricité sera pratiquement totalement indépendant du

Évolution des prix des énergies dans le secteur domestique

INDICES INSEE DES PRIX A LA CONSOMMATION DES MENAGES

indices base 100 en 1970 a monnaie constante, taxes comprises

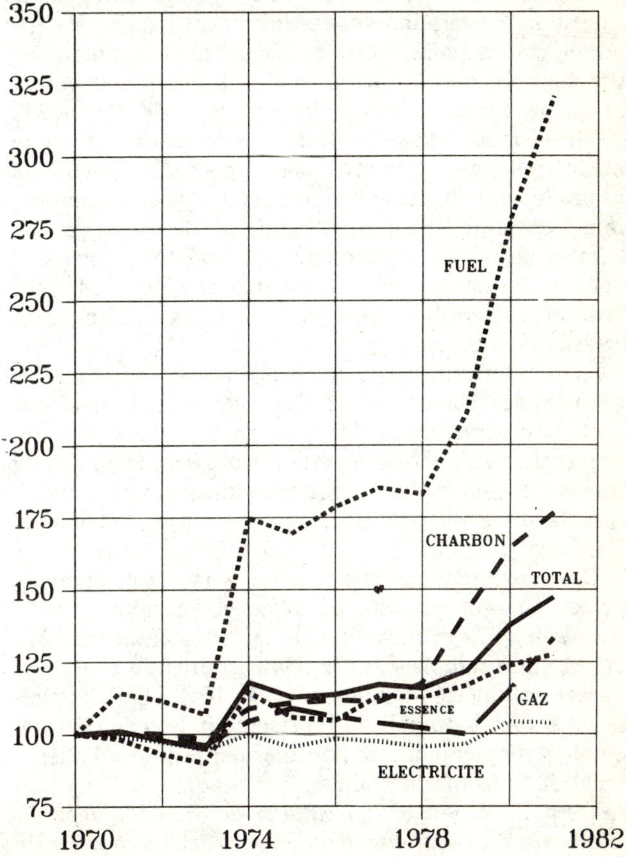

prix du pétrole. Il est donc possible - et ceci ne manque pas de faire contraste avec les incertitudes qui pèsent sur le prix des hydrocarbures - de se prononcer avec une bonne assurance sur l'évolution probable du prix de l'électricité à moyen terme : le niveau des prix en 1985 devrait en monnaie constante être très voisin du niveau actuel et l'on peut espérer enregistrer une légère baisse des tarifs - toujours en monnaie constante - entre 1985 et 1990.

S'agissant de la réduction de la facture énergétique extérieure, l'évolution de la structure du système électrique a, évidemment, un effet décisif. On peut montrer, par exemple, qu'à l'horizon 1990 – et pour une hypothèse de production d'électricité nucléaire de 280 à 300 TWh – l'économie de devises qu'apporte le programme nucléaire tel qu'il est prévu, par rapport à un système où la production thermique serait assurée par du charbon importé, est de l'ordre de 40 milliards de francs par an. D'autre part, l'amélioration de la compétitivité économique des entreprises résultant de prix de l'électricité plus favorables contribue également à l'amélioration de la balance commerciale.

Cette contribution du nucléaire à l'amélioration des balances des paiements et, à travers elle, à la lutte contre l'inflation structurelle due aux hausses des coûts des importations d'énergie est tout à fait essentielle ; aussi y reviendrons-nous plus longuement lorsque nous évoquerons la place de l'industrie nucléaire dans l'économie française.

On peut étendre cette analyse à la substitution de l'électricité aux produits pétroliers. Le résultat dépend bien entendu des modalités de la substitution (nombre de thermies remplacées par KWh, courbe de charge de l'usage considéré) mais, *grosso modo,* 10 TWh d'électricité substitués à du pétrole représentent 15 000 à 30 000 emplois supplémentaires possibles par le jeu de l'allégement de la facture pétrolière.

Du point de vue de la *limitation des risques d'approvisionnement,* l'électricité peut jouer également un rôle important ; elle permet, en effet, d'accroître l'utilisation d'énergies primaires intrinsèquement plus sûres que les hydrocarbures : l'uranium et le charbon.

La sécurité d'approvisionnement en uranium mérite une mention particulière : certains se sont émus du fait qu'à l'horizon 1990, il est prévu de couvrir les besoins français en uranium à hauteur des deux tiers environ par des importations. En fait, les risques éventuels sont très limités pour les raisons suivantes : la France dispose de réserves propres très appréciables (120 000 tonnes) susceptibles de jouer un rôle régulateur ; la répartition géopolitique des ressources d'uranium est beaucoup plus satisfaisante que celle des hydrocarbures ; l'uranium est aisément stockable. La France dispose de stocks de sécurité correspondant à cinq ans de production ; enfin, en termes de coût, l'uranium naturel n'intervient que pour environ 12 % dans le coût du kWh nucléaire.

Tout ceci met donc à l'abri des ruptures brutales d'approvisionnement et favorise un jeu satisfaisant des mécanismes régulateurs à moyen terme.

Il est important de noter également au passage que l'existence d'un système électrique interconnecté au niveau national et international permet en cas de crise de jouer dans une certaine mesure et dans des délais raisonnables – les années qui ont suivi le premier choc pétrolier l'ont bien montré – sur la structure des approvisionnements en énergies primaires, sans avoir à remanier profondément l'ensemble des chaînes énergétiques. De même, le réseau fait-il de l'électricité – certes centralisée dans sa production – un instrument privilégié de décentralisation et d'aménagement du territoire.

Les centrales à neutrons rapides : un atout pour l'avenir

L'électricité est produite par un ensemble de centrales de divers types : hydrauliques, thermiques classiques consommant du charbon ou des hydrocarbures (fuel ou gaz naturel) et nucléaires. Le producteur d'électricité s'efforce de satisfaire la demande au moindre coût, comme nous l'avons vu précédemment, compte tenu des caractéristiques propres à chaque moyen de production. Les centrales à neutrons rapides[16] dites surgénératrices ont-elles leur place dans cette palette de moyens et pourquoi ?

La centrale à eau ordinaire pressurisée est une technique maintenant bien connue ; elle fonctionne bien et sa compétitivité est bonne. Pourquoi dès lors vouloir recourir à une autre technique nucléaire ? La raison en est simple : les centrales à eau ordinaire consomment de l'uranium naturel, dont les ressources dans le monde sont importantes mais néanmoins limitées, à l'instar des ressources de pétrole et l'on ne peut prédire quelle sera l'évolution des prix de l'uranium dans l'avenir ni les restrictions à l'exportation de ce métal qui pourraient être apportées par certains pays producteurs.

Les centrales à eau ordinaire engendrent, du fait de leur fonctionnement, deux sous-produits : le plutonium et l'uranium appauvri. Les assemblages de combustibles irradiés contenant le plutonium peuvent être conservés un certain temps dans des piscines spécialisées, mais ce stockage intermédiaire ne saurait se prolonger indéfiniment. Il faudra ultérieurement assurer le conditionnement à long terme des déchets qu'ils contiennent et réutiliser les matières énergétiques (uranium et plutonium) qu'ils renferment. Le plutonium pourrait certes être recyclé dans les centrales à eau ordinaire, mais un tel recyclage ne peut en pratique être répété plusieurs fois sans se heurter rapidement à des obstacles d'ordre physique et neutronique. Dans ces mêmes centrales, l'uranium appauvri est par définition inutilisable et se trouve condamné au rôle de déchet, bien que représentant encore 99 % du contenu énergétique potentiel de l'uranium extrait du sol.

Or, il est possible de valoriser ces deux matières grâce au phénomène remarquable de la surgénération. Rappelons en effet que les centrales surgénératrices brûlent le plutonium

---

16. Rappelons que la caractéristique essentielle des réacteurs de cette filière est de mettre en œuvre des neutrons plus rapides que dans les centrales à eau ordinaire. L'une de leurs propriétés est d'être, si on le désire, surgénératrices. Voir annexe III, p. 475.

dans leur cœur fissile et peuvent en même temps – si on le désire – en reconstituer à partir de l'uranium naturel ou appauvri placé dans les couvertures à la périphérie de celui-ci. Au contraire du cycle des centrales à eau ordinaire, celui des centrales surgénératrices permet de contrôler aisément le bilan du plutonium : normalement surgénérateurs, ces réacteurs peuvent sans difficulté – si la conjoncture l'exige – cesser de l'être, par une simple modification du cœur. Il n'existe même aucune difficulté technique à transformer, éventuellement, une telle centrale en incinérateur de plutonium. La production de plutonium peut être ainsi directement adaptée aux besoins : la filière surgénératrice n'entraîne aucunement de surplus obligatoire de plutonium.

Globalement, les centrales surgénératrices peuvent extraire d'une même quantité d'uranium naturel une énergie au moins soixante fois plus grande[17] que les centrales à eau ordinaire ; elles permettront de tirer parti des importants stocks d'uranium appauvri qui existent déjà et qui continueront encore de se constituer du fait des filières nucléaires de première génération ; elles rendront possible à l'avenir l'utilisation, sans pénalisation économique significative, des gisements d'uranium à faible teneur considérés actuellement comme non exploitables. Le tableau de la page suivante fournit quelques chiffres significatifs.

La filière à eau ordinaire pressurisée consomme 157 tonnes d'uranium naturel et n'en fissionne finalement que 700 kg, soit 0,5 % ; elle rejette 132 tonnes d'uranium appauvri qui, inutilisable dans cette filière, ne peut être que stocké. C'est ce produit que, par l'intermédiaire du cycle du plutonium, va finalement consommer la centrale surgénératrice, à raison de 26 t/an pour la centrale de Creys-Malville, de moins de 10 t/an par la suite. Une centrale à eau ordinaire permet donc d'alimenter cinq centrales surgénératrices du type Creys-Malville et treize centrales dans l'avenir (projet 1 500 MWe).

---

17. Avec toutefois des délais de mise en œuvre de plusieurs décennies pour utiliser totalement l'uranium.

Bilan matières pour 1 000 MWe en t/an	Filière à eau ordinaire pressurisée	Filière surgénératrice	
		Creys-Malville	Projet 1 500 MWe
Entrées			
– Uranium naturel	157	–	–
– Uranium appauvri ...		26	10
Sorties			
– Uranium appauvri ...	132	–	–
– Uranium de retraitement	22	24	9
– Produits de fission (= énergie)	0,7	0,6	0,6
Plutonium	0,28	0,12	0,05

Les centrales surgénératrices font donc passer la durée des réserves mondiales d'uranium exploitables dans des conditions économiques satisfaisantes de l'échelle des années à celle des siècles. Ainsi, dans le contexte français par exemple, l'introduction des surgénérateurs dans le réseau de production d'électricité conduirait à un infléchissement significatif de la consommation d'uranium naturel. L'uranium n'est donc plus une ressource rare lorsque l'on a recours aux surgénérateurs, qui présentent dès lors l'essentiel des caractéristiques d'une énergie renouvelable. Mais ce recours n'est bien sûr envisageable que si les perspectives économiques de la filière sont favorables. Qu'en est-il actuellement ?

Le coût de la centrale de Creys-Malville est d'environ le double de celui d'une centrale à eau ordinaire pressurisée de même puissance et le coût de KWh issu de cette centrale sera également du double de celui produit par une centrale à eau ordinaire mais voisin de celui produit par une centrale à charbon. Mais il faut souligner le caractère artificiel d'une comparaison entre un prototype isolé sur un site et construit dans un cadre multinational très contraignant et la quarantième centrale à eau ordinaire d'une série nationale depuis longtemps industriellement et commercialement éprouvée.

Creys-Malville supporte en particulier un certain nombre de charges financières qui ne devraient pas se retrouver sur les surgénérateurs suivants : des frais d'étude et d'ingénierie qui représentent environ le quart du prix de la centrale. Ces frais sont dans une construction en série répartis sur de nombreuses unités ; l'effet prototype sur les composants, construits par les industriels en un seul exemplaire ce qui en augmente le coût ; des dépenses d'ouvertures du site qui pour des centrales à eau ordinaire pressurisée sont réparties sur deux ou quatre tranches.

L'expérience de Creys-Malville doit permettre des gains importants, tant au niveau de la conception qu'à celui de la réalisation. Une sensible réduction des coûts d'investissement de la filière surgénératrice est un objectif qui semble à la portée de l'industrie française. Pour les prochaines réalisations, on sait d'ores et déjà notamment que, sans altérer le niveau de sûreté, l'on peut augmenter de 20 % la puissance unitaire de la chaudière, tout en diminuant le poids des matériaux mis en œuvre et en conservant les dimensions actuelles du bloc réacteur. Le lancement d'une présérie de plusieurs réacteurs, et non d'un seul, serait de surcroît un autre facteur de réduction des coûts. Il permettrait de répartir sur plusieurs unités les frais d'ingénierie et de fabrication des composants, ainsi que les dépenses relatives au site.

Quant au cycle du combustible, plusieurs facteurs peuvent réduire fortement son coût par rapport à celui de Creys-Malville : la réduction du flux annuel du combustible ($Pu0_2$ - $U0_2$) à fabriquer et retraiter, en augmentant le temps de séjour en réacteur des assemblages ; la construction à proximité des centrales de l'usine de fabrication et de l'usine de retraitement du combustible, de façon à minimiser le coût du transport des assemblages neufs ou irradiés de ces unités tout en bénéficiant d'avantages économiques significatifs sur le plan du site ; enfin, les effets de taille sur les usines de fabrication et de retraitement.

Bien entendu, ces réductions de coût possibles doivent encore être démontrées. Ceci suppose la poursuite d'un important programme de recherche et développement et le lancement en temps utile d'une présérie de réacteurs suivant Creys-Malville, ainsi que des installations du cycle de combustible correspondantes. Les partenaires du programme français de réacteurs à neutrons rapides – E.D.F., le C.E.A., la Cogema et Novatome – travaillent activement dans ce domaine. Leur objectif est de réunir tous les éléments techniques, économiques et financiers permettant au gouvernement de prendre, le moment venu, les décisions relatives à la suite du programme.

La place de l'industrie nucléaire dans l'économie française

L'énergie nucléaire n'exige-t-elle pas un effort d'investissement trop important ? La réponse à cette question comporte trois volets selon le niveau auquel on se situe pour examiner le financement nécessaire aux programmes nucléaires.

Le premier se situe au niveau du producteur d'électricité. Dans le contexte économique français, les dépenses de premier établissement, c'est-à-dire préalables à la mise en fonctionnement d'une centrale nucléaire, sont, en ordre de grandeur, près de deux fois supérieures à celles d'une centrale thermique classique lorsque l'on ajoute, aux investissements proprement dits, les frais financiers associés et la première charge de combustible. Mais, contrairement aux centrales classiques pour lesquelles le combustible doit être fourni d'une manière continue, la première charge de combustible d'une centrale nucléaire reste trois ans environ dans le réacteur, de telle sorte que le surcoût d'investissement d'une centrale nucléaire est remboursé en deux ans environ si l'on compare deux centrales, nucléaire et thermique, isolées.

Ce délai est porté à cinq ans si ces centrales se situent dans le cadre d'un programme croissant de puissance électrique installée.

Le développement des programmes nucléaires entraînera donc pour Électricité de France un supplément notable d'investissement. Toutefois, les investissements dans la production et la distribution de l'électricité ont toujours représenté une somme importante par rapport au chiffre d'affaires de cette activité. Les ratios investissements sur chiffre d'affaires étaient, dans le passé, très élevés, lorsque l'on construisait beaucoup d'hydraulique. Ce ratio était, vers 1960, de l'ordre de 75 % : il a été fortement abaissé au cours des années récentes par la disparition de l'hydraulique des programmes d'équipements. Le recours au nucléaire devrait conduire à des ratios investissements sur chiffre d'affaires croissants se stabilisant autour d'une valeur de l'ordre de 40 % dans les années 1980.

Deuxième volet : l'industrie énergétique. il faut tout d'abord remarquer que le développement de l'énergie nucléaire implique un ralentissement dans le taux de croissance des investissements liés aux autres énergies à laquelle le nucléaire se substitue. De plus, la production d'électricité à partir de centrales nucléaires à eau ordinaire n'exige pas au total beaucoup plus d'investissements par kWe installé, au niveau du secteur de l'énergie[18]. Il en est ainsi parce qu'il convient d'ajouter, aux investissements propres à la centrale thermique au charbon prise comme référence, la totalité des investissements en amont, c'est-à-dire l'exploration, la production et le transport du charbon. Il est vrai que les circuits de financement ne sont pas les mêmes et que dans le cas de charbon importé, la plus grande part des financements

18. Nous n'évoquons pas ici la question du « bilan énergétique du nucléaire » c'est-à-dire l'évaluation des quantités d'énergie consommée et produite, qui n'est pas à strictement parler un problème économique. Indiquons toutefois que ce bilan est très favorable au nucléaire, comme nous le montrons en annexe IV à ce chapitre p. 480, « le contenu énergétique du nucléaire ».

nécessaires en amont des centrales thermiques est fournie par l'étranger.

Enfin, le troisième volet se situe au niveau de l'économie nationale où il faut noter également, que si l'on rapporte les investissements d'Électricité de France à l'épargne nationale, ceux-ci n'en mobilisent, à l'époque du plus grand effort nucléaire, que 5,5 % alors que ce ratio s'élevait à 7 % dans les années 60, lors des grandes réalisations hydrauliques. Il n'apparaît pas que le développement du nucléaire nécessite un effort considérable au plan national, comparé à celui qui a été consenti dans les années 60.

En conclusion, le recours au nucléaire implique, pour les producteurs d'électricité, un important et immédiat effort d'investissement, donc de financement et probablement d'ajustement de tarif. Mais cet effort sera assez rapidement compensé par les économies réalisées sur le combustible. Pour l'économie nationale, par ailleurs, l'effort financier global à consentir n'apparaît pas excessivement lourd.

Nucléaire, emploi et économie

Le programme nucléaire, par les investissements importants qu'il nécessite, réalisés pour prés de 90 % sur le territoire national, est créateur d'emplois directs dans l'industrie nucléaire, et d'emplois indirects dans les industries qui travaillent pour l'activité économique nucléaire. Une part importante de ces emplois directs et indirects est créée dans des entreprises locales autour des sites des centrales.

Dans l'ensemble du pays, ces emplois représentent actuellement environ 150 000 personnes. Leur nombre devrait croître avec la mise en service de nouvelles centrales nucléaires et avec le développement d'installations liées au cycle du combustible, et s'élever jusqu'à 200 000 personnes environ. Toutefois, il serait erroné de limiter l'analyse de l'impact du programme électronucléaire sur l'économie, et en particulier l'emploi, au seul décompte de ces emplois, directs et indirects, mobilisés pour la réalisation de ce programme et pour la mise en œuvre des équipements – centrales nucléaires, installations liées au cycle du combustible – réalisés. Le développement du nucléaire est en effet porteur d'économies de devises très importantes. L'amélioration de la balance des paiements courants qui en résulte permet d'envisager des politiques économiques de relance beaucoup plus vigoureuses sans craindre, par l'effet néfaste de telles politiques de relance sur l'équilibre extérieur, l'affaiblissement de la position du franc sur le marché des changes et ses effets pervers.

Les études sur les effets macro-économiques du nucléaire posent des questions complexes – que nous évoquerons rapidement – et se poursuivent actuellement. Les mécanismes peuvent sembler un peu obscurs au non spécialiste : les créations d'emplois sont ici associées à une croissance économique plus forte, et n'ont pas de lien direct avec le nucléaire. Il peut s'agir aussi bien de créations d'emplois dans les services, les commerces ou les industries agro-alimentaires. On va tenter d'expliciter les principaux mécanismes qui entrent en jeu.

L'élément essentiel est qu'une amélioration de la balance commerciale autorise une croissance économique plus rapide. Il est en effet bien établi qu'une relance économique aboutit très rapidement, par suite de la grande sensibilité des importations à la croissance, à une dégradation de la balance des paiements. Dans les circonstances économiques qui prévalent depuis le choc pétrolier de 1973, ce mécanisme est devenu l'un des freins essentiels à la croissance en France. En effet, il n'est pas possible de provoquer une détérioration de la balance des paiements courants sensiblement supérieure à ce qu'acceptent de leur côté les autres grands pays industrialisés sans provoquer en même temps un affaiblissement de notre monnaie, qui se traduirait par un alourdissement supplémentaire du coût, en francs, des importations pétrolières et une nouvelle détérioration de l'équilibre extérieur. Pour enrayer ce mécanisme de dégradation de l'équilibre extérieur et de dépréciation du franc, les Pouvoirs Publics se verraient très rapidement contraints à mettre en place des mesures restrictives qui viendraient casser à nouveau la croissance.

Toute politique permettant d'améliorer la balance des paiements amènera en même temps un allégement de cette « contrainte extérieure » et permettra donc, par la mise en place de politiques appropriées, une croissance plus rapide. C'est le cas en particulier pour le développement du nucléaire, qui induit de très importantes économies de devises et ce par plusieurs mécanismes distincts.

Il existe, en effet, un certain taux de croissance économique d'équilibre au-delà duquel le chômage régresse et en deçà duquel il augmente. Ce taux d'équilibre correspond à une situation donnée de la balance des paiements. Si une augmentation de la facture énergétique survient, le retour à la situation antérieure exige de réduire les importations autres que d'énergie (matières premières, machines-outils...). Il en résulte une diminution du niveau de l'activité économique donc de celui de l'emploi. Inversement, une réduction de la facture énergétique par substitution au pétrole et au charbon importé d'énergie nationale améliore la balance des paiements et permet une élévation du niveau de l'activité économique donc de celui de l'emploi.

Supposons qu'on substitue au programme nucléaire prévu pour atteindre cet objectif un programme au charbon importé (ou au pétrole importé) les dépenses en devises s'accroîtront au fil des ans, d'où une réduction corrélative et cumulative de croissance économique et d'emplois[19]. Mais peut-on apprécier quantitativement les relations entre la réduction de la facture pétrolière, l'amélioration de la balance, l'augmentation de la croissance et celle du niveau de l'emploi ?

---

19. R. Lattes et L. Thiriet : « Incidences macro-économiques, monétaires et sociales de stratégies de production énergétique équivalentes », *Rapport C.E.A.*, 1980.

Tout d'abord le fait de faire reposer la production d'électricité largement sur le nucléaire, et non sur le charbon ou le fuel, permet de diminuer très sensiblement les importations de combustibles. Ainsi 1 000 MWe nucléaires en service économisent environ 1,5 million de tonnes de fuel lourd par an – ou 2,5 millions de tonnes de charbon – en régime de croisière. Ceci correspond à une réduction de 1,4 milliard de francs par an des dépenses en devises du pays, si le combustible économisé est du pétrole, de 600 millions de francs par an si le combustible économisé est du charbon, aux conditions de prix des combustibles en 1981.

En 1981, la production d'électricité nucléaire, soit 100 milliards de kWh, aura permis de réduire notre facture énergétique de plus de 10 milliards de francs par rapport à ce qu'elle aurait été si l'on avait construit des centrales à charbon à la place des centrales nucléaires. En 1990, les 280 à 300 milliards de kWh nucléaires représenteront, au prix actuel du charbon, une réduction de facture énergétique de près de 40 milliards de francs de 1981 ayant créé depuis 1981 de l'ordre de 400 000 emplois par desserrement de la contrainte extérieure.

Cet effet lié aux économies de combustibles est numériquement le plus fort, mais il est loin d'être le seul qui entraîne des économies de devises. On peut citer en particulier trois autres effets importants conduisant à une amélioration de la balance commerciale.

Le programme nucléaire a un effet bénéfique sur le prix de l'électricité. Dans les premières années de la mise en œuvre du programme, les besoins de financement nécessaires à la réalisation des investissements ont pesé sur l'évolution du coût du kWh. Mais dès le début des années 1980 la tendance s'inverse, et les économies réalisées sur les achats de combustibles l'emportent sur les surcoûts d'investissement supportés par ailleurs. L'allégement des dépenses totales du producteur d'électricité qui en résulte avoisinerait, en 1990, près de 30 milliards de francs de 1981 par rapport à un programme alternatif au charbon. D'où une moindre progression des prix de l'électricité. La réduction du coût des fournitures d'électricité pour un industriel atteindrait ainsi environ 40 % en 1990, toujours par rapport à une alternative charbon.

Deux conséquences importantes se dessinent. D'une part cette diminution de leurs coûts énergétiques permettra aux industriels français d'être plus compétitifs à la fois sur les marchés extérieurs et pour la défense et l'amélioration de leurs positions sur le marché intérieur. De cette compétitivité accrue découlera une amélioration des soldes commerciaux pour de nombreux produits industriels, et donc des économies de devises, qui pourraient atteindre, en 1990, quelque 5 milliards de francs 1981. D'autre part ces prix avantageux de l'électricité auront un effet puissant sur les choix énergétiques des industriels et des ménages. La substitution plus rapide qui en résultera de l'électricité au pétrole au niveau des usagers concourra à accélérer le processus d'amélioration de l'indépendance énergétique de la France et de sa facture pétrolière.

Enfin, l'industrie nucléaire est une industrie de pointe que les efforts consentis en France depuis des décennies ont portée à l'une des toutes premières places dans le monde. Ce développement et cette avance technique permettent à notre pays l'exportation de matériels et d'équipements, ainsi que de services, vers les pays étrangers. L'usine de séparation isotopique d'Eurodif fournira 10,8 millions d'U.T.S. (unités de travail de séparation isotopique, voir chapitre III) à pleine capacité. 50 % de la production annuelle sera exportée. Compte tenu de l'évolution prévisible des prix de l'U.T.S., ce sont des recettes en devises de 4 milliards de francs par an en moyenne qui seront obtenues au cours de la prochaine décennie. La vente de services de retraitement de combustibles irradiés étrangers constituera également un important apport de devises.

Les apports de devises dûs à l'exportation de biens et de services nucléaires, qui pourraient dépasser 10 milliards de francs par an, contribueront donc d'une façon substantielle à l'amélioration de notre balance des paiements, et au soutien de l'activité économique qui pourrait ainsi créer 100 000 emplois supplémentaires d'ici 1990.

Le développement du nucléaire a donc un effet nettement favorable sur la croissance économique et l'emploi et il est potentiellement beaucoup plus important que la simple mobilisation d'effectifs pour la réalisation du programme : 400 000, pas l'effet sur le desserrement de la contrainte extérieure des économies de combustibles fossiles importés (charbon), 100 000 par les gains en devises des exportations de biens et services nucléaires, soit au total de l'ordre de 500 000 d'ici 1990, que l'on peut comparer et qui s'ajoutent aux 150 000 à 200 000 personnes mobilisées directement et indirectement par le programme nucléaire. Ces chiffres recoupent par ailleurs l'estimation de 700 000 emplois créés par le nucléaire en 1990, citée par M. Jacques Delors, ministre de l'Économie et des Finances devant le Conseil économique et social.

ANNEXES

I. – Courbe de charge monotone et optimisation du parc de production d'électricité
II. – La situation du programme nucléaire français
III. – Consommation française d'uranium naturel et développement des centrales à neutrons rapides.
IV. – Le contenu énergétique du nucléaire.

I

Courbe de charge monotone et optimisation du parc de production d'électricité

Exemples de courbes de charges françaises puissances élétriques totales appelées en France pendant 24 heures

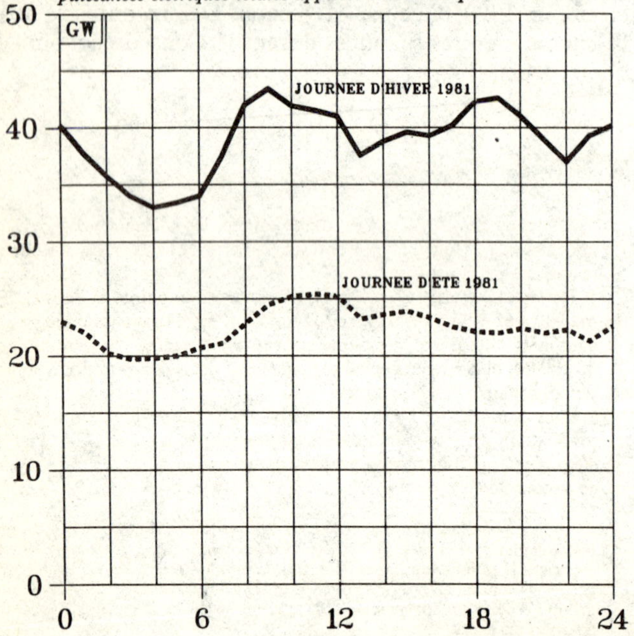

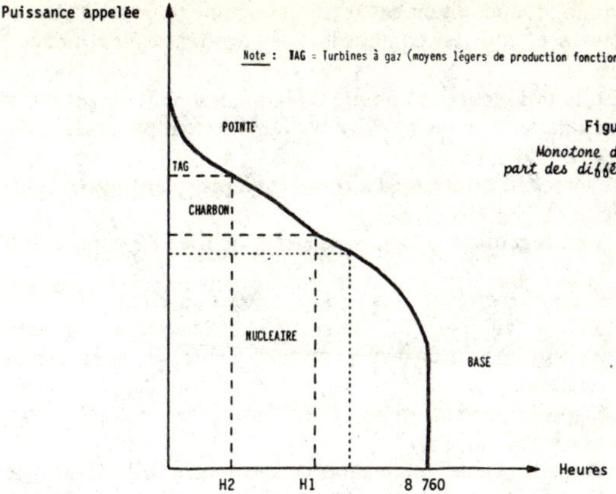

Figure 1 :
Monotone de charge et part des différents équipements

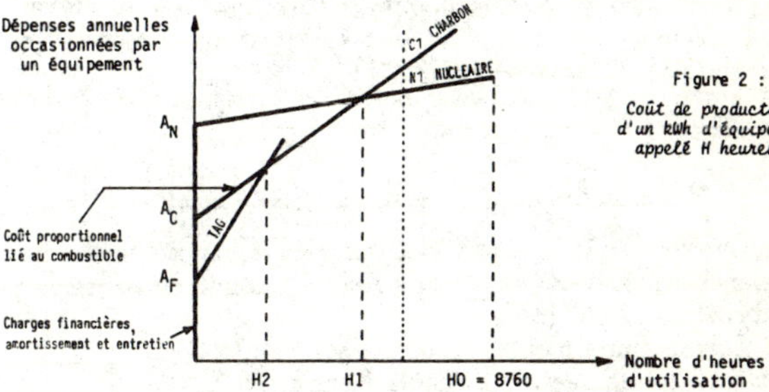

Figure 2 :
Coût de production d'un kWh d'équipement appelé H heures

Au cours des 8 760 heures d'une année, les puissances électriques appelées par les usagers peuvent varier fortement suivant la période de la journée ou la saison.

De façon à mettre en évidence les périodes de pointe et l'appel permanent aux équipements de production, il est d'usage de présenter la courbe de charge globale d'une année sous la forme d'une monotone de charge, obtenue en reclassant par ordre décroissant toutes les puissances horaires de cette année.

Pour comprendre l'arbitrage réalisé entre les différents moyens de production, un exemple simplifié a été figuré ci-contre. Trois types d'équipements thermiques sont en concurrence pour réaliser le parc de production[1] :

---

1. On suppose ici, dans un but de simplification, qu'il n'y a pas de moyens hydrauliques dont la prise en compte rend très complexe la gestion du système électrique. Les différents types de centrales hydrauliques (rivière, lacs, pompage...) s'insèrent en effet différemment dans la gestion complète du parc de production et leurs productions de kWh peuvent avoir des valorisations économiques fort éloignées.

– équipement de production en base de la monotone (charges d'immobilisation élevées et coût en combustible faible – exemple : nucléaire) ;
– équipement de production en pointe de la monotone (charges d'immobilisation faibles et coût en combustible élevé – exemple : turbines à gaz) ;
– équipements de coûts intermédiaires – exemple : centrale à charbon.

La figure 2 en regard de la figure 1 permet de tirer les conclusions suivantes :

1. Tout kW appelé pendant plus de H_1 heures doit être produit par le nucléaire qui est l'équipement le moins cher dans ce cas.

2. Tout kW ayant une durée d'appel comprise entre H_1 et H_2 est du domaine du charbon.

3. Tout kW appelé pendant moins de H_2 heures conduit à développer des turbines à gaz.

La figure 1 est la stricte application de ces règles. Elle fournit le « parc optimal ». Toute modification de ce parc conduit à un surcoût. A titre d'exemple, remplacer le dernier kW nucléaire par un kW de charbon entraîne un surcoût N_1C_1.

II

La situation du programme nucléaire français

– Au 31 décembre 1981 le parc électronucléaire français comprenait trente tranches installées (couplées au réseau) soit une puissance électrique d'environ 22 000 MWe :
– 6 réacteurs uranium naturel « graphite-gaz » ou UNGG
– 1 réacteur « eau-lourde-gaz » (Monts d'Arrée)
– 1 réacteur « surgénérateur » (Phénix)
– 1 réacteur P.W.R. - 300 (Chooz – SENA)
– 21 réacteurs P.W.R. - 900 (voir carte page 468).

Sur ces trente tranches couplées au réseau, vingt-huit sont en exploitation industrielle (dont 19 réacteurs P.W.R. de 900 MW).

– Sont en construction : – 12 tranches du palier 900 MW :
- Blayais (3 tranches)
- Chinon B3 (3)
- Gravelines C (2)
- Cruas (4)

– 13 tranches du palier 1300 MW :
- Belleville (2)
- Cattenom (2)
- Flamanville (2)
- Nogent (1)
- Paluel (4)
- Saint Alban (2)

et une tranche à Creys-Malville (neutrons rapides).

– Six tranches P.W.R. seront engagées en 1982 et 1983 à la suite des décisions du gouvernement et du vote de l'Assemblée nationale du 7 octobre 1981 :

– 1 réacteur P.W.R. 900 : • Chinon B4

– 5 réacteurs P.W.R. 1300 : • Cattenon 3
• Chooz B1
• Golfech 1
• Nogent 2
• Penly 1

La mise en exploitation du premier est prévue pour 1987, celle des cinq autres entre 1988 et 1990.

III

Consommation française d'uranium naturel et développement des centrales à neutrons rapides

Du point de vue de la sécurité d'approvisionnement, l'uranium présente par rapport aux autres formes d'énergie primaire le double avantage de disposer de sources très diversifiées et de pouvoir être stocké en quantités importantes sans difficultés. Cet avantage a été mis à profit en France, à la fois par une politique de diversification des approvisionnements et par la constitution d'un stock de sécurité correspondant à cinq ans d'utilisation.

Cette politique, qui tend à réduire le plus possible à terme notre dépendance énergétique, trouve son prolongement naturel dans le développement des surgénérateurs. Grâce à eux, les besoins en uranium pourront être progressivement infléchis puis considérablement réduits. Les surgénérateurs seront alimentés d'une part par le plutonium produit dans le cœur des centrales à eau ordinaire, d'autre part par de l'uranium appauvri, sous-produit inutilisé des usines d'enrichissement isotopique, dont il existe des stocks abondants.

L'introduction des surgénérateurs dans le parc électronucléaire français ne peut toutefois se faire que de façon progressive selon la disponibilité en plutonium produit par les centrales à eau ordinaire.

A titre indicatif, et sans qu'en aucune manière les valeurs données dans cette annexe puissent être considérées comme des prévisions, on peut mettre en évidence l'infléchissement des besoins français en uranium naturel en fonction de la pénétration des surgénérateurs et en indiquer l'ordre de grandeur.

L'hypothèse de production d'électricité d'origine nucléaire en France qui a été retenue est celle qui résulte du débat du Parlement des 6 et 7 octobre 1981. La puissance nucléaire totale installée en France en 1990 serait de 56 GW et la production correspondante d'électricité d'origine nucléaire de 280 TWh. La production d'électricité d'origine nucléaire est supposée atteindre 70 % de la production nationale en 1995 et plafonner à ce niveau jusqu'en 2025.

Deux scénarios de programmes nucléaires capables de produire cette énergie électrique ont notamment été étudiés :

1 – Le programme électronucléaire serait constitué des réacteurs existants ou décidés actuellement et de réacteurs nucléaires engagés au-delà de 1981, mais qui seraient tous du type centrales à eau ordinaire pressurisée.

2 – Le programme électronucléaire serait constitué des mêmes réacteurs existants ou décidés, et de réacteurs engagés au-delà de 1981 du type à eau ordinaire pressurisée et du type surgénérateurs (réacteurs à neutrons rapides : R.N.R.) selon certaines modalités respectant un rythme de construction acceptable du point de vue industriel. Les réacteurs surgénérateurs (R.N.R.) dans ces conditions compléteraient le parc électronucléaire pour satisfaire la production d'électricité nucléaire.

Les résultats sont présentés sur les graphiques ci-après. On constate que la pénétration des surgénérateurs (filière R.N.R.) fait apparaître à partir de 1990 une diminution des besoins annuels en uranium naturel. Cette diminution s'accentue rapidement. En 2000, l'existence du programme de surgénérateurs économise l'approvisionnement annuel de 2 000 tonnes d'uranium naturel (par comparaison les besoins annuels en 1981 sont de 3 500 tonnes). Enfin, les besoins cumulés d'uranium naturel en 2025 seraient réduits d'environ 200 000 tonnes.

PUISSANCE ELECTRONUCLEAIRE INSTALLEE EN FRANCE

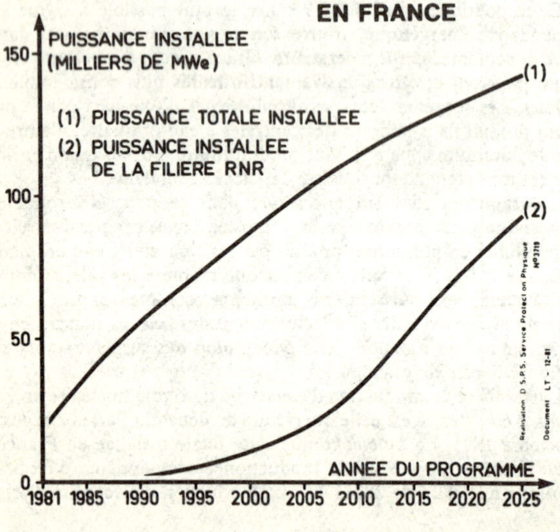

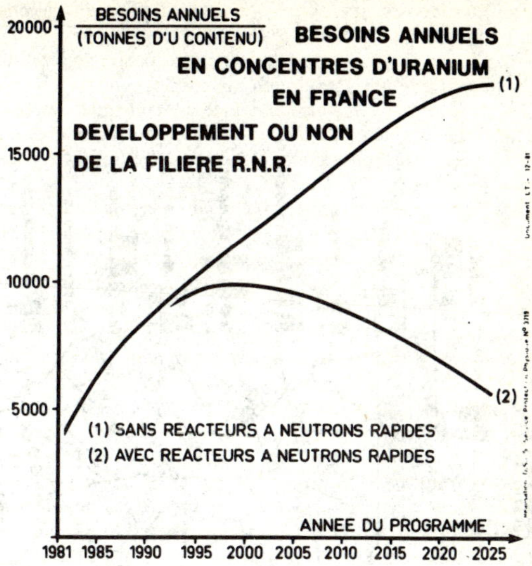
BESOINS ANNUELS
(TONNES D'U CONTENU)
BESOINS ANNUELS
EN CONCENTRES D'URANIUM
EN FRANCE
DEVELOPPEMENT OU NON
DE LA FILIERE R.N.R.
20000
15000
10000
5000
(1)
(2)
(1) SANS REACTEURS A NEUTRONS RAPIDES
(2) AVEC REACTEURS A NEUTRONS RAPIDES
ANNEE DU PROGRAMME
1981 1985 1990 1995 2000 2005 2010 2015 2020 2025

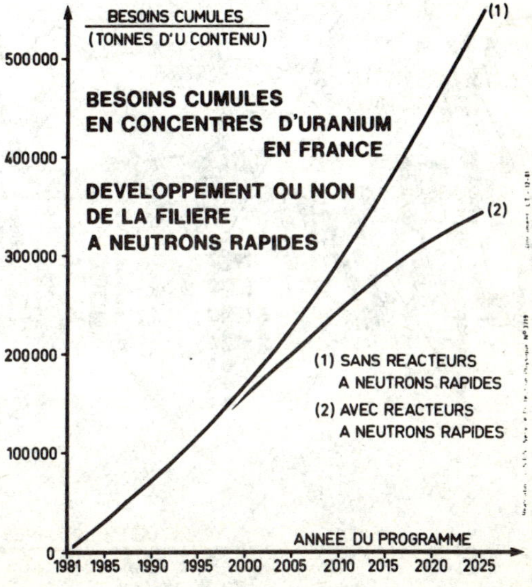
BESOINS CUMULES
(TONNES D'U CONTENU)
BESOINS CUMULES
EN CONCENTRES D'URANIUM
EN FRANCE
DEVELOPPEMENT OU NON
DE LA FILIERE
A NEUTRONS RAPIDES
500000
400000
300000
200000
100000
0
(1)
(2)
(1) SANS REACTEURS
A NEUTRONS RAPIDES
(2) AVEC REACTEURS
A NEUTRONS RAPIDES
ANNEE DU PROGRAMME
1981 1985 1990 1995 2000 2005 2010 2015 2020 2025

TRANCHES NUCLEAIRES EN FRANCE SITUATION AU 01-01-1982

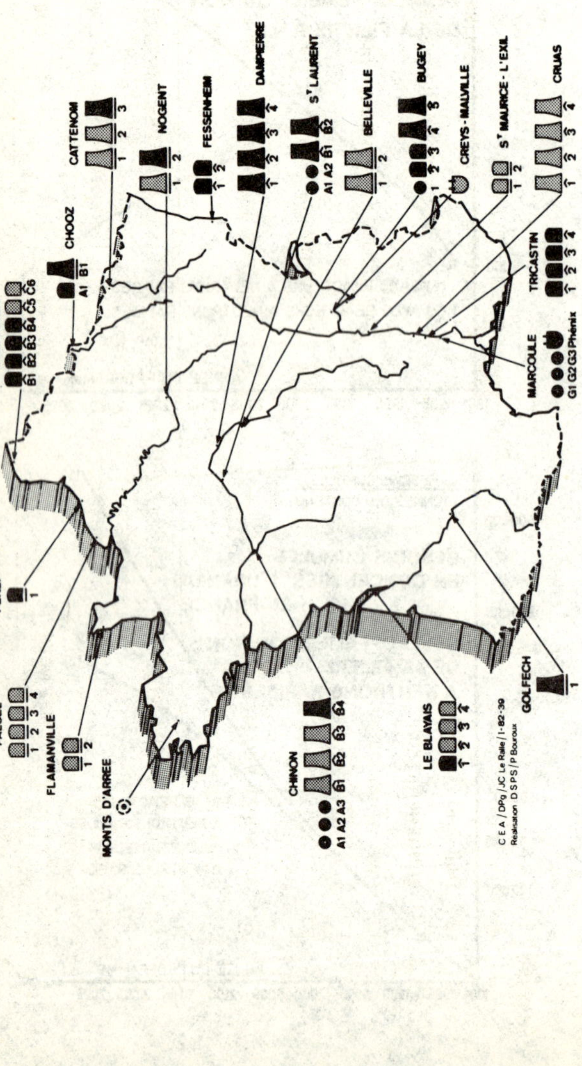

TYPE

- ● U N G G
- GAZ-EAU LOURDE
- SURGENERATEUR
- PWR, REFROIDISSEMENT CIRCUIT OUVERT
- PWR, REFROIDISSEMENT CIRCUIT FERME, TOURS

PALIER STANDARDISE

- TRANCHES 900 MWe
- TRANCHES 1300 MWe

- ■ EN EXPLOITATION
(PREMIERE DIVERGENCE REALISEE)
- EN CONSTRUCTION,ORDRE D'EXECUTION DONNE
- ENGAGEMENTS PREVUS EN 1982
- ENGAGEMENTS PREVUS EN 1983
- TRANCHES DECLASSEES

EN EXPLOITATION: 30 UNITES	EN CONSTRUCTION: 26 UNITES	ENGAGEMENTS PREVUS: EN 1982 ET 1983
21 PWR-900 , 1 PWR-300 , 1 SURGENERATEUR , 6 UNGG , 1 EAU LOURDE	12 PWR-900 , 13 PWR-1300 , 1 SURGENERATEUR	1 PWR-900 , 5 PWR-1300
21800 MWe NETS	28600 MWe NETS	7300 MWe NETS

IV

Le contenu énergétique du nucléaire

Ne prendre en considération qu'une partie seulement des facteurs – matières premières, énergie, travail, capital – qui concourent à la production, c'est risquer de commettre une erreur économique grave, car c'est privilégier, peut-être inconsidérément, la rareté d'une ressource et le prix à payer pour en disposer, au détriment de l'utilisation optimale de toutes les ressources disponibles. Toutefois, cette question du contenu énergétique du nucléaire étant parfois posée, il semble utile d'indiquer ci-après quelques données du problème.

Lorsque nous utilisons l'expression « contenu énergétique du nucléaire », nous entendons qu'il convient de tenir compte à la fois de l'énergie *investie* et de l'énergie *nécessaire au fonctionnement* des centrales. Ces deux types d'énergie sont consommées soit directement à l'occasion de la construction de la centrale et de son exploitation, soit indirectement par l'augmentation de la production des branches industrielles qui soutiennent l'activité nucléaire en lui fournissant des consommations intermédiaires. Les productions intermédiaires peuvent être évaluées à l'aide d'un « tableau : entrées – sorties » de la comptabilité nationale.

Le tableau suivant indique les différents éléments du contenu en énergie de l'activité nucléaire, pour une puissance de 1 KW.

Consommations d'énergie associées à la production électronucléaire (pour une puissance de 1 kW	
CONSTRUCTION DE LA CENTRALE (y. compris consommations intermédiaires et investissements induits)..	3 730 th/kW
CYCLE DU COMBUSTIBLE (y compris retraitement)	
1RE CHARGE..	2 205 TH/KW
RENOUVELLEMENT	975 TH/KW
INSTALLATIONS DU CYCLE DU COMBUSTIBLE (y. compris consommations intermédiaires et investissements induits)..........	1 105 th/kW

On en déduit aisément que la consommation totale d'énergie résultant directement ou indirectement de la construction et du premier chargement en combustible nucléaire d'une tranche PWR correspond à un peu moins de cinq mois de production de la tranche à pleine puissance. Le bilan énergétique devient positif en moyenne au bout de huit à neuf mois de fonctionnement.

On peut également calculer ce bilan pour la durée d'exploitation de la centrale (21 ans). En supposant que la centrale est constamment utilisée en base, et en employant les normes PEON de durée de fonctionnement (soit 126 600 heures), on établit aisément que les consommations d'énergie représentent 9 % de l'énergie produite durant la vie de la centrale.

On peut enfin rechercher au bout de combien de temps un programme électronucléaire régulier (mise en chantier de la même puissance chaque année) devient producteur net d'énergie. On constate que la production nette devient positive un peu plus de deux ans après la mise en service de la première tranche, comme le montre la figure ci-après.

BILAN ENERGETIQUE
D'UN PROGRAMME ELECTRONUCLEAIRE REGULIER
(engagement de 1000 MWe par an)

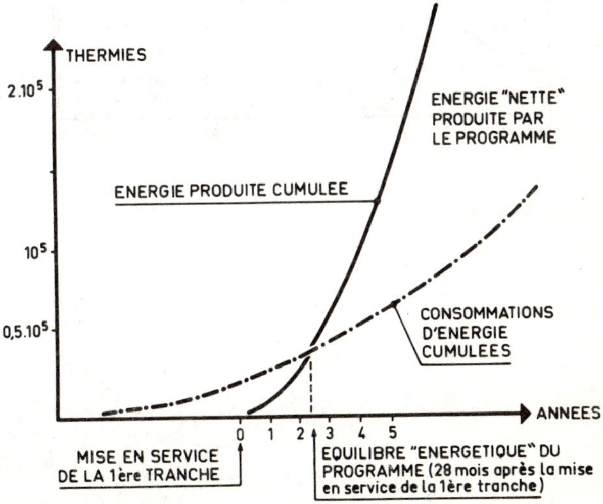

Perspectives de la consommation mondiale d'énergie primaire selon diverses études et différents scénarios

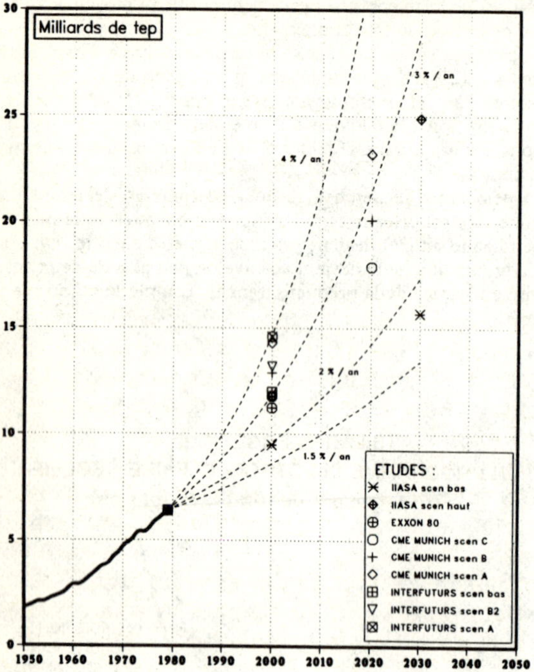

CHAPITRE XI

L'énergie nucléaire et la politique internationale

L'énergie nucléaire a directement fait son entrée – et de manière spectaculaire – sur la scène politique internationale en mettant fin, en une semaine, à la plus grande guerre de l'histoire : le 6 août 1945 la bombe d'Hiroshima fait 60 000 morts ; le 9 août, celle de Nagasaki en fait 40 000 ; le 14 août, le Japon capitule.

Dès cette époque, partisans et adversaires de l'énergie nucléaire militaire s'affrontent : les uns affirment qu'en abrégeant la guerre ces deux bombes ont évité plus de morts qu'elles n'en ont provoqués, les autres soulignent l'horreur du nombre de victimes causées par un seul engin. Depuis lors, la puissance des armes nucléaires a encore été multipliée de manière terrifiante mais le débat n'est pas clos pour autant entre ceux qui condamnent la menace qu'elles font peser sur l'humanité et ceux qui soutiennent que c'est sans doute grâce à cette menace que nous n'avons pas connu une troisième guerre mondiale pire que les deux précédentes.

L'analyse de cette face militaire de l'atome n'entre pas dans le cadre de cet ouvrage, mais il était nécessaire d'en rappeler l'existence pour expliquer l'un des aspects par où l'énergie nucléaire touche du plus près à la politique internationale.

En effet, les matières premières et certaines techniques utilisées pour les programmes électronucléaires, sont également utilisables pour des programmes militaires, ce qui explique que les Etats ne puissent se désintéresser de leur commerce par crainte de voir certaines exportations, prétendument effectuées à des fins civiles, être détournées à des fins militaires. Heureusement, les programmes électronucléaires ne sont ni la voie la plus facile, ni la plus efficace pour réaliser un programme militaire, et cette voie n'a jusqu'à présent été suivie par aucun pays (c'est en général le contraire qui s'est passé). Il n'en demeure pas moins que les Etats se doivent de prendre les précautions nécessaires pour en éviter le risque, et une grande partie de ce chapitre sera consacrée aux politiques qu'ils ont menées et mènent à cet effet, et que l'on nomme de nos jours « politiques de non-prolifération ».

Mais la politique de non-prolifération n'est pas le seul domaine où l'énergie nucléaire interfère avec la politique internationale. La soif énergétique des pays industrialisés leur impose – surtout depuis la crise pétrolière – de considérer leur commerce énergétique extérieur comme une composante de leur politique étrangère. Un Etat trop dépendant de l'étranger dans ce domaine voit sa liberté d'action politique diminuée. De leur côté, les pays en voie de développement cherchent à s'affranchir de leur dépendance technologique vis-à-vis des pays industrialisés, et voient – peut-être à tort – dans les techniques nucléaires un symbole des techniques avancées dont ils devraient s'assurer la maîtrise à cette fin.

La politique de non-prolifération

Dans le langage courant, il est d'usage d'employer l'expression de « prolifération » pour désigner l'accroissement du nombre de pays disposant de l'arme nucléaire. C'est ce que les spécialistes appellent entre eux la « prolifération horizontale » qu'ils opposent à la « prolifération verticale » qui est l'accroissement du nombre d'armes nucléaires détenues par les Etats qui en possèdent déjà. Avant de faire l'historique, puis le point des problèmes actuels de la politique de non-prolifération, il paraît nécessaire d'en rappeler brièvement les principales données techniques.

Les deux bombes lancées sur le Japon utilisaient comme explosif, l'une l'uranium très enrichi, l'autre le plutonium. Ce sont aujourd'hui encore les deux explosifs nucléaires de base, bien que les armes thermonucléaires tirent leur surpuissance de la fusion de noyaux de tritium. Mais ces armes (dites bombes H) nécessitent comme détonateur l'un des deux autres explosifs nucléaires (c'est-à-dire une bombe A). Aussi suffit-il, pour traiter de la prolifération horizontale, de ne considérer que le problème des bombes A.

Un Etat désireux de se doter d'un armement nucléaire doit donc se procurer, soit de l'uranium très enrichi, soit du plutonium. Comme on l'a vu, les Américains ont suivi parallèlement les deux voies, les Russes ont fait de même, tandis que Français et Britanniques empruntaient d'abord la voie du plutonium, et que les Chinois, au contraire, commençaient par l'uranium enrichi.

On a vu plus haut comment on obtient de l'uranium enrichi à partir d'uranium naturel. Mais tous les procédés d'enrichissement ne se prêtent pas aussi facilement aux très hauts enrichissements (supérieurs à 90 %) nécessaires pour les usages explosifs. Il n'en demeure pas moins que la plupart des procédés d'enrichissement demeurent au nombre des derniers secrets nucléaires classés comme tels pour des raisons de Défense.

Quant au plutonium, il est un sous-produit inévitable du fonctionnement de tout réacteur utilisant de l'uranium naturel ou faiblement enrichi. On a également vu comment le « retraitement » permet de le séparer des autres composants des combustibles irradiés. Le principe de ce retraitement est aujourd'hui universellement connu, mais sa mise en œuvre à l'échelle industrielle est difficile, surtout pour les combustibles ayant atteint un haut niveau d'irradiation. Malheureusement, c'est le plutonium des combustibles les moins irradiés, et donc les plus faciles à retraiter, qui est le plus apte aux applications militaires.

Il ressort de ce qui précède qu'un Etat désireux de réaliser un programme militaire doit disposer soit d'uranium naturel et d'une technique d'enrichissement permettant de produire de l'uranium très enrichi ; soit d'uranium naturel, de réacteurs permettant de faibles niveaux d'irradiation (à chargement et déchargement continu notamment), et d'une installation de retraitement.

Mais, contrairement à une opinion erronée quoique très répandue, il ne suffit pas de disposer de la matière explosive pour avoir « la bombe ». De longues, difficiles et coûteuses études et expérimentations sont nécessaires pour parvenir à la réalisation d'un armement crédible. Il n'en demeure pas moins que le moyen privilégié choisi par les Etats pour prévenir la prolifération est le contrôle des matières nucléaires, puisque celles-ci sont indispensables à la fabrication des armes.

Au lendemain de la guerre, les Etats-Unis, seuls détenteurs de l'arme nucléaire, cherchèrent le moyen d'éviter que s'engageât la course à ce nouveau type d'armes, tout en permettant le développement de l'énergie nucléaire à des fins civiles. Aussi présentèrent-ils, aux Nations Unies, dès 1946, un plan, dit plan « Baruch Lilienthal », proposant la création d'une autorité supranationale mondiale qui aurait eu le monopole des mines et des matériaux nucléaires et aurait exploité elle-même les installations considérées comme sensibles, c'est-à-dire toutes celles susceptibles de produire de l'uranium enrichi ou du plutonium, y compris les centrales nucléaires. Même les Etats-Unis lui auraient cédé leurs connaissances secrètes, leurs mines et leurs bombes. Bien entendu, cette Autorité aurait été dotée de pouvoirs de contrôle lui permettant de s'assurer du respect de son monopole. Ce plan quelque peu utopique fut rejeté par l'U.R.S.S. qui n'était pas prête à se laisser ainsi inspecter par une Autorité au sein de laquelle les Américains auraient nécessairement eu un rôle prédominant en raison de leur avance technologique.

Le rejet de ce plan conduisit les Etats-Unis à adopter la politique du « Secret nucléaire ». La meilleure façon d'empêcher d'autres Etats de parvenir à l'arme nucléaire leur paraissait être de classer « secret » toutes les techniques permettant de passer de l'uranium naturel aux explosifs nucléaires, à savoir l'enrichissement, le retraitement, et même la technologie des réacteurs. Mais cette politique n'empêcha pas d'autres Etats d'accéder à l'arme nucléaire : l'U.R.S.S. en 1949, le Royaume-Uni en 1952, la France en 1960. La Chine devait suivre en 1964, et il était devenu évident, avant même l'explosion de la bombe française, que la politique du secret ne pouvait empêcher les Etats qui le voulaient vraiment d'accéder à l'arme. Par ailleurs la possibilité d'utiliser de manière économique l'énergie nucléaire pour la production d'électricité se confirmait, et il devenait politiquement impossible de prétendre en réserver l'usage aux seuls Etats dotés d'armes nucléaires. Il convenait donc de trouver des formules politiques permettant le développement des échanges internationaux dans ce domaine, tout en donnant l'assurance aux Etats qui y participaient que, ce faisant, ils n'aidaient pas d'autres Etats à se doter d'un armement nucléaire.

Le mouvement en ce sens fut amorcé par la levée partielle du Secret par les Etats-Unis en 1954, et la première Conférence Atomique des Nations Unies tenue à Genève en 1955. Cette ouverture, provoquée par Eisenhower et connue aux Etats-Unis sous le nom de programme *Atoms for peace* devait conduire à la conclusion par les Etats-Unis de nombreux accords de coopération bilatéraux, et à la création de plusieurs Organisations internationales de coopération nucléaire : l'Agence internationale de l'énergie atomique (A.I.E.A.) à l'échelle mondiale en 1957, et, en 1958, l'Agence de l'énergie nucléaire de l'O.C.D.E. et Euratom.

Ces accords bilatéraux ou multilatéraux avaient un

trait commun : en échange d'une coopération scientifique et technique, éventuellement assortie de fournitures de matières nucléaires et d'équipements, les bénéficiaires ou les partenaires s'engageaient à n'utiliser les matières et équipements nucléaires transférés dans le cadre de cette coopération qu'à des fins pacifiques, et cet engagement lui-même faisait l'objet d'un contrôle, soit de la part du fournisseur, soit de la part de l'organisation internationale considérée. C'était la politique de l'« aide contrôlée » succédant à la politique du secret, sans toutefois s'y substituer entièrement, certains secrets militaires subsistant (notamment dans le domaine de l'enrichissement) et le secret industriel se développant au fur et à mesure que l'on se rapprochait de la commercialisation des nouvelles techniques.

Le « contrôle » nucléaire (également appelé « garanties ») qui voyait ainsi le jour constituait une innovation considérable en droit public international. Pour la première fois des Etats souverains acceptaient l'exercice sur leur territoire de contrôles par des agents d'un Etat étranger ou d'une organisation internationale, autrement que comme corollaire d'un statut d'occupation ou de protectorat, ou comme conséquence temporaire d'une défaite. En substance un tel contrôle se résume en effet, pour l'Etat qui y est assujetti, à tenir et adresser aux contrôleurs la comptabilité des matières nucléaires qui y sont soumises, et à accepter la venue de ces contrôleurs sur son territoire pour vérifier que ces matières sont bien utilisées conformément aux engagements pris.

Cette politique de l'aide contrôlée ne pouvait bien sûr empêcher un Etat qui le désirait de poursuivre un programme militaire parallèlement à son programme civil, à condition de ne pas utiliser à cette fin les matières et équipements fournis à des fins exclusivement pacifiques. Ce fut le cas de la France et du Royaume-Uni. Aussi les Américains et les Russes, préoccupés par l'explosion de la bombe chinoise en 1964, déposèrent-ils en 1965, dans le cadre de la Conférence du désarmement de Genève, des projets d'un traité, dit Traité de non-prolifération (T.N.P.), par lequel les Etats non encore dotés d'armes nucléaires s'engageraient à ne pas en acquérir ni en fabriquer, et à soumettre toutes leurs activités nucléaires au contrôle de l'Agence internationale de l'énergie atomique (A.I.E.A.). Ce projet avait pour but de fermer la porte du « club nucléaire » derrière le cinquième pays membre permanent du Conseil de Sécurité des Nations Unies qui venait d'y entrer. La France, qui ne participait pas à cette Conférence, et qui était elle-même, bien que membre de l'O.T.A.N., en butte aux efforts américains pour freiner son programme nucléaire militaire, ne s'associa pas à cette initiative.

Signé le 1er juillet 1968, et entré en vigueur le 5 mars 1970 après la 43e ratification, ce Traité n'a pris toute sa portée qu'après sa ratification par les principaux Etats non-nucléaires d'Europe occidentale le 2 mai 1975. Il est aujourd'hui signé par plus de cent Etats, mais de nombreux Etats importants demeurent en dehors : la France (qui a cependant déclaré à l'O.N.U. qu'elle se comporterait comme les signataires) et la Chine, le Brésil, l'Argentine, l'Inde, le Pakistan, Israël, l'Afrique du Sud, l'Espagne, l'Algérie, l'Arabie Saoudite, etc.

Ce Traité comporte, pour tous les signataires, y compris les Etats dotés d'armes nucléaires, l'engagement de ne pas en transférer à d'autres Etats, et de ne céder aucun équipement ou matière nucléaire sans que sa non-utilisation, directe ou indirecte à des fins explosives, soit soumise aux « garanties » (contrôles) de l'A.I.E.A. Il comporte, pour les Etats non dotés d'armes nucléaires, l'engagement de ne pas en acquérir ou fabriquer, et d'accepter les garanties de l'A.I.E.A. sur l'ensemble de leurs activités nucléaires pacifiques. En contrepartie tous les Etats signataires s'engagent à faciliter un échange aussi large que possible de matières, d'équipements et de technologies nucléaires, à rendre possible l'accès, sous contrôle international, aux usages pacifiques des explosions nucléaires, et à s'engager dans la voie du désarmement nucléaire.

Parallèlement à la négociation du Traité de non-prolifération (T.N.P.), les États d'Amérique latine négociaient la création, dans leur région, d'une zone dénucléarisée. Cette négociation aboutit, le 12 février 1967, à un traité, dit Traité de Tlatelolco (du nom du quartier où se trouve le ministère des Affaires étrangères du Mexique). Comme le Traité de non-prolifération celui-ci prévoit l'interdiction d'acquérir et de fabriquer des armes, et l'exercice des garanties de l'A.I.E.A. Mais il va à la fois plus loin en ce qu'il interdit également la présence d'armes appartenant à d'autres États, et moins loin par le fait qu'il n'exclut pas la fabrication nationale d'explosifs nucléaires à des fins pacifiques. Ce traité n'est toujours pas ratifié par l'Argentine, alors que le Brésil et le Chili subordonnent l'application effective des contrôles sur leurs territoires à la ratification par tous les signataires.

Les tentatives faites par ailleurs pour limiter la prolifération « verticale » (c'est-à-dire la quantité d'armes dont disposent les États qui en possèdent déjà) devaient être moins heureuses, ce stock n'ayant cessé de s'accroître malgré les négociations et les accords SALT 1 et SALT 2. Tout au plus a-t-on réussi à limiter les zones de déploiement et d'expérimentation de ces armes par le Traité de Moscou (interdisant les explosions dans l'atmosphère) et les traités de dénucléarisation du fond des océans et de l'espace extra-atmosphérique.

Alors que le Traité de non-prolifération n'était même pas encore entré en vigueur dans les principaux pays d'Europe occidentale, l'explosion de la bombe indienne le 18 mai 1974 venait en souligner les lacunes aux yeux de ceux qui avaient espéré par ce moyen fermer définitivement la porte du club nucléaire. Il était en effet clair que l'Inde avait exploité l'ambiguïté du concept « explosion pacifique » en utilisant des matières qui, bien que non soumises aux garanties de l'A.I.E.A., provenaient d'un réacteur dont la vocation était officiellement « pacifique ». Cela conduisit les principaux pays exportateurs nucléaires (dont, cette fois, la France) à s'interroger, au sein du « Club de Londres », sur l'opportunité d'adopter un code de conduite plus strict que le Traité, notamment à l'égard des États ne l'ayant pas signé. Certains (notamment les États-Unis) souhaitaient interdire tout commerce nucléaire avec les États n'ayant pas renoncé aux explosions « pacifiques » et n'ayant pas toutes leurs activités sous contrôle, et prohiber l'exportation et l'usage des matières et technologies les plus sensibles. D'autres soulignaient le risque politique que des mesures aussi radicales (et d'ailleurs en contradiction avec les engagements du traité vis-à-vis des pays qui l'avaient signé) n'aillent à l'encontre du but poursuivi en provoquant un durcissement de la position de certains États. Le compromis finalement retenu en 1976 fit l'objet en janvier 1978 d'une série de lettres des gouvernements concernés à l'A.I.E.A., publiées par cette Agence et connues sous le nom de « Directives de Londres ». Ces lettres réitèrent l'engagement de soumettre toutes les exportations aux garanties de l'A.I.E.A., celle des technologies les plus sensibles (enrichissement, retraitement, fabrication d'eau lourde) à un engagement de non-duplication sans garanties de l'A.I.E.A. ; et prévoient une certaine « limitation » dans leur exportation et dans celle des matières nucléaires les plus sensibles (uranium très enrichi et plutonium). On notera que les réacteurs à uranium naturel et à déchargement continu qui constituent en fait l'une des technologies les plus sensibles en raison de leur aptitude à produire du plutonium faiblement irradié n'étaient pas officiellement classés comme tels.

Mais l'adoption de ces « Directives de Londres » n'empêcha pas certains États de décider unilatéralement d'aller au-delà. Ce fut notamment le cas des États-Unis qui, à l'initiative du président Carter, adoptèrent en avril 1978 une « Loi de non-prolifération », interdisant à terme les exportations nucléaires vers les pays n'ayant pas toutes leurs installations sous contrôle, prohibant l'exportation des matières et technologies les plus sensibles, et soumettant à leur approbation discrétionnaire le retraitement des combustibles irradiés couverts par des

Accords de coopération américains. Le Canada et l'Australie avaient adopté des politiques analogues, impliquant notamment leur consentement préalable pour tout enrichissement au-delà de 20 % ou retraitement d'uranium exporté par eux.

En même temps qu'ils adoptaient leur nouvelle législation, les États-Unis proposaient au monde une vaste « évaluation internationale du cycle de combustible » (I.N.F.C.E.), qui, dans l'esprit de ses promoteurs, devait permettre de découvrir de nouvelles voies de développement de l'énergie nucléaire évitant les risques de prolifération. En fait cet exercice, que les hommes politiques avaient voulu « technique », devait montrer la vanité de cet espoir auquel aucun technicien ne croyait vraiment. Le rapport, publié en février 1980, devait en revanche montrer la nécessité de l'énergie nucléaire pour satisfaire la soif mondiale en énergie, le rôle essentiel des garanties de l'A.I.E.A. et de la sécurité des approvisionnements pour prévenir la prolifération, et la possibilité de renforcer ce rôle par certaines mesures institutionnelles complémentaires, telles que l'internationalisation du stockage du plutonium et des étapes les plus sensibles du cycle de combustible.

L'historique qui précède a déjà permis d'évoquer les principaux aspects politiques et techniques du problème de la non-prolifération. Il reste à tenter de faire la synthèse de la manière dont ils sont aujourd'hui perçus, et des perspectives d'évolution à terme.

Un certains nombre de points paraissent aujourd'hui faire l'objet d'un consensus au sein de la communauté internationale :

– la reconnaissance de l'objectif de la non-prolifération comme un objectif d'intérêt général ;

– le droit au développement de l'énergie nucléaire civile pour tous les États ;

– l'absence de « verrous technologiques » rendant techniquement impossible pour un État l'utilisation à des fins militaires de matières nucléaires produites à des fins civiles ;

– par voie de conséquence, le fait que les engagements politiques contrôlés par l'A.I.E.A., éventuellement complétés par d'autres mesures institutionnelles, sont le moyen privilégié de toute politique de non-prolifération.

Mais un certain nombre de points de divergence subsistent qui concernent principalement :
– l'opportunité d'autoriser le commerce nucléaire avec des États non dotés d'armes nucléaires n'ayant pas toutes leurs installations sous contrôle ;
– l'opportunité de proscrire ou de décourager l'usage de certaines matières ou technologies jugées plus « proliférantes » que d'autres ;
– la légitimité, ou le devoir pour les exportateurs de matières nucléaires de conserver un droit de « consentement préalable » sur le devenir de ces matières tout au long du cycle de combustible nucléaire ;
– la nature et l'étendue des garanties qui doivent être données aux importateurs, que la sécurité de leurs approvisionnements ne risque pas d'être compromise par de brusques modifications dans les politiques de non-prolifération.

Sur ces différents points, le débat demeure ouvert et les positions des gouvernements très variées et sujettes à évolution. On peut cependant tenter de résumer les arguments en présence et les perspectives d'évolution qui se dessinent.

L'idée d'interdire tout commerce nucléaire avec les États n'ayant pas toutes leurs activités nucléaires sous contrôle est une idée simple qui semble *a priori* s'imposer comme le moyen de pression le plus logique pour convaincre les récalcitrants de signer le Traité de non-prolifération. Mais certains se demandent si l'obtention de cette signature sous une telle pression n'en réduit pas considérablement la crédibilité, et si le fait d'acculer ainsi les États récalcitrants à l'autarcie nucléaire n'aggrave pas, à terme, les risques de prolifération effective de leur part. Après avoir été les premiers à édicter la règle par voie législative, les États-Unis ont d'ailleurs été obligés d'y faire une exception capitale et remarquée vis-à-vis de l'Inde afin de ne pas couper les ponts avec ce pays. Or il paraît difficile de vouloir cesser tout commerce nucléaire avec les pays qui se réservent de produire éventuellement des explosifs si on ne commence pas par le pays qui l'a déjà fait.

Il semble donc probable que l'idée de rendre le Traité de non-prolifération réellement universel demeurera l'objectif de ses signataires et qu'ils continueront d'œuvrer en ce sens, mais sans aller jusqu'à frapper d'embargo nucléaire civil ceux qui s'y refuseront. Cette dernière mesure aurait d'ailleurs nécessairement pour effet indirect d'accroître la suspicion qui existe déjà, notamment dans certains cercles outre-Atlantique, quant à la sincérité des engagements pris par les signataires du traité. On fait déjà remarquer dans ces cercles que celui-ci comporte une possibilité de dénonciation dans un délai de trois mois si les intérêts supérieurs du pays sont en jeu. Le soupçon d'une arrière-pensée de dénonciation de la part des signataires ne pourrait que se trouver accru, si la signature du Traité devenait une condition *sine qua non* de participation au commerce nucléaire international. Or, c'est précisément ce soupçon qui est invoqué par ceux qui préconisent la prohibition ou la limitation des transferts de certaines technologies ou matières particulièrement sensibles, même vis-à-vis des signataires du Traité et ce malgré l'article IV qui prévoit le droit des signataires à participer de la manière la plus large possible aux échanges nucléaires.

Nul ne peut nier que le risque existe de voir un État signataire du T.N.P. faire un jour usage du droit de dénonciation qu'il comporte. Mais on doit également souligner qu'une telle dénonciation serait rendue politiquement encore plus facile si l'État qui dénonce pouvait à juste titre accuser certains des cosignataires de ne pas avoir respecté les engagements pris dans le cadre de l'Article IV. On vient d'ailleurs de constater, à l'occasion de la Conférence d'examen de l'application du Traité, de 1980, que celle-ci n'a pu adopter de communiqué final par suite de l'absence de progrès substantiels sur la voie du désarmement nucléaire prévu par l'article VI.

Est-ce à dire que les exportateurs ne doivent appliquer aucune restriction particulière aux exportations des matières et technologies les plus sensibles pour respecter l'Article IV du Traité ? Ce serait sans doute aller trop loin, et c'est pourquoi les « Directives de Londres » ont préconisé une certaine limitation dans ce domaine, cette limitation ne signifiant pas que ces transferts doivent être refusés, mais que chaque cas doit faire l'objet d'un examen afin de s'assurer qu'il correspond bien à un besoin légitime, et que ce transfert ne risque pas d'être considéré par d'autres États comme une menace pour leur sécurité.

Il existe donc un certain consensus pour s'efforcer de privilégier l'usage des matières et technologies considérées comme les moins « proliférantes », c'est-à-dire celles qui se prêtent le moins facilement à des usages militaires dans l'hypothèse d'une dénonciation des engagements de contrôle. C'est ainsi que l'on cherche autant que possible à éviter le recours à l'uranium hautement enrichi, et que l'on s'efforce de placer le plutonium (sous-produit inévitable du fonctionnement des réacteurs thermiques) dans des stockages internationaux en attendant de l'utiliser dans les surgénérateurs.

Il serait souhaitable, dans le même souci, de favoriser le développement des réacteurs à eau légère par rapport aux réacteurs à eau lourde (produisant plus facilement du plutonium utilisable à des fins militaires) ou celui des techniques d'enrichissement les moins aptes à produire de l'uranium hautement enrichi (diffusion gazeuse et surtout traitements chimiques) plutôt que celles qui s'y prêtent le mieux (ultracentrifugation et laser). C'est ce que le gouvernement français s'efforce de faire, mais il est très difficile de faire admettre ce point de vue par les États qui ont fait d'importants investissements industriels dans les technologies les plus « proliférantes ».

Certains États qui sont exportateurs d'uranium naturel ou de services d'enrichissement ont cru pouvoir pallier les risques résultant de prolifération en se réservant un « consentement préalable » sur tout enrichissement au-delà de 20 % et tout retraitement des matières qu'ils exportent. Mais une telle prétention s'est heurtée à une très vive opposition de la grande majorité de la communauté internationale. Une telle tutelle, exercée par les États fournisseurs sur la gestion du cycle du combustible dans les pays importateurs, est en effet difficilement admissible par ces derniers. Les principaux importateurs ont notamment fait valoir que le retraitement était indispensable à leur sécurité d'approvisionnement énergétique et à leur politique de stockage définitif des produits de fission. Il n'était donc pas possible de consentir aux pays fournisseurs un droit de veto sur cette étape essentielle du cycle du combustible. L'opposition très ferme qui s'est ainsi manifestée à l'encontre de la politique des consentements préalables devrait conduire les pays qui l'ont en principe adoptée (États-Unis, Canada, Australie) à y renoncer, ou, au moins, à en supprimer les aspects inacceptables en donnant à l'avance les consentements jugés indispensables par les pays importateurs, notamment en matière de retraitement.

Le fait que certains des pays désireux d'imposer cette politique de consentement préalable, aient tenté de le faire en interrompant, ou en menaçant d'interrompre, l'exécution de contrats en cours, a créé dans la communauté internationale une vive inquiétude quant à la sécurité des approvisionnements nucléaires. Si de l'uranium et des services d'enrichissement commandés, et parfois même partiellement ou complètement payés, risquent d'être bloqués chaque fois qu'un État désire changer les conditions de non-prolifération dont il assortit ses exportations, l'insécurité politique de l'approvisionnement international en combustibles nucléaires devient complète. Or cette sécurité d'approvisionnement n'est pas seulement une nécessité sous l'angle de la politique énergétique des États ; elle l'est aussi au regard de la politique de non-prolifération. La dépendance des programmes nucléaires nationaux à l'égard du commerce international, constitue en effet la meilleure des garanties que les engagements pris en matière de non-prolifération et de contrôles seront respectés. Si cette dépendance doit être synonyme d'insécurité, cela conduira nécessairement les États à tout faire pour y échapper en développant des programmes nucléaires autarciques même si cela se traduit pour eux par des coûts beaucoup plus élevés.

La Communauté internationale a donc été conduite à reconnaître dans le cadre de l'I.N.F.C.E. la nécessité de garantir au mieux la sécurité des approvisionnements nucléaires. Il a été reconnu que la meilleure manière d'y parvenir était, pour les exportateurs, de s'engager à ne jamais interrompre l'exécution d'un contrat conclu, aussi longtemps que les conditions convenues sont respectées, et d'honorer cet engagement. Mais certains États hésitent encore à s'engager ainsi à long terme, et d'autres soulignent qu'en tout état de cause, la certitude qu'un tel engagement sera tenu n'est jamais complète.

Le problème est si important que l'Agence internationale de l'énergie atomique a créé, à la suite de l'I.N.F.C.E., un comité spécial pour l'étudier. Sans prétendre anticiper sur les conclusions de ce comité, il est probable qu'il ne pourra que constater que la meilleure sécurité d'approvisionnement implique la combinaison de plusieurs facteurs :

- le principe de la non-remise en cause unilatérale des contrats conclus pour en modifier les conditions ;
- la diversification des sources d'approvisionnement ;
- la liberté de retransferts sous le contrôle de l'A.I.E.A., permettant la multilatéralisation du commerce, et le développement de réseaux de contre-assurance ;
- la constitution d'un volume raisonnable de stocks.

La France pour sa part, qui est à la fois partiellement importateur d'uranium naturel et exportateur de services d'enrichissement et de retraitement, est particulièrement sensible à ce problème de la sécurité des approvisionnements, dans l'intérêt, à la fois de sa politique énergétique et de sa politique de non-prolifération. Elle a contribué, par la création d'Eurodif, à la diversification du commerce des matières faiblement enrichies sous le contrôle de l'A.I.E.A., et, par la conclusion de contrats de retraitement avec l'étranger, à éviter la multiplication d'usines nationales de retraitement. Pour sa propre sécurité d'approvisionnement, elle a encouragé son industrie minière à développer son activité dans tous les pays prometteurs, contribuant ainsi à mettre en valeur leurs ressources. Ces exemples illustrent bien de quelle manière des coopérations internationales industrielles peuvent concrètement contribuer au double objectif du développement de l'énergie nucléaire, et de la non-prolifération.

Les autres aspects internationaux de la politique nucléaire

Si le problème de la non-prolifération constitue l'un des aspects essentiels – et le plus original – de l'énergie nucléaire vue sous l'angle de la politique internationale, il ne faut pas oublier qu'il n'est pas le seul. Nous avons évoqué les problèmes de politique énergétique à propos de la sécurité d'approvisionnement en matières nucléaires ; mais les relations internationales nucléaires comportent aussi d'autres aspects pour les pays développés. En outre, les pays en voie de développement voient souvent dans l'énergie nucléaire le symbole de ces transferts de technologie qu'ils réclament de la part des pays développés.

Avant même la fin de la guerre, les premières tensions entre Britanniques et Américains à propos de l'énergie nucléaire, avaient en arrière-plan les bénéfices que chaque pays espérait bien retirer, pour son industrie, d'une avance technologique dans ce domaine de pointe[1]. En

1. Cf. B. Goldschmidt : *Rivalités atomiques*, Fayard, 1967.

effet, indépendamment même de son aspect de politique énergétique, le nucléaire a constitué dans les deux décennies d'après-guerre le facteur d'entraînement dominant du progrès industriel, comme l'aéronautique l'avait été au cours des décennies précédentes, et comme le spatial devait l'être au cours de la suivante. Un pays désireux de conserver une industrie à la pointe du progrès ne pouvait, à chacune de ces époques, être absent du domaine considéré.

Comme dans l'aéronautique et le spatial, les commandes militaires ou les programmes de prestige financés sur fonds publics étaient les conditions nécessaires du démarrage de ces industries, en attendant le stade de l'exploitation industrielle économiquement rentable. Du fait même que ces efforts étaient financés par les Etats, il était inévitable que les rivalités et les coopérations qu'ils impliquaient se répercutent sur leurs politiques étrangères. C'est ainsi par exemple que la compétition industrielle entre les techniques de réacteurs à eau légère et à uranium enrichi développées aux Etats-Unis, et les techniques à uranium naturel développées séparément au Canada (eau lourde), en France et au Royaume-Uni (graphite-gaz) ont également revêtu un aspect de compétition politique, où l'exportation d'une centrale apparaissait autant comme une victoire du pays producteur que comme un succès commercial pour son industrie. De même les Américains mirent-ils en 1957 tout leur poids politique dans la balance pour que la Communauté européenne s'approvisionnât en uranium enrichi chez eux, plutôt que de construire sa propre usine de séparation isotopique.

Mais c'est surtout avec la crise du pétrole consécutive à la guerre du Kippour (1973) que l'énergie nucléaire allait prendre, sous l'angle économique, une place capitale dans la politique internationale des Etats. Cette crise fit prendre conscience aux pays d'Europe occidentale et au Japon (et, bien qu'à un moindre degré, aux Etats-Unis) de l'hypothèque que constituait l'importance de leur dépendance énergétique, et notamment pétrolière, à l'égard de l'étranger. Tout embargo risquait d'asphyxier leur économie, et toute hausse de prix se répercutait très rapidement sur le niveau de vie de leurs populations. Les responsables politiques de ces pays n'ont donc cessé, depuis lors, de réaffirmer, aux plus hauts niveaux, la nécessité d'un développement rapide de l'énergie nucléaire, même si certains d'entre eux n'ont pas été à même, pour des raisons de politique intérieure, de conformer leurs actes à leurs déclarations.

En effet, même pour les pays ne disposant pas d'uranium sur leur propre territoire, l'énergie nucléaire peut être considérée comme celle qui offre les meilleures garanties quant à la sécurité d'approvisionnement. Sous l'angle économique, l'uranium ne représente qu'une très faible part (10 %) du prix de revient du kilowatt-heure nucléaire, ce qui signifie qu'un doublement de son prix n'augmenterait le prix du kWh que de 10 %. Sous l'angle stratégique, l'uranium est beaucoup plus également réparti à la surface du globe que le pétrole, et son stockage est beaucoup plus facile (deux ans de consommation d'uranium sont moins coûteux à stocker que trois mois de consommation de pétrole). Enfin, la formule des surgénérateurs permet, une fois franchie l'étape initiale d'un programme nucléaire thermique, d'y ajouter des capacités supplémentaires pratiquement indépendantes de tout approvisionnement extérieur.

Les gouvernements des pays industrialisés sont donc conduits à veiller, non seulement au développement quantitatif de leurs programmes nucléaires, mais également à ce que ceux-ci n'entraînent pas une dépendance excessive à l'égard d'un fournisseur ou d'un groupe de fournisseurs étrangers. Aucun pays (y compris, à terme, les superpuissances) n'est en effet à même de mener un développement purement autarcique. C'est ainsi que, devant la tendance américaine à dicter unilatéralement non seulement les conditions politiques, mais également les conditions commerciales des services d'enrichissement, les pays européens se sont tournés vers l'U.R.S.S. au début de la décennie passée, avant de se lancer dans la construction de leurs propres capacités d'enrichissement. Ils sont de même conduits à rechercher une diversification de leurs fournisseurs d'uranium naturel, surtout depuis que les gouvernements de certains d'entre eux cherchent à intervenir dans la détermination des prix à l'exportation, et à se réserver un droit de consentement préalable sur l'usage ultérieur de l'uranium fourni. Malgré toutes les dénégations, certainement de bonne foi, que ces pays prodiguent actuellement, il n'est en effet pas possible d'exclure que certains d'entre eux soient un jour tentés de s'opposer au développement des surgénérateurs à seule fin d'accroître les prix et les débouchés de leurs exportations.

On voit donc que les considérations de politique industrielle énergétique, voire simplement commerciale, s'ajoutent aux considérations de non-prolifération dans la place que tiennent les affaires nucléaires dans les relations internationales des pays industrialisés. D'autres aspects spécifiques s'y ajoutent dans le cas des pays en voie de développement.

Les premières prises de position des pays en voie de développement, à propos des relations internationales nucléaires, se sont manifestées à l'occasion de l'évolution du budget de l'Agence internationale de l'énergie atomique. En effet, la signature, puis l'entrée en vigueur du Traité de non-prolifération devaient entraîner une croissance du budget de l'Agence affecté aux garanties, plus rapide que celle du budget affecté à l'assistance technique, qui est celui dont les pays qui abordent le développement nucléaire profitent le plus. Par ailleurs, ces mêmes pays faisaient remarquer que l'exercice des garanties de l'A.I.E.A. sur les territoires de certaines puissances nucléaires militaires (réclamé par d'autres pays industrialisés dans un souci de non-discrimination) constituait un gaspillage de ressources.

Mais ce sont surtout les « Directives de Londres » qui devaient susciter réserves ou hostilité de la part des pays en voie de développement. Beaucoup d'entre eux y ont vu en effet la création d'un « club de nantis », désireux de conserver le monopole de certaines technologies de pointe, afin de maintenir le tiers monde dans une situation de dépendance technologique et économique. Ils faisaient en effet remarquer que ces « Directives » n'étaient pas de nature à empêcher les pays industrialisés d'accéder par leurs propres moyens aux technologies soumises à des restrictions d'exportation, et qu'elles étaient donc en fait, sinon en droit, dirigées contre le tiers monde. Aussi lorsque, dans le cadre de l'I.N.F.C.E., les pays industrialisés importateurs développèrent le thème de la sécurité d'approvisionnement en matières nucléaires, les pays en voie de développement l'étendirent-ils au droit d'accès à la technologie.

La thèse des plus extrêmes d'entre eux, – celle d'un complot des pays industrialisés contre le développement de l'énergie nucléaire dans les pays du tiers monde –, trouvait d'ailleurs une apparence de justification dans certaines thèses parfois développées au sein de l'Administration Carter et du Congrès américain. Selon ces thèses, c'était une erreur de compter sur l'énergie nucléaire pour satisfaire les besoins énergétiques du tiers monde, alors que ces pays n'avaient pas encore épuisé leurs ressources en énergies traditionnelles, et que leurs réseaux électriques n'étaient en général pas en mesure d'intégrer de grosses unités de l'ordre de 1 000 MWe qui constituent actuellement l'optimum économique des centrales nucléaires.

Même si ces thèses étaient exactes pour certains pays à faible consommation d'électricité, elles l'étaient moins, voire pas du tout, pour des pays très peuplés abordant la phase de l'industrialisation. Surtout, même quand elles étaient justifiées sur le plan technico-économique, elles heurtaient de front la sensibilité politique très vive des pays en voie de développement, sur le chapitre de l'indépendance de leurs décisions.

Un effort est donc à faire pour rétablir, à cet égard, la confiance entre pays industrialisés et pays en voie de développement. S'il est clair qu'il n'est pas de l'intérêt de ces derniers de gaspiller leurs ressources limitées dans des investissements non rentables à brève échéance, il est non moins clair que toute tentative de leur imposer des jugements formulés de l'extérieur ne peut que provoquer une réaction en sens contraire. Il appartient en effet à chaque pays de décider de sa stratégie de développement scientifique, technique, industriel et énergétique.

Mais les pays les plus développés ont également un rôle à jouer pour permettre aux pays en voie de développement d'acquérir les éléments de jugement nécessaires, et pour mettre au point, le cas échéant, des solutions techniques adaptées à leurs besoins. S'il est exact, par exemple, que les réacteurs dans la gamme des 1 000 MWe sont actuellement les plus rentables pour les pays industrialisés, ils ne sont plus seuls à être compétitifs avec les centrales au fuel dans certaines régions depuis la hausse du prix du pétrole. La mise au point et l'industrialisation de réacteurs de moindre puissance sont donc l'un des moyens de réduire la dépendance énergétique des pays en voie de développement.

Cependant le problème des transferts de technologie nucléaire entre pays industrialisés et pays en voie de développement est dans beaucoup de cas davantage une question de principe politique qu'un problème concret. Les pays en voie de développement ont un urgent besoin de transferts de technologie mais sans doute pas en commençant par la technologie nucléaire. Celle-ci, comme nous l'avons vu, a un effet d'entraînement et de progrès certain sur les industries classiques. Encore faut-il que ces dernières aient déjà atteint une certaine maturité. On ne greffe pas une industrie nucléaire sur une économie rurale : il lui faut pour s'implanter un minimum d'environnement scientifique, technologique et industriel préexistant, et ce n'est donc qu'à partir d'un certain stade de développement que le problème se pose concrètement.

L'illusion de la part de certains pays en voie de développement de pouvoir être rapidement autosuffisants dans le domaine de l'énergie nucléaire n'a pour égale que l'illusion de certains pays industrialisés de pouvoir conserver ces pays comme débouchés pour leurs produits sans procéder à des transferts de technologie dans ce domaine. Le bon sens est, comme d'habitude, à mi-chemin.

Le droit politique à disposer de tous les acquis de la science et de la technologie ne peut être contesté à aucun Etat, sauf à fonder les relations internationales sur un système néocolonial. Mais la mise en œuvre pratique de ce droit est une tâche de longue haleine, et les pays en voie de développement ne peuvent attendre d'être en mesure de construire et d'alimenter par eux-mêmes des centrales nucléaires pour bénéficier des avantages économiques qu'elles offrent. Le transfert progressif de la technologie nucléaire aux pays en voie de développement doit donc accompagner leur recours à cette énergie selon une chronologie et un rythme variables en fonction de la situation de chacun, et qui ne peuvent être que le fruit d'une concertation étroite entre les pays concernés.

Là où les besoins énergétiques sont urgents, la construction des premières centrales ne s'accompagnera que du minimum indispensable d'infrastructure scientifique et industrielle nucléaire nationale, et la proportion d'équipements et de savoir-faire importés sera considérable. Là où ces besoins sont à plus long terme, une part de l'effort de formation scientifique et technique pourra être entreprise plus à l'avance, mais en veillant toutefois à ne pas former un encadrement qui ne trouverait pas à s'employer en temps utile. Quant à l'industrie elle-même, certaines de ses étapes peuvent se développer localement dès le début d'un programme, tandis que d'autres, nécessitant de lourds investissements, ne le peuvent économiquement qu'à partir du moment où le programme national atteint une certaine ampleur, et l'environnement scientifique, technique et industriel, une certaine qualité.

Une fois données aux aspects politiques de non-prolifération les solutions politiques et institutionnelles qu'ils comportent, on s'apercevra donc que les problèmes de transferts de technologies nucléaires ne sont pas par nature différents de ceux que posent les transferts d'autres technologies de pointe.

Ce rapide survol des problèmes internationaux que pose le développement de l'énergie nucléaire civile, a nécessairement privilégié les aspects qui ont le plus préoccupé les gouvernements et les opinions publiques au cours de ces dernières années. Il est toujours hasardeux de tenter de deviner ce qu'il en sera à l'avenir. On peut cependant se risquer à pronostiquer qu'avec le développement généralisé des programmes nucléaires civils, et des contrôles internationaux dont ils sont assortis, gouvernements et opinions publiques comprendront toujours mieux que ces programmes ne constituent pas – loin de là – le principal risque du point de vue de la prolifération des armes nucléaires.

On peut également espérer que la contribution apportée par l'énergie nucléaire à la diversification technique et géographique des sources d'énergie, réduira le risque de voir les nations contrôlant certaines d'entre elles tenter de s'en servir à des fins de pressions politiques. L'accroissement de la sécurité d'approvisionnement, résultant d'un commerce énergétique international multipolaire, devrait réduire les appétits et les tensions politiques que l'on constate actuellement autour de ce commerce, et donc les risques d'affrontements.

Dans cette mesure, le développement de l'énergie nucléaire, loin de contribuer à accroître le risque d'un conflit nucléaire, pourrait au contraire contribuer à le réduire. En effet, le développement de l'énergie électronucléaire n'a été pour rien dans la création des stocks d'armes nucléaires existants, alors qu'un affrontement, même classique, provoqué par la misère ou par la compétition pour l'énergie pourrait fort bien dégénérer en conflit nucléaire.

Conclusion

L'élaboration d'une politique énergétique doit se soucier de finalités multiples au regard desquelles il convient d'apprécier la place que chaque énergie, notamment l'énergie nucléaire, peut occuper dans l'avenir. Toutes les énergies ne sont pas, à tous points de vue, équivalentes et il est clair qu'une politique énergétique doit pondérer les avantages et les inconvénients de chacune d'entre elles. Nous nous sommes efforcés tout au long de ce livre de présenter des dossiers d'information sur les différents aspects dont il faut tenir compte pour porter un jugement sur l'énergie nucléaire. Nous regrouperons nos conclusions en plusieurs volets : santé publique et sûreté des installations nucléaires, adhésion du public, sécurité d'approvisionnement et économie.

Santé publique et sûreté des installations nucléaires

Les effets de la radioactivité sur l'homme n'ont rien de mystérieux ; ils font l'objet de nombreuses études depuis le début du siècle et on peut considérer qu'ils sont aujourd'hui beaucoup mieux connus que ne le sont la plupart des substances dangereuses auxquelles l'homme se trouve exposé. Ces effets ne sont d'ailleurs pas spécifiques à la radioactivité, tout au moins pour les effets différés qui constituent le risque essentiel de l'énergie nucléaire, et il est fallacieux d'associer les images de cancer et de mutation génétique au seul risque nucléaire : bien d'autres facteurs jouent un rôle dans l'induction de cancers et dans la fréquence de mutations génétiques, et l'effet additionnel d'une exposition aux rayonnements ionisants est le plus souvent indiscernable du « bruit de fond » ambiant.

Pour assurer une protection efficace de l'homme et de l'environnement contre ces effets, les pouvoirs publics ont fixé des normes à ne pas dépasser, basées sur les recommandations d'organismes scientifiques internationaux indépendants et compétents. Ces normes permettent de garantir que le risque, pour les travailleurs comme pour le public, s'il ne peut être rigoureusement nul, est tout à fait acceptable en comparaison avec les risques usuels acceptés par la société.

Un accident, qui entraînerait un dépassement de ces normes et pourrait conduire à des dommages graves pour le public, ne peut être totalement exclu en dépit des précautions prises. Mais il faut redire que ses conséquences n'auraient rien de commun avec celles d'une bombe atomique, et resteraient d'un ordre de grandeur comparable à celles d'accidents survenant sur des installations industrielles non nucléaires.

Quand à sa probabilité, les dispositions particulièrement sévères en vigueur en matière de sûreté nucléaire la rendent beaucoup plus faible que celle des accidents observés dans les autres activités humaines. Le bilan présenté par l'énergie nucléaire reste d'ailleurs exemplaire : alors que plus de deux cents centrales électronucléaires sont en service dans le monde, dont certaines depuis plus de vingt ans, aucun accident de nature nucléaire n'a jamais affecté une personne du public et aucun accident lié à la radioactivité n'a entraîné la mort d'un travailleur.

Néanmoins les pouvoirs publics ont mis en place auprès des installations nucléaires des plans d'intervention qui permettraient de protéger la population si un accident devait quand même survenir.

Il ne faut donc pas considérer que les installations nucléaires sont des installations à part, qui présenteraient pour la sécurité du public un risque hors du commun. Ceci est vrai pour les techniques éprouvées, telles les centrales à eau ordinaire, et le restera pour les techniques avancées, comme les centrales à neutrons rapides, qui présentent un niveau de sûreté comparable. Le cycle du combustible nucléaire est bien maîtrisé tant au plan de la technologie qu'en ce qui concerne les risques. A toutes les étapes, que ce soit pour l'extraction de l'uranium, son enrichissement, la fabrication des combustibles ou dans la partie aval du cycle, le retraitement et les déchets, on sait quels procédés mettre en œuvre et dans quelles conditions.

En matière de déchets, dès l'origine de l'énergie nucléaire, le souci de ne pas rejeter dans l'environnement les résidus dangereux des usines a conduit à les garder pour les conditionner et ultérieurement les stocker dans des conditions telles qu'ils ne puissent provoquer de dommages dans l'environnement : l'enfouissement dans des structures géologiques profondes est une solution propre à satisfaire les critères de sûreté retenus, et qui pourrait d'ailleurs être adaptée au stockage de produits dangereux non radioactifs.

Enfin, s'il apparaît que les préoccupations de santé publique et de sûreté jouent un rôle plus important dans l'énergie nucléaire que dans d'autres activités industrielles, ce ne doit pas être considéré comme un signe de plus grand risque, mais comme une sensibilisation particulière, liée bien sûr aux circonstances des premières manifestations de cette énergie, et au désir de prévenir les accidents possibles sans attendre qu'ils aient eu lieu pour apporter les remèdes nécessaires. De plus en plus d'ailleurs cette approche se généralise aux autres risques technologiques et industriels.

L'adhésion du public

Au-delà de ses aspects techniques, un programme électronucléaire ne peut être mis en œuvre de manière satisfaisante que s'il est accepté par la grande majorité de la population. Actuellement, l'attitude du public vis-à-vis des installations nucléaires, n'est pas dans l'ensemble défavorable, surtout autour des sites déjà équipés, ce qui montre à quel point certains comportements hostiles sont étrangers aux risques réels ou supposés.

Un effort renouvelé d'information, mené notamment auprès des élus locaux et de certaines catégories professionnelles plus particulièrement concernées, permettra sans doute de dissiper bien des malentendus et d'emporter l'adhésion de nombreux opposants.

Sécurité d'approvisionnement

La première difficulté de l'élaboration d'une politique énergétique est de prévoir à quel niveau il convient de s'assurer de la disponibilité en énergie dans l'avenir. Ceci suppose des prévisions tant sur l'évolution des comportements sociaux, des modes de vie et des techniques que sur la croissance économique qu'il est possible ou souhaitable d'obtenir. Croissance énergétique et croissance économique ne vont pas l'une sans l'autre, mais il n'est guère facile d'établir avec une bonne précision la relation qui les lie. Si l'offre d'énergie est insuffisante, les conséquences économiques et sociales peuvent être très défavorables, voire désastreuses, notamment en termes de chômage. Un excédent d'offre d'énergie, en revanche, a de fortes chances de n'être que temporaire ; il pourrait d'ailleurs permettre des exportations vers les pays voisins.

En matière nucléaire, notre seule dépendance extérieure porte sur une partie de notre approvisionnement en uranium. Le stock dont nous disposons en France nous assure une autonomie d'approvisionnement de cinq ans. Cette autonomie n'est que de trois mois en ce qui concerne le pétrole. Notre sécurité d'approvisionnement est donc très importante dans le domaine nucléaire, même sans tenir compte de l'introduction des réacteurs à neutrons rapides.

Pour l'avenir, cette dernière filière est capable de modifier, dans les prochaines décennies, les données du problème énergétique mondial et, plus particulièrement, du problème énergétique français. Ce type de réacteur possède, en effet, la particularité remarquable de pouvoir utiliser la quasi-totalité de l'énergie contenue dans l'uranium extrait du sol et de multiplier ainsi par un facteur de l'ordre de 60 à 100 le potentiel énergétique de ce métal. Dès la fin du siècle, une pénétration significative des réacteurs à neutrons rapides dans le parc nucléaire français permettrait d'infléchir la courbe de notre demande en uranium naturel et de réduire ainsi nos besoins en uranium importé – tout en utilisant au mieux le plutonium produit par les centrales actuelles. Or, dès maintenant, la démonstration technique que ces réacteurs sont fiables et sûrs a été apportée. Les réalisations en cours et projetées devraient fournir la preuve de leur compétitivité économique.

Développement nucléaire et économie

Le développement du programme nucléaire français a un impact considérable sur l'économie et l'emploi. Une part importante de la réalisation est sous-traitée à des entreprises locales autour des sites des centrales. Les emplois liés à l'activité électronucléaire peuvent être évalués en 1981 à 150 000 personnes environ et ce chiffre devrait augmenter avec la mise en service de nouvelles centrales.

Si le coût d'investissement des centrales nucléaires est supérieur à celui des centrales à charbon et à fuel, par contre, le coût du kWh produit par voie nucléaire est de beaucoup le plus faible, ce qui procure un avantage comparatif aux industries françaises grandes consommatrices d'énergie et notamment un avantage à l'exportation tout en contribuant à la lutte contre l'inflation. Aux conditions économiques de 1981, une centrale nucléaire produit en effet un kWh à 16,5 centimes, une centrale au charbon importé à 29 centimes et une centrale au fuel à 58 centimes. Le coût du kWh nucléaire dépend très peu (10 % environ) du prix de l'uranium naturel importé. Les techniques sont bien maîtrisées et développées sur le territoire national, donc créatrices de valeur ajoutée et d'emplois.

Le programme nucléaire contribue en outre à la lutte contre l'inflation importée. Le kWh nucléaire exige huit fois moins de devises que celui produit par le charbon importé. Le programme nucléaire ne demandant l'importation que d'une partie de l'uranium naturel consommé, les risques d'aggravation du déficit extérieur en cas d'augmentation du prix de l'uranium sont donc négligeables, contrairement à ce que l'on constate pour les combustibles fossiles.

Une tranche nucléaire de 1 000 MWe représente l'équivalent énergétique d'un gisement national fournissant annuellement 2 500 000 tonnes de charbon ou 1 500 000 tonnes de pétrole. Le nucléaire permet donc d'importantes économies de combustible fossile importé et un desserrement de la contrainte extérieure, d'où un supplément de croissance sans déficit extérieur supplémentaire et la création d'un nombre considérable d'emplois induits. En 1990, les 270 à 300 milliards de kWh nucléaires prévus par le plan gouvernemental, en permettant d'éviter le recours au charbon importé, économiseront de l'ordre de 35 à 40 milliards de francs.

Le programme nucléaire apporte de surcroît un effet très positif par la vente de centrales et de services (enrichissement, retraitement) à l'étranger. Les perspectives d'exportations nucléaires de la France peuvent être estimées au cours de la décennie 1980 à 1990 à plus de 10 milliards de francs par an. Le développement du nucléaire contribuera donc puissamment au desserrement de la contrainte extérieure et au soutien de la croissance et de l'activité économique : 700 000 emplois peuvent ainsi être créés grâce à ce développement d'ici à 1990.

L'énergie nucléaire offre donc des avantages nombreux et importants par rapport aux autres sources de production d'électricité tant du point de vue de la santé et de la sûreté que de celui de la sécurité d'approvisionnement et de l'économie. Ces avantages expliquent le recours à cette énergie pour couvrir la plus grande part des besoins en électricité dans le cadre d'une politique énergétique orientée vers la diversification des ressources.

Les disponibilités en charbon expliquent pour une part assez large le développement de la puissance industrielle au XIXe siècle, en Grande-Bretagne et en Allemagne, et l'échec relatif de la France qui ne possédait pas suffisamment de cette ressource sur son sol. Notre pays a fait au lendemain de la dernière guerre un effort considérable pour augmenter sa production hydraulique. Un effort moins important suffit actuellement pour profiter du potentiel scientifique, technique et industriel acquis dans le domaine nucléaire depuis 1945 et valoriser l'uranium de son sol dans les réacteurs à eau ordinaire d'abord et dans les réacteurs à neutrons rapides ensuite. La France peut ainsi réduire sa dépendance extérieure et ses dépenses en devises, donc maintenir à long terme dans le contexte international la compétitivité de son appareil de production et améliorer à la fois l'équilibre de sa balance des paiements et le niveau de l'emploi. Un développement nucléaire planifié avec détermination constitue, nous le pensons, dans le cadre d'une nécessaire diversification des sources d'énergie, en même temps qu'une exigence de croissance économique, une chance importante pour notre pays.

ANNEXES GÉNÉRALES

I

Énergie et puissance : rappel de quelques unités

• *L'énergie* que fournit une machine quelconque – dans le systéme MKSA (mètre, kilogramme, seconde, ampère) – est exprimée en *joules* (J).

La quantité d'énergie que libère la fission de tous les noyaux d'un gramme d'uranium 235 est égale à 82 milliards de *joules*.

Ce n'est pas en *joules*, mais en *électron-volts* qu'on mesure l'énergie d'une particule ou d'un rayonnement. Un électron-volt est l'énergie cinétique acquise par un électron lorsqu'il est soumis à un champ électrique de un volt.

$$1\text{eV} = 1{,}602.10^{-19} \text{ joules (J)}$$

Un méga-électron-volt (MeV) vaut un million d'électron-volts (eV)

$$1 \text{ MeV} = 10^6 \text{ eV}$$

• La *puissance* est égale à l'énergie qu'une machine est capable de fournir dans l'unité de temps. Dans le système MKSA, l'unité de puissance est le *watt* (W).

Un watt correspond à la puissance d'une machine qui produit un joule par seconde. A titre de comparaison un cheval vapeur (ch) vaut 736 watts.

Un mégawatt (MW) vaut un million de watts (W) ou mille kilowatts (kW).

Lorsqu'on évoque la puissance d'une centrale électrogène – à quelque filière qu'elle appartienne : charbon, fuel ou nucléaire – on distingue la puissance *thermique* et la puissance *électrique*.

- *La puissance thermique* traduit l'énergie produite sous forme de chaleur par la combustion du charbon ou du fuel, ou la fission de l'uranium. Elle est exprimée en mégawatts thermiques (MWth).
- *La puissance électrique* est la puissance disponible aux bornes de l'alternateur. Elle est exprimée en mégawatts électriques (MWe).

La puissance électrique est évidemment inférieure à la puissance thermique. Cette différence s'explique par le second principe de Carnot, selon lequel on ne peut transformer une énergie mécanique qu'une fraction de l'énergie thermique d'un combustible.

Le rapport de la puissance électrique à la puissance thermique est le rendement de la centrale. Pour les centrales nucléaires, il varie entre 0,3 et 0,5.

L'énergie qu'une centrale électrogène fournit au réseau s'exprime en kilowatt-heure (kWh).

1 kWh est l'énergie fournie en 1 heure par une machine d'une puissance de 1 kW (1 000 W). (Il équivaut à 3,6 millions de joules).

Étant donné les quantités d'énergie fournies, on utilise des unités dérivées :

- 1 MWh (Megawatt-heure) = 10^3 kWh = mille kWh
- 1 GWh (Gigawatt-heure) = 10^6 kWh = 1 million de KWh
- 1 TWh (Terawatt-heure) = 10^9 kWh = 1 milliard de kWh

II

La radioactivité : rappels

Définitions

Période radioactive : temps au bout duquel la moitié des atomes radioactifs initialement présents a disparu par désintégration spontanée. La période varie d'un radioélément à l'autre.

Fission : cassure d'un noyau lourd (Uranium, Plutonium) en deux fragments (produits de fission) avec libération d'énergie.
Fusion : association de plusieurs noyaux légers (Hydrogène, Tritium, etc.) pour former un noyau plus lourd (Hélium) avec libération d'énergie.
Particules alpha α : noyaux positifs d'Hélium (2 protons + 2 neutrons).
Particules bêta β : électrons (négatifs ou positifs).
Rayonnement gamma γ : photons analogues à ceux de la lumière (rayonnement électromagnétique mais de longueur d'onde beaucoup plus courte).
Neutron : particule élémentaire lourde, non chargée, constitutive des noyaux des atomes et libérée lors de la fission.

Source : SCPRI.

Unités

Le Curie (Ci) : par définition, radioactivité d'un gramme de Radium 226 (37 milliards de désintégration par seconde).
Multiples : kilocurie, mégacurie.
Sous-multiples : millicurie, microcurie, picocurie.
(1 picocurie correspond à 0,037 désintégration par seconde).
On utilise maintenant :
Le Becquerel (Bq) : 1 désintégration par seconde (1 Becquerel = 27 picocuries).
Le Rad : unité de *dose absorbée de rayonnement* ionisant : 1 rad = 100 ergs d'énergie absorbée par gramme de matière = 0,01 joule/kg.
On utilise maintenant :
Le Gray (Gy) : 1 Gy = 100 rads (1 joule/kg).
Le Rem : unité d'équivalent de dose (dose absorbée × par facteur de qualité) :
1 rem est pratiquement égal à 1 rad pour les rayons X.
1 rad de neutrons correspond à un équivalent de dose de 10 rems.
1 rad de rayonnement alpha correspond à un équivalent de dose de 20 rems.
On utilise maintenant :
Le Sievert (Sv) : Sv = 100 rems (1 millirem = 10 micro Sv).
La traduction des doses absorbées (rads ou grays) en équivalent de dose (rems ou sieverts) ne peut être faite que par un médecin qualifié.

Source : SCPRI.

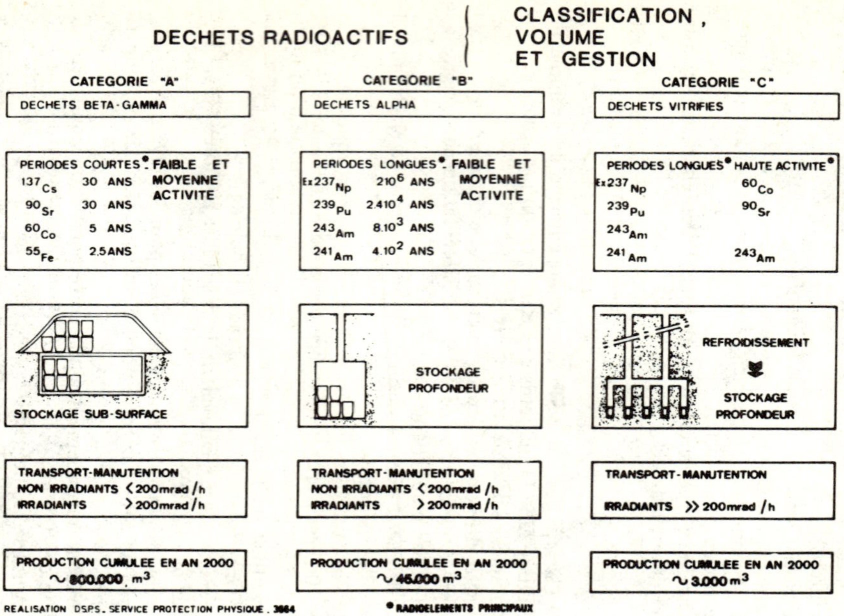
DECHETS RADIOACTIFS
CLASSIFICATION, VOLUME ET GESTION
CATEGORIE "A"
DECHETS BETA-GAMMA
PERIODES COURTES* - FAIBLE ET MOYENNE ACTIVITE
137 Cs 30 ANS
90 Sr 30 ANS
60 Co 5 ANS
55 Fe 2.5 ANS
STOCKAGE SUB-SURFACE
TRANSPORT-MANUTENTION
NON IRRADIANTS < 200 mrad/h
IRRADIANTS > 200 mrad/h
PRODUCTION CUMULEE EN AN 2000
~ 800.000 m3
CATEGORIE "B"
DECHETS ALPHA
PERIODES LONGUES* - FAIBLE ET MOYENNE ACTIVITE
Ex 237 Np 2.10^6 ANS
239 Pu 2.4.10^4 ANS
243 Am 8.10^3 ANS
241 Am 4.10^2 ANS
STOCKAGE PROFONDEUR
TRANSPORT-MANUTENTION
NON IRRADIANTS < 200 mrad/h
IRRADIANTS > 200 mrad/h
PRODUCTION CUMULEE EN AN 2000
~ 45.000 m3
CATEGORIE "C"
DECHETS VITRIFIES
PERIODES LONGUES* HAUTE ACTIVITE*
Ex 237 Np
239 Pu
243 Am
241 Am
60 Co
90 Sr
243 Am
REFROIDISSEMENT
STOCKAGE PROFONDEUR
TRANSPORT-MANUTENTION
IRRADIANTS >> 200 mrad/h
PRODUCTION CUMULEE EN AN 2000
~ 3.000 m3
REALISATION DSPS. SERVICE PROTECTION PHYSIQUE. 3664
* RADIOELEMENTS PRINCIPAUX

Limite d'équivalents de dose

Pour l'exposition professionnelle entraînant une irradiation globale de l'organisme l'équivalent de dose reçu au cours d'une année ne doit pas dépasser *5 rems.*

Pour l'exposition des personnes du public entraînant une irration globale de l'organisme, l'équivalent de dose reçu au cours d'une année ne doit pas dépasser *0,5 rem.*

(Décret du 20 juin 1966).

Quelques ordres de grandeur des expositions naturelles

– Chaque organisme humain contient naturellement entre autres 350 picocuries de Radium 226, 120 000 picocuries de Potassium 40, et 100 000 autres picoruries de Carbone 14. La dose délivrée par ces radioéléments naturels internes est de l'ordre de 30 millirads par an.
– Le sol de la France, sur un mètre de profondeur, pour toute la surface du pays, contient :
– plus d'un million de curies de Potassium 40
– 300 000 curies d'Uranium naturel
– 400 000 curies de Thorium naturel.
– La dose moyenne annuelle délivrée aux habitants par ces sources est de l'ordre de 40 millirads.
– La dose annuelle due aux rayonnements cosmiques (qui est de l'ordre de 30 millirads par an à Paris) augmente d'un millirad chaque fois qu'on s'élève de la hauteur de 15 étages (50 mètres).
– Parmi les eaux minérales les plus consommées, l'une contient 80 microgrammes d'Uranium par litre, une autre 30 picocuries de Radium 226 par litre, etc. L'exposition correspondante est de 1 à 2 millirads par an.
- Un séjour en Bretagne ou en Auvergne augmente la dose annuelle de 200 % pour un Parisien.
– On relève des expositions annuelles naturelles dépassant 1 600 millirads au Brésil, mais aussi dans les Vosges, dans le Massif Central, etc.
– Un kilomètre cube d'eau de mer contient 400 curies de Potassium 40 (l'équivalent d'une petite bombe à cobalt). L'ensemble des eaux de mer du globe représente au total 500 milliards de curies pour le seul Potassium 40 (l'équivalent d'un milliard de ces mêmes bombes à cobalt).

À titre de comparaison :

– Un voyage en avion subsonique de Paris à Los Angeles, ou 15 jours de sports d'hiver à plus de 1 500 m d'altitude donnent à l'organisme humain une dose de rayonnements ionisants équivalant à plus de 50 ans de séjour au voisinage immédiat d'un réacteur de 1 000 mégawatts-électriques.

– Une cigarette fumée donne aux poumons, en moyenne, 5 millirads-équivalents. Celui qui fume un paquet de cigarettes chaque jour reçoit donc, pour ce qui concerne seulement les poumons, entre 30 et 40 rads-équivalents (30 à 40 000 millirads-équivalents) chaque année.

– Les doses d'exposition au rayonnement du personnel de l'usine de retraitement de La Hague sont toujours restées très inférieures aux limites maximales admises par les normes internationales et par la législation nationale, elles ont en outre régulièrement décru depuis 1976. Celles concernant les personnels d'entreprises extérieures sont inférieures à celles concernant les personnels Cogema.

– L'exposition moyenne au rayonnement susceptible de résulter, pour la population, de l'exploitation normale des centrales nucléaires ne sera pas plus, en France, d'ici l'an 2000, de l'ordre de 1 % de celle résultant de la radioactivité naturelle et de l'utilisation médicale des rayonnements (qui double approximativement cette dernière).

– La nuisance potentielle des produits de fission décroît après quelques siècles, à un niveau inférieur à celle de la radioactivité du minerai dont ils sont issus. Celle des déchets de faible activité est pratiquement négligeable après un siècle.

– Un jeune mineur de charbon, commençant en 1980 sa carrière dans une mine ventilée et équipée selon les normes les plus modernes, a environ 5 % de risques de contracter une pneumoconiose. Ce pourcentage est en réduction sensible sur les risques encourus traditionnellement dans les mines de charbon. On peut espérer qu'il se réduira encore dans l'avenir. Cependant, un risque de cet ordre serait considéré comme inacceptable en ce qui concerne les risques professionnels dans les activités nucléaires.

Source : SCPRI

III

Sigles divers

A.I.E.A.	Agence Internationale de l'Énergie Atomique, créée en 1957.
Andra	Agence Nationale pour la Gestion des Déchets Radioactifs (C.E.A.).
B.E.I.R.	Biological Effect of Ionizing Radiation.
B.N.F.L.	British Nuclear Fuels Limited.
C.E.A.	Commissariat à l'énergie atomique.
C.E.R.N.	Centre Européen de Recherches Nucléaires.
C.I.P.R.	Commission Internationale de Protection Radiologique, créée en 1928.
C.M.A.	Concentration Maximale Admissible.
Cogema	Compagnie générale des matières nucléaires.
Comurhex	Société pour la Conversion de l'Uranium en métal et en Hexafluorure.
C.M.S.	Centre de Stockage de la Manche.
E.B.R.	Efficacité biologique relative.
Euratom	Communauté Européenne de l'Energie Atomique, créée en 1958.
Eurodif	Société Anonyme Française pour la Diffusion Gazeuse associant la France, l'Iran, l'Italie, la Belgique et l'Espagne, pour la construction de l'usine d'enrichissement de l'uranium du Tricastin.
H.A.O.	Hautes Activités Oxydes.
I.N.F.C.E.	Programme technique d'« Évaluation Internationale du Cycle du Combustible » lancé en 1977, regroupe environ soixante-dix États.
I.P.S.N.	Institut de Protection et de Sûreté Nucléaire – C.E.A.
L.I.A.	Limite d'Incorporation Annuelle.

N.C.R.P.	National Commission of Radiological Protection.
Nersa	Centrale Nucléaire Européenne à Neutrons Rapides (SA).
S.C.P.R.I.	Service Central de Protection contre les Rayonnements Ionisants, ministère de la Santé.
S.C.S.I.N.	Service Central de Sûreté des Installations Nucléaires, ministère de l'Industrie.
Serena	Société Européenne pour la promotion des systèmes de Réacteurs à neutrons rapides.
S.G.N.	Société Générale pour les Techniques Nouvelles, licenciée du procédé de vitrification mis au point par le C.E.A., filiale de la Cogema.
Technabexport	Organisme d'exportation de l'uranium enrichi de l'Union soviétique.
T.L.E.	Transfert linéique d'énergie.
T.M.I.	Three Mile Island.
T.N.P.	Traité de non-prolifération signé en 1968, entré en vigueur en 1970, ratifié par les principaux pays européens non nucléaires en 1975.
U.N.S.C.E.A.R.	United Nations Scientific Committee on the Effect of Atomic Radiation.
Urenco	Projet d'enrichissement de l'uranium par ultracentrifugation, associant la Grande-Bretagne, les Pays-Bas et l'Allemagne Fédérale, 1970.

Sigles utilisés pour les réacteurs.

A.G.R.	Advanced Gas Reactor (réacteur avancé refroidi au gaz).
M.G.U.G.G.	Magnox Uranium Naturel Graphite Gaz (réacteur refroidi au gaz, modéré graphite, combustible uranium naturel avec gainage magnox (version anglaise).
U.N.G.G.	Réacteur refroidi au gaz, modéré graphite, combustible uranium naturel (version française).

P.H.W.R.	Pressurized Heavy Water Reactor (réacteur refroidi à l'eau lourde sous pression).
B.H.W.R.	Boiling Heavy Water Reactor (réacteur refroidi à l'eau lourde bouillante).
P.W.R.	Pressurized Water Reactor (réacteur refroidi à l'eau ordinaire sous pression (version occidentale).
B.W.R.	Boiling Water Reactor (réacteur refroidi à l'eau ordinaire bouillante).
Surgénérateur	Réacteur à neutrons rapides refroidi au sodium avec couverture fertile.
V.V.E.R.	Version soviétique du réacteur refroidi à l'eau ordinaire sous pression (P.W.R.).
R.B.M.K.	Réacteur refroidi à l'eau ordinaire bouillante modéré graphite (version soviétique).
G.L.W.R.	Graphite Light Water Reactor (réacteur refroidi à l'eau ordinaire modéré graphite).

IV

Quelques chiffres : bilans et perspectives

La production d'électricité d'origine nucléaire dans le monde à la fin de 1981

Filières	Production TWh bruts			Expérience ans-réacteurs sur réseau**
	1980	1981	Cumul fin 81	
AGR, MGUNGG, UNGG	53,4	51,0	757,9	693,0
PHWR, BHWR	44,4	48,1	292,9	
PWR	320,6	407,3	2 172,9	710,0
BWR	193,1	211,4	1 369,3	591,2
SURGENERATEUR	1,7	1,9	13,2	92,2
VVER*	,0	,0	,0	136,3
RBMK, GLWR*	,0	,0	,0	263,5
DIVERSES	3,0	2,5	22,8	97,9

* : Information pas disponible
: Uniquement dans les pays à économie de marché
** : Il s'agit du total des années d'expérience cumulées pour les réacteurs du type considéré.
Source : C.E.A.

La production d'électricité d'origine nucléaire dans le monde à la fin de 1981

Pays	Production TWh bruts			Expérience ans-réacteurs sur réseau
	1980	1981	Cumul fin 81	
ALLEMAGNE DEM.	11,9	12,0	54,0	37,2
ALLEMAGNE FED.	43,9	53,6	313,9	148,8
ARGENTINE	2,3	2,8	18,5	7,8
BELGIQUE	12,5	12,9	78,5	39,7
BULGARIE	6,2	7,9	39,0	14,9
CANADA	40,5	43,4	259,6	101,9
CHINE-TAIWAN	8,2	10,7	28,0	7,8
COREE-SUD	3,5	2,9	11,9	4,5
ESPAGNE	5,2	9,6	73,2	34,6
ÉTATS-UNIS	265,1	288,6	2 160,7	810,1
FINLANDE	7,0	14,4	34,1	11,2
FRANCE (F)	61,2	105,3	364,3	203,2
INDE	2,9	3,1	30,0	35,7
ITALIE	2,2	2,7	57,6	57,4
JAPON	82,8	85,2	420,1	164,4
PAKISTAN	,1	,2	3,2	10,2
PAYS-BAS	4,2	3,7	32,2	12,7
ROYAUME-UNI	37,5	38,2	550,6	554,4
SUEDE	26,7	37,7	163,3	57,6
SUISSE	14,3	15,2	96,0	37,1
TCHECOLOSVAQUIE	4,5	5,1	12,7	12,5
UNION SOVIETIQUE	72,5	75,0	382,1	359,7
YOUGOSLAVIE	,0	,3	,3	,2

(F) : Sur le territoire français
Production estimée en 1981 pour les pays du Comecon.

Groupements géo-économiques	Production TWh bruts			Expérience ans-réacteurs sur réseau
	1980	1981	Cumul fin 81	
États-Unis	265,1	288,6	2 160,7	810,1
Europe des 10	161,5	216,3	1 397,2	1 025,2
Europe hors CEE (1)	53,3	77,2	366,9	140,8
Asie (2)	97,4	102,1	493,3	222,6
Reste du monde (3)	42,9	46,3	278,1	109,7
Comecon	95,0	100,0	487,8	424,2
Monde hors Comecon	620,1	730,5	14 696,2	2 308,4
Monde	715,1	830,5	5 184,0	2 732,6

Évolution des puissances électronucléaires installées de 1960 à 1981.
Ventilation par pays.

PAYS	En MWe bruts cumulés et en (nombre d'unités)							
	1960 (31.12)	1965 (31.12)	1970 (31.12)	1975 (31.12)	1978 (31.12)	1979 (31.12)	1980 (31.12)	1981 (31.12)
Allemagne démocratique			75 (1)	960 (3)	1 400 (4)	1 840 (5)	1 840 (5)	1 840 (5)
Allemagne fédérale	16 (1)	73 (2)	963 (7)	3 488 (7)	8 677 (15)	9 310 (15)	9 059 (14)	10 358 (15)
Argentine				340 (1)	367 (1)	367 (1)	367 (1)	367 (1)
Belgique		11 (1)	11 (1)	1 755 (4)	1 755 (4)	1 755 (4)	1 755 (4)	1 755 (4)
Bulgarie				880 (2)	880 (2)	880 (2)	1 320 (2)	1 320 (3)
Canada		22 (1)	511 (3)	2 671 (7)	5 823 (11)	5 823 (11)	5 823 (11)	5 823 (11)
Chine-Taiwan					595 (1)	1 272 (2)	1 272 (2)	2 258 (3)
Corée du sud					595 (1)	595 (1)	595 (1)	595 (1)
Espagne			620 (2)	1 120 (3)	1 120 (3)	1 120 (3)	1 120 (3)	1 120 (3)
États-Unis	408 (11)	1 957 (21)	7 911 (26)	40 270 (58)	54 750 (73)	54 817 (73)	57 841 (75)	61 105 (78)
Finlande					156 (2)	1 847 (3)	2 287 (4)	2 287 (4)
France	52 (3)	392 (5)	1 749 (8)	3 051 (10)	6 801 (14)	8 675 (16)	16 224 (23)	22 797 (30)
Inde			420 (2)	640 (3)	640 (3)	640 (3)	860 (4)	860 (4)
Italie		627 (3)	640 (3)	640 (3)	1 502 (4)	1 502 (4)	1 502 (4)	1 502 (4)
Japon		178 (3)	1 323 (3)	6 602 (12)	14 017 (21)	15 117 (22)	15 676 (23)	17 342 (25)
Pakistan				140 (1)	140 (1)	140 (1)	140 (1)	140 (1)
Pays-Bas			54 (1)	524 (2)	524 (2)	531 (2)	531 (2)	531 (2)
Royaume-Uni	351 (9)	3 876 (24)	6 095 (29)	7 715 (32)	9 030 (33)	9 030 (33)	9 030 (33)	9 655 (33)
Suède		10 (1)	472 (2)	3 312 (5)	3 912 (6)	3 912 (6)	6 738 (9)	6 738 (9)
Suisse			364 (1)	1 054 (3)	1 064 (3)	2 034 (4)	2 034 (4)	2 034 (4)
Tchécoslovaquie				143 (1)	556 (2)	556 (2)	826 (2)	826 (2)
Union soviétique	406 (5)	978 (10)	1 631 (13)	5 505 (22)	10 089 (31)	11 529 (31)	14 569 (35)	16 009 (37)
Yougoslavie								664 (1)

Les filières et les licences d'origine des tranches installées au 1.01.1982

Filière (nombre d'unités	Puissance en MWe bruts/nets (nombre d'unités)	Pays de développement / Exploitation de licence	Caractéristique de la filière		
			Caloporteur	Modérateur	Combustible
AGR (5)	3326/ 3109 (5)	Royaume Uni	Gaz	Graphite	U. enrichi
BHWR (1)	25/ 22 (1)	Canada	Eau lourde bouillante	Eau lourde	U. naturel
BWR (63)	35583/34262 (53) 6300/ 6060 (9) 62/ 50 (1)	États Unis Allemagne fédérale Suède Italie Union soviètique Japon	Eau ordinaire Bouillante	Eau ordinaire	U. enrichi
GLWR (11)	800/ 784 (1) 648/ 584 (10)	États Unis Union soviétique	Eau ordinaire Sous pression	Graphite	U. naturel et enrichi
HTR (2)	15/ 14 (1) 343/ 330 (1)	Allemagne fédérale États Unis	Gaz à haute Température	Graphite	U. enrichi
HWBLWR (2)	266/ 250 (1) 100/ 92 (1)	Canada Royaume Uni	Eau lourde Eau ordinaire	U. naturel et enrichi	
HWLWR (1)	165/ 150 (1)	Japon			
HWGCR (1)	75/ 70 (1)	France	Gaz	Eau lourde	U. naturel et enrichi

LWBR (1)	72/ 60 (1)	États-Unis	Eau ordinaire sous pression	Eau ordinaire	U. enrichi et thorium
MGUNGG (28)	6335/ 5648 (28)	Royaume Uni	Gaz	Graphite	U. naturel
UNGG (7)	2858/ 2743 (7)	France			
PHWR (14)	425/ 396 (2) 6112/ 5786 (12)	Allemagne fédérale Canada	Eau lourde sous pression	Eau lourde	U. naturel
PWR (103)	8410/ 7981 (9) 76186/72893 (94)	Allemagne fédérale France-Belgique États Unis Japon-Suède	Eau ordinaire sous pression	Eau ordinaire	U. enrichi
VVER (23)	10114/ 9435 (23)	Union soviétique			
RAPIDE (7)	21/ 18 (1) 20/ 17 (1) 250/ 233 (1) 270/ 254 (1) 762/ 696 (3)	Allemagne fédérale États Unis France Royaume Uni Union soviétique	Sodium		U. enrichi et plutonium et plutonium
RBMK (12)	9314/ 8842 (12)	Union soviétique	Eau ordin. bouillante	graphite	U. enrichi

Pays de développement : non compris l'exploitation des licences
source : CEA

Situation mondiale des tranches électronucléaires au 1.01.1982. Ventilation par filière et par regroupements géo-économiques.

Par filière et par regroupement géo-conomique	Puissance électronucléaire en MWe bruts et en (nombre d'unités)				
	Unités installées	Unités en construction	Commandes en cours	Unités retirées de l'exploitation	Commandes annulées
AGR, MGUNGG, UNGG	12 519 (40)	5 918 (9)	0 (0)	166 (4)	0 (0)
PHWR, BHWR	6 562 (15)	11 382 (19)	4 549 (7)	31 (2)	200 (1)
PWR	84 596 (103)	119 239 (108)	32 733 (28)	409 (9)	82 801 (74)
BWR	41 944 (63)	52 317 (48)	10 083 (9)	707 (15)	29 961 (27)
SURGENERATEUR	1 323 (7)	1 552 (2)	3 080 (4)	102 (4)	0 (0)
VVER	10 114 (23)	27 386 (42)	40 280 (46)	0 (0)	0 (0)
RBMK, GLWR	10 762 (23)	9 500 (8)	11 500 (9)	0 (0)	0 (0)
DIVERSES	1 036 (7)	347 (2)	0 (9)	404 (9)	12 080 (14)
États-Unis	61 105 (78)	85 459 (74)	18 376 (15)	765 (28)	104 846 (94)
Europe des 10	46 598 (88)	53 123 (52)	12 038 (10)	861 (10)	8 591 (11)
Europe hors CEE (1)	13 773 (22)	15 929 (16)	7 223 (7)	22 (2)	1 893 (3)
Asie (2)	21 195 (34)	19 912 (25)	7 769 (11)	38 (22)	9 712 (8)
Reste du monde (3)	6 190 (12)	15 647 (20)	3 714 (5)	0 (0)	0 (0)
Comecon	19 995 (47)	37 571 (51)	53 105 (55)	143 (1)	0 (0)
Monde	168 856 (281)	227 641 (238)	102 225 (103)	1 819 (43)	125 042 (116)

(1) Autriche, Espagne, Finlande, Suède, Suisse, Yougoslavie
(2) Chine populaire, Chine-Taiwan, Corée du Sud, Inde, Iran, Japon, Pakistan, Philippines, Turquie
(3) Afrique du Sud, Argentine, Brésil, Canada, Libye, Mexique
Source : CEA

Puissance électronucléaire en exploitation commerciale en 1981 et prévisions de 1982 à 1990, par regroupement géo-économique.

Groupement géo-économique	Puissance électro-nucléaire en exploitation commerciale en MWe bruts(*)							Probable 1990 (31.12)	Objectif 1990 (31.12)
	1981 (31.12)	1982 (31.12)	1983 (31.12)	1984 (31.12)	1985 (31.12)	1986 (31.12)	1987 (31.12		
États-Unis	58 702	67 540	79 105	94 471	102 445	116 603	120 036	12 9054	141 910
Europe des 10	42 791	51 597	57 691	69 223	78 066	89 007	95 641	111 281	114 565
Europe hors CEE (1)	12 179	15 663	19 428	21 358	22 458	23 558	23 558	28 569	30 529
Asie (2)	19 529	23 094	23 744	28 373	34 184	39 108	41 293	53 985	71 666
Reste du monde (3)	6 190	8 211	11 032	15 371	15 912	16 725	19 609	24 866	26 306
Comecon	18 555	21 755	29 928	38 035	45 235	56 115	68 620	95 025	115 507
Monde	157 936	187 860	220 928	266 831	298 300	341 115	368 757	442 780	500 483

(*) Tenant compte du retrait du réseau de certaines unités
(1) Autriche, Espagne, Finlande, Suède, Suisse, Yougoslavie
(2) Chine populaire, Chine-Taiwan, Corée du Sud, Inde, Iran, Japon, Pakistan, Philippines, Turquie
(3) Afrique du Sud, Argentine, Brésil, Canada, Libye, Mexique
Source : CEA

Puissance électronucléaire en exploitation commerciale en 1981
et prévisions d'évolution par pays de 1982 à 1990

Pays	Puissance électro-nucléaire en exploitation commerciale en MWe bruts(*)								
	1981 (31.12)	1982 (31.12)	1983 (31.12)	1984 (31.12)	1985 (31.12)	1986 31.12)	1987 (31.12)	Probable 1990 (31.12)	Objectif 1990 (31.12)
Afrique du Sud	0	0	957	1914	1 914	1 914	1 914	1914	1 914
Allemagne démocratique	1 840	2 280	3 160	4 040	4 920	5 360	6 240	7 120	9 000
Allemagne fédérale	9 059	10 358	11 659	14 330	18 610	18 922	20 287	26 812	26 812
Argentine	367	367	1 016	1 016	1 016	1 016	1 761	1 761	1 761
Belgique	1 755	3 621	3 621	5 752	5 752	5 752	5 752	5 752	5 752
Brésil	0	657	657	657	657	657	1 982	3 307	3 307
Bulgarie	1 302	1 760	1 760	1 760	1 760	2 760	2 760	4 760	6 760
Canada	5 823	7 188	7 728	10 976	10 976	11 790	12 604	16 216	16 216
Chine populaire	0	0	0	0	0	0	0	300	300
Chine Taiwan	2 258	3 243	3 243	4 193	5 143	5 143	5 143	7 143	7 143
Corée du Sud	595	1 274	1 924	2 854	3 784	4 733	5 684	798	9 598
Cuba	0	0	0	0	0	440	440	880	880
Espagne	1 120	2 980	6745	7 675	7 675	7 675	7 675	12 686	12 686
États-Unis	5 8702	67 540	79 105	94 471	10 2445	116 603	120 036	129 054	141 910
Finlande	2 287	36 118	2 287	2 287	2 287	2 287	2 287	2 287	3 287
France	20 955	24 624	27 445	34 136	38 700	48 380	52 389	58 553	58 553
Grèce	0	0	0	0	0	0	0	0	1 000
Hongrie	0	440	880	1 320	1 760	1 760	1 760	2 760	4 760
Inde	860	1 095	1 095	1 330	1 330	1 565	1 800	2 035	2 035

Pays	Puissance électronucléaire en exploitation commerciale en MWe bruts(*)								
	1981 (31.12)	1982 (31.12)	1983 (31.12)	1984 (31.12)	1985 (31.12)	1986 31.12)	1987 (31.12)	Probable 1990 (31.12)	Objectif 1990 (31.12)
Italie	1 502	1 502	1 502	1 542	1 542	2 551	2 551	4 542	5 524
Japon	1 5676	17 342	17 342	19 856	23 786	26 876	27 876	35 119	51 000
Libye	0	0	0	0	0	0	0	320	760
Mexique	0	0	674	1 348	1 348	1 348	1 348	1 348	2 348
Pakistan	140	140	140	140	140	140	140	140	140
Pays-Bas	531	531	531	531	531	531	531	531	531
Pologne	0	0	0	0	0	650	650	650	650
Roumanie	0	0	0	0	0	0	0	880	1 880
Royaume-Uni	0	0	0	0	0	0	685	1 370	2 055
Suède	8 989	10 960	12 932	12 932	12 932	12 872	14 132	15 093	16 393
Suisse	6 738	7 698	7 698	7 698	8 798	9 898	9 898	9 898	9 898
Tchécoslovaquie	2 034	2 034	2 034	3 034	3 034	3 034	3 034	3 034	3 994
Turquie	826	826	1 239	2 532	3 412	3 412	3 852	7 172	7 172
Union soviétique	0	0	0	0	0	0	0	0	800
Yougoslavie	14 569	16 449	22 889	22 889	33 383	42 383	52 883	70 083	83 000
	0	664	664	664	664	664	664	664	664
MONDE (MWE BRUT)	157 946	221 691	220 927	266 831	298 299	341 116	368 758	441 782	500 483
(Nombre de pays)	22	25	27	27	27	29	30	33	35

(*) Tenant compte du retrait du réseau de certaines unités
Source : CEA

V

Quelques ouvrages généraux

– *Énergie : le défi nucléaire,* Marceau Felden, Éd. André Leson, 1976.

– *L'Énergie nucléaire, quelles politiques pour quel avenir,* Lucien Thiriet, Dunod 1976.

– *Rapport au club de Rome : Énergie, le compte à rebours,* Recommandations de R. Lattes et C.C. Wilson. Éditions J.C. Lattès 1978.

– *Le Refus du réel,* Tubiana Maurice, Éd. Laffont 1978.

– *Le nucléaire en question,* Syndicat CFDT de l'Énergie Atomique, Le Seuil, 1980. Coll. « Points ».

– *Le complexe atomique,* Goldschmidt Bertrand : Édt. Fayard 1980.

– *L'Énergie :* Bordas 1981.

Table des matières

CHAPITRE IV
Les effets de la radioactivité sur l'homme et l'environnement, et les moyens mis en œuvre pour s'en protéger

CHAPITRE V
La sûreté des installations nucléaires

CHAPITRE VI
Les risques comparés des différentes énergies

CHAPITRE VII
La perception des risques de l'énergie nucléaire

CHAPITRE VIII
La question cruciale des sites

CHAPITRE IX
L'organisation de l'industrie nucléaire française

CHAPITRE X
L'énergie électronucléaire et l'avenir énergétique

CHAPITRE XI

L'énergie nucléaire et la politique internationale

Annexes générales

Mieux que des rééditions,

Pluriel

propose de nouvelles
éditions de titres « classiques »
ou récents dans une
présentation éditoriale
de qualité – préfaces, notes,
revues de presse, etc. –
qui en facilite l'accès
et en renouvelle l'intérêt.

« ... « Pluriel » marque incontestablement une date dans l'édition des sciences humaines, car cette collection, loin de se cantonner dans la simple réimpression d'ouvrages rares ou épuisés, vise à rivaliser avec l'édition grand format, voire à faire mieux qu'elle... »

Nicole Zand,
« Vingt-cinq ans de livres de poche : une édition à part entière ? »
« Le Monde des Livres », Le Monde.

Andreï Amalrik

L'Union soviétique survivra-t-elle en 1984 ?

Une étape décisive de la soviétologie.
Nouvelle édition augmentée des textes les plus significatifs écrits par Andréï Amalrik jusqu'à son départ d'U.R.S.S., avec un avant-propos de l'auteur, une préface et une postface inédite de Alain Besançon. 8300

Raymond Aron

Plaidoyer pour l'Europe décadente

L'avenir appartiendrait-il au despotisme et l'Europe de l'Ouest serait-elle vouée à la décadence, parce qu'elle s'obstine à croire à la démocratie et au libéralisme ?
Nouvelle édition augmentée d'une revue de presse détaillée. 8320

Vladimir Boukovsky

Cette lancinante douleur de la liberté

On se souvient : en décembre 1976, Brejnev et Pinochet échangeaient Vladimir Boukovsky contre le chef communiste chilien Louis Corvalan. Depuis lors, Boukovsky vit donc ici, en Occident. Comment cet homme qui, à trente-quatre ans, avait passé douze ans dans les prisons et hôpitaux psychiatriques d'U.R.S.S. voit-il et juge-t-il le « monde libre » ? Il nous répond dans ce livre témoignage, incisif, sans indulgence pour nos travers, nos lâchetés, nos illusions. Nous croyons encore au « visage humain » d'un socialisme à venir. Nous ne voyons pas comment la contagion du « modèle soviétique » nous paralyse peu à peu.
Les camps n'avaient pu briser Boukovsky. Le douillet confort du monde occidental et la notoriété ne l'ont pas entamé. C'est une leçon de rigueur qu'il nous donne ici, en nous apprenant qui nous sommes. Et comment résister. 8377

Bernard Brizay

Qu'est-ce qu'un chômeur ? *Inédit*

Il existe autant de cas d'espèces que de chômeurs, et toute expérience du chômage est vécue individuellement. Ce « voyage au pays des chômeurs » est la première enquête en son genre réalisée en France, et à travers toute la France. Elle est augmentée d'un dossier détaillé rassemblant les principales données statistiques sur le chômage. 8349

Jean Delumeau

Le christianisme va-t-il mourir ?

Et si Dieu, autrefois moins vivant qu'on ne l'a cru, était aujourd'hui moins mort qu'on ne le dit ?
Nouvelle édition révisée et augmentée d'une revue de presse reprenant les éléments essentiels du débat passionné que ce livre a suscité. 8331

Gérard-François Dumont, Pierre Chaunu, Jean Legrand, Alfred Sauvy

La France ridée *Inédit*

La France ridée, c'est la France atteinte par le vieillissement, menacée par le refus de la vie, et qui ne le sait pas encore ou refuse d'en prendre pleinement conscience. Fruit d'une réflexion collective rigoureuse, menée à partir de données incontestables, cet essai montre aussi quels moyens peuvent permettre d'échapper à la logique du déclin.
Des annexes très riches et détaillées permettent de faire le point sur la situation démographique de la France et de l'Europe. 8335

Jean Fourastié et Béatrice Bazil

Le Jardin du voisin,
Les inégalités en France *Inédit*

La France présente-t-elle réellement le spectacle d'inégalités excessives et choquantes ? Plus choquantes, par exemple, que celles des pays voisins ? Est-elle plus ou moins inégalitaire qu'au cours des siècles passés de son histoire ? Omniprésentes dans le débat politique, ces questions sont examinées ici à la lumière des faits. Salaires, revenus, fortunes sont minutieusement disséqués et analysés. Les conclusions ménagent plus d'une surprise. 8359

Alfred Grosser

L'Allemagne de notre temps

Bilan englobant aussi bien l'évolution des Églises que celle des gouvernements ou de la politique étrangère, *L'Allemagne de notre temps* était salué lors de sa parution par *Der Spiegel* comme le meilleur livre existant sur l'Allemagne. Remaniée, cette *nouvelle édition* comprend un long chapitre supplémentaire donnant les grandes orientations actuelles de la R.F.A. aussi bien que de « l'autre Allemagne ». 8329

Hubert Landier

Demain quels syndicats ? *Inédit*

Toutes tendances confondues, les organisations syndicales ne rassemblent, en France, guère plus de 20 p. 100 de salariés. Encore cette proportion était-elle en diminution ces dernières années. Cette « crise » du syndicalisme ne tient pas seulement au chômage, mais aussi à la sclérose intellectuelle des appareils et de leurs dirigeants, au poids des arrière-pensées politiques, à l'évolution intervenue dans l'organisation des entreprises.
La présence de la Gauche au pouvoir pourrait se traduire par un renforcement des appareils et des intérêts corporatistes, mais sans pour autant que les salariés soient mieux représentés. Pour cela il faudrait que les syndicats remettent fortement en question leurs objectifs et leurs méthodes. 8368

Yves Laulan

La Triche

La crise économique mondiale... Une fatalité ? il faudrait donc se résigner, s'adapter. Yves Laulan affirme tout le contraire : elle est le royaume de la triche où des joueurs, États-Unis, U.R.S.S., Europe, Japon, producteurs de pétrole ont pour seul souci de tricher le plus possible afin d'améliorer leurs gains de croissance et de puissance. Un jeu impitoyable et dangereux dont l'homme moyen est parfois le bénéficiaire, plus souvent la victime qu'il s'agisse de l'inflation, du chômage, du niveau de vie ou de la paix mondiale. 8385

Emmanuel Todd

Le Fou et le prolétaire

Quelles furent les causes du dérapage militaire et totalitaire des années 1914-1945 ? Comment expliquer le succès du marxisme au XXe siècle ? Doit-on toujours craindre la croissance de l'État ? E. Todd apporte à ces questions traditionnelles une réponse neuve et irrespectueuse : la « tentation totalitaire » est comme le suicide, l'alcoolisme, la schizophrénie et les accidents de la route, un phénomène de pathologie sociale.
Édition revue et augmentée. 8353

IMPRIMÉ EN FRANCE PAR BRODARD ET TAUPIN
7, bd Romain-Rolland - Montrouge - Usine de La Flèche.
HACHETTE/PLURIEL - 79, bd Saint-Germain - Paris.
27.24.8381.01
ISBN : 2.01.008806.9

27.8381.9